EUL VERLAG

Reihe: Kleine und mittlere Unternehmen · Band 21
Herausgegeben von Prof. Dr. Jörn-Axel Meyer, Berlin

Dr. Mario Caius Amschlinger

Internationalisierung im Mittelstand

Eine empirische Analyse kulturabhängiger Erfolgsfaktoren von Direktinvestitionen deutscher kleiner und mittlerer Unternehmen in Rumänien

Mit einem Geleitwort von Prof. Dr. Walter Habenicht, Universität Hohenheim

EUL VERLAG

Bibliografische Information der Deutschen Nationalbibliothek

Die Deutsche Nationalbibliothek verzeichnet diese Publikation in der Deutschen Nationalbibliografie; detaillierte bibliografische Daten sind im Internet über <http://dnb.d-nb.de> abrufbar.

Dissertation, Universität Hohenheim, 2011

D 100

ISBN 978-3-8441-0056-3
1. Auflage Juli 2011

JOSEF EUL VERLAG GmbH
Brandsberg 6
53797 Lohmar
Tel.: 0 22 05 / 90 10 6-6
Fax: 0 22 05 / 90 10 6-88
E-Mail: info@eul-verlag.de
http://www.eul-verlag.de

Bei der Herstellung unserer Bücher möchten wir die Umwelt schonen. Dieses Buch ist daher auf säurefreiem, 100% chlorfrei gebleichtem, alterungsbeständigem Papier nach DIN 6738 gedruckt.

Geleitwort

Mit der Osterweiterung der Europäischen Union haben sich die Rahmenbedingungen zur Investition in Osteuropa für deutsche Unternehmen grundlegend geändert. Insbesondere für kleine und mittlere Unternehmen (KMU) hat der Beitritt Bulgariens und Rumäniens zur EU signifikante Erleichterungen bei der Expansion in diese Länder gebracht. Dies nimmt Amschlinger zum Anlass im Rahmen einer empirischen Untersuchung der Frage nachzugehen, welche Faktoren für den Erfolg von Direktinvestitionen deutscher KMU in Mittel- und Osteuropa bestimmend sind. Er wählt mit Rumänien den zweitgrößten Binnenmarkt Mittel- und Osteuropas und damit ein Land, mit dessen kulturellen Eigenarten er auf Grund seiner Herkunft bestens vertraut ist.

Nach dem Sturz des Ceaucescu-Regimes und der Überführung der rumänischen Wirtschaft in ein marktwirtschaftliches System bot das Land im Untersuchungszeitraum durchaus positive ökonomische Rahmenbedingungen für Direktinvestitionen. Hierzu zählen u. a. ein Wirtschaftswachstum über 5 Prozent, niedriges Lohnniveau und eine Einheitssteuer von 16 Prozent. Es sind aber nicht die ökonomischen Rahmenbedingungen, die der Verfasser in den Mittelpunkt seiner Analyse rückt, er konzentriert seine Analyse auf die kulturabhängigen Faktoren, ein Aspekt, der insbesondere für Klein- und Mittelunternehmen von besonderer Relevanz erscheint.

Amschlinger behandelt in seiner Arbeit ein sehr aktuelles Thema von großer praktischer Relevanz. Mit seinem Fokus auf den kulturabhängigen Erfolgsfaktoren einer Internationalisierungsstrategie spricht er eine Thematik an, die insbesondere für Staaten des ehemaligen Ostblocks von besonders aktueller Bedeutung ist. Die Untersuchung ist theoretisch sauber konzipiert und durch umfassende methodische und modelltheoretische Analysen abgesichert.

Prof. Dr. Walter Habenicht

Vorwort

Die vorliegende Arbeit wurde von der Fakultät Wirtschafts- und Sozialwissenschaften der Universität Hohenheim als Dissertation angenommen. Sie entstand während meiner Zeit als wissenschaftlicher Mitarbeiter am Lehrstuhl für Industriebetriebslehre der Universität Hohenheim. Meinem Doktorvater, Herrn Prof. Dr. Walter Habenicht, gilt dabei mein bester Dank. Er ermöglichte es mir, die vorliegende Dissertation anzufertigen, und gab mir die zur Entstehung notwendige fachliche Betreuung. Frau Prof. Dr. Marion Büttgen danke ich für die Übernahme des Zweitgutachtens und Herrn Prof. Dr. Werner Schulz für die Übernahme des Vorsitzes im Kolloquium.

Außerdem danke ich meinen Lehrstuhlkollegen und unseren wissenschaftlichen Hilfskräften sowie unserer Sekretärin am Lehrstuhl, Frau Annette Dischereit, für die ausgesprochen gute Zusammenarbeit und ihren jeweiligen Beitrag bei der Entstehung dieser Dissertation.

Meinen herzlichsten Dank möchte ich meiner Frau Lilli sowie meinen Eltern aussprechen, denen ich während der Promotionszeit nicht die uneingeschränkte Aufmerksamkeit zukommen lassen konnte, welche ihnen gebührt hätte. Ihnen ist diese Arbeit gewidmet.

Mario Caius Amschlinger

Inhaltsverzeichnis

Abbildungsverzeichnis

Tabellenverzeichnis

Kapitel 1

Einführung

1.1 Gegenstand der Arbeit

Die am 01.05.2004 vollzogene Osterweiterung der Europäischen Union sowie der 2007 erfolgte Beitritt Bulgariens und Rumäniens haben die Umweltbedingungen kleiner und mittlerer Unternehmen (KMU) fundamental verändert. Waren es früher vorwiegend Großunternehmen, die international agierten, so wurde durch die EU-Osterweiterung aufgrund der Anpassung dieser Länder an EU-Normen, der räumlichen Nähe und den dem europäischen Kulturkreis zugehörigen Arbeitskräften die Verlagerung von Produktion und Absatz in die osteuropäischen Wachstumsregionen auch für KMU zunehmend attraktiv. Zusätzlich verstärkt die Sättigung der angestammten Märkte sowie die steigende Anzahl in- und ausländischer Wettbewerber, häufig aus so genannten Billiglohnländern, die Internationalisierungsbestrebungen dieser Unternehmen.

Planen KMU im Rahmen ihrer Internationalisierungsstrategie eine dauerhafte Ansiedlung im Ausland, muss nach der Festlegung der Markterschließungsform entschieden werden, ob und in welcher Höhe Eigentum erworben wird.[1] Generell wird bei Kapitalanlagen im Ausland zwischen *Direktinvestitionen* und *Portfolioinvestitionen* unterschieden.[2] Während bei Portfolioinvestitionen die meist kurzfristige Anlage liquider Mittel im Vordergrund steht, werden Direktinvestitionen aufgrund langfristiger Ertrags- und Kontrollüberlegungen getätigt.[3] Im Vergleich zu Investitionen im Inland müssen sowohl bei der Entscheidung Direktinvestitionen im Ausland zu tätigen als auch nach der Entscheidung in der operativen Umsetzung landesspezifische Faktoren berücksichtigt

[1] Vgl. Kapitel 3.4.3.2.

[2] Vgl. [Kutschker 2006], S. 405.

[3] Vgl. [Dieckheuer 2001], S. 344.

werden. Während bei der Allokationsentscheidung eine Vielzahl standortspezifischer Faktoren erfolgsrelevant sind, sind es in der operativen Phase eher kulturelle Faktoren.

Mit ca. 21,7 Millionen Einwohnern ist Rumänien nach Polen der zweitgrößte Binnenmarkt Mittel- und Osteuropas und wird von deutschen Unternehmen zunehmend als interessanter Absatzmarkt sowie als vielversprechender Investitionsstandort wahrgenommen. Entscheidend für diese Entwicklung war die nach dem Sturz des *Ceausescu*-Regimes eingeleitete Reintegration Rumäniens in die internationale Völkergemeinschaft und die damit verbundene, umfassende wirtschaftliche und gesellschaftliche Transformation des Landes. Vor allem der ökonomische Neubeginn mit dem anfänglich schwierigen und schmerzhaften Übergangsprozess zur Marktwirtschaft hat dazu geführt, dass die rumänische Wirtschaft seit 2001 ein durchschnittliches Wachstum von über 5 Prozent und einen Rückgang der Arbeitslosenquote auf 4,2 Prozent aufweist. Dies zusammen mit der seit 1998 rückläufigen Inflation stärkt den privaten Konsum und bewirkt, dass Rumänien mit seinen 21,7 Millionen Einwohnern ein attraktiver Absatzmarkt ist. Niedrige Personalkosten, die im Jahr 2005 eingeführte Einheitssteuer von 16 Prozent sowie der EU-Beitritt mit den sich daraus ergebenden stabilisierenden Wirkungen etabliert Rumänien auch als attraktiven Investitionsstandort. Der jährlich steigende Zustrom an Direktinvestitionen belegt dies.[4] Zusätzlich eignet sich Rumänien auch als Ausgangsbasis für die Ausweitung von Unternehmensaktivitäten in den gesamten südosteuropäischen Raum sowie in die südlichen GUS-Staaten (Gemeinschaft Unabhängiger Staaten).

Die vorliegende Arbeit beschäftigt sich mit der empirischen Analyse kulturabhängiger Erfolgsfaktoren von Direktinvestitionen deutscher kleiner und mittelständischer Unternehmen in Rumänien. Dabei sind potenzielle Einflussgrößen zu identifizieren, die in der operativen Phase erfolgsrelevant sind. Dazu sind insbesondere nachfolgende Fragestellungen zu bearbeiten.

1.2 Forschungsfragen und Aufgabenstellungen

Definitorische Abgrenzung sowie Identifikation der spezifischen Eigenschaften kleiner und mittlerer Unternehmen

Eine terminologisch präzise Abgrenzung des Untersuchungsgegenstands ist die Grundvoraussetzung für die Erarbeitung fundierter wissenschaftlicher Aussagen. Dies erscheint bei dem Untersuchungsobjekt dieser Arbeit besonders wichtig, da in Theorie und Praxis eine Vielzahl von zum Teil synonym verwendeter Begriffe, wie kleine und mitt-

[4] Vgl. Kapitel 4.

lere Unternehmen (KMU), Mittelstand, mittelständische Betriebe/Unternehmen oder Mittelbetriebe/-unternehmen, existieren.[5]

Darauf aufbauend sind die spezifischen Eigenschaften kleiner und mittlerer Unternehmen sowie deren Ressourcenpotenzial zu analysieren. Die Kenntnis dieser Eigenschaften ist wesentlich für die Identifikation potenzieller Erfolgsfaktoren, denn das Ressourcenpotenzial der KMU stellt sowohl eine Restriktion deren Handlungsoptionen als auch eine Quelle deren Erfolgs dar.

Identifikation der Internationalisierungsmotive und -strategien von KMU
Hier ist die Frage zu beantworten, welche Motive und Ziele Unternehmen mit der Durchführung von Direktinvestitionen verfolgen. Unter Rückgriff auf dafür relevante volkswirtschaftliche Theorien sind die Motive der Unternehmen, die zu ausländischen Direktinvestitionen führen, herauszuarbeiten. Diese Erkenntnisse sind besonders für die Operationalisierung des Direktinvestitionserfolgs von Bedeutung. Des Weiteren ist die Frage zu klären, wie sich Direktinvestitionen aus den Strategien der Unternehmen ableiten.

Herausarbeitung der für Direktinvestitionen relevanten landesspezifischen Faktoren in Rumänien
Diese Aufgabenstellung umfasst die Darstellung der für Direktinvestitionen bedeutsamen und aktuell in Rumänien anzutreffenden politischen, ökonomischen, rechtlichen und sozio-kulturellen Rahmenbedingungen. Dabei ist besonders auf die kulturelle Prägung der rumänischen Bevölkerung einzugehen, um geeignete Empfehlungen (in Form von zu überprüfenden Hypothesen) für die in dieser Untersuchung im Fokus stehende operative Arbeit vor Ort abzuleiten.

Darstellung methodischer Ansätze zur Identifikation von Erfolgsfaktoren
Aufbauend auf die Definition von Erfolg und Erfolgsfaktoren sind verschiedene Ansätze zur Identifikation von Erfolgsfaktoren aufzuzeigen. Dabei sind die wesentlichen methodischen und inhaltlichen Kritikpunkte aufzuarbeiten, um diese, soweit möglich, bei der Konzeptualisierung sowie der Durchführung der empirischen Untersuchung adäquat zu berücksichtigen.

Konzeptualisierung sowie Durchführung einer empirischen Untersuchung
Konzeptualisierung und Durchführung einer empirischen Untersuchung (Aufstellung von Hypothesen, Operationalisierung der zu überprüfenden Variablen, Erstellung eines geeigneten Erhebungsinstrumentes, Durchführung der Datenerhebung) mit dem Ziel

[5] Vgl. [Hartmann 1981], S. 18ff.

der Identifikation kulturabhängiger Erfolgsfaktoren von Direktinvestitionen deutscher kleiner und mittelständischer Unternehmen in Rumänien.

Ableitung von Handlung- und Gestaltungsempfehlungen
Aufbauend auf die Analyse der Ergebnisse der empirischen Untersuchung sind Entscheidungs- und Gestaltungshilfen für KMU abzuleiten. Auch wenn die ermittelten Ergebnisse keine allgemeingültigen Gesetzmäßigkeiten und Wirkungsmechanismen darstellen, dienen diese dazu, erfolgreiche Unternehmen besser zu verstehen. Aus diesem Verständnis heraus sind Möglichkeiten zu identifizieren, um anderen Unternehmen zu helfen.

1.3 Aufbau der Arbeit

Die Arbeit ist, wie in Abbildung 1.1 dargestellt, in Anlehnung an die formulierten Fragestellungen in sechs Hauptkapitel gegliedert. Im Anschluss an die Einleitung in Kapitel eins werden im zweiten Kapitel kleine und mittlere Unternehmen terminologisch abgegrenzt sowie die spezifischen Eigenschaften und Potenziale dieser Unternehmen analysiert.

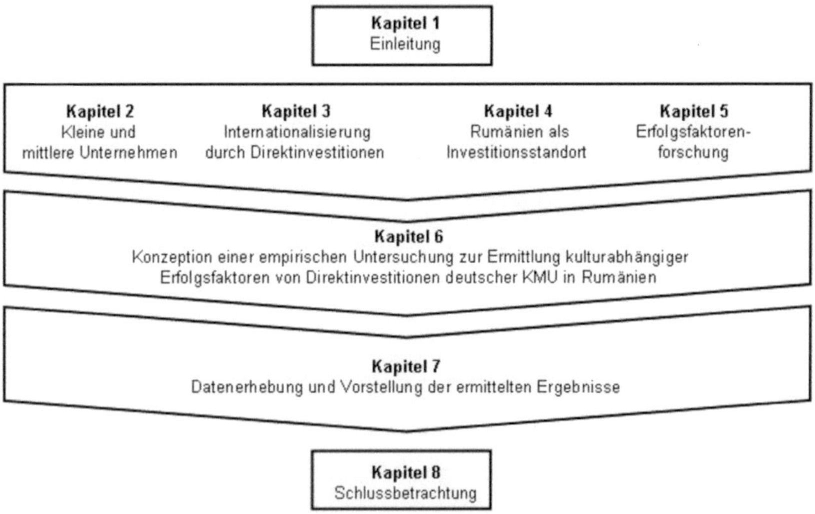

Abbildung 1.1: Aufbau der Arbeit

Im Mittelpunkt des dritten Kapitels steht die Identifikation der Motive und Ziele von Unternehmen, die diese dazu veranlassen Direktinvestitionen zu tätigen. Darüber hinaus wird aufgezeigt, wie sich Direktinvestitionen aus den Strategien der Unternehmen ableiten. Das nachfolgende Kapitel geht auf die für Direktinvestitionen in Rumänien relevanten landesspezifischen Faktoren ein. In Kapitel fünf werden Ansätze zur Identifikation von Erfolgsfaktoren vorgestellt sowie die damit verbundenen, wesentlichen methodischen und inhaltlichen Kritikpunkte beleuchtet.

Aufbauend auf Kapitel zwei bis fünf wird in Kapitel sechs ein theoretisch fundierter Bezugsrahmen zur Identifikation der kulturabhängigen Erfolgsfaktoren von Direktinvestitionen kleiner und mittlerer Unternehmen in Rumänien entwickelt. Dabei werden mittels einzelner Theorieansätze die Suchfelder potenzieller Erfolgsfaktoren systematisiert und konkretisiert. Ausgehend von dieser Vorgehensweise werden Hypothesen abgeleitet, die im Rahmen der durchzuführenden Primärerhebung zu überprüfen sind. Als Ergebnis dieses Kapitels wird ein Strukturgleichungsmodell zur Erklärung des Erfolges von Direktinvestitionen in Rumänien spezifiziert.

Kapitel sieben beginnt mit der Vorstellung der durchgeführten Datenerhebung und des dafür entwickelten Erhebungsinstruments sowie der Darstellung des Partial Least Squares-Ansatzes (PLS) als geeignete Methode zur Datenanalyse. Aufbauend auf die durch den Einsatz der PLS-Methode ermittelten Erkenntnissen werden dannach Entscheidungs- und Gestaltungshilfen für KMU abgeleitet.

Unter Rückgriff auf die eingangs gestellten Forschungsfragen fasst Kapitel acht die vorliegende Arbeit abschließend zusammen.

Kapitel 2

Mittelständische Unternehmen als Untersuchungsgegenstand

2.1 Entwicklung, Abgrenzung und Bedeutung kleiner und mittlerer Unternehmen (KMU)

2.1.1 Historischer Rückblick

Schon zu Urzeiten der Menschheit war die Beschaffung von Nahrung, Kleidung, Unterkunft von existentieller Bedeutung. Durch die feste Ansiedlung spezialisierten sich einzelne Hauswirtschaften, aber auch größere Gemeinschaften in Abhängigkeit von geografischen und klimatischen Gegebenheiten auf die Herstellung bestimmter Güter. Waren diese über die eigenen Bedürfnissen hinaus vorhanden, wurden sie zum Tausch angeboten. So konnten Güter eingetauscht werden, die selbst nicht hergestellt wurden. Es entstand eine Arbeitsteilung in der Produktion von Gütern.[1]

Hauswirtschaften, zu denen auch landwirtschaftliche Betriebe zählen, waren auch zur Zeit der Klassischen Antike[2] die Basis der Wirtschaft. Im 5. Jahrhundert v. Chr. entsteht die Lehre über die Hausverwaltung, deren Bezeichnung *Ökonomia* sich aus dem griechischen Wort *oikonomos*, Hausverwalter, ergibt. Ungefähr 150 Jahre später eta-

[1] Vgl. [Krämer 2003], S. 7.

[2] Die Klassische Antike umfasst den Zeitraum vom 8. Jahrhundert v. Chr. bis zum Niedergang des Weströmischen Reiches im 5. Jahrhundert n. Chr.

blierte ARISTOTELES die Lehre vom Tauschhandel. Neben den Hauswirtschaften gab es zunehmend auch Handwerker, die einer gewerblichen Tätigkeit nachgingen.[3]

Der Niedergang des Römischen Reiches gefolgt von den Wirren der Völkerwanderung führten dazu, dass 1.000 Jahre später im Mittelalter Hauswirtschaften immer noch von zentraler wirtschaftlicher Bedeutung waren. Die weitere Entwicklung von Gewerbe und Handwerk beginnt erst mit der Gründung und Entwicklung der Städte. Dort entstehen in Zünfte organisierte handwerkliche Kleinbetriebe. Die Erfindung des Buchdrucks führt im 16. und 17. Jahrhundert zu der Entstehung der Verlagshäuser,[4] den Vorläufer der Fabriken des Industriezeitalters.[5] Die Verlagskaufleute stellten das Kapital in Form von Ausrüstung und Know-how zur Verfügung, die Arbeiter ihre Arbeitskraft.

Die eigentliche Geschichte gewerblicher kleiner und mittlerer Unternehmen beginnt mit der Industriellen Revolution Ende des 18. Jahrhunderts. Die Erfindung der Dampfmaschine, die zahlreichen Erfindungen im Bereich deren Einsatzes, die Expansion des tertiären Sektors und die Herausbildung freier Berufe beschleunigen die Entwicklung und Verbreitung der KMU.[6]

2.1.2 Definitorische Abgrenzung

Eine präzise Definition des Untersuchungsgegenstands ist die Grundvoraussetzung für die Erarbeitung fundierter wissenschaftlicher Aussagen. Dies erscheint bei dem Untersuchungsobjekt dieser Arbeit besonders wichtig, da in Theorie und Praxis eine Vielzahl von zum Teil synonym verwendeter Notationen, wie kleine und mittlere Unternehmen (KMU), Mittelstand, mittelständische Betriebe/Unternehmen oder Mittelbetriebe, existieren.[7]

Der Begriff Mittelstand lässt sich in die Zeit der feudalen Ständestrukturen einordnen und bezeichnet die damals neu etablierte gesellschaftliche Mitte zwischen den zwei alten Ständen der Aristokratie und des Proletariats. Auch nach der Abschaffung der Ständegesellschaft ist der Begriff Mittelstand immer noch präsent. In der neueren deutschen Mittelstandsforschung wird der Mittelstandsbegriff sowohl in einem soziologischen als auch wirtschaftlichen Kontext verwendet.[8] Im Fokus dieser Arbeit stehen KMU, die

[3] Vgl. [AUBIN 1971], S. 69.
[4] Vgl. [KRÄMER 2003], S. 8.
[5] Vgl. [MUGLER 1998], S. 56.
[6] Für einen umfassenden historischen Rückblick der Entwicklung von KMU in Deutschland vgl. [GRUBER 2000] und [MUGLER 1998], S. 55ff.
[7] Vgl. [HARTMANN 1981], S. 18ff.
[8] Vgl. [HAMER 2006], S. 25ff.

einen Teil des wirtschaftlichen Mittelstands ausmachen.[9] Nachfolgend werden qualitative und quantitative Merkmale besprochen, die zur Unterscheidung von Unternehmen eingesetzt werden.

2.1.2.1 Qualitative Kriterien

Die qualitative Abgrenzung von Unternehmen kann prinzipiell über die Anwendung von Kriterienkatalogen oder Typologien vorgenommen werden.

In der Literatur finden sich eine Vielzahl von Kriterienkatalogen, die sich sowohl im Umfang der einbezogenen Kriterien als auch in deren Gewichtung erheblich unterscheiden.[10] Je umfangreicher die Kriterienkataloge sind, desto weniger Unternehmen erfüllen die vorgegebenen Kriterien. Dies bedeutet, dass die Anwendung verschiedener Kataloge zu unterschiedlichen Ergebnissen führen kann. Unklar bleibt auch, ob alle Kriterien eines Katalogs erfüllt sein müssen oder ob das Erreichen einer bestimmten Mindestanzahl genügt.[11]

Die Anwendung qualitativer Kriterien ist vor allem zur Abgrenzung von mittelständischen Unternehmen geeignet. Die Auswertung bekannter Kriterienkataloge zeigt, dass folgende Merkmale zur qualitativen Charakterisierung dieser Unternehmen im Mittelpunkt stehen:

- die Unternehmen sind rechtlich und wirtschaftlich autonom,[12]
- Kapital und Unternehmensleitung sind in einer Hand vereinigt[13] und
- die Unternehmen zeichnen sich durch eine persönliche Überschaubarkeit aus.[14]

Eine weitere qualitative Möglichkeit Unternehmen abzugrenzen ist die Typologisierung. Dabei werden mittelständische Unternehmen anhand vorgegebener qualitativer Merkmale in Unternehmensklassen, wie z.B. Familienunternehmen oder Handwerksbetriebe, eingeteilt.[15] Die bei den Kriterienkatalogen genannten Probleme bleiben auch hier bestehen.

---

[9] Vgl. Abbildung 2.2.
[10] Für einen Überblick vgl. [Mugler 1998], S. 19ff. und [Pfohl 2006a], S. 18ff.
[11] Vgl. [Weber 1981], S. 19.
[12] Vgl. [Moraw 1990], S. 24.
[13] Vgl. [Gantzel 1962], S. 277ff.
[14] Vgl. [Krämer 2003], S. 8f.
[15] Für einen Überblick über Typologien von KMU vgl. [Mugler 1998], S. 24ff.

Die Anwendung von qualitativen Kriterien ist besonders dafür geeignet, mittelständische Unternehmen sowie Teilmengen dieser Unternehmen sehr präzise von anderen Unternehmen zu unterscheiden. Da aber nur ein Teil der KMU mittelständische Unternehmen sind, werden im Rahmen dieser Arbeit keine qualitativen Kriterien zur Abgrenzung der Untersuchungsobjekte einbezogen. Dadurch werden auch die genannten Problemen sowie die erheblichen Schwierigkeiten bei der Operationalisierung und Erfassung qualitativer Kriterien umgangen.[16]

Nachfolgend werden Möglichkeiten einer quantitativen Abgrenzung von KMU erörtert.

2.1.2.2 Quantitative Kriterien

Eine einfache Möglichkeit, kleine, mittlere und große Unternehmen zu unterscheiden, ist deren Größe. Diese kann quantitativ durch Umsatz, Gewinn, Marktanteil, Anzahl der Mitarbeiter, Gesamtkapital sowie Bilanzsumme der Unternehmen ausgedrückt werden.[17]

Sowohl die *Europäische Kommission* als auch die *Statistischen Ämter des Bundes und der Länder* setzen zur Klassifikation von Unternehmen in erster Linie die Mitarbeiterzahl und den Umsatz ein. Eine mögliche Begründung des Einsatzes dieser Größen ist die Konstanz des Beschäftigungsmaßstabs gegenüber zeitlichen Verzerrungen sowie die schon vorhandenen Daten zum Umsatz aus anderen Statistiken, wie z.B. der Umsatzsteuerstatistik, aber vor allem die einfache Erfassung dieser beiden Größen.[18]

Die starke Verankerung dieser Kriterien in der amtlichen Statistik führt dazu, dass diese häufig in der empirischen KMU-Forschung angewandt werden. Abbildung 2.1 stellt die von dem *Institut für Mittelstandsforschung in Bonn (IfM Bonn)*[19] sowie die von der *Europäischen Kommission* angewandten Kriterien zur Abgrenzung von KMU dar.

Im Rahmen dieser Arbeit werden die von dem IfM Bonn angewandten Kriterien eingesetzt. Grund dafür ist, dass Unternehmen, die ähnliche Mitarbeiterzahlen und Umsätze vorweisen, bei der Aufgabe der Internationalisierung vor ähnlichen Problemen und

[16]Vgl. [Krämer 2003], S. 9 und [Wossidlo 1993], S. 2891f.

[17]Vgl. [Günzel 1975], S. 8ff., [Haake 1987], S. 4, [Hedinger 1978], S. 30, [Krämer 2003], S. 9, [Link 1975], S. 3, [Naujoks 1975], S. 32f., [Pfohl 2006a], S. 4f. und [Reske 1978], S. 15ff.

[18]Vgl. [Setzer 2001], S. 19.

[19]Das *Institut für Mittelstandsforschung in Bonn* (www.ifm-bonn.de) wird vom Bundesminister für Wirtschaft und Technologie und dem Land Nordrhein-Westfalen finanziert und kann als richtungsweisend für die empirische Mittelstandforschung in Deutschland bezeichnet werden. Dies erklärt die verbreitete Anwendung der von diesem Institut vorgeschlagenen Abgrenzungskriterien für KMU in der deutschen empirischen Mittelstandsforschung.

	Kriterien	Kleinst-unternehmen	Kleine Unternehmen	Mittlere Unternehmen
IfM Bonn	Beschäftigte	1 bis 9		10 bis 499
	UND			
	Umsatz	bis 1 Mio. €		1 bis 50. Mio. €
EU[1]	Beschäftigte	1 bis 9	10 bis 49	50 bis 249
	UND			
	Umsatz	bis 2 Mio. €	bis 10 Mio. €	bis 50 Mio. €
	ODER			
	Bilanzsumme	bis 2 Mio. €	bis 10 Mio. €	bis 43 Mio. €

[1] Zusätzlich zu den drei Kriterien halten die Unternehmen weniger als 25 % des Kapitals oder der Stimmrechte (unter Berücksichtigung des jeweils höheren Anteils) an einem oder mehreren anderen Unternehmen und/oder Außenstehende halten weniger als 25 % des Kapitals oder der Stimmrechte (unter Berücksichtigung des jeweils höheren Anteils) der Unternehmen.

Abbildung 2.1: Quantitative Kriterien zur Abgrenzung von KMU (Quelle: [IFM-BONN 2008], [EU 2006], S. 13ff.)

Herausforderungen stehen, unabhängig davon, ob diese eignergeführt sind oder nicht. Auch kann von einer ähnlichen Ressourcenaustattung ausgegangen werden. Verwendet man einen qualitativen Kriterienkatalog, wäre es denkbar, dass Unternehmen, die beispielsweise mehrere tausend Mitarbeiter beschäftigen, zusammen untersucht werden mit Unternehmen, die weniger als hundert Mitarbeiter haben. Aufgrund der zu vermutenden sehr unterschiedlichen Ressourcenausstattung würde es zu unterschiedlichen und inkonsistenten Ergebnissen kommen.

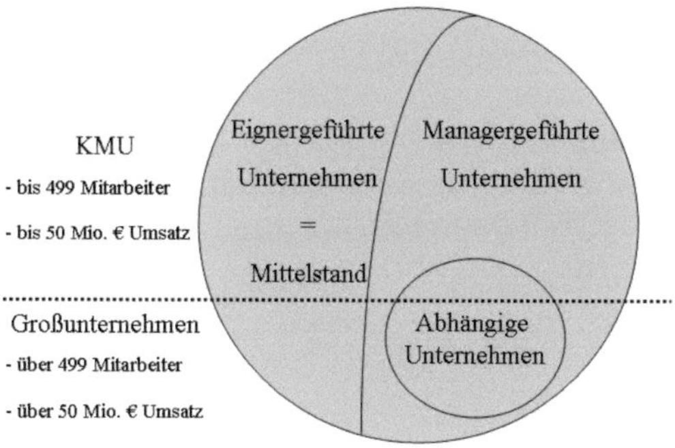

Abbildung 2.2: KMU als Teilmenge der mittelständischen Unternehmen (Quelle: in Anlehnung an [BMWI 2007], S. 11.)

Als KMU werden in dieser Untersuchung Unternehmen verstanden, deren Gesamtmitarbeiterzahl kleiner als 500 und deren Gesamtumsatz kleiner als 50 Millionen EURO ist. Abbildung 2.2 verdeutlicht dies.

2.1.3 Volkswirtschaftliche Bedeutung

Mittelständische Unternehmen werden häufig als das Rückgrat der deutschen Wirtschaft bezeichnet. Diese Aussage wird in diesem Kapitel durch die Analyse diverser statistischer Befunde überprüft. Zunächst fällt auf, dass in den für Deutschland vorhandenen Statistiken mittelständische Unternehmen durch die gleichen quantitativen Kriterien operationalisiert werden wie KMU.[20] Somit müsste die Aussage dahingegen präzisiert werden, dass KMU das Rückgrat der deutschen Wirtschaft bilden.

Um ein Bild über den Anteil der KMU an allen Unternehmen in Deutschland zu bekommen, bietet sich die Analyse der aktuell verfügbaren Umsatzsteuerstatistik an. In dieser Statistik sind 2.957.173 Unternehmen mit einem jährlichen Umsatz über 17.500 EURO erfasst, die für das Berichtsjahr 2004 Umsatzsteuervoranmeldungen abgegeben haben.[21] Nicht enthalten sind Unternehmen, die keine Voranmeldung, sondern nur eine jährliche Umsatzsteuererklärung abgeben müssen, Kleinunternehmen mit jährlichen Umsätzen unter der Besteuerungsgrenze, sämtliche konzernabhängige Unternehmen, für die die Muttergesellschaft die Versteuerung des Umsatzes übernimmt sowie Ärzte, Behörden, Versicherungsvertreter und landwirtschaftliche Unternehmen, da diese ausschließlich steuerfreie Umsätze tätigen. Nur 8.344 der 2.957.173 erfassten Unternehmen generieren einen Umsatz von über 50 Millionen EURO, somit sind als Ergebnis der Auswertung der Umsatzsteuerstatistik 99,7 Prozent der erfassten Unternehmen KMU. Betrachtet man die von den Unternehmen erzielten Umsätze, weist die Umsatzsteuerstatistik für das Jahr 2004 einen steuerpflichtigen Gesamtumsatz aller deutschen Unternehmen von 4.347,5 Milliarden EURO aus. Hiervon entfallen auf die 8.344 Großunternehmen 60,2 Prozent. Die KMU realisieren ein Umsatzvolumen von 1.730,4 Milliarden EURO und damit 39,8 Prozent aller Umsätze.[22]

Schon allein die hohe Anzahl der KMU deutet auf die Wichtigkeit dieser Unternehmen für die deutsche Volkswirtschaft hin. Denn einerseits stehen den Konsumenten eine Viel-

[20]Vgl. Kapitel 2.1.2.2.
[21]Vgl. Abbildung 2.3.
[22]Vgl. [BMWI 2007], S. 12ff.

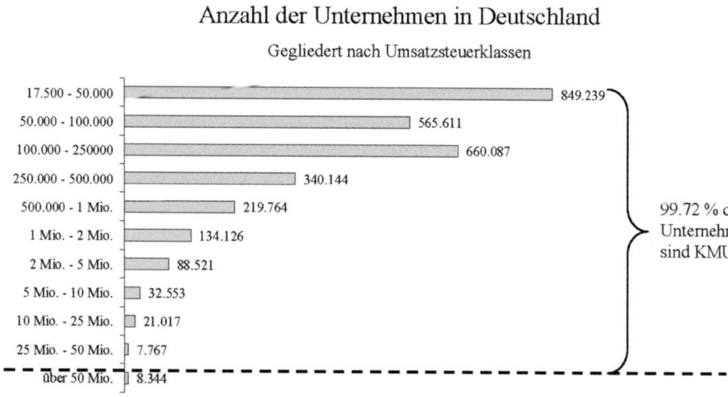

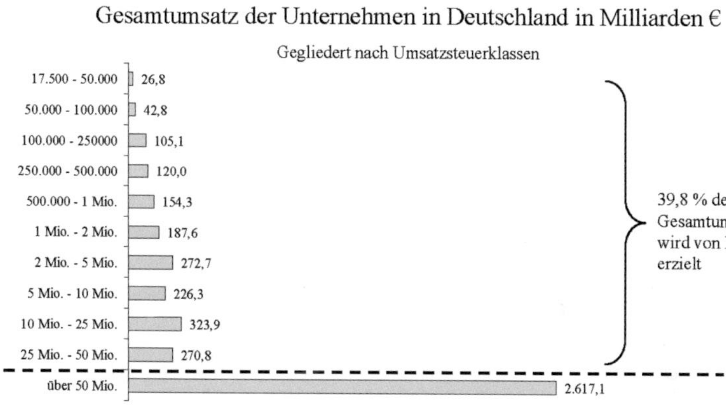

Abbildung 2.3: Aggregierte Ergebnisse der Auswertung der Umsatzsteuerstatistik 2004 (Quelle: Statistisches Bundesamt: Sonderauswertung der Umsatzsteuerstatistik 2004 im Auftrag des IfM Bonn, in Anlehnung an [BMWI 2007], S. 12ff.)

zahl von Marktpartnern gegenüber, ein Indiz für einen funktionierenden Wettbewerb, und anderseits ist zu vermuten, dass KMU ein Großteil der Arbeitsplätze anbieten.[23]

Da die Umsatzsteuerstatistik keine Rückschlüsse auf die Bedeutung der KMU für den Arbeitsmarkt erlaubt, muss auf andere Statistiken zurückgegriffen werden. Geeignet hierfür ist die Beschäftigtenstatistik und die Betriebsdatei der *Bundesagentur für Arbeit*, da diese die Unternehmen nach Zahl der Beschäftigten erfassen. Beide genannten

[23]Vgl. [KRÄMER 2003], S. 24.

Statistiken beruhen auf Meldungen, die die Arbeitgeber für ihre sozialversicherungspflichtigen Beschäftigten bei den Krankenkassen einreichen. Die Statistik beinhaltet nur Daten von Betrieben mit mindestens einem sozialversicherungspflichtigen Beschäftigten. Nicht erfasst sind Betriebe ohne sozialversicherungspflichtige Beschäftigte sowie Betriebe mit ausschließlich nichtversicherten Mitarbeitern. Weil diese Statistik nur Betriebe, nicht jedoch Unternehmen erfasst, dürfte sie in stark filialisierten Bereichen, wie dem Handel, nur ein verzerrtes Bild der Größenstruktur der Unternehmen wiedergeben.

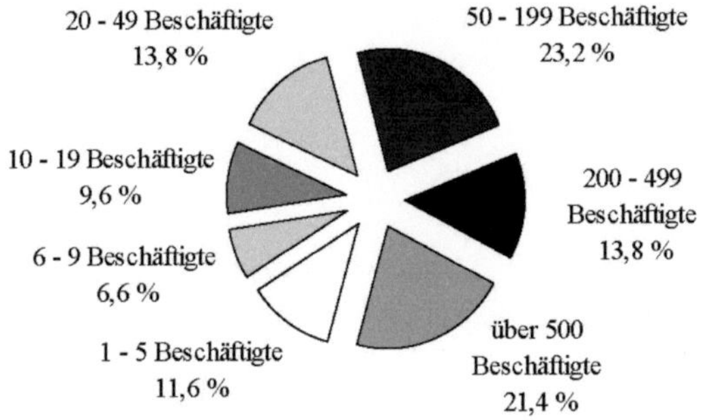

Gesamtzahl der erfassten Beschäftigten: 26.523.982

Betriebe mit 1 – 9 Beschäftigten:	4.821.330
Betriebe mit 10 – 499 Beschäftigten:	16.033.715
Betriebe mit über 500 Beschäftigten:	5.668.937

Abbildung 2.4: Betriebsgrößenstruktur nach Anteil an der Gesamtzahl der Beschäftigten in Deutschland 2004 (Quelle: Institut für Arbeitsmarkt- und Berufsforschung der Bundesagentur für Arbeit, in Anlehnung an [BMWI 2007], S. 15.)

Wie aus Abbildung 2.4 ersichtlich, waren zum 30.06.2004 etwa 26,5 Millionen Personen in sozialversicherungspflichtigen Beschäftigungsverhältnissen tätig. 78,6 Prozent der erfassten sozialversicherungspflichtigen Beschäftigten hatten ihren Arbeitsplatz in KMU. Des Weiteren zeigt eine Untersuchung des *Instituts der Wirtschaft*, dass in den alten Bundesländern im Zeitraum 1977 bis 1991 82,5 Prozent aller neu entstandenen Arbeitsplätze in Unternehmen mit unter 500 Beschäftigten geschaffen wurden.[24]

Neben der aufgezeigten Bedeutung bei der Schaffung von Arbeitsplätzen sind KMU auch stark in der Berufsausbildung engagiert. Ende Juni 2004 waren bei der *Bundesagentur für Arbeit* 1.377.000 Personen als Auszubildende registriert. Davon wurden 1.141.000, also 82,7 Prozent in Betrieben mit weniger als 500 Beschäftigten ausgebil-

[24] Vgl. [SCHMIDT 1996], S. 541ff.

det.[25] Dieser überproportional hohe Anteil ist damit zu erklären, dass KMU aufgrund ihres spezialisierten Leistungsprogramms häufig auch speziell geschulte Mitarbeiter benötigen.

Auch bezüglich der Investitionen stellen KMU mit 51,5 Prozent der gesamten Bruttoinvestitionen eine beachtliche Größe dar.[26] Vor allem Investitionen in die Weiterentwicklung von Produkten und Prozessen ermöglichen es KMU mit ihren spezialisierten Produkten, in Teilmärkten erfolgreich zu agieren und ihre Marktstellung weiter auszubauen.

Zusammenfassend lässt sich die hohe Bedeutung der KMU für die deutsche Volkswirtschaft feststellen. Nachfolgendes Kapitel geht auf die Veränderung der Wettbewerbssituation durch die zunehmende Internationalisierung ein.

2.2 Spezifische Eigenschaften kleiner und mittlerer Unternehmen

KMU sind nicht identisch, sondern nehmen eine Vielzahl verschiedener Formen an. Trotz dieser Vielfalt weisen KMU gewisse Gemeinsamkeiten auf, die sich aus der ähnlichen Betriebsgröße ergeben. Obwohl nicht jedes einzelne Unternehmen diese Eigenschaften aufweist, werden diese mit einer hohen Häufigkeit beobachtet. Die Kenntnis dieser Eigenschaften ist wesentlich für die Identifikation potenzieller Erfolgsfaktoren sowie der Probleme dieser Unternehmen. Im Folgenden wird das Ressourcenpotenzial und dessen Auswirkung auf die Verhaltensweise der KMU erörtert.

2.2.1 Ressourcenpotenzial der KMU

Das Ressourcenpotenzial der KMU kann sowohl als eine Restriktion ihrer Handlungsoptionen, aber auch als Quelle ihres Erfolges betrachtet werden. Nachfolgend wird auf die für KMU kritische Ressourcen eingegangen.

[25] Vgl. [BMWI 2007], S. 15.
[26] Vgl. [IFM-BONN 2008].

2.2.1.1 Führungskapazität

Die Führungskapazität sowie der mangelnde Einsatz operativer und strategischer Führungsinstrumente gehören zu den gravierendsten Restriktionen der KMU.[27]

Nach denn Berechnungen des IfM Bonn weisen rund 95 Prozent aller deutschen Unternehmen und vor allem die meisten KMU die Einheit von Eigentum und Leitung auf.[28] Dies führt zu folgenden Problemen, die in Großunternehmen nur selten vorhanden sind:

- Die Vereinigung von Eigentum und Management erschwert eine effektive Steuerung und Kontrolle der Geschäftsführung.
- Die Regelung der Nachfolge gestaltet sich häufig schwieriger und langwieriger als in von angestellten Managern geführten Unternehmen. Dies kann zu einer ernsthaften Bedrohung der Existenz der betroffenen Unternehmen führen.[29]
- In Unternehmen, die in zweiter oder dritter Generation geführt werden, können persönliche Rivalitäten zwischen den Mitgliedern der Eigentümerfamilien zu negativen Auswirkungen auf den Unternehmenserfolg führen.
- Werden angestellte Manager und Familienmitglieder in Führungspositionen bezüglich Aufstiegsmöglichkeiten, Entlohnung und Mitbestimmung ungleich behandelt, sind negative Folgen wahrscheinlich.[30]
- Entsprechen die Qualifikationen langjähriger Mitarbeiter nicht mehr den betrieblichen Erfordernissen, werden personellen Konsequenzen aus Verbundenheit mit diesen sehr spät oder gar nicht getroffen. Dies kann die Entwicklung des Unternehmens hemmen.[31]
- Die Doppelbelastung der Unternehmensleitung führt häufig zu einer Vernachlässigung strategischer Aufgaben. Empirische Studien belegen die im Vergleich zu Großunternehmen höhere Leistungs- und Entscheidungsspanne der kleindimensionierten Führungsspitze von KMU und weisen nach, dass die sich daraus ergebenden Fehlentscheidungen die dominierenden Insolvenzauslöser sind.[32] Weitere Untersuchungen zeigen, dass Eigentümer, die Führungsaufgaben wahrnehmen, im

[27] Vgl. [Dörnberg 1982], S. 15.
[28] Vgl. [IfM-Bonn 2008].
[29] Vgl. [Schmalenbach 1983], S. 178ff.
[30] Vgl. [Seibert 1987], S. 34.
[31] Vgl. [Sieker 1983], S. 217.
[32] Vgl. [Gaulhofer 1988], S. 51ff. und [Steiner 1978], S. 36ff.

Vergleich zu angestellten Manager oft einen niedrigeren strategischen Erfahrungshorizont sowie eine geringere allgemeine Qualifikation besitzen.[33]

Vor allem im Zusammenhang mit der Internationalisierung der Unternehmensaktivitäten ist diese Problematik nicht vernachlässigbar. Werden nämlich weitere Geschäftsführungsaufgaben von ausländischen Betrieben und Tochtergesellschaften zentral von dem Eigentümer wahrgenommen, kann es zu Überbelastungen kommen. Auch kommt es aufgrund der fehlenden Internationalisierungserfahrung häufig zu einer unreflektierten Übertragung heimatsmarktspezifischer Strukturen und Denkweisen auf die ausländischen Märkte und Organisationseinheiten.[34] Eine solche Vorgehensweise kann aber auch eine mögliche Erfolgsquelle sein, wenn es gelingt, die ausländischen Mitarbeiter von den Vorzügen der in der Stammorganisation vorhandenen Strukturen und Denkweisen zu überzeugen. Denn gleiche Systeme und Denkweisen vereinfachen die Steuerbarkeit des Gesamtunternehmens. Weitere generelle Vorteile der Personalunion von Eigentum und Management sind die daraus entstehende hohe Einsatzbereitschaft sowie unbürokratische und schnelle Entscheidungswege.

Der Einsatz familienexterner Manager entschärft die Nachfolgeproblematik und die möglichen Probleme, die durch die persönlichen Rivalitäten zwischen den Mitgliedern der Eigentümerfamilien entstehen könnten. Auch kann so situationsspezifisch gezielt spezifisches Know-how in das Unternehmen gebracht werden.[35] Das Problem der Überlastung der Führungskapazität durch die Konzentration einer Vielzahl von strategischen und operativen Entscheidungen auf eine Person oder auf ein kleines Führungsgremium bleibt erhalten.

2.2.1.2 Organisatorisches Potenzial und Struktur

Der Begriff *Organisation* beschreibt zum einen eine bestehende Struktur und zum anderen die Arbeit des Organisierens, also die Tätigkeit der Schaffung einer bestimmten Struktur. In der betriebswirtschaftlichen Organisationslehre wird zwischen Aufbau- und Ablauforganisation unterschieden. Bei der Aufbauorganisation geht es um die Schaffung einzelner Stellen und Abteilungen sowie um die Delegation von Entscheidungskompetenzen und die Koordination innerhalb eines Unternehmens. Die Ablauf- organisation beschäftigt sich mit der Formalisierung des räumlichen und zeitlichen Arbeitsablaufs.

[33] Vgl. [Albach 1989], S. 39ff. und 73f.
[34] Vgl. [Dülfer 1987], S. 60.
[35] Vgl. [Schultzendorff 1984], S. 73f. und 114ff.

Diese Trennung ist eher von theoretischer Natur, da in der Praxis die Übergänge zwischen den beiden Gebieten fließend sind.[36]

Das organisatorische Potenzial sowie die Struktur eines Unternehmens steht im engen Zusammenhang zu dessen Größe.[37] Die von KIESER/KUBICEK vorgeschlagenen fünf Strukturdimensionen:[38]

- Spezialisierung (Arbeitsteilung),
- Koordination,
- Konfiguration (Leitungssystem),
- Entscheidungsdelegation und
- Formalisierung

werden im Folgenden dazu eingesetzt, die wichtigsten Aspekte der Organisationsstruktur von KMU zu analysieren.

KMU weisen einen deutlich niedrigeren *Spezialisierungsgrad* auf als Großunternehmen. Die niedrigere Arbeitsteilung kann zu Effizienzeinbußen führen und somit einen Wettbewerbsnachteil darstellen. Der ökonomische Vorteil der Spezialisierung ist nicht zu unterschätzen. Der heutige industrielle Standard wäre ohne eine starke Spezialisierung nicht erreicht worden. Bereits im 18. Jahrhundert machte ADAM SMITH mit seinem berühmten Beispiel der Stecknadelproduktion auf die durch eine Spezialisierung möglichen Effizienzgewinne aufmerksam.[39] Die generellen Vorteile einer hohen Spezialisierung sind Kosteneinsparung durch die Nutzung von Erfahrungseffekten sowie die Reduzierung von Anlernzeiten und Qualifikationsanforderungen der Mitarbeiter. Die Nachteile sind die durch die monotone Arbeit verursachten höhere Krankenstände und die höhere Fluktuation, der erhöhte Koordinationsbedarf sowie steigende Qualitätsprobleme.[40]

[36]Vgl. [KRÄMER 2003], S. 92. und [VOSS 1983], S. 301f.

[37]Vgl. [DÖRNBERG 1982], S. 199f.

[38]Die anfallenden Aufgaben eines Unternehmens werden meistens nicht von einer Person allein, sondern von mehreren Organisationsmitgliedern bewältigt. Diese Arbeitsteilung führt zur Spezialisierung und zur Notwendigkeit der Koordination der einzelnen Aktivitäten hinsichtlich der Erfüllung der Organisationsziele. Dabei wird ein Leitsystem benötigt, welches Aufgaben und die für deren Erledigung zuständigen Personen einander über-, unter- oder nebenordnet. Zusätzlich zu dieser hierarchischen Ordnung müssen Entscheidungskompetenzen verteilt werden. Dadurch können einzelne Mitglieder die Organisation nach innen oder außen vertreten. Um eine reibungslose Kommunikation zu sichern, müssen abschließend deren Form sowie die einzuhaltenden Kommunikationswege formalisiert werden. Vgl. [KIESER 2007a], S. 77ff. und [KIESER 2007b], S. 77f.

[39]Vgl. [SMITH 1776].

[40]Vgl. [KIESER 2007a], S. 78ff.

Andererseits kann die mit dem geringeren Spezialisierungsgrad verbundene Interdisziplinarität der Arbeitsaufgabe motivations- und innovationssteigernd wirken. Zusätzlich verringern kurze, formlose Informations- und Kommunikationswege Kompetenz- und Koordinationsprobleme zwischen den Organisationsmitgliedern. Bezüglich der Erweiterung der Unternehmensaktivitäten auf ausländische Märkte und Standorte erschweren die geografische Distanz sowie sprachliche und interkulturelle Barrieren eine schnelle und direkte Kommunikation.[41] Formalisierte Informations- und Kommunikationswege sowie ein höherer Spezialisierungsgrad könnten hier vorteilhafter sein.

KIESER/KUBICEK[42] unterscheiden aufbauend auf die Auswertung einschlägiger Literatur zwischen personenorientierten und technokratischen Koordinationsmechanismen. Bei der personenorientierten Koordination wird die Koordinationsleistung von einer oder mehreren Personen erbracht. Dies kann durch persönliche Weisungen oder durch Selbstabstimmung geschehen. Bei der Koordination durch persönliche Weisungen obliegt die Koordinationsaufgabe der einzelnen Führungskraft, die diese in Eigenverantwortung ohne Zuhilfenahme fester Vorgaben erfüllt. Die Anwendung dieser flexiblen Koordinationsform findet ihre Grenzen in der Informationsverarbeitungsfähigkeit der einzelnen Führungskräfte und in der Akzeptanz der geführten Mitarbeiter. Bei der Koordination durch Selbstabstimmung wird die Koordinationsaufgabe durch eine Teamentscheidung getroffen. Der Vorteil der Selbstabstimmung liegt in der hohen Akzeptanz der getroffenen Entscheidung und in der sich daraus ergebenden höheren Motivation der Mitarbeiter. Als nachteilig ist der höhere Aufwand und der damit verbundene Zeitverlust zu sehen. Die technokratische Koordination erfolgt durch Programme und Pläne. Bei der Koordination durch Programme werden die durchzuführenden Koordinationshandlungen bezüglich deren Inhalts und Ablaufs vorab definiert und bei Notwendigkeit programmgemäß ausgeführt. Die Voraussetzung für den Einsatz dieser Koordinationsform sind stabile Umweltzustände, da nur dadurch potenziell zu erwartende Koordinationsaufgaben analysiert und Standards für deren Lösung erarbeitet werden können. Als problematisch erweist sich diese Koordinationsform bei instabilen, dynamischen Umweltzuständen. Die zweite technokratische Koordinationsform ist die Koordination durch Pläne. Bei dieser Koordinationsform erhalten die Auszuführenden zeitlich befristete Zielvorgaben, die im Rahmen eines institutionalisierten Planungsprozesses erarbeitet wurden. Aufgrund deren begrenzten Gültigkeit ist diese Koordinationsform im Vergleich zur Koordination durch Programme flexibler. Ein weiterer Vorteil ist, dass nicht für jede Eventualität im Vorhinein Standards zu definieren sind, sondern nur die Zielerfüllung überwacht werden muss. Dies kann auch motivationsfördernd auf

[41] Vgl. [FEILAND 1986], S. 38f.
[42] Vgl. [KIESER 2007a], S. 100ff.

die Führungskräfte wirken, da deren Handlungsspielraum nicht eingeschränkt wird.[43] Die Koordination mittels persönlicher Weisungen und Selbstabstimmung ist aufgrund der überschaubaren Organisationsstrukturen häufig in KMU zu beobachten. Zusätzlich ist der damit verbundene rasche Informationsdurchlauf und eine schnelle Reaktions- und Anpassungsfähigkeit der KMU auf veränderte Umweltbedingungen von Vorteil und kann auf dem heimischen Markt zu Wettbewerbsvorteilen führen.[44] Für die Koordination ausländischer Organisationseinheiten ist diese Koordinationsform durch die räumliche und kulturelle Distanz nur bedingt geeignet.

Flache Organisationsstrukturen sind aufgrund der Unternehmensgröße typisch für KMU. Während Unternehmen mit unter 10 Mitarbeitern noch ohne eigenständige Abteilungen auskommen, weisen Unternehmen mit bis zu 50 Mitarbeitern dieses Merkmal auf. Noch größere Unternehmen verfügen über eine mehrstufige Organisationsstruktur mit mehreren Führungsebenen. Diese schlanken, im Vergleich zu Großunternehmen überschaubare Organisationsstrukturen begünstigen zusätzlich den schnellen Informationsaustausch sowie die Reaktions- und Anpassungsfähigkeit des Unternehmens.[45] Bezüglich der Integration ausländischer Organisationseinheiten ist die dort vorhandene Landeskultur entscheidend dafür, ob die Übertragung von flachen Hierarchien zu Wettbewerbsvorteilen oder -nachteilen führt.

Im engen Zusammenhang mit der Organisationsstruktur steht die *Delegation von Entscheidungskompetenzen*. Während durch die Konfiguration der Organisationsstruktur die grundsätzlichen Weisungsbeziehungen festgelegt werden, geht es bei der Delegation von Entscheidungsbefugnissen um die konkrete Ausfüllung dieser Struktur. Nur bei Unternehmen mit mehreren Führungsebenen ist eine Delegation sinnvoll. Neben einer geringen Delegationsbereitschaft ist auch der Delegationsbedarf aufgrund der kurzen Informations- und Entscheidungswege sowie der flachen Hierarchien in KMU gering. Die Konzentration der Entscheidungs- und Weisungskompetenzen auf eine oder wenige Personen kann aber die Mitarbeitermotivation negativ beeinflussen und bei Ausfall der Entscheidungstäger das Unternehmen handlungsunfähig machen.[46] Hinsichtlich der Erweiterung der Unternehmensaktivitäten auf ausländische Märkte und Standorte ist die Delegation von Entscheidungskompetenzen unerlässlich. Geschieht dies nicht, ist mit einer Überlastung der Führungskapazität in der Stammorganisation sowie mit einer kaum funktionierenden Führung in der ausländischen Organisationseinheit zu rechnen.

[43] Für eine eine ausführlichere Darstellung vgl. [Kieser 2007a], S. 115ff.
[44] Vgl. [Krämer 2003], S. 93.
[45] Vgl. [Feiland 1986], S. 41.
[46] Vgl. [Krämer 2003], S. 93.

Bezüglich der Strukturdimension der *Formalisierung* bestätigen empirische Untersuchungen den geringen Formalisierungsgrad in KMU.[47] Organisatorische Regeln und Sachverhalte wie Organisationsschaubilder, -handbücher, Richtlinien, Stellenbeschreibungen sind selten schriftlich fixiert. Vorherrschend sind ungeschriebene Gesetze und Verhaltensregeln sowie eine ausgeprägte Unternehmenskultur. Dies erhöht die Reaktionsfähigkeit des Unternehmens, bezüglich der Führung von ausländischen Organisationseinheiten ist aber eine Erhöhung des Formalisierungsgrades sinnvoll.

Abschließend kann festgestellt werden, dass kurze und informelle Kommunikationswege, eine flache Organisationsstruktur, die Konzentration der Entscheidungskompetenz sowie ein geringer Formalisierungsgrad auf dem heimischen Markt zu echten Wettbewerbsvorteilen führen können. Sprachliche, interkulturelle, geografische Barrieren verändern diese Situation insoweit, dass eine Formalisierung der Kommunikation und der Koordination sowie die Delegation von Entscheidungskompetenzen erforderlich wird.

2.2.1.3 Führungssysteme

KMU setzen betriebswirtschaftlich-operative sowie strategische Führungsinstrumente seltener ein als Großunternehmen, obwohl aussagefähige Umweltprognosen, Frühwarnsysteme sowie Unternehmensanalysen die Grundlage für die Identifikation von Wettbewerbschancen und -risiken sowie Unternehmensstärken und -schwächen sind.

Die Unternehmensleiter kleiner und mittlerer Unternehmen verlassen sich häufig stärker auf ihr Gespür und ihre Intuition und sind selten bereit, den Aufwand einer systematischen Planung in Kauf zu nehmen.[48] Eine Erklärung dafür könnte die hohe Belastung mit anderen Führungsaufgaben, das nicht vorhandene Wissen im Bezug auf die einzusetzenden Instrumente und die mit einer systematischen Planung verbundenen höheren Kosten sein. Im Vergleich zu Großunternehmen findet man in KMU seltener:

- eine klar definierte langfristige Unternehmensstrategie. Wenn diese dennoch vorhanden sein sollte, ist sie oft globaler formuliert und wird selten verbindlich kommuniziert;
- den Einsatz moderner Führungsmethoden. Häufig wird in KMU ein autoritärer Führungsstil praktiziert;

[47] Vgl. [FEILAND 1986], S. 37. und [STEINER 1978], S. 20.
[48] Vgl. [KROPFBERGER 1984], S. 537.

- eine mittel- und langfristige Planung sowie der Einsatz moderner Controllinginstrumente. Die Gewinnung betriebsinterner Informationen stützt sich im Wesentlichen auf das betriebliche Rechnungswesen sowie die Auswertung finanzieller Kennzahlen;[49]

- eine gezielte Beschaffung und Auswertung von außerbetrieblichen Markt- und Wettbewerbsinformationen sowie von ähnlich wichtigen externen Daten.

Die beschränkte Fähigkeit von KMU außerbetriebliche Informationen zu sammeln und zu analysieren ist im Bezug auf die Internationalisierung der Unternehmensaktivitäten eine nicht zu vernachlässigende Schwäche.[50] Wird die Internationalisierungsentscheidung auf Basis mangelhafter und unvollständiger Informationen und ohne die Einbettung in eine langfristige Unternehmensstrategie getroffen, ergeben sich erhebliche Gefahrenpotenziale. Die Inanspruchnahme externer Beratungsdienstleistungen könnte in dieser Situation hilfreich sein. Die Angst vor hohen Kosten, der Preisgabe interner Daten sowie die Unsicherheit, das geeignete Beratungsunternehmen zu beauftragen, führen dazu, dass KMU nur selten Beratungsdienstleistungen nachfragen.[51]

Ein weiteres Problemfeld ist die Kontrolle der Umsetzung der Internationalisierungsvorhaben. Gerade durch die starke Fixierung auf das betriebliche Rechnungswesen werden häufig nur Kostenpositionen und Umsätze überwacht. Die wirksame Steuerung und Kontrolle eines international operierenden Unternehmens kann aber nur durch ein leistungsfähiges Controlling, unter Berücksichtigung sowohl operativer als auch strategischer Aspekte gewährleistet werden.[52]

Die Herausforderung für KMU besteht einerseits in der Verbesserung und der Institutionalisierung der Informationssammlung und andererseits in der Anpassung der Instrumente des strategischen und operativen Controllings an die eigenen Erfordernisse und Möglichkeiten.

2.2.1.4 Humanpotenzial

Die Qualität der Mitarbeiter macht das Humanpotenzial von Unternehmen aus. Im Folgenden werden die personellen Rahmenbedingungen von KMU kurz dargelegt.

[49]Vgl. [Link 1975], S. 33 und [Feiland 1986], S. 44f.
[50]Vgl. [Kropfberger 1984], S. 546f.
[51]Vgl. [Kapoun 1984], S. 50ff.
[52]Vgl. [Lanz 1989], S. 72f.

Im Vergleich zu Großunternehmen unterliegen KMU größeren Restriktionen hinsichtlich den Themen Bezahlung, Arbeitszeit und der personellen Entwicklung der Mitarbeiter. Grund dafür ist die meist niedrigere Mitarbeiterproduktivität, die zu höheren Lohnkosten führt, sowie die kleinere Größe dieser Unternehmen.[53]

Die Personalstruktur von KMU weist häufig eine geringe Anzahl an ungelernten und angelernten Arbeitskräften sowie Akademikern auf. Dies ist auf die geringe Arbeitsteilung in diesen Unternehmen zurückzuführen. Aufgrund der damit verbundenen weit gefassten Aufgabenbereiche werden Mitarbeiter mit spezifischen Fachwissen benötigt, die zum Teil nur durch Ausbildung im eigenen Betrieb qualifiziert werden können.[54] Akademiker ziehen oft die höhere Vergütung und die vielfältigere Entwicklungsmöglichkeiten eines Großunternehmens vor und werden als zu teuer angesehen.

Ein systematisches Personalmanagement ist seltener zu beobachten, oft werden die entscheidenden Personalaufgaben von der Geschäftsführung nebenbei miterledigt. Dies gilt auch für die Bereiche Personalplanung, -beschaffung, - auswahl und -entwicklung.[55]

Die Ausbildung im eigenen Betrieb zusammen mit einer interdisziplinären Arbeitsaufgabe führen zu einer hohen Motivation und Qualifikation der Mitarbeiter. Somit kann das Humapotenzial als wichtiger Wettbewerbsvorteil und Innovationsmotor der KMU angesehen werden.

Bezüglich der Internationalisierung der Unternehmensaktivität ergibt sich die Aufgabe, geeignetes Personal für die ausländischen Standorte zu rekrutieren. Die Besetzung des Managements kann durch Mitarbeiter der Stammorganisation erfolgen oder durch eine Besetzung von außerhalb. Den Vorteilen einer Besetzung mit angestammtem Personal, wie den Kenntnissen der Organisation und Produkte, der hohen Loyalität und dadurch besseren Kontrolle vor Ort sowie der Möglichkeit Know-how zu transferieren, stehen die Nachteile gegenüber, dass diese Mitarbeiter in der Regel keine Auslandserfahrung haben, nicht die benötigten Sprach- und Landeskenntnisse vorweisen sowie selten international mobil sind.[56] Eine Besetzung mit einer Person außerhalb der Stammorganisation könnte diese Nachteile ausgleichen, würde aber auch die Vorteile einer internen Besetzung zunichte machen. Des Weiteren besteht die Herausforderung, neben dem Management auch geeignete Mitarbeiter zu rekrutieren.

[53]Vgl. [Maier 1992], S. 12.
[54]Vgl. [Bussiek 1996], S. 332.
[55]Vgl. [Maier 1992], S. 12f.
[56]Vgl. [Loerke 1987], S. 19f.

2.2.1.5 Finanzierungspotenzial

Die Kapitalausstattung und -beschaffung ist eines der zentralen Probleme von KMU.[57] Bei der Kapitalausstattung eines Unternehmens wird zwischen Eigenkapital- und Fremdkapitalausstattung unterschieden. Eigenkapital sind finanzielle Mittel, die einem Unternehmen von dessen Eigentümern unbefristet zur Verfügung gestellt werden. Das Eigenkapital ist die Differenz zwischen Vermögen und Schulden. Bei der Einzelunternehmung und den Personengesellschaften ergibt sich die Höhe des Eigenkapitals aus der Aggregation der Salden der Kapitalkonten der Gesellschafter. Bei Kapitalgesellschaften errechnet sich das Eigenkapital aus dem Nominalkapital, zuzüglich der offenen Rücklagen und des Gewinnvortrages. In Abhängigkeit von der gewählten Rechtsform muss das Gründungskapital bei einer Gesellschaft mit beschränkter Haftung mindestens 25.000 EURO und bei einer Aktiengesellschaft mindestens 50.000 EURO betragen. Bei Einzelunternehmungen und den Personengesellschaften gibt es keine gesetzlichen Regelungen bezogen auf das Gründungskapital.[58]

Die Funktionen des Eigenkapitals sind vielfältig. Bei auftretenden Verlusten kann eine hohe Eigenkapitalausstattung existenzgefährdende Liquiditätsengpässe vereiteln und die Sicherheit des Fremdkapitals gewährleisten. Dies ist vor allem in konjunkturell schwierigen Zeiten von großer Bedeutung. Neben dem Vermeiden von Liquiditätsengpässen gewährleistet eine adäquate Eigenkapitalausstattung den Unternehmen auch ein hohes Maß an Entscheidungsfreiheit und die Möglichkeit, zu günstigen Konditionen Fremdkapital zu beschaffen. Des Weiteren dient das Eigenkapital als Basis für die Gewinnverteilung.[59]

Die wichtigste Kennzahl zur Bestimmung des Finanzierungspotenzials ist die Eigenkapitalquote, welche das Verhältnis von Eigenkapital zum gesamten eingesetzten Kapital widerspiegelt. Nachfolgende Abbildung zeigt die Entwicklung der durchschnittlichen Eigenkapitalquote bezogen auf alle deutschen Unternehmen auf, die in der Unternehmensbilanzstatistik der Deutschen Bundesbank erfasst sind.

Auffallend ist, dass die Eigenkapitalquote deutscher Unternehmen niedriger ist als in anderen führenden Industrienationen. So liegt die durchschnittliche Eigenkapitalquote amerikanischer Unternehmen bei über 44 Prozent.[60] Hinzuzufügen ist, dass je nach Branche und Größe der Unternehmen signifikante Unterschiede bestehen. So ist die

[57] Vgl. [BUSSIEK 1996], S. 139.
[58] Vgl. [EISELE 2002], S. 450ff.
[59] Vgl. [SCHNECK 2006], S. 17.
[60] Vgl. [SCHNECK 2006], S. 19.

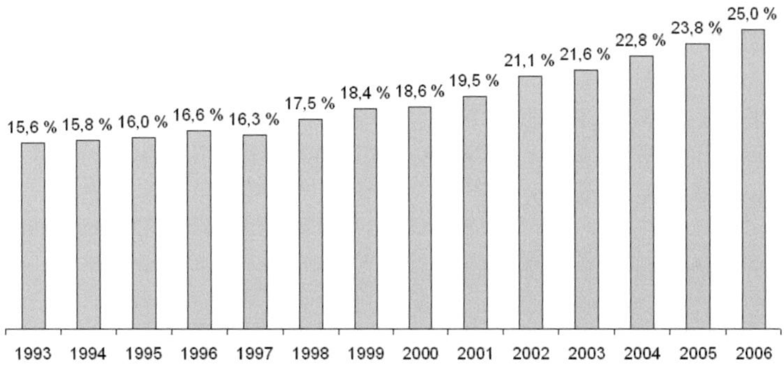

Abbildung 2.5: Durchschnittliche Eigenkapitalquote aller deutscher Unternehmen (Quelle: Eigene Berechnung auf Basis der Unternehmensbilanzstatistik der Deutschen Bundesbank. Vgl. [BUNDESBANK 2008].)

Eigenkapitalausstattung im verarbeitenden Gewerbe deutlich höher als bei Dienstleistungsunternehmen. KMU weisen im Durchschnitt eine geringere Eigenkapitalquote als Großunternehmen auf.[61]

Die geringere Eigenkapitalquote deutscher KMU hat verschiedene Ursachen. Eine davon ist die bei KMU häufig gewählte personengebundene Eigentumsform. Diese erlaubt aufgrund der dort typischen Rechtsformen nur wenige Möglichkeiten der Eigenkapitalzuführung.[62] Zusätzlich beschränkt das mit personengebundenen Eigentumsformen einhergehende starke Unabhängigkeitsstreben der Eigner die Möglichkeiten der Erhöhung des Eigenkapitals auf die Privateinlage sowie die Thesaurierung des Gewinns. Zu beachten ist, dass bei kleinen Personengesellschaften und Gesellschaften mit beschränkter Haftung die Mittel aus Gewinnausschüttungen häufig die einzige Einnahmequelle der Gesellschafter darstellen. Somit werden häufig große Anteile des Gewinns ausgeschüttet, die Eigenkapitalaustattung wird nicht verbessert.

Eine weitere Ursache für die geringe Eigenkapitalausstattung von KMU ist das deutsche Steuerrecht. Bis 1999 war die Thesaurierung von Gewinnen bei Kapitalgesellschaften in Deutschland gegenüber der Gewinnausschüttung von Nachteil, denn einbehaltene Gewinne wurden mit 40 Prozent und ausgeschüttete Gewinne lediglich mit 30 Prozent besteuert. Diese steuergesetzliche Regelung sollte zu einer höheren Gewinnbeteiligung der Aktionäre führen und die Bildung übermäßig hoher Rückstellungen verhindern. Die unterschiedlichen Körperschaftsteuersätze führten dazu, dass Gewinne zuerst ausgeschüt-

[61] Vgl. Tabelle 2.1.
[62] Vgl. [KRÄMER 2003], S. 86.

tet und später wieder ins Unternehmen eingebracht wurden. Somit wurde ein Teil des Eigenkapitals in private Hände ausgelagert, was rechnerisch zu einer geringeren Eigenkapitalquote führte. Aktuell belastet die Benachteiligung von Eigenkapital gegenüber Fremdkapital im deutschen Steuerrecht die Eigenkapitalausstattung von KMU. Denn die Einlagenfinanzierung, also die Erhöhung der Eigenkapitalquote, ist im Vergleich zur Fremdkapitalfinanzierung steuerlich insofern nachteilig, als die Fremdkapitalzinsen als Aufwand in der Gewinn- und Verlustrechnung absetzbar sind. Die Dividende, also der Preis für das zur Verfügung gestellte Eigenkapital, muss hingegen aus dem versteuerten Gewinn finanziert werden.[63]

Die im internationalen Vergleich hohe Besteuerung deutscher Unternehmen ist eine weitere mögliche Ursache für die im Gegensatz zu ausländischen Unternehmen schlechtere Eigenkapitalausstattung von KMU. Denn die Unternehmen können durch die höheren Steuerzahlungen wesentlich weniger Gewinn thesaurieren. Eine positive Wirkung haben die in den letzten Jahren eingeleiteten Steuerreformen gezeigt. Die niedrigere Steuerlast der KMU hat zu einer leichten Verbesserung der Eigenkapitalausstattung der KMU geführt.[64]

Unternehmen mit Umsätzen von	**2003**	**2004**	**2005**
bis 2 Mio. €	11,0	13,0	14,8
2 bis. 10 Mio. €	19,9	21,2	23,0
10 bis 50 Mio. €	26,1	26,9	28,1
über 50 Mio. €	27,4	29,6	30,6

Tabelle 2.1: Durchschnittliche Eigenkapitalquote in Prozent der Bilanzsumme nach Umsatzgrößenklassen (Quelle: Unternehmensbilanzstatistik der Deutschen Bundesbank. Verhältniszahlen aus Jahresabschlüssen. Vgl. [Bundesbank 2008].)

Die Eigenkapitalschwäche deutscher KMU ist zum Teil auch auf den mangelnden Zugang dieser Unternehmen zum anonymen Kapitalmarkt zurückzuführen. Ursache dafür ist das deutsche Bankensystem. Im Gegensatz zum amerikanischen Bankensystem, bei dem die Geschäftsbanken mit den Investmentbanken als Emissionsinstitute für Wertpapiere im Wettbewerb stehen, gibt es in Deutschland ein Universalbanksystem. In diesem System bieten die Banken alle wesentlichen Bankgeschäfte aus einer Hand an. Dies hat zur Folge, dass die Banken eher an einer Kreditvergabe mit dauerhaften Zinseinkünften als an Eigenkapitalemissionen mit einmaliger Emissionsprovision interessiert sind.[65]

Eine weitere Ursache für die niedrige Eigenkapitalquote ist das Management der KMU selbst. Untersuchungen haben ergeben, dass in vielen KMU keine oder nur eine un-

[63] Vgl. [Börner 2006], S. 298ff.
[64] Vgl. Tabelle 2.1.
[65] Vgl. [Schneck 2006], S. 20f.

genügende Finanzplanung durchgeführt wird. Dies belegt die Tatsache, dass in über 75 Prozent der untersuchten Unternehmen keine klaren Ziele und Strategien bezüglich der Eigenkapitalausstattung existieren.[66] Offenbar ist dem Management die Bedeutung des Eigenkapitals für die Unternehmensentwicklung nicht bewusst. Auch fehlt meistens eine Vorstellung davon, welche Eigenkapitalstrukturen zum Unternehmen passen würden. Eine Erklärung für die Vernachlässigung dieses wichtigen Themas ist die bereits in Kapitel 2.2.1.1 angesprochene hohe zeitliche Belastung des Managements durch das operative Tagesgeschäft.

Allgemein kann festgestellt werden, dass mit steigender Unternehmensgröße das Thema Eigenkapital eine höhere Beachtung findet. Häufig ist dies auf die Spezialisierung der Arbeitsaufgaben und die damit einhergehende Abteilungsbildung, mit der Konzentrierung von spezifischem betriebswirtschaftlichem Wissen, zurückzuführen.

Eine weitere bedeutende Möglichkeit Kapital zu beschaffen ist die Fremdfinanzierung. Bei Fremdkapital handelt es sich im Gegensatz zum Eigenkapital um fremde Mittel, die dem Unternehmen von außen kurz-, mittel- und langfristig zur Verfügung gestellt werden. Die Fremdkapitalgeber besitzen einen verbrieften Anspruch auf Zins- und Tilgungszahlungen und nehmen im Insolvenzfall eine bevorzugte Gläubigerstellung ein.

Der mangelnde Zugang der KMU zum anonymen Kapitalmarkt hat auch Auswirkungen auf die Beschaffung von Fremdkapital. Während Großunternehmen Fremdkapital über den Kapitalmarkt beschaffen können, beschränkt sich die Außenfinanzierung der KMU zum größten Teil auf konventionelle Bankkredite. Dies führt häufig zu engen und langfristigen Beziehungen zwischen KMU und ihren jeweiligen Hausbanken.[67] So haben etwa 80 Prozent aller KMU eine Sparkasse, etwa 10 Prozent eine Volks- und Raiffeisenbank und etwa 10 Prozent eine Großbank als Hausbank.[68]

Diese enge Beziehung hat sowohl für die Unternehmen als auch für die Banken wesentliche Vorteile. Die Banken können aufgrund der über Jahre gesammelten Informationen das Ausfallrisiko der gewährten Kredite besser einschätzen und durch die starke Kundenbindung weitere Produkte wie beispielsweise Versicherungen im Zuge des Cross-Sellings absetzen. Die Unternehmen müssen ihre wirtschaftlichen Verhältnisse nur einer Seite gegenüber offenlegen und erhalten vor allem von öffentlich-rechtlichen Sparkassen und Landesbanken sowie von genossenschaftlichen Volks- und Raiffeisenbanken attrak-

[66] Vgl. [Wieselhuber 1988], S. 95ff.
[67] Vgl. [Eggert 2002], S. 387.
[68] Vgl. [Audretsch 1997], S. 103.

tive Konditionen und niedrige Zinsen.[69] Die über Jahre entstandene Beziehung hat häufig eine persönliche Note, so dass die Hausbanken auch in für ihre Kunden wirtschaftlich problematischen Zeiten zu diesen stehen, denn die Gewinnerzielung ist bei öffentlich-rechtlichen Banken nur eines von mehreren Geschäftszielen.

Das im Jahre 2007 in Kraft getretene Basel II-Abkommen könnte dies grundlegend ändern, denn es sieht hinsichtlich der Kreditvergabe der Banken Mindesteigenkapitalanforderungen und den systematischen Einbezug von Risiken bei der Berechnung der Kreditzinsen vor. Als Konsequenz sind die Anforderungen der Kreditinstitute bezüglich der Kreditgewährung gestiegen. Dies hat den Zugang der KMU zu Krediten erschwert und verteuert, denn zum einen ist die geforderte Eigenkapitalquote der KMU häufig gering und zum anderen erfüllen KMU aufgrund ihres Risikoprofils seltener die Sicherheitsanforderungen der Kreditgeber, was zu Risikozuschlägen führt.[70]

Weitere mögliche, wenn auch von KMU eher selten in Anspruch genommene Finanzierungsquellen sind Leasing- und Factoringgesellschaften.

Bezüglich eines Auslandsengagements ist das Finanzierungspotenzial von existentieller Bedeutung. Nur ausreichende finanzielle Mittel ermöglichen die mit einem erhöhten Risiko verbundene Ausweitung der Geschäftstätigkeit auf ausländische Märkte und Standorte.

2.2.2 Ressourcenbedingte Eigenschaften und Verhaltensweise der KMU

2.2.2.1 Kostenstruktur

KMU weisen, bedingt durch ihre geringere Größe, in direkter Konkurrenz zu Großunternehmen höhere Stückkosten auf. Ein Grund dafür ist die Möglichkeit der Großunternehmen, ihre Fixkosten wie z.B. Marketing-, Forschungs- und Entwicklungskosten auf höhere Stückzahlen zu verteilen. Zusätzlich haben Großunternehmen bei der Beschaffung von Inputgüter aufgrund der größeren Abnahmemenge eine bessere Verhand-

[69]Niedrige Fremdkapitalzinsen der Hausbanken führen häufig zu einer Bevorzugung der Fremdfinanzierung. Liegen die Zinssätze der Kredite unter der internen Verzinsung des Gesamtkapitals, kann es im Zuge der Ausnutzung des *Leverage-Effekts* zu einer Ausweitung des Fremdkapitalbestands kommen. Diese Verhaltensweise ist vor allem in Niedrigzinsphasen zu beobachten. Die Fremdkapitalfinanzierung wird dann nicht nur aus steuerlicher Sicht, sondern auch wegen des Leverage-Effektes dem Eigenkapitalaufbau vorgezogen. Vgl. [Schneck 2006], S. 21.

[70]Vgl. [Krämer 2003], S. 86f.

lungsposition. Dieser Sachverhalt führt dazu, dass Großunternehmen häufig geringere Materialstückkosten aufweisen.[71] Im Bereich der internen Transaktionskosten wirkt sich die kleinere Unternehmensgröße der KMU positiv aus, diese Kosten sind hier geringer als in Großbetrieben. Ein weiterer Aspekt, der nicht zu vernachlässigen ist, sind die staatlichen Subventionen, von denen meistens Großunternehmen profitieren und dadurch zusätzlich die Kostensituation der KMU verschlechtern.

Aus Kostengesichtspunkten ist die geringe Größe der KMU erst dann von Nachteil, wenn die Ausbringungsmenge mit den niedrigst realisierbaren Stückkosten deutlich über deren Kapazität liegt. In diesem Fall erreichen KMU nicht die optimale Betriebsgröße und können nur zu höheren Stückkosten als Großunternehmen produzieren. Generell findet sich diese Konstellation in Branchen, die einen Massenmarkt bedienen. Charakteristische Beispiele für diese Märkte sind der Energie- oder der Automobilmarkt. Mittlere oder gar kleine Unternehmen findet man in diesen Märkten meistens nur in Marktnischen, die aufgrund ihres Volumens für Großunternehmen uninteressant sind.

2.2.2.2 Produkt- und Marktstrategie

KMU sind häufig in lokalen Märkten mit langjährigen stabilen Kundenbeziehungen, in Märkten mit kleinen Volumen oder in Nischenmärkten mit einer stark differenzierten Nachfrage tätig.[72] Dies hat damit zu tun, dass Großunternehmen selten in diesen Märkten engagiert sind, da sie ihre Größenvorteile nicht ausspielen können.

Generell liegen die Chancen der KMU in einer individuellen kundenorientierten Bedarfsdeckung und der Bearbeitung von Märkten, die gegenüber Großunternehmen abschirmbar sind oder zumindest unterhalb deren Aufmerksamkeitsschwelle liegen. Daraus können sich aber auch Gefahren ergeben. Stagnieren oder schrumpfen die angestammten Märkte der Großunternehmen, können diese auf der Suche nach einem Ausgleich in kleinere Marktnischen eindringen, die sie in der Wachstumsphase ihres Marktes nicht beachtet haben. Eine weitere Gefahr könnte sich durch ein hohes Wachstum auf den von KMU besetzten Nischenmärkten ergeben. Denn ab einem bestimmten Marktvolumen sind diese Teilmärkte auch für Großunternehmen attraktiv.[73]

Um in den Nischenmärkten bestehen zu können, weisen KMU folgende strategischen Verhaltensweisen auf:[74]

[71]Vgl. [Gross 1967], S. 173f.
[72]Vgl. [Krämer 2003], S. 26.
[73]Vgl. [Porter 1980], S. 44. und [Seibert 1987], S. 27.
[74]Vgl. [Hupe 1984], S. 182.

- Generierung häufiger Produktinnovationen,
- Fokussierung auf Produktqualität, technologisch überlegene Produkte und kundenindividuelle Produktanpassungen,
- hohe Liefertreue und verstärkte Verkaufsanstrengungen im In- und Ausland,
- Kosteneinsparungsprogramme und Rationalisierungsmaßnahmen sowie
- der verstärkte Einsatz von flexiblen Fertigungssystemen.

Die Profilierung über einen niedrigen Produktpreis wählen KMU eher selten. Generell erreichen KMU fast nie eine Alleinstellung am Markt.

2.2.2.3 Innovationsverhalten

Der Begriff *Innovation* entstammt dem lateinischen Wort *Innovatio*, der Neuerung bedeutet. Im betriebswirtschaftlichen Kontext unterscheidet man Produktinnovationen und Prozess- oder Verfahrensinnovationen. Von Produktinnovationen spricht man bei merklich neuen Produkten oder Dienstleistungen. Prozess- oder Verfahrensinnovationen sind Neuerungen oder Verbesserungen des Leistungserstellungsprozesses von Unternehmen.[75]

Neben psychologischen Motiven sind vor allem ökonomische der Grund für Innovationen. Unternehmen bezwecken durch Innovationen eine Abhebung von der Konkurrenz und dadurch die Realisierung eines zusätzlichen Gewinns, der so genannten *Schumpeter-Rente*.[76] Nur durch Innovationen sind Strategien, die eine starke Stellung von Qualität und Technologie vorsehen, umsetzbar.

Das Innovationsverhalten von Unternehmen wird vor allem von der Wettbewerbsintensität der Branche, in der diese agieren, beeinflusst. Von besonderer Relevanz ist der Konzentrationsgrad der Branche und deren Stadium im Lebenszyklus.[77] Eine Studie der *Organisation für wirtschaftliche Zusammenarbeit und Entwicklung* identifiziert vier typische Verhaltensweisen von KMU:[78]

---

[75] Vgl. [Disselkamp 2005], S. 22ff.

[76] Joseph Schumpeter war ein bedeutender österreichischer Ökonom. Seine 1911 begründete Theorie der Innovation und der wirtschaftlichen Entwicklung ist als Pionierleistung einzustufen. Danach ist Schumpeter zufolge jeder Erfinder zunächst ein Monopolist. Erst wenn Nachahmer auftreten, verblasst die Stellung des Erfinders. Solange aber hat er ein *First-Mover-Vorteil*, den er wirtschaftlich in Form einer Rente abschöpfen kann. Nach Schumpeter ist das Wechselspiel aus Erfindung und Imitation die Triebkraft des Wettbewerbs. [Schumpeter 1912].

[77] Vgl. [Porter 1980], S. 189f.

[78] Vgl. [OECD 1982], S. 36ff.

1. In etablierten Branchen mit differenzierten Nachfragestrukturen, die sich in der Reifephase befinden, wie z.B. die Textil- oder Möbelindustrie, ist die Innovationsintensität relativ gering. Die Unternehmen grenzen sich hauptsächlich über ihre Markenpolitik oder durch ihr Design voneinander ab. Während echte Produktinnovationen eher selten zu beobachten sind, versuchen diese Unternehmen durch die Adaption von Prozessinnovationen Markteintrittsbarrieren gegenüber neuen Wettbewerbern, insbesondere aus Niedriglohnländern, aufzubauen. Diese Innovationen kommen häufig aus vorgelagerten Industrien und sind somit exogen.

2. In typischen Zulieferindustrien, wie z.B. die Eisen-, Blech- und Metallwarenindustrie oder die Kunststoffverarbeitung, sind KMU in einer arbeitsteiligen Wertschöpfungskette eingebunden. Nur größere Zulieferer verfügen über die Ressourcen, von sich aus Innovationen zu initiieren. KMU beschränken sich häufig auf die Anpassung ihrer Systeme an diese Innovationen. Dabei befinden sie sich in einer zweiseitigen Abhängigkeit, einerseits von ihren Kunden und deren speziellen Produktanforderungen und anderseits von ihren Zulieferern, die neue Materialien und Fertigungsverfahren entwickeln. Wesentlich für den Markterfolg in dieser Situation ist die Fähigkeit schnell und flexibel Anpassungen vornehmen zu können.

3. In etablierten Branchen mit hohem Marktvolumen, wie z.B. im Maschinenbau oder in der chemischen Industrie, in denen KMU mit Großunternehmen im Wettbewerb stehen, sind Großunternehmen meistens die Initiatoren von Innovationen. KMU tragen aber durch Anschlussinnovationen wesentlich zu der Verbreitung dieser Innovationen bei. Dabei können KMU neue Nischen erschließen oder bestehende Positionen verteidigen. Je vielfältiger die Kundenanforderungen, desto einfacher ist es für KMU eine geeignete Nische zu besetzen.

4. Wachstumsbranchen, wie z.B. die Informations- und Kommunikationsbranche oder die Biotechnoloiebranche, die am Anfang ihres Lebenszyklus stehen, zeichnen sich durch eine Vielfalt noch nicht ausgereifter Produktinnovationen aus. Ein dominantes Design hat sich noch nicht herauskristallisiert. Neu gegründete KMU sind die treibenden Kräfte neuer Innovationen, denn durch das hohe Engagement der Unternehmensgründer, die ausgeprägte Kundennähe sowie die anfänglich geringere Bedeutung kosteneffizienter Fertigungsverfahren bringen diese Unternehmen die besseren strukturellen Voraussetzungen mit. Großunternehmen verfolgen aufgrund der geringeren Risiken eine *Second to the market*-Strategie. Deren späterer Markteintritt führt dann zu einer erheblichen Marktbereinigung.

Die Innovationsaktivitäten von KMU sind wie aufgezeigt im Zusammenhang mit dem jeweiligen Branchenumfeld zu betrachten. Allgemeine branchenunabhängige Aussagen können aus diesen Gründen nur begrenzt formuliert werden.

Innovationen stellen für KMU Erfolgspotenziale dar, deren langfristige Sicherung angesichts immer kürzerer Produkt- und Technologielebenszyklen selten gewährleistet ist. Kontinuierliche Investitionen in Produkt- und Prozessinovationen zur Sicherung dieses Wettbewerbsvorteil sind unvermeidlich. Der sich daraus ergebende Kapitalbedarf sowie die verkürzten Amortisationszeiten der Innovationsinvestitionen sind für das Innovationspotenzial von KMU kritisch. Die Erschließung ausländischer Märkte und Standorte zur Verlängerung der Produkt- und Technologielebenszyklen und somit der Amortisationszeit könnte eine Lösung für diese Problematik darstellen.[79]

2.2.3 Zusammenfassung

Die Ressourcenpotenziale der KMU und die sich daraus ergebenden Eigenschaften und Verhaltensweise führen zu strukturbedingten Wettbewerbsvorteilen und -nachteilen gegenüber Großunternehmen. Nachfolgende Tabelle gibt einen Überblick über diese spezifischen Eigenschaften der KMU und die damit verbundenen Wettbewerbsvorteile und -nachteile.

[79]Vgl. [Steinmann 1977], S. 60f.

Tabelle 2.2: Zusammenfassung der Wettbewerbsvorteile und -nachteile von KMU

Spezifische Eigenschaften	Wettbewerbsvorteile	Wettbewerbsnachteile
Führungskapazität	• langjährige Bindung der Führungskräfte • hohes Engagement der Führung • unternehmerischer Spürsinn und höhere Risikobereitschaft bei eignergeführten Unternehmen	• hohe Belastung der Führung durch die starke Einbindung in das Tagesgeschäft • geringe Internationalisierungserfahrung • Nachfolgeproblematik bei eignergeführten Unternehmen
Organisatorisches Potenzial und Struktur	• kurze Kommunikations- und Entscheidungswege • schnelle Reaktions- und Anpassungsmöglichkeit durch flache Organisationsstrukturen • Konzentration der Entscheidungsbefugnisse	Die geringe Formalisierung der Kommunikation und der Koordination sowie die geringe Delegation von Entscheidungskompetenzen führen bei internationalen Engagements zu Problemen hinsichtlich der: • Kommunikation • und Koordination sowie Steuerung der ausländischen Organisationseinheiten
Humanpotenzial	• hoher Mitarbeiteranteil mit einer breiten unternehmensspezifischen Qualifikation • hohe Motivation der Mitarbeiter	• geringe Internationalisierungserfahrung • geringeres Rekrutierungspotenzial als Großunternehmen

Fortsetzung auf der nächsten Seite

Spezifische Eigenschaften	Wettbewerbsvorteile	Wettbewerbsnachteile
Führungssysteme	• Beherrschung des Tagesgeschäfts	• geringe Planungsintensität • seltener Einsatz moderner Controllinginstrumente • beschränkte Fähigkeit außerbetriebliche Informationen zu recherchieren und zu analysieren
Finanzierungs-potenzial		• begrenzte Kapitalausstattung • begrenzte Kapitalbeschaffungs-möglichkeiten • keine oder nur mangelhafte Finanzplanung
Kostenstruktur	• geringere interne Transaktionskosten im Vergleich zu Großunternehmen	• geringere Ausnutzung von Skalenerträgen • im Vergleich zu Großunternehmen schwächere Verhandlungsposition bei Lieferanten • beschränkte Fähigkeiten und Chancen von staatlichen Subventionen zu profitieren
		Fortsetzung auf der nächsten Seite

Spezifische Eigenschaften	**Wettbewerbsvorteile**	**Wettbewerbsnachteile**
Produkt- und Marktstrategie	• Spezialisierung und Konzentration auf Marktnischen • hohe Wettbewerbs- und Kundenorientierung • gute Branchenkenntnisse	• zunehmender Preiswettbewerb durch ausländische Konkurrenten • geringe Angebotsmacht • kürzerer Lebenszyklus einer Marktnische
Produkt- und Marktstrategie	• hohe qualitative und technologische Produktkompetenz	• zunehmende Attraktivität von Marktnischen für Großunternehmen
Innovations-verhalten	• je nach Branchenzugehörigkeit hohe Innovationskraft • Know-how-Vorteile	• steigende Forschungs- und Entwicklungskosten • kürzere Produkt- und Technologielebenszyklen

Quelle: eigene Darstellung basierend auf den Ausführungen dieses Kapitels

Kapitel 3

Internationalisierung durch Direktinvestitionen als strategische Handlungsalternative

3.1 Begriff der Globalisierung und Internationalisierung

Eine eindeutige Definition des Begriffs *Globalisierung* ist in der Literatur nicht zu finden. Vielmehr wird Globalisierung als Schlagwort in diversen Zusammenhängen verwendet.[1] Aktuell vor allem zur Erklärung der Ursachen für die schwierige wirtschaftliche Lage verschiedener Weltregionen. Unter dem Begriff Globalisierung wird in dieser Arbeit die zunehmende weltweite Vernetzung von unterschiedlichen Religionen, Kulturen und Regionen durch neue und kostengünstige Informations-, Kommunikations- und Transporttechnologien sowie die sich daraus ergebenden Folgen verstanden.[2]

Neben den unterschiedlichen Definitionen des Begriffs Globalisierung gibt es auch bei dessen Abgrenzung von dem Begriff der *Internationalisierung* keine Einigkeit. Einige wenige Autoren verwenden diese Begriffe synonym. Dies ist zu kritisieren, da sich beide Begriffe auf unterschiedliche Entwicklungen und Phänomene beziehen.[3] Die Mehrzahl der Autoren verstehen die Globalisierung als besonders starke Ausprägung der Interna-

---

[1] „Globalisierung ist das am meisten gebrauchte, missbrauchte und am seltensten definierte, wahrscheinlich missverständlichste, nebulöseste und politisch wirkungsvollste Schlag- und Streitwort der letzten, aber auch der kommenden Jahre.“ [Beck 2007], S. 42.

[2] Vgl. [Giddens 1996], S. 85, [Kratke 1995], S. 208 und [Schamp 1995], S. 209.

[3] Vgl. [of Lisbon 1997], S. 44.

tionalisierung. Während Internationalisierung den Prozess der Entwicklung eines Unternehmens von einem nationalen zu einem internationalem Unternehmen darstellt, wird die Globalisierung als eine alle Länder umfassende Verflechtung der Wirtschaftssubjekte angesehen.[4] Insofern kann die Globalisierung auch als eine neue Qualität der Internationalisierung verstanden werden.[5]

Nachfolgend werden anhand ausgewählter Erklärungsansätze die Gründe erörtert, die Unternehmen zu einer Internationalisierung ihrer Geschäftstätigkeit bewegen.

3.2 Identifikation von Internationalisierungsmotiven anhand ausgewählter Erklärungsansätze

Bereits im 18. und 19. Jahrhundert beschäftigten sich SMITH und RICARDO mit den speziellen ökonomischen Problemen der Beziehungen von Volkswirtschaften und Unternehmen und legten so das Fundament für die Theorien des internationalen Markteintritts.[6] Die bis Anfang des 19. Jahrhunderts entwickelten Theorien setzten sich primär mit der Erklärung des Außenhandels auseinander. Erst zu Beginn des 20. Jahrhunderts entstanden Theorien, die explizite Erklärungsansätze für die Durchführung von Direktinvestitionen[7] lieferten.

In diesem Kapitel wird eine Auswahl der Theorien, die einen Beitrag zur Erklärung der Entstehung von Direktinvestitionen liefern, kurz dargestellt. Dadurch sollen die Motive der Unternehmen, die zu ausländischen Direktinvestitionen führen, herausgearbeitet werden. Umfassende Darstellungen einer Vielzahl von mit diesem Thema verbundenen Theorien sowie deren kritische Würdigung liegen in der Literatur bereits vor.[8]

---

[4] Vgl. [OECHSLER 2006], S. 98.
[5] Vgl. [HIRST 1996], S. 10.
[6] Vgl. [SMITH 1776], [RICARDO 1815] und [RICARDO 1817].
[7] Für eine Definition von Direktinvestitionen vgl. Kapitel 3.4.3.2.
[8] Vgl. [KUTSCHKER 2006], S. 371ff., [PERLITZ 2004], S. 65ff. und [TESCH 1980], S. 66ff.

3.2.1 Erklärungsbeiträge aus dem Bereich der Außenhandelstheorien

3.2.1.1 Klassische und neoklassische Erklärungsansätze

Der Ursprung der Internationalisierungstheorien ist in den klassischen volkswirtschaftlichen Außenwirtschaftstheorien zu finden. SMITH begründet die *Theorie der absoluten Kostenvorteile*, indem er nachweist, dass Außenhandel immer dann zustande kommt, sobald in einem Land absolute Kostenvorteile oder -nachteile in der Herstellung von international gehandelten Gütern vorliegen.[9] Diese absoluten Kostenvorteile oder -nachteile ergeben sich durch unterschiedliche lokalen Ressourcenausstattungen.[10]

Darauf aufbauend entwickelt RICARDO die *Theorie der komparativen Kostenvorteile*. Anhand seines bekannten Beispiels der Wein-und-Tuch-Produktion zeigt RICARDO auf, dass auch, wenn ein Land bei allen hergestellten Gütern eine geringere Produktivität aufweist als die anderen am Außenhandel beteiligten Länder, der Außenhandel trotzdem für alle Beteiligten vorteilhaft ist.[11] Folglich führen Produktivitätsunterschiede zu einer Internationalisierung der Arbeitsteilung und dem damit verbundenen Außenhandel.

Sowohl die auf absoluten als auch die auf komparativen Kostenvorteilen basierenden klassischen Außenhandelstheorien gehen von der Annahme einer absoluten Immobilität der Produktionsfaktoren aus.[12] Diese grundlegende Prämisse führt zunächst zu einer Unmöglichkeit von Direktinvestitionen. Wird diese Prämisse aufgehoben, zeigt sich,

---

[9] Vgl. [KORTMANN 1998], S. 138 und [STRÖBELE 2000], S. 9f.

[10] Vgl. [DIECKHEUER 2001], S. 49f.

[11] In dem genannten Beispiel wird zum einfacheren Verständnis von zwei Volkswirtschaften ausgegangen, die zwei gleiche Güter herstellen. So existieren nur die zwei Länder England und Portugal, die Wein und Tuch mit dem einzigen Produktionsfaktor Arbeit herstellen. Die eingesetzte Technologien sind ausgereift und werden als unveränderbar angesehen. Unter der Annahme, dass in beiden Ländern beide Güter nachgefragt werden, eine Einheit Wein gegen eine Einheit Tuch getauscht wird, die Stückkosten der Produktion gemessen an dem Faktor Arbeit konstant sind und ein Land bei der Produktion beider Güter dem anderen kostenmäßig überlegen ist, wird aufgezeigt, dass der Außenhandel trotzdem für beide Länder vorteilhaft ist. Betragen die Produktionskosten für Tuch und Wein in England 4 und 8 Kosteneinheiten und in Portugal 6 und 10, scheint ein Handel wenig effizient, da England beide Güter günstiger produzieren kann. RICARDO kommt zu einem anderen Schluss. Während England einen relativ größeren Vorteil bei der Produktion von Tuch hat (4/6) hat Portugal einen relativ kleineren Nachteil bei der Produktion von Wein (8/10). Portugal hat einen komparativen Vorteil bei der Weinproduktion, weil die Arbeitskräfte Portugals bei der Weinherstellung im Vergleich zur Tuchherstellung produktiver sind als die Englands. Es kommt zu einem Gesamtwohlfahrtsgewinn, wenn England, obwohl es beide Güter günstiger herstellt, sich auf die Tuchproduktion spezialisiert. Vgl. [RICARDO 1959], S. 121f.

[12] Auf die Diskussion weiterer Kritikpunkte wird verzichtet und auf die entsprechende Literatur verwiesen. Vgl. [KUTSCHKER 2006], S. 371ff., [PERLITZ 2004], S. 65ff. und [TESCH 1980], S. 66ff.

dass unterschiedliche Faktorproduktivitäten zwischen Volkswirtschaften von Relevanz für die Entstehung von Direktinvestitionen sind.

In der *neoklassischen Theorie* wird neben dem bislang ausschließlich betrachteten Produktionsfaktor Arbeit der Faktor Kapital miteinbezogen. Das auf HECKSCHER und OHLIN zurückzuführende *Faktorproportionentheorem* kann als Grundlage dieser Theorierichtung angesehen werden.[13] Während RICARDO Produktionsvorteile eines Landes durch Produktivitätsunterschiede erklärte, weist OHLIN auf die Bedeutung der ungleichen Ausstattung der Länder mit den Produktionsfaktoren wie z.B. Bodenbeschaffenheit, Bodenschätze, Kapital und Arbeitskräfte hin. Ausgehend von der Identifikation der Ursachen, die zu Kostenunterschiede zwischen den Ländern führen, folgert OHLIN, dass die unterschiedliche Ausstattung der Länder mit Produktionsfaktoren den internationalen Handel begründen. Volkswirtschaften mit relativ viel Kapital werden sich auf kapitalintensive Produkte und Länder mit relativ vielen Arbeitskräften auf arbeitsintensive Produkte spezialisieren. Volkswirtschaften exportieren daher jene Güter, in deren Herstellung der relativ reichlich vorhandene Faktor vergleichsweise intensiv eingesetzt wird. Selbst wenn alle Volkswirtschaften mit denselben technischen Voraussetzungen ausgestattet wären, wäre somit eine Spezialisierung auf bestimmte Produkte sinnvoll.[14]

Auch die neoklassische Außenhandelstheorie beruht auf der Annahme der internationalen Faktorimmobilität, wodurch Direktinvestitionen ausgeschlossen sind. Da OHLIN nicht an dieser restriktiven Prämisse festhält,[15] liefert die neoklassische Außenhandelstheorie durchaus einen Erklärungsbeitrag zur Entstehung von Direktinvestitionen. Von besonderer Bedeutung dafür sind die Faktoren Arbeit und Kapital. Unternehmen sollten Kapital in Länder übertragen, die einen hohen und dadurch kostengünstigen Bestand an dem Faktor Arbeit bieten. Das Kapital für die Finanzierung der Direktinvestitionen sollte in Ländern mit einer hohen Kapitalausstattung und dadurch niedrigen Kapitalkosten beschafft werden. Im Vergleich zu den klassischen Theorien sind Kostenunterschiede zwischen den Ländern der Hauptgrund für Direktinvestitionen.

Die Aussagekraft des *Heckscher-Ohlin-Theorems* ist aufgrund der empirischen Erkenntnisse, die LEONTIEF im Rahmen von Input-Output-Studien des amerikanischen Wirtschaftsraumes durchführte, kontrovers diskutiert worden.[16] Insbesondere die Feststellung, dass vorwiegend arbeitsintensive Güter exportiert und kapitalintensive importiert

---

[13] OHLIN [OHLIN 1933] griff in seinem Werk *Interregional and international trade* die Ideen von HECKSCHER [HECKSCHER 1919] auf. Daraus entstand das *Faktorproportionentheorem*, das häufig auch als *Heckscher-Ohlin-Theorem* bezeichnet wird.

[14] Vgl. [KUTSCHKER 2006], S. 382 und [SELL 2003], S. 166f.

[15] Vgl. [OHLIN 1931], S. 168f.

[16] Vgl. [LEONTIEF 1953], S. 68ff., [LEONTIEF 1956], S. 386ff. und [ZWEIFEL 1997], S. 138ff.

wurden, obwohl die amerikanische Volkswirtschaft zum Untersuchungszeitpunkt bezüglich des Faktors Kapital am relativ besten ausgestattet war, stellte das Heckscher-Ohlin-Theorem in Frage und führte zu dem so genannten *Leontief-Paradoxon.* Als Folge wurde das ursprüngliche Heckscher-Ohlin-Theorem in der *Neo-Faktorproportionentheorie* und der *Neo-Technologietheorie* wesentlich weiterentwickelt.

3.2.1.2 Neo-Faktorproportionentheorie

Die *Neo-Faktorproportionentheorie* ist eine Erweiterung des Faktorproportionentheorems. Während Letzteres die Produktionsfaktoren als weitgehend homogen abbildet, berücksichtigt die Neo-Faktorproportionentheorie insbesondere die qualitativen Aspekte der Produktionsfaktoren.[17]

Ein Teil der Arbeiten innerhalb der Neo-Faktorproportionentheorie konzentriert sich auf die Untersuchung des Produktionsfaktors Humankapital.[18] Es wird davon ausgegangen, dass der Faktor Arbeit nicht homogen, sondern dass die verschiedenen Volkswirtschaften mit einem unterschiedlichen Humankapitalstock an z.B. ungelernten Arbeitskräften, Facharbeitern, Ingenieuren und Managern ausgestattet sind. Die Berücksichtigung der Unterscheidung von wenig und hoch qualifizierter Arbeit führt mit zur Lösung des Leontief-Paradoxons. Denn nach dem Zweiten Weltkrieg verfügte die amerikanische Volkswirtschaft im Vergleich zu ihren Handelspartnern über eine relativ größere Anzahl hoch qualifizierter Arbeitskräfte. Dadurch kommt es zu dem Export von vorwiegend arbeitsintensiven Gütern, für deren Produktion man gut qualifizierte Arbeitskräfte benötigt, und zum Import von Gütern die einen großen, aber technisch nicht sehr anspruchsvollen Kapitalstock erfordern.[19]

Noch eine Erweiterung erfährt das Faktorproportionentheorem durch die Berücksichtigung von natürlichen Ressourcen als ein weiterer Produktionsfaktor.[20] Da die Förderung und Verarbeitung von Rohstoffen ein ortsgebundener, kapitalintensiver Prozess ist, erklärt dies auch den kapitalintensiven Import der amerikanischen Volkswirtschaft und vervollständigt die Erklärung für das Leontief-Paradoxon.[21]

[17] Vgl. [FARMER 1999], S. 235f.
[18] Vgl. [KENEN 1970], S. 195ff.
[19] Vgl. [FARMER 2006], S. 224f.
[20] Eine der bekannteren Arbeiten in dieser Theorierichtung ist die *Verfügbarkeitshypothese* von KRAVIS, welche die Bedeutung der Verfügbarkeitsunterschiede von natürlichen Ressourcen für den Außenhandel aufzeigt. Vgl. [KRAVIS 1956], S. 143ff.
[21] Vgl. [STRÖBELE 2000], S. 35f.

Die Neo-Faktorproportionentheorie ist anwendbar, um die Entstehung von Außenhandel, Lohnfertigung und Direktinvestitionen zu erklären. So exportieren Länder mit einem Facharbeitermangel Güter, die von wenig qualifizierten Arbeitern produziert werden, während Länder mit einem hohen Facharbeiteranteil sich auf Güter spezialisieren, die von hoch qualifizierten Facharbeitern produziert werden. Zu einer Lohnfertigung und zu Direktinvestitionen im Ausland kommt es, wenn sich Unternehmen durch Unterschiede in der Humankapitalausstattung Vorteile versprechen. Die Berücksichtigung der natürlichen Ressourcen als Produktionsfaktor liefert eine weitere Erklärung für das entstehen von Außenhandel und Direktinvestitionen. Diese erfolgen zur Sicherung des Rohstoffzugangs.

Ein Schwachpunkt der Neo-Faktorproportionentheorie ist die Annahme der vollständigen Konkurrenz. Die Aufgabe dieser Prämisse und die Fokussierung auf die unterschiedlichen Produktionsfunktionen von Unternehmen ist Ausgangspunkt der *Neo-Technologietheorien.*[22]

3.2.1.3 Neo-Technologietheorie

Die *Neo-Technlogieansätze* sehen die unterschiedliche technologische Ausstattung von Ländern als Ursache für das Entstehen des internationalen Handels an. Grundlegend für dieses Verständnis ist die Wettbewerbsvorstellung SCHUMPETERS, wonach der Prozess der schöpferischen Zerstörung die Wirtschaftsstruktur von innen heraus revolutioniert, die alte Struktur zerstört und unaufhörlich eine neue Struktur schafft.[23] Das Wechselspiel von Innovationen in Form neuer Produkt- und Prozesstechnologien führt zu temporären Vorteilen gegenüber Wettbewerbern, die durch Imitationen oder eigenen Innovationen versuchen diese Vorteile zu eliminieren. Somit wird auch die internationale Arbeitsteilung als Folge der Verfügbarkeit beziehungsweise der Nichtverfügbarkeit bestimmter Technologien angesehen.

Die von POSNER formulierte *Theorie der technologischen Lücke* basiert auf der Theorie der komparativen Kostenvorteile, aber ohne die Prämisse homogener Technologien. Der Grundgedanke dieser Theorie ist Folgender. Unternehmen erreichen durch ein innovatives Produkt eine Quasi-Monopolstellung, die aufgrund von Imitationsbestrebungen der Konkurrenz zeitlich begrenzt ist. Es kommt zum Export dieser Produkte. Erst nachdem dieser technologische Vorteil im importierenden Land durch Imitationen ausgeglichen wird, entscheiden komparative Kostenvorteile über den weiteren Verlauf der Handelss-

[22]Vgl. [HOOD 1987], S. 140.
[23]Vgl. [SCHUMPETER 1997], S. 137f.

tröme. Da innovative Produkte meistens in Hochlohnländern entwickelt werden und Niedriglohnländer diese anfänglich nur imitieren, kommt es, sobald diese Produkte eine Standardisierung erfahren, aufgrund der Kostenvorteile der Niedriglohnländer zu einer Umkehr der Handelsströme.[24] Diese Theorie erklärt primär die Entstehung von Außenhandel, aber deutet auch an, dass Unternehmen, die standardisierte Produkte anbieten, durch Direktinvestitionen in Niedriglohnländern Kostenvorteile erzielen können.

Weitere im weitesten Sinne technologieorientierte Ansätze sind die *Lernkurventheorie*, das *Erfahrungskurvenkonzept* sowie die *statische Economies-of-Scale-Theorie*. Gemeinsamer Ausgangspunkt dieser Theorien ist die Bestrebung nach einer technologisch basierten Monopolstellung.

3.2.1.4 Lernkurventheorie und das Erfahrungskurvenkonzept

Die *Lernkurventheorie* ist auf die Arbeit von WRIGHT zurückzuführen.[25] Dieser stellt im Jahr 1925 bei der Untersuchung von nordamerikanischen Flugzeugproduzenten fest, dass die inflationsbereinigten Stückkosten konstant um 20 bis 30 % sinken, wenn sich die kumulierte Ausbringungsmenge verdoppelt. Diese Beobachtung führt zu dem Konzept der Lernkurve und zu dem Schluss, dass es vorteilhaft ist, einen großen Marktanteil zu haben, um durch hohe Produktionsmengen die Kosten der Wertschöpfung zu senken.[26] HENDERSON, der Gründer der Boston Consulting Group (BCG), erweitert in den 1970er Jahren diese Theorie zum *Erfahrungskurvenkonzept* und setzt dieses als strategisches Marketinginstrument ein (BCG-Matrix).[27] Er geht davon aus, dass Erfahrungseffekte nicht nur die Produktionskosten (Lerneffekte aufgrund wiederholender Tätigkeit sowie Effizienzsteigerung durch verbesserte Verfahrenstechniken, Automatisierung und Rationalisierung), sondern auch die Entwicklungs-, Beschaffungs-, Vertriebs- und alle sonstigen Gemeinkosten reduzieren.[28] Somit weist das Erfahrungskurvenkonzept im Vergleich zu dem primär auf die Produktion abstellenden Konzept der Lernkurve ein größeres Wirkungsspektrum auf. Da eine Kostensenkung bei beiden Konzepten im engen Zusammenhang mit der Erhöhung der Produktionsmenge steht, liefern diese eine Erklärung für die Aufnahme von Exportbestrebungen und der Errichtung von Vertriebsniederlassungen.

[24] Vgl. [POSNER 1961], S. 323ff.
[25] Vgl. [WRIGHT 1936].
[26] Vgl. [WRIGHT 1936], S. 122ff.
[27] Vgl. [o.V. 2005], S. 78.
[28] Vgl. [HENDERSON 1974], S. 16ff., [HAX 1984], S. 133ff. und [MACHARZINA 2005], S. 353f.

3.2.1.5 Statische Economies-of-Scale-Theorie

Die *Economies-of-Scale-Theorie* besagt, dass die Produktion einer hohen Stückzahl an Gütern zu positiven Skaleneffekten[29] führt. Ein bedeutender Grund für positive Skaleneffekte ist der durch eine gestiegene Produktionsmenge anteilig sinkende Fixkostenanteil pro produzierter Einheit. Volkswirtschaften mit einem großen Binnenmarkt ermöglichen daher eine kostengünstigere Produktion als kleinere Volkswirtschaften.

Das Bestreben der Unternehmen, die Fixkosten auf eine sehr hohe Anzahl der hergestellten Güter zu verteilen, erklärt die Außenhandelsbestrebungen von Unternehmen aus großen, aber auch aus kleinen Volkswirtschaften. Unternehmen, die eine relativ zur Konkurrenz hohe Stückzahl produzieren, können mit günstigen Preisen im Ausland weitere Nachfragen generieren, Unternehmen mit relativ kleinen Produktionsmengen versuchen durch einen zusätzlichen Absatz im Ausland die Produktionsmenge zu steigern, um ihre Fixkosten besser verteilen zu können. Die empirischen Arbeiten von HUFBAUER und KEESING bestätigen den Zusammenhang zwischen Export und Inlandsmarktgröße.[30]

Steigende Skalenerträge haben auch eine zentrale Stellung in der nachfolgend dargestellten *Nachfragestruktur-Theorie.*

3.2.1.6 Nachfragestruktur-Theorie

LINDER unterscheidet in seiner *Nachfragestruktur-Theorie*, die als mögliche Lösung des Leontief-Paradoxon konzipiert war, zwischen dem Außenhandel mit natürlichen Ressourcen und Industrieprodukten.[31] Während er den Handel mit natürlichen Ressourcen anhand der Theorie der komparativen Kostenvorteile erklärt, berücksichtigt LINDER bei der Erklärung des Außenhandels mit Industrieprodukten die Nachfragestruktur der jeweiligen Volkswirtschaften.[32] Dieser Einflussfaktor war aufgrund der Annahme gleicher Nachfragestrukturen in den traditionellen angebots- und produktionsorientierten Außenhandelstheorien nicht berücksichtigt worden.

[29]Die Abhängigkeit der Produktionsmenge von der Menge der eingesetzten Produktionsfaktoren wird in der Produktionstheorie und in der Mikroökonomie als Skaleneffekt definiert. Der Skalenertrag zeigt an, um welchen Betrag sich die Produktionsmenge verändert, wenn der Einsatz aller Produktionsfaktoren um einen bestimmten Faktor erhöht wird. Beispielsweise kann bei positiven Skaleneffekten ein Unternehmen mit einem bestimmten Kapitaleinsatz mehr produzieren als zwei Unternehmen, die jeweils nur die Hälfte dieses Kapitals einsetzen. Im Wettbewerb setzt sich das große gegen die beiden kleinen Unternehmen durch.

[30]Vgl. [HUFBAUER 1970], S. 176ff. und [KEESING 1968], S. 448ff.

[31]Vgl. [LINDER 1961].

[32]Vgl. [PERLITZ 2004], S. 81.

In der Nachfragestruktur-Theorie wird grundsätzlich zwischen einem potenziellen und einem aktuellen internationalen Handel unterschieden. Potenzielle Exportgüter identifiziert LINDER anhand der repräsentativen Inlandsnachfrage sowie der inländischen Wachstumsgrenze des betreffenden Produktes. Eine repräsentative Inlandsnachfrage ist dann gegeben, wenn selbst bei einer ausschließlichen Produktion für den inländischen Markt Kostenvorteile entstehen, die dazu führen, dass das Produkt auch auf potenziellen ausländischen Märkten konkurrenzfähig ist.[33]

Die Annahme, dass Produkte zuerst im Inland angeboten werden, begründet LINDER wie folgt:

- Innovationen haben einen engen Bezug zu der Umwelt, in der diese entwickelt wurden. Somit werden diese zuerst im Inland auf den Markt gebracht.
- Änderungen und Anpassungen der Produkte, vor allem in der Markteinführungsphase, erfordern eine räumliche Nähe zwischen Produzenten und Nachfragern. Nur so ist eine schnelle und effiziente Reaktion auf Kundenwünsche möglich.
- Unternehmen verfügen über unvollkommene Informationen über das Ausland und die dort vorhandene Nachfragestruktur.[34]

Erst wenn ein Produkt im Inland an dessen Wachstumsgrenze stößt, suchen Unternehmen nach neuen Absatzmärkten im Ausland. Als potenzielle Zielländer werden laut LINDER hauptsächlich Länder, deren Nachfragestrukturen dem heimischen Markt ähneln, in Betracht gezogen. Diese Ähnlichkeit der Nachfragestruktur drückt sich in der Nachfragestruktur-Theorie durch ein ähnliches Pro-Kopf-Einkommen aus. Nach LINDER ist der potenzielle Handel mit Industrieprodukten umso größer, je ähnlicher die Nachfragestrukturen sind und je geringer der Unterschied des relativen Einkommensniveaus ausfällt.[35]

Für den aktuellen Bereich des Außenhandels kommt LINDER zu tendenziell ähnlichen Aussagen. Jedoch gibt es beim aktuellen internationalem Handel eine Reihe von Faktoren, die dessen Intensität beeinflussen. Fördernd wirken:[36]

- eine monopolistische Angebotsstruktur,

[33]Vgl. [LINDER 1961], S. 87ff.
[34]Aufgrund der heutigen Informationstechnologien ist diese Annahme nur noch beschränkt gültig.
[35]Vgl. [LINDER 1961], S. 94ff.
[36]Vgl. [LINDER 1961], S. 101ff.

- Wettbewerbsvorteile in der Beschaffung, Produktion und im technologischen Bereich,
- bessere Managementressourcen und
- eine kostengünstigere Produktion aufgrund von höheren Economies-of-Scale-Vorteilen.

Hemmende Faktoren sind fehlende Auslandsmarktkenntnisse, hohe Transportkosten sowie Handelshemmnisse durch staatliche Beschränkungen.[37] Die Nachfragestruktur-Theorie erklärt primär die Entstehung von Außenhandel. Da Produkte zum Teil auch über Vertriebsniederlassungen im Ausland abgesetzt werden, liefert diese Theorie auch eine Erklärung für diese Form von Direktinvestitionen.

3.2.1.7 Produktzyklustheorie

Die *Produktzyklustheorie* basiert auf dem Ansatz von VERNON aus dem Jahr 1966.[38] Dieser wurde als Gegenargumentation auf das damalig dominierende Konzept der komparativen Kostenvorteile entwickelt und als Weiterentwicklung der Neo-Technologietheorien eingestuft.

Aufbauend auf den Ergebnissen einer umfangreichen empirischen Untersuchung der Harvard-Business-School entwirft VERNON ein theoretisches Modell zur Erklärung der Entstehung des internationalen Handels und der Auslandsinvestitionen von Unternehmen. Die Kernaussage dieses von einigen Autoren auch als *Produktlebenszyklus* bezeichnete Modell ist, dass sowohl die Exporte als auch die Produktionsorte von Gütern stark von der jeweiligen Position dieser Güter in deren Lebenszyklus abhängt.

Nach VERNON durchläuft jedes Produkt nach dessen Markteinführung einen Lebenszyklus, der aus drei Phasen besteht: die Einführungsphase, die Reifephase und die Standardisierungsphase. Beim Durchlaufen dieser Phasen verändert sich einerseits die Art der Produktionsgestaltung von einer anfänglichen Produktion mit einer hohen Arbeitsintensität zu einer kapitalintensiven Produktion und anderseits die Struktur der Absatzmärkte vom Monopol zu Märkten mit einer hohen Wettbewerbsintensität.

Die Einführungsphase ist gekennzeichnet durch die Markteinführung neuer Produkte und die Produktion dieser im Inland. Der Stimulus für die Entwicklung neuer innovativer Produkte ergibt sich aus dem Einkommensniveau und der Bedürfnisstruktur,

[37] Vgl. [LINDER 1961], S. 101ff.
[38] Vgl. [VERNON 1966].

die auf den jeweiligen Absatzmärkten vorhanden sind. Da VERNON die wirtschaftliche Situation der US-amerikanischen Unternehmen zu Beginn der 60er Jahre des letzten Jahrhunderts untersucht, die durch ein hohes Pro-Kopf-Einkommen, hohe Lohnstückkosten und durch eine sehr gute Kapitalausstattung gekennzeichnet war, schließt er auf ein hohes Absatzpotenzial für innovative Produkte in den Vereinigten Staaten. Die Produktion dieser innovativen Produkten im Inland begründet VERNON mit der räumlichen Nähe zum Markt.[39] Im Wesentlichen orientiert sich VERNON an der Argumentation von LINDER.[40]

Den monopolistischen Vorteilen, die sich bei den untersuchten Unternehmen durch diese innovativen Produkte ergaben, wirkten in der Einführungsphase die hohen amerikanischen Lohnkosten entgegen. Da die Nachfrage nach innovativen, technologisch höherwertigen Gütern jedoch eine geringe Preiselastizität aufwies, konnten diese höheren Kosten durch höhere Erlöse kompensiert werden. Ausländische Nachfrage wurde in der Einführungsphase durch Exporte gedeckt.[41]

Eine zunehmende Standardisierung der Produkte und der Produktionsverfahren kennzeichnet den Übergang von der Einführungsphase in die Reifephase. Der Markteintritt neuer Wettbewerber führt zu einem steigenden Preisdruck und zu einer wachsenden Kostenorientierung. Wächst der Gesamtmarkt infolge eines Anstiegs des ausländischen Pro-Kopf-Einkommens und der daraus folgenden Nachfrage, ist die Entscheidung über den Produktionsstandort neu zu bewerten. Solange die Summe der inländischen Produktionskosten sowie der Transportkosten kleiner ist als die erwarteten Kosten einer Auslandsproduktion, werden Direktinvestitionen vermieden. Erst die dauerhafte Veränderung dieser Kostenrelation kann zu Direktinvestitionen führen. VERNON reichen Kostenunterschiede allein nicht aus, um Direktinvestitionen zu begründen. Er sieht vor allem die Gefahr des Verlustes des monopolistischen Wettbewerbsvorteils an ausländische Unternehmen und die sich daraus ergebenden Konsequenzen als den wichtigsten Grund für die Tätigung von Direktinvestitionen an.[42]

Bezogen auf die untersuchten Unternehmen ergab sich folgendes Bild. Eine Vielzahl dieser Unternehmen führten aufgrund der ähnlichen Nachfragestruktur und der niedrigeren Lohnkosten Direktinvestitionen in Westeuropa durch. Neben der Realisierung von Faktorkostenvorteilen und der Behinderung des Markteintritts von potenziellen Wettbewerbern in Westeuropa konnten diese Unternehmen aufgrund ihrer Auslandsproduktion

[39]Vgl. [VERNON 1971], S. 66.
[40]Vgl. Kapitel 3.2.1.6.
[41]Vgl. [VERNON 1966], S. 191ff.
[42]Vgl. [VERNON 1966], S. 196ff.

durch Importe kosteninduzierte Wettbewerbsvorteile gegenüber Konkurrenten in ihrem Stammland, den Vereinigten Staaten, erzielen.

In der dritten Phase, der Standardisierungsphase, sind die Produkte weitgehend standardisiert, ein dominierendes Design hat sich durchgesetzt. Die einst innovativen teuren Produkte haben sich zu Massenartikeln entwickelt, die eingesetzten Fertigungsverfahren unterliegen nur noch selten Änderungen. Die Wettbewerbsintensität ist generell hoch und der Preis das entscheidende Verkaufsargument. Dies führt die Unternehmen dazu, stetig nach Kosteneinsparungspotenzialen zu suchen.[43]

Die von VERNON beobachteten US-amerikanischen Unternehmen verlagerten in der Standardisierungsphase ihre durch einen hohen Anteil an unqualifizierter Arbeit gekennzeichnete Produktion in Entwicklungsländer mit geringen Lohnkosten. Die US-amerikanischen und westeuropäischen Märkte wurden dann von diesen Ländern aus versorgt, wobei vielfach aus ehemaligen Exportländer Netto-Importländer wurden. Abbildung 3.1 verdeutlicht dies.

1979 passt VERNON sein Modell an die veränderten internationalen Rahmenbedingungen an. Er geht davon aus, dass die erste Phase sehr kurz oder häufig übersprungen wird und neue Produkte sofort in mehreren Märkten produziert und abgesetzt werden. Der globale Wettbewerb zwingt die Unternehmen schon am Anfang des Produktlebenszyklus, an international wettbewerbsfähigen Standorten zu produzieren und im Sinne einer vorteilhaften Fixkostendeggression die sofortige Präsenz auf zahlreichen Märkten zu suchen.[44]

Bezüglich der Erklärung des unternehmerischen Internationalisierungsprozesses liefert die Produktzyklustheorie wichtige Erkenntnisse durch die Betonung der Bedeutung von Produktinnovationen und Produktstandardisierung sowie Technologie- und Lohnkostenunterschiede. Bei Ersteren handelt es sich um unternehmensspezifische, bei Letzteren um länderspezifische Einflussgrößen, deren Zusammenspiel über die Art der internationalen Unternehmertätigkeit entscheidet.[45]

[43]Vgl. [VERNON 1966], S. 202ff.
[44]Vgl. [VERNON 1979], S. 258ff.
[45]Vgl. [KUTSCHKER 2006], S. 432.

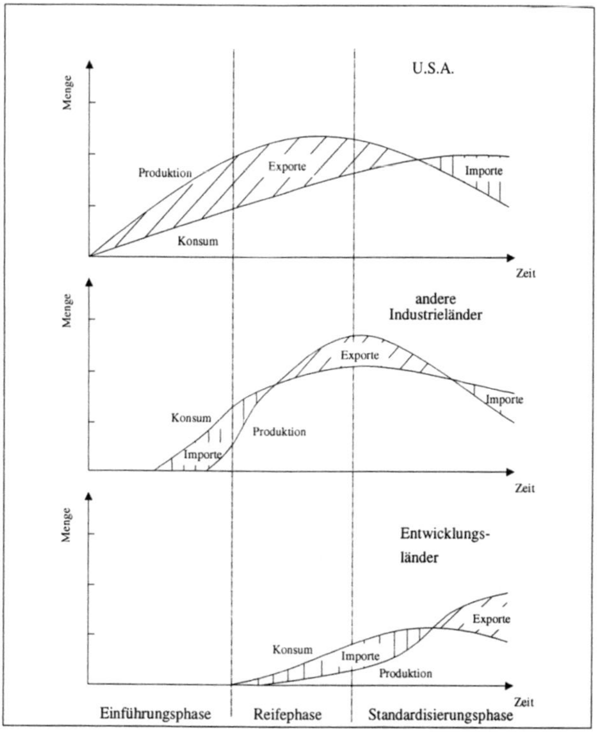

Abbildung 3.1: Produktzyklusmodell (Quelle: in Anlehnung an [VERNON 1966], S. 199.)

3.2.2 Erklärungsbeiträge aus dem Bereich der Direktinvestitionstheorien

Nachfolgend werden Erklärungsansätze dargestellt, die speziell das Zustandekommen von Direktinvestitionen aus verschiedenen Perspektiven beleuchten. Abbildung 3.2 gibt einen Überblick über die betrachteten Perspektiven und Theorien.

3.2.2.1 Kapitalmarkt- und Investitionstheorie

Die klassische Kapitalmarkt- und Investitionstheorie beschränken sich auf die Erklärung der Entstehung von Direktinvestitionen. Der Produktionsfaktor Kapital ist dabei von

Ländermarktspezifische Erklärungsansätze:
- Kapitalmarkt- und Investitionstheorie
- Handelsschrankenansatz
- Standorttheorie

Wettbewerbsspezifische Erklärungsansätze:
- Monopoltheorie
- Theorie des oligopolistischen Parallelverhaltens

Unternehmensspezifische Erklärungsansätze:
- Internalisierungs- und Transaktionskostenansätze
- Behavioristische Theorie

Abbildung 3.2: Systematisierung von Direktinvestitionstheorien (Quelle: in Anlehnung an [PROFF 2004], S. 155.)

zentraler Bedeutung, denn nur wenn die Differenz zwischen den erwarteten Gewinnen und den Kapitalkosten im Ausland höher ist als im Inland, werden Direktinvestitionen getätigt.

Die *Zinstheorie* ist ein kapitalmarktorientierter, in der Tradition der neoklassischen Außenhandelstheorie verankerter Ansatz, allerdings ohne die Prämisse der immobilen Produktionsfaktoren. Die ursprüngliche Formulierung, *einfache Zinstheorie*, sieht ausschließlich Zinsdifferenzen als Ursache von Kapitalströmen zwischen verschiedenen Länder an.[46] Die Erklärung dafür basiert auf dem Faktorproportionentheorem, wonach in kapitalreichen Ländern ein vergleichsweise niedriger Zinssatz als in kapitalarmen Ländern existiert. Die im Unterschied zum Faktorproportionentheorem angenommene vollständige Mobilität von Kapital führt dazu, dass dieses aus kapitalreichen Ländern in kapitalärmere Länder fließt, da hier ein höherer Zinssatz bezahlt wird. Dies geschieht so lange, bis es zu einer Angleichung der Zinssätze kommt.

Die *erweiterte Zinstheorie* kann als eine Präzisierung der einfachen Zinstheorie angesehen werden. Der Vergleich von Investitionen im In- und Ausland nur anhand der erzielbaren Rendite scheint wenig realistisch. Weitere Faktoren wie Informations- und Kapitaltransferkosten sowie die mit Auslandsinvestitionen verbundenen Risiken und Unsicherheiten sind zu berücksichtigen.[47] Die Integration der Risiken, also der subjektiven Einschätzungen der Investoren, führt dazu, dass über die Richtung und Intensität der Kapitalströme keine expliziten Vorhersagen mehr getroffen werden können. Aufgrund der subjektiven Bewertung des künftigen Risikos kann es durchaus zu gegenläu-

[46] Vgl. [HEIDHUES 1969], S. 34f.
[47] Vgl. [KUTSCHKER 2006], S. 399.

figen Kapitalströmen, also von kapitalärmeren zu kapitalreicheren Ländern, kommen. Informations- und Kapitaltransferkosten werden dadurch berücksichtigt, dass die Zinsdifferenz zwischen den Ländern diesen Betrag zusätzlich decken muss.[48] Sowohl die einfache als auch die erweiterte Zinstheorie tragen zur Erklärung von grenzüberschreitenden Direktinvestitionen bei.

Neben der Zinstheorie gehört auch die auf MARKOWITZ und TOBIN zurückgehende *Portfoliotheorie* zu den klassischen Kapital- und Investitionstheorien.[49] Ursprünglich wurde diese Theorie zur Bestimmung der Zusammensetzung von Wertpapieranlagen entwickelt. Der Grundgedanke dabei ist Folgender. Ausgehend von der Rendite eines Wertpapierportfolios, welches dem durchschnittlichen Ertrag aller in diesem enthaltenen Wertpapieren entspricht, und dem Risiko, das sich in der durchschnittlichen Varianz der Wertpapierrenditen ausdrückt, soll eine Portfoliozusammensetzung mit einem geringeren Risiko als das durchschnittliche Risiko der einzelnen Wertpapiere ermittelt werden. Dies geschieht auf Basis der ermittelten Korrelationen der Wertpapiere. So wird durch die Investition in Anlagen, die nicht oder nur wenig miteinander korrelieren, das Gesamtrisiko des Portfolios gesenkt.

Aus der Portfoliotheorie ergibt sich folgende Erklärung für die Entstehung von Direktinvestitionen. Unternehmen sind ein Portfolio ihrer jeweiligen Geschäftseinheiten und die Korrelation der Ertragsentwicklung dieser Geschäftseinheiten bestimmt das Risiko des Gesamtunternehmens. Investitionen im nationalen Markt weisen relativ ähnliche Risiken z.B. durch deren Abhängigkeit von der Binnenkonjunktur und damit hohe Korrelationen auf. Direktinvestitionen, deren Ertragsentwicklung mit der von nationalen Geschäftseinheiten z.B. aufgrund gegenläufiger Konjunkturzyklen wenig oder gar nicht korreliert sind, ermöglichen die Verringerung des Gesamtrisikos von Unternehmen.[50] Die zunehmende globale Vernetzung der Volkswirtschaften scheint diesen Effekt zunehmend abzuschwächen.

Der *Währungsraumansatz* von ALIBER unterscheidet im Vergleich zu den vorgestellten Zinstheorien nicht nach Niedrig- und Hochzinsländern sondern nach Weich- und Hartwährungsländern.[51] Hartwährungsländer sind durch eine aufwertungsverdächtige, Weichwährungsländer durch eine abwertungsverdächtige Währung gekennzeichnet. Des Weiteren wird angenommen, dass Erträge von Unternehmen in Weich- und Hartwährungsländer am Kapitalmarkt mit unterschiedlichen Zinsfüßen bewertet werden. Grund

[48] Vgl. [HEIDHUES 1969], S. 55ff.
[49] Vgl. [MARKOWITZ 1952], S. 77ff., [TOBIN 1958], S. 65ff.
[50] Vgl. [KUTSCHKER 2006], S. 403f.
[51] Vgl. [ALIBER 1970].

dafür ist die zusätzliche Risikoprämie, die sich aus einer möglichen Währungsabwertung ergibt.

ALIBER geht davon aus, dass ausländischen Direktinvestitionen distanz- und fremdheitsbedingte Nachteile gegenüber der einheimischen Konkurenz aufweisen. Diese müssen durch andere Wettbewerbsvorteile überkompensiert werden. Die Zugehörigkeit des ausländischen Investors zu einem Hartwährungsland ist nach ALIBER die Ursache für diese Wettbewerbsvorteile.[52] Denn Unternehmen aus Hartwährungsländern können sich günstiger finanzieren als Unternehmen aus Weichwährungsländer. Dies ist auch dann der Fall, wenn diese mit dem aufgenommenen Kapital Investitionen in Weichwährungsländer tätigen, denn der Kapitalmarkt vernachlässigt das mit den dort erzielten Erträge verbundene Währungsrisiko. Diese Ungleichbehandlung von Unternehmen aus verschiedenen Währungsräumen resultiert aus der Annahme der Kapitalmarktakteure, dass Erträge aus Investitionen im Ziel- und Heimatsmarkt stabiler sind als solche aus dem Zielmarkt allein.[53] Der Währungsraumansatz erklärt die Entstehung von Direkt- investitionen durch die Aufwertungs- und Abwertungserwartungen von Währungen und die sich daraus ergebenden Finanzierungsmöglichkeiten für Unternehmen.

3.2.2.2 Handelsschrankenansatz

Handelsschranken sind von einem Staat errichtete Hemmnisse, die den grenzüberschreitenden Güter- und Dienstleistungsverkehr beeinflussen. Es wird zwischen tarifären und nichttarifären Handelshemmnissen unterschieden. Bei den tarifären Handelshemmnissen handelt es sich hauptsächlich um Zölle, wie z.B. Schutz- oder Prohibitivzölle, welche den grenzüberschreitenden Güterverkehr verteuern. Nichttarifäre Handelshemmnisse sind Maßnahmen, die nicht in einem Zolltarif oder einer zwischenstaatlich ausgehandelten Zollliste aufgeführt sind. Diese können in direkte und indirekte protektionistische Handelshemmnisse unterteilt werden. Direkte protektionistische Handelshemmnisse sind z.B. Einfuhrverbote, Einfuhrkontingente und freiwillige Selbstbeschränkungsabkommen, indirekt protektionistische Handelshemmnisse sind meistens restriktive gesundheitspolitsche, veterinärmedizinische oder pflanzenbiologische Vorschriften. Weitere Hemmnisse können sich durch Verwaltungsvorschriften und deren Auslegung vor Ort ergeben.[54]

[52]Vgl. [ALIBER 1970], S. 17.
[53]Vgl. [ALIBER 1970], S. 29ff.
[54]Vgl. [KUTSCHKER 2006], S. 415.

Der *Handelsschrankenansatz* erklärt die Entstehung von Direktinvestitionen wie folgt. In Staaten, die durch Handelshemmnisse die Einfuhr von Gütern verhindern, bleibt den Unternehmen nur die Möglichkeit über Direktinvestitionen diese zu umgehen.

Einige Autoren betten den Handelsschrankenansatz in einen umfassenderen Ansatz, der *Theorie der Außenhandelsbarrieren*, ein. Neben den Handelsschranken werden vor allem Transportkosten als weitere Ursache für die Durchführung von Direktinvestitionen betrachtet. Diese werden sowohl in der klassischen als auch der neoklassischen Außenhandelstheorie nicht berücksichtigt. Während für viele Güter die Transportkosten gering und daher vernachlässigbar sind, stellen die Transportkosten bei einigen Gütern einen signifikanten Teil des Verkaufswertes dar. Andere Autoren sehen den Handelsschrankenansatz als Teil der Standorttheorie und führen die Vornahme von Direktinvestitionen auf die Existenz von Handelschranken in Märkten mit hohem Wachstumspotenzial zurück.[55]

3.2.2.3 Standorttheorie

Die bisher vorgestellten Theorien haben Standortfaktoren[56] kaum explizit berücksichtigt, obwohl die Standorttheorie eine lange wissenschaftliche Tradition aufweist. Als Begründer dieser Theorie wird THÜNEN angesehen, der 1826 mit seinem Werk *Der isolirte Staat in Beziehung auf Landwirthschaft und Nationalökonomie* die erste geschlossene Darstellung entwickelte.[57] Für den industriellen Sektor liefert WEBER im Jahr 1909 eine Systematik von Standortfaktoren und prägte damit den Begriff *Standortfaktor*.[58]

[55] Vgl. [KUTSCHKER 2006], S. 416.

[56] Standortfaktoren dienen der Beschreibung von Standorten und werden im Rahmen dieser Arbeit als Merkmale der Umwelt von Standorten verstanden, die einen signifikanten Einfluss auf die Standortentscheidung von Unternehmen haben. Vgl. [WEBER 1909], S. 16 und [LIEBMANN 1971], S. 18.

[57] THÜNEN kombiniert die landwirtschaftliche Standortwahl mit einer ökonomischen Sichtweise, indem er die Transportkosten zu den Abnehmern mitberücksichtigt. Er weist nach, dass die landwirtschaftliche Bodennutzung von der Entfernung des Produktionsstandortes zu den Abnehmern mitbestimmt wird und nicht nur von der natürlichen Bodenbeschaffenheit. Vgl. [THÜNEN 1826].

[58] WEBER unterteilt die Standortfaktoren nach ihrem Geltungsbereich (generelle und spezielle Standortfaktoren), nach ihrer räumlichen Wirkung (Regional-, Agglomerations- und Deglomerationsfaktoren) und nach der Art ihrer Beschaffenheit (natürlich-technische und gesellschaftlich-geschaffene Standortfaktoren). Unter generellen Standortfaktoren sind Faktoren zu verstehen, die jedes wirtschaftliche Handeln beeinflussen (z.B. Verkehrsanbindung), unter speziellen Standortfaktoren jene, die nur für bestimmte Wirtschaftszweige von Relevanz sind (z.B. Nähe zu bestimmten Rohstoffen). Regionalfaktoren sind solche, die einen bestimmten Ort als geeignet oder ungeeignet erscheinen lassen (z.B. Infrastruktur). Agglomerationsfaktoren bewirken eine Konzentration von sich ergänzenden Unternehmen in bestimmten Gebieten (z.B. Absatzmärkte in Ballungsgebieten), Deglomerationsfaktoren dagegen führen zu einer Dezentralisation (z.B. Lohnniveau in ländlichen Gebieten). Zu den natürlich-technischen Faktoren zählen Faktoren wie die klimatischen Bedingungen, zu den gesellschaftlich-geschaffenen Faktoren zählen Faktoren, die auf die vor Ort anzutreffende Gesellschaft zurückzuführen sind (z.B. Steuersätze). Vgl. [WEBER 1909], S. 18ff.

Ausgehend von der Kritik an WEBERS Ansatz zu der Ermittlung optimaler Standorte, der die auschlaggebenden Standortfaktoren auf Transport- und Arbeitskosten reduziert, entwickelt BEHRENS 1961 die *Allgemeine Standortbestimmungslehre.* Zu seinem Verdienst zählt, dass die Standortbestimmungslehre neben Standortfaktoren, die den Gütereinsatz berücksichtigen, auch absatzorientierte Standortfaktoren, gleichberechtigt in die Analyse miteinbezieht.[59]

Neben diesen für den deutschsprachigen Raum grundlegenden Arbeiten, die ursprünglich für einen nationalen Kontext entwickelt wurden, existieren eine Vielzahl weiterer Untersuchungen mit nationalem und internationalem Fokus. Eine stringente, in sich geschlossene internationale Standorttheorie existiert jedoch nicht. Vielmehr hat die Vielzahl der Arbeiten eher zur Steigerung des theoretischen Defizits geführt.[60] Nachfolgend wird die *Standorttheorie internationaler Unternehmensaktivität* von TESCH dargestellt, die konsequent auf die Problematik der internationalen Standortwahl ausgerichtet ist.

Im Mittelpunkt der Standorttheorie von TESCH stehen standortbedingte Wettbewerbsvorteile. Während der internationale Handel durch die Verwertung bestehender Wettbewerbsvorteile erklärt wird, sind angestrebte standortbedingte Wettbewerbsvorteile der Grund für die Tätigung von Direktinvestitionen. Diese Wettbewerbsvorteile ergeben sich aus der Kombination der standortspezifischen Gegebenheiten im Gastland und den unternehmensspezifischen Anforderungen an den Standort. Der Grad der Übereinstimmung dieser zwei Komponenten bestimmt die Höhe der erzielbaren standortbedingten Wettbewerbsvorteile.[61]

Standortspezifische Gegebenheiten in Form von Standortfaktoren stehen im Vordergrund zahlreicher Arbeiten. Die Leistung TESCHS war unter Rückgriff auf deren Ergebnisse einen umfassenden Standortfaktorenkatalog zu entwickelt.[62]

Die zweite wichtige Komponente des Erklärungsansatzes sind die unternehmensspezifischen Anforderungen, die TESCH wie folgt systematisiert:[63]

- Produktspezifische Standortanforderungen ergeben sich aus den abzusetzenden Produkten. Vor allem die Kompatibilität mit den Kundenpräferenzen im Gastland, das sich daraus ergebende Absatzpotenzial, die Transportkosten zum Ab-

[59] Vgl. [BEHRENS 1961], S. 34ff.
[60] Vgl. [BIENERT 1996], S. 5f.
[61] Vgl. [TESCH 1980], S. 333ff.
[62] Vgl. Abbildung 3.3.
[63] Vgl. [TESCH 1980], S. 520ff.

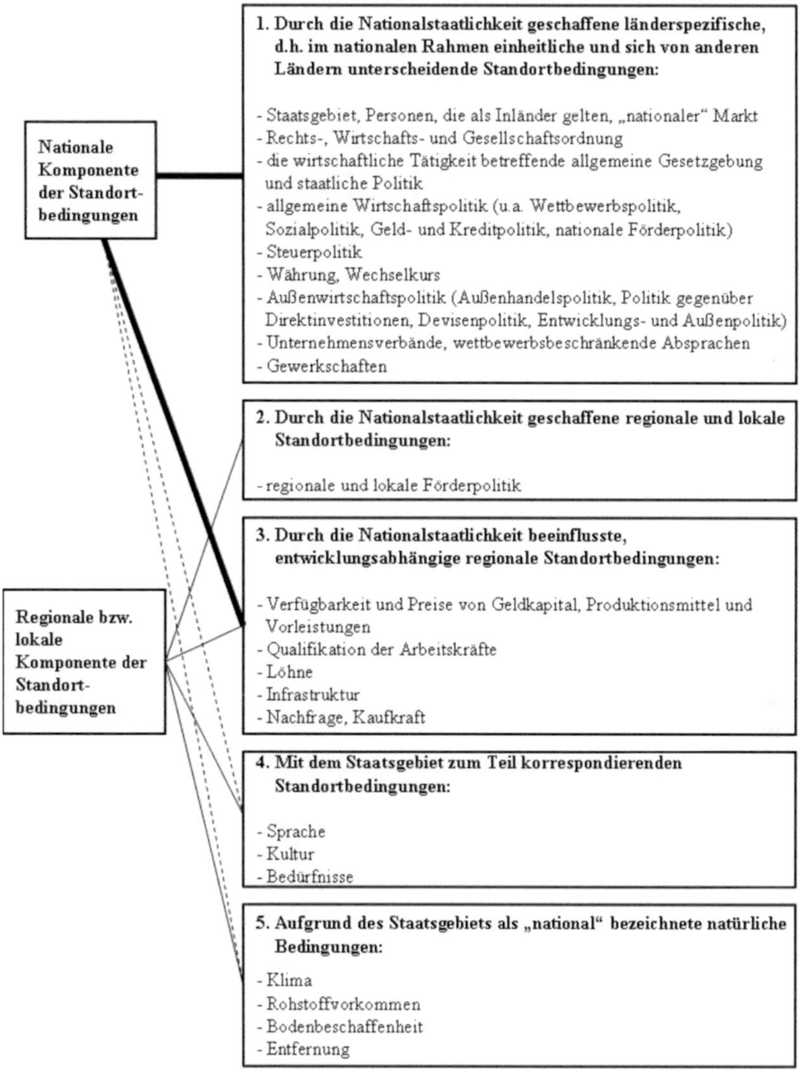

Abbildung 3.3: Standortfaktorensystematik nach TESCH (Quelle: [TESCH 1980], S. 367.)

satzmarkt sowie Handelshemmnisse sind wichtige Faktoren, die kritisch zu überprüfen sind.

- Verfahrensspezifische Standortanforderungen beziehen sich auf Verfügbarkeit von Produktionsfaktoren und -technologien sowie auf die damit verbundenen Kosten.
- Unternehmensspezifische Standortfaktoren ergeben sich aus der Kapitalausstattung, der zu produzierenden Menge, der Fertigungstiefe, der unternehmensinternen Arbeitsteilung, den schon vorhandenen Standorten und deren Ausstattung, den Absatzgebieten sowie der Unternehmenspolitik.

Führt die Kombination von länderspezifischen Standortfaktoren mit den unternehmensspezifischen Anforderungen zu standortbedingten Wettbewerbsvorteilen, so ist dies nach TESCH die Erklärung für die Entstehung von Direktinvestitionen. Zusätzlich zu dieser allgemeineren Erklärung geht TESCH auf die Standortspaltung und die damit verbundene Entstehung multinationaler Unternehmen ein. Dabei unterscheidet er folgende Typen der Standortspaltung:[64]

- Gründung von Vertriebsgesellschaften im Ausland und Beibehaltung der Produktion im Stammland. Diese Vorgehensweise ist sinnvoll, wenn im Inland optimale Standortbedingungen vorhanden sind und die Dezentralisierung der Vertriebsaktivitäten die Unternehmen befähigt, schneller auf Marktgegebenheiten zu reagieren und damit eine höhere Marktdurchdringung zu realisieren.
- Parallele Produktion im Stammland und im Ausland. Damit können tarifäre und nichttarifäre Handelshemmnisse,[65] Transportkosten und Wechselkursrisiken vermieden und die Wettbewerbsfähigkeit der eigenen Produkte im Ausland erhöht werden.
- Substituierende Produktion im Ausland. Die Produktion im Stammland wird ins Ausland verlagert, um Kostenvorteile zu erzielen. Die Produkte werden von dort reimportiert und durch die vorhandene Verkaufsorganisation vertrieben.
- Komplementäre Produktion. Die Produktion wird im Stammland und im Ausland durchgeführt. Dabei sind die unterschiedlichen Anforderungen einzelner Produkte und Teile des Leistungsprozesses ausschlaggebend.
- Standortspaltung aus steuerlichen Gründen. Steuerliche Erwägungen führen zur Gründung von ausländischen Tochtergesellschaften.

[64] Vgl. [TESCH 1980], S. 538ff.
[65] Vgl. Kapitel 3.2.2.2.

Zusammenfassend liefert der Ansatz von TESCH wie auch die Beiträge anderer Autoren folgende Aussage. Nicht die länderspezifischen Standortbedingungen allein, sondern die Kompatibilität mit den Anforderungen der Unternehmen sind entscheidend für die Tätigung von Direktinvestitionen. Da sowohl die Voraussetzungen für jedes einzelne Auslandsengagement unterschiedlich und die unternehmensinternen Anforderungen sehr spezifisch sind, ist es nicht verwunderlich, dass aufgrund dieser hohen Spezifität keine umfassende Standorttheorie, welche die übergeordneten Wirkungszusammenhänge zu erklären vermag, entstanden ist.

3.2.2.4 Monopolistische Theorie der Direktinvestitionen

Die *Industrial Organization-Theorie*, die auch unter dem Begriff *Industrieökonomik* bekannt ist, geht auf MASON[66] zurück und wird als Teilbereich der *Wettbewerbstheorie* angesehen.[67] Im Mittelpunkt steht das *Marktstruktur-Marktverhalten-Marktergebnis-Paradigma.* Das Ziel des industrieökonomischen Ansatzes ist es, den Einfluss der Struktur von Märkten auf das Marktverhalten der Unternehmen und dem daraus resultierenden Marktergebnis empirisch zu erforschen.

Durch die Berücksichtigung spezifischer Faktoren des internationalen Wettbewerbs wurden die Erkenntnisse der Industrial Organization-Theorie zur Erklärung der Internationalisierung von Unternehmen angewandt. Im Folgenden werden mit der *monopolistischen Theorie der Direktinvestitionen* und der *Theorie des oligopolistischen Parallelverhaltens* die wichtigsten industrieökonomischen Einzelansätze zu diesem Thema dargestellt.

Die monopolistische Theorie der Direktinvestitionen ist auf die Arbeit von HYMER und deren Verfeinerung sowie Veröffentlichung durch KINDLEBERGER zurückzuführen.[68] Um die Entstehung von Direktinvestitionen genauer zu fassen, unterscheidet HYMER zwei Typen von Direktinvestitionen. Bei Typ I handelt es sich um Direktinvestitionen, die getätigt werden, um eine höhere Sicherheit bezüglich des investierten Kapitals zu erhalten. Dieser Typ von Direktinvestitionen lässt sich mit den zur damaligen Zeit populären kapitalmarktorienierten Ansätzen wie der erweiterten Zinstheorie, der Portfoliotheorie oder dem Währungsraumansatz erklären.[69] Für die Entstehung

[66] Vgl. [MASON 1959].
[67] Vgl. [KAUFER 1980], S. 5ff.
[68] Vgl. [HYMER 1976] und [KINDLEBERGER 1970].
[69] Vgl. [HYMER 1976], S. 23f.

von Direktinvestitionen vom Typ II gibt es jedoch nachfolgende Ursachen, die durch die genannten Ansätze nur bedingt erklärt werden können:[70]

- Gewinnung der Kontrolle über die ausländische Geschäftseinheit. Denn durch Akquisitionen besteht einerseits die Möglichkeit den ausländischen Wettbewerb zu beeinflussen oder zu neutralisieren und anderseits gewährleistet die Kontrolle eine maximale Aneignung der Rendite.

- Ausspielung von monopolistischen Vorteilen im Ausland. HYMER geht davon aus, dass Unternehmen bei der Erschließung von ausländischen Märkten und Standorten gegenüber einheimischen Unternehmen aufgrund von Informationsdefiziten benachteiligt sind. Demzufolge müssen Unternehmen, die Direktinvestitionen tätigen, über spezifische monopolistische Vorteile verfügen, um diese Nachteile zu kompensieren. Diese Wettbewerbsvorteile sind häufig auf intangible Unternehmensressourcen wie patentierte oder nichtpatentierte Technologien, etablierte Marken, spezifisches Managementwissen und überlegene Vertriebstechniken, aber auch Kostenvorteile in der Beschaffung und der Produktion sowie auf günstige Finanzierungsmöglichkeiten zurückzuführen. Der monopolistische Charakter dieser Wettbewerbsvorteile versetzt die betreffenden Unternehmen in die Lage, der ausländischen Konkurrenz überlegen zu sein. Anzumerken ist, dass ein unvollkommener Markt die Grundvoraussetzung für die Entstehung solcher Vorteile ist.

Die Erkenntnis, dass die Kontrolle über die ausländischen Investitionen die zentrale Voraussetzung für die Ausnutzung von monopolistischen Vorteilen und die Überwindung von Markteintrittsbarrieren ist, ist gleichzeitig der Erklärungsbeitrag der monopolistischen Theorie HYMERS für das Entstehen von Direktinvestitionen.[71]

3.2.2.5 Theorie des oligopolistischen Parallelverhaltens

Bereits HYMER und KINDLEBERGER wiesen darauf hin, dass international orientierte Unternehmen häufig auf oligopolistisch strukturierten Märkten mit klar identifizierbaren Konkurrenzbeziehungen tätig sind.[72] Dies veranlasst die Unternehmen, die zu erwartende Reaktion von Konkurrenten bei der Verfolgung der eigenen Ziele mit zu berücksichtigen. Dementsprechend kommt es bei Direktinvestitionen von Konkurrenten

[70] Vgl. [HYMER 1976], S. 25ff.
[71] Vgl. [KUTSCHKER 2006], S. 408.
[72] Vgl. [PERLITZ 2004], S. 94.

im Ausland zur Störung des oligopolistischen Gleichgewichts und zu Gegenreaktionen, bis sich wieder ein neues Gleichgewicht einstellt.

KNICKERBOCKER untersucht in dem Zeitraum von 1948 bis 1967 das Investitionsverhalten von 187 US-amerikanischen Unternehmen aus verschiedenen Industrien in 23 Ländern. Dabei stellte er fest, dass die Hälfte der Direktinvestitionen in jeder der untersuchten Industrien pro Land innerhalb von drei Jahren und etwa drei Viertel der Direktinvestitionen innerhalb von sieben Jahren nach der ersten Investition getätigt wurden. Zusätzlich wies KNICKERBOCKER nach, dass zwischen der Eintrittskonzentration und dem Konzentrationsgrad einer Branche eine positive Korrelation vorliegt. Denn je größer der Marktanteil der vier größten Unternehmen einer Branche war, desto kürzer war der Zeitraum, in dem diese mit eigenen Direktinvestitionen auf die der Konkurrenten reagierten. Aufbauend auf den Ergebnissen seiner Untersuchung unterscheidet KNICKERBOCKER zwei Reaktionen von oligopolistischen Marktteilnehmern auf die Direktinvestition eines Konkurrenten:[73]

- die Internationalisierung in dasselbe Zielland wie der Wettbewerber als Ergebnis einer *Follow-the-Leader-Strategie*,
- die Verfolgung einer Kreuzinvestitionsstrategie, also Direktinvestitionen in das Stammland eines in den eigenen Heimatmarkt eingetretenen Wettbewerbers.

Zusammengefasst erklärt die Theorie des oligopolistischen Parallelverhaltens die Entstehung von Direktinvestitionen durch oligopolistische Interdependenzen. Zur Erklärung der Erstinvestition des Pionierunternehmens greift KNICKERBOCKER auf die Ergebnisse der Produktzyklustheorie zurück.

3.2.2.6 Transaktionskosten- und Internalisierungstheorie

Im Mittelpunkt des von COASE begründeten *Transaktionskostenansatzes* steht die Analyse der Gründe für die Existenz und den Umfang von Unternehmensaktivitäten.[74] Unternehmen werden im Gegensatz zu den neoklassischen Theorien nicht mehr nur als Produktionsfunktionen verstanden, sondern als eine neben dem Preismechanismus des Marktes weitere Möglichkeit zur Organisation von ökonomischen Aktivitäten.[75]

[73] Vgl. [KNICKERBOCKER 1973], S. 193ff.
[74] Vgl. [COASE 1937].
[75] Vgl. [BÜHNER 2004], S. 117.

Entgegen den klassischen Annahmen ist die Steuerung von ökonomischen Tätigkeiten durch den Markt nicht kostenlos. Neben Anbahnungskosten, wie z.B. Kosten der Partnersuche, Kommunikation- und Informationskosten, entstehen weitere Kosten durch das Aushandeln und der Kontrolle von Verträgen.[76] Allerdings fallen auch bei der Abwicklung von ökonomischen Tätigkeiten innerhalb von Organisationen administrative Kosten sowie Kosten durch mögliche Fehlallokationen von Ressourcen an. Die Entscheidung für eine der beiden Möglichkeiten erfolgt somit in Abhängigkeit der Transaktionskosten. Ein Unternehmen wird sich für eine interne Koordination von Transaktionen entscheiden, wenn die dadurch verursachten Kosten geringer als die Kosten der Inanspruchnahme des Marktmechanismus sind. Ein weiterer Grund für eine interne Abwicklung ist dann gegeben, wenn es zu einem Versagen des Marktes und dadurch zu einem nicht funktionierenden Preismechanismus kommt.[77]

Der Grundstein für die Anwendung des Transaktionskostenansatzes auf die unternehmerische Internationalisierung setzt WILLIAMSON.[78] In seinem Ansatz baut er auf die von COASE eingeführten Transaktionskosten auf, geht aber im Gegenteil zu diesem davon aus, dass Transaktionskosten nicht nur durch Umweltbedingungen, sondern auch durch menschliche Verhaltensweisen beeinflusst werden. Im Gegensatz zum *economic man* der klassischen Theorien postuliert WILLIAMSON den *contractual man*, der nur über eine eingeschränkte Rationalität verfügt und sich opportunistisch verhält.[79] Diese Eigenschaften der Wirtschaftsakteure sowie unvollständige Marktinformationen führen zu dem Versuch alle Eventualitäten vertraglich zu fassen und somit zu steigenden Transaktionskosten. Weitere Merkmale, die einen Einfluss auf die Transaktionskosten haben, sind die Unsicherheit bezüglich der künftigen Entwicklung, die Spezifität der für eine Transaktion notwendige Investition sowie die Transaktionshäufigkeit. WILLIAMSON selbst hat seine Ergebnisse kaum auf internationale Fragestellungen übertragen, aber die Grundlagen dafür geschaffen.

Als Begründer der Transaktionskostentheorie im internationalen Kontext gilt TEECE. Dieser sieht unterschiedliche Standortfaktoren als ursächlichen Grund für die Produktion an mehreren internationalen Standorten.[80] Generell gibt es zwei Möglichkeiten international zu agieren: über den Markt in Form einer Lizenzvergabe oder durch eine interne Lösung in Form einer Tochtergesellschaft oder eines Betriebs. Die effizientere dieser beiden Varianten ist nach TEECE diejenige, deren zu erwartenden Transakti-

[76]Vgl. [COASE 1937], S. 390ff.
[77]Vgl. [COASE 1937], S. 394f.
[78]Vgl. [WILLIAMSON 1975].
[79]Vgl. [WILLIAMSON 1975], S. 21ff. und [WILLIAMSON 1985], S. 43ff.
[80]Vgl. [TEECE 1986], S. 27.

onskosten auf den Märkten für Rohstoffe, Kapital und Know-how am geringsten sind. Unvollkommene Märkte sowie die von WILLIAMSON aufgezeigten menschlichen Verhaltensmuster führen dazu, dass die vertragliche Abwicklung über den Markt häufig teurer als die innerhalb der eigenen Organisation ist. Vor allem die Wertermittlung und die Sicherung von Know-how wird durch vorhandene Informationsasymmetrien erschwert. Zusätzlich besteht die Gefahr, dass das vom Vertragspartner (Lizenznehmer) erworbene Know-how opportunistisch genutzt wird.[81] Dies führt zu der Präferenz vieler Unternehmen internationale Aktivitäten zu internalisieren.[82]

Neben der Transaktionskostentheorie hat auch die auf BUCKLEY und CASSON zurückgehende *Theorie der Internalisierung* ihre Wurzeln in den Ausführungen von COASE.[83] Ähnlich wie TEECE weisen auch BUCKLEY und CASSON auf die durch unvollkommene Märkte auftretende Probleme hin. Sie gehen aber einen Schritt weiter, indem sie vor allen in den Märkten für Humankapital, Know-how, Marketing- und Managementfähigkeiten nachfolgende Arten von Marktunvollkommenheiten identifizieren, die eine interne Koordination und somit Direktinvestitionen begünstigen:[84]

- fehlende *Futures Markets*. Aufgrund nicht vorhandener Märkte für die Koordination von langfristigen Projekten wie z.B. Forschungs- und Entwicklungsvorhaben fehlen den Marktteilnehmern die notwendigen Preisinformationen und somit die Möglichkeit einer Abwicklung über den Markt;

- fehlende Möglichkeit zur Bewertung von Wissen. Sobald Unternehmen dieses zur Bewertung bekannt geben und es nicht durch Verfügbarkeitsrechte geschützt werden kann, wird es zum öffentlichen Gut und der Preis fällt auf null. Dadurch haben Unternehmen keinen Anreiz mehr Know-how zu generieren;

- bilaterale Konzentrationen der Marktmacht. Solche Marktkonstellationen führen zu hohen Unsicherheiten und dadurch zur häufigen Vermeidung von vertraglichen Lösungen;

- Informationsasymmetrien zwischen den Marktteilnehmern. Sind die Informationsunterschiede sehr groß und schwer zu beheben, ist die Preisbildung und eine marktliche Lösung schwierig;

[81] Vgl. [TEECE 1986], S. 29.
[82] Vgl. [TEECE 1981], S. 4ff.
[83] Vgl. [BUCKLEY 1976].
[84] Vgl. [BUCKLEY 1976], S. 32ff.

- staatliche Hindernisse und Regulierungen. Tarifäre und nichttarifäre Handelshemmnisse, die eine vertragliche Lösung ausschließen, können durch Direktinvestitionen umgangen werden.

Zusammengefasst postulieren die Transaktionskostentheorie sowie die Internalisierungstheorie, dass es zu Direktinvestitionen kommt, wenn Transaktionen entweder intern günstiger abgewickelt werden können oder wenn aufgrund von Marktunvollkommenheiten eine vertragliche Regelung nicht möglich ist.[85]

3.2.2.7 Behavioristische Theorie

Der Ursprung der *behavioristischen Theorie* geht auf die verhaltenswissenschaftliche Theorie, im Speziellen auf die Arbeit von CYERT und MARCH zurück.[86] Diese zeigen auf, dass zwischen dem in dem Wirtschaftstheorie angenommenen profitmaximierenden Verhalten und dem realen Verhalten von Unternehmen Diskrepanzen existieren. Erklärt werden diese durch die häufig mangelhaften Informationen auf deren Basis Entscheidungen getroffen werden.

AHARONI entwickelt aufbauend auf diese Erkenntnisse einen völlig neuen Erklärungsansatz für Direktinvestitionen. Dieser beruht auf den Ergebnissen der Befragung von Entscheidungsträgern aus 38 US-Unternehmen, die sich in unterschiedlichen Phasen des Entscheidungsfindungsprozesses hinsichtlich der Tätigung von Direktinvestition in Israel befanden.[87] AHARONI stellt fest, dass Führungskräfte trotz hoher Gewinnmöglichkeiten häufig Risiken über- und Vorteile unterschätzen und deswegen keine Direktinvestitionen tätigen. Aufgrund dieser Beobachtung geht AHARONI davon aus, dass die Mitglieder einer Organisation nicht zweckrational, sondern nach eigenen Nutzenvorstellungen handeln. In diesem Zusammenhang definiert AHARONI den *behavioral man*, der nur über mangelnde Informationen verfügt sowie begrenzte Informationsverarbeitungs- und Problemlösungskapazitäten aufweist.[88]

Um dennoch das Zustandekommen von Direktinvestitionen zu erklären, wird der Entscheidungsprozess in vier Phasen untergliedert, um die einzelnen investitionsfördernden Faktoren phasenspezifisch zu analysieren. In der ersten Phase, der Anstoßphase, stellt AHARONI fest, dass neben hohen Gewinnchancen weitere Stimuli wie z.B.: [89]

[85] Vgl. [KUTSCHKER 2006], S. 450.
[86] Vgl. [CYERT 1963].
[87] Vgl. [AHARONI 1966].
[88] Vgl. [AHARONI 1966], S. 261ff.
[89] Vgl. [AHARONI 1966], S. 54

- Führungskräfte mit einer positiven Einstellung gegenüber einer internationalen Ausrichtung,
- Anregungen hochrangiger Unternehmensvertreter,
- Investitionsanreize ausländischer Regierungen,
- Vorschläge von Kunden, Distributoren, Banken, Vertreter anderer Unternehmen und Lieferanten, die von außen an das Unternehmen herangetragen werden,
- die Angst Marktanteile durch die Errichtung von Handelshemmnissen zu verlieren oder
- eine zunehmende Konkurrenz

notwendig sind, um das Interesse an einer Auslandsinvestition zu wecken und Unsicherheiten bei den Entscheidungsträgern abzubauen.

Mit dem durch diese Stimuli geweckten Investitionsinteresse beginnt die Bewertungsphase, in der Informationen gesammelt und ausgewertet werden. Diesem Prozess ist aus Kosten und Zeitgründen sowie durch begrenzte Informationsverarbeitungskapazitäten enge Grenzen gesetzt. Die dafür eingesetzten Mitarbeiter identifizieren sich aufgrund der investierten Arbeit mit dem Projekt und entwickeln ein Eigeninteresse, dieses zu verwirklichen.[90] AHARONI verdeutlicht damit, dass der Entscheidungsprozess von Personen mit eigenen individuellen Interessen bestimmt wird und dass diese nicht zwingend mit den originären Unternehmenszielen kompatibel sind.[91]

In der nachfolgenden Phase wird die eigentliche Entscheidung gefällt. Diese hängt von den gesammelten und verarbeiteten Informationen, aber vor allem von der Einstellung der Führungskräfte zum Investitionsvorhaben und deren Verhältnis untereinander ab. Frühere und aktuelle Konflikte sowie die angestrebten Machtpositionen der Mitglieder des Entscheidungsgremiums können zu unterschiedlichen Zielen und zu Widerständen führen. Sind diese Widerstände zu groß, muss in einer vierten Phase nachverhandelt werden. Dies kann unter Umständen zur Revision der Investitionsentscheidung führen.[92]

Die Kernaussage der behavioristischen Theorie ist, dass Direktinvestitionen auf individuell geprägte Verhaltensmuster und Ziele der Entscheidungsträger beruhen, die in einem mehrstufigen Prozess koordiniert werden müssen. Das Primat des gewinnmaximierenden Handelns muss um realitätsnahe und menschliche Verhaltensmuster, wie dem

[90] Vgl. [AHARONI 1966], S. 76f.
[91] Vgl. [AHARONI 1966], S. 78ff.
[92] Vgl. [AHARONI 1966], S. 122ff.

Streben nach Sicherheit, Selbstbestätigung und Geltung ergänzt werden. Während die Entscheidungsträger bei den ersten Auslandsinvestitionen Risiken stark übergewichten und diverse Stimuli eine initiierende Rolle spielen, ändert sich dies mit zunehmender Internationalisierungserfahrung. Die Lernfähigkeit der Entscheidungsträger führt zum Abbau von Unsicherheiten und bei erfolgreich durchgeführten Direktinvestitionen zu weiteren Auslandsinvestitionen.[93]

3.2.3 Eklektische Theorie von Dunning

Einen ersten Versuch, die Vielzahl der verschiedenen partialanalytischen Erklärungsansätze internationaler Direktinvestitionen zu einer umfassenden Theorie zu verbinden, stellt DUNNINGS *Eclectic Paradigm of International Production* dar.[94] Seiner ersten Veröffentlichung folgen über mehrere Jahrzehnte weitere, die den Ansatz an die veränderte Umfeldbedingungen anpassten und dessen Anspruch Internationalisierung umfassend zu erklären untermauerten.[95] Dazu bedient sich DUNNING der monopolistischen Theorie der Direktinvestitionen, der Standorttheorie und der Internalisierungstheorie.

Die monopolistische Theorie der Direktinvestitionen liefert DUNNING die Erkenntnis, dass unternehmensspezifische Wettbewerbsvorteile die Grundvoraussetzung für die von ihm betrachteten Internationalisierungsstrategien Export, Direktinvestitionen und die Vergabe von Lizenzen sind. Während bei der auf HYMER und KINDLEBERGER zurückgehende Theorie die Gegenüberstellung der monetär bewerteten unternehmensspezifischen monopolistischen Vorteile und Standortnachteile im Gastland die Entscheidung für oder gegen Auslandsinvestitionen bestimmt,[96] weicht DUNNINGS Ansatz davon ab. Im Rahmen der eklektischen Theorie sind monopolistische Wettbewerbsvorteile zwar eine grundlegende Voraussetzung, aber Unternehmen tätigen Direktinvestitionen nur dann, wenn zusätzlich auch Standortvorteile im Gastland vorliegen.[97]

Standortvorteile als notwendige Bedingung für die Entstehung internationaler Direktinvestitionen traten vor allem im Rahmen von VERNONS Produktzyklustheorie in den

[93]Vgl. [AHARONI 1966], S. 175ff.

[94]Der Begriff *eklektisch* soll verdeutlichen, dass es sich um Sammlungen verschiedener Ansätze handelt, aus denen das *Eclectic Approach*, also die Theorie, entstand. Vgl. [DUNNING 1977], S. 406. In seinen späteren Veröffentlichungen relativiert DUNNING diese Sichtweise, indem er nicht mehr von einer Theorie ausgeht und den Begriff *Paradigma* einführt. Diesen benutzt er aber nicht im Sinne des Wissenschaftstheoretikers KUHN [KUHN 1962], der unter Paradigma die herrschende Lehrmeinung versteht, sondern in abgeschwächter Form.

[95]Vgl. [DUNNING 1979], [DUNNING 1981], [DUNNING 1988], [DUNNING 1995], [DUNNING 2000] und [DUNNING 2001].

[96]Vgl. Kapitel 3.2.2.4.

[97]Vgl. [DUNNING 1979], S. 276.

Mittelpunkt wissenschaftlichen Interesses.[98] Im Gegensatz zu VERNON versteht DUNNING unter Standortvorteilen nicht nur Faktorkostenvorteile, sondern zusätzlich alle aus der klassischen und neoklassischen Theorie des Außenhandels und der Neo-Faktorproportionentheorie abgeleiteten länderspezifischen Standortbedingungen. Dadurch können auch Direktinvestitionen zwischen Industrieländern, die einen ähnlichen Entwicklungsstand aufweisen, erklärt werden. Denn unterschiedliche wirtschaftspolitische Rahmenbedingungen, wie z.B. differierende Steuersätze, restriktive gesetzliche Regelungen oder tarifäre und nichttarifäre Handelshemmnisse, die eine Exporttätigkeit behindern, können unter sonst gleichen Bedingungen zu Standortverlagerungen führen.

In Verbindung mit monopolistischen Wettbewerbsvorteilen lässt sich aus den ausländischen Standortgegebenheiten auch die Aufnahme einer Exporttätigkeit oder die Gründung einer ausländischer Tochtergesellschaft erklären. Gibt es im Ausland im Vergleich zum Inland keine Standortvorteile, so stellen Exporte oder die Gründung einer Vertriebsgesellschaft die geeignete Strategie dar. Aussagen über die Vorteilhaftigkeit der dritten nach DUNNING möglichen Internationalisierungsstrategie, der Lizenzvergabe, können aus den bisherigen Erklärungen nicht abgeleitet werden.

Die Bevorzugung von Direktinvestitionen im Vergleich zur Lizenzvergabe führt DUNNING auf die Ineffizienzen von internationalen Patentsystemen zurück. Dabei baut er auf die grundlegenden Überlegungen von COASE sowie zahlreicher weiterer Vertreter der Transaktionskostentheorie und der Internalisierungstheorie auf und folgert, dass der Schutz des geistigen Eigentums häufig nicht möglich oder mit hohen Kosten verbunden ist.[99] Somit sind Direktinvestitionen einer grenzüberschreitenden Lizenzvergabe vorzuziehen, wenn die Kosten des Schutzes des geistigen Eigentums höher sind oder nur ein unzureichender Schutz möglich ist. Direktinvestitionen sind auch dann zu bevorzugen, wenn die Sicherstellung der Qualität der vom Lizenznehmer produzierten Produkte nicht gewährleistet ist. Eine grenzüberschreitende Lizenzvergabe stellt nur dann eine überlegene Internationalisierungsstrategie dar, wenn das geistige Eigentum geschützt werden kann. Dies ist vor allem bei standardisierten Prozesstechnologien, die bereits in Produktionsverfahren umgesetzt worden sind, der Fall. Dagegen bieten sich Prozesstechnologien, die auf dem Wissen und den Fähigkeiten der Mitarbeiter beruhen und nicht kodifiziert oder in Kapitalgüter umgesetzt worden sind, nicht für eine Lizenzierung an.[100]

[98]Vgl. Kapitel 3.2.1.7.
[99]Vgl. Kapitel 3.2.2.6.
[100]Vgl. [DUNNING 1981], S. 111.

DUNNINGS eklektische Theorie leitet im Gegensatz zu anderen Erklärungsansätzen die Determinanten für die Tätigung von Direktinvestitionen aus der Gegenüberstellung der drei alternativen Internationalisierungsstrategien ab. Zusätzlich werden notwendige und hinreichende Bedingungen für die jeweilige Vorteilhaftigkeit der einzelnen Strategien benannt.[101] Monopolistische Wettbewerbsvorteile sind für alle drei möglichen Internationalisierungsstrategien eine notwendige Bedingung. Im Fall der Lizenzvergabe ist dies zusätzlich auch die hinreichende Bedingung. Die Exporttätigkeit ist der Lizenzvergabe überlegen, wenn aufgrund hoher externen Transaktionskosten Internalisierungsvorteile erzielt werden können. Direktinvestitionen sind dann die überlegene Strategie, wenn Unternehmen zusätzlich zu den monopolistischen Vorteilen sowohl Internalisierungsvorteile als auch Standortvorteile im Gastland realisieren können.

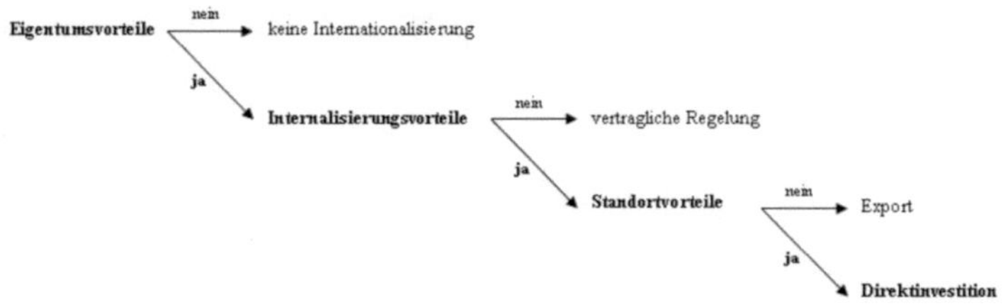

Internationalisierungs-strategien		Unternehmensspezifische monopolistische Wettbewerbsvorteile	Internalisierungsvorteile	Standortvorteile im Ausland
	Direktinvestition	ja	ja	ja
	Export	ja	ja	nein
	Vertragliche Regelung (Lizenzvergabe)	ja	nein	nein

Abbildung 3.4: Entscheidungsbaum für die Wahl der geeigneten Internationalisierungstheorie (Quelle: in Anlehnung an [WELGE 2006], S. 76.)

3.2.4 Zusammenfassung: Motive für die Erschließung neuer Märkte und Standorte durch Direktinvestitionen

Ausgehend von den dargestellten Theorien können nachfolgende fünf Hauptmotive für die Tätigung von Direktinvestitionen abgeleitet werden:[102]

[101] Vgl. Abbildung 3.4.
[102] Vgl. [KINKEL 2003], S. 44ff.

- Absatzmarkterschließung. Die Erschließung internationaler Absatzmärkte ist das wohl stärkste Motiv von Unternehmen ein Engagement im Ausland in Betracht zu ziehen. Neben strategischen Beweggründen wie z.B. *First-Mover-Vorteilen* stehen vor allem die Erhöhung der Absatzmenge und die sich daraus ergebenden Kostenvorteile im Fokus. Durch eine Präsenz vor Ort können Unternehmen auch tarifäre und nichttarifäre Handelshemmnisse umgehen, *Local-Content-Vorschriften* erfüllen und auf Kundenwünsche und Marktgegebenheiten schneller reagieren.

- Kostenreduktion. Bei diesem Motiv soll durch ausländische Direktinvestitionen die Kostensituation der Unternehmen verbessert werden. Dies gelingt durch die Verlagerung von arbeitsintensiven Produktionsprozessen in Länder mit geringen Arbeitskosten. Neben den Arbeitskosten können die Reduzierung von Transaktionskosten sowie die Umgehung von gesetzlicher Auflagen und Steuern zu Kostenreduktionen führen.

- Erschließung von Know-how. Die Präsenz in Regionen, die im Bezug auf Know-how international führend sind sowie die damit verbundene Akquirierung von Know-how, ist ein weiteres Motiv von Unternehmen international tätig zu werden. Neben der Verfügbarkeit von Wissen kann auch die Rekrutierung von geeignetem Personal sowie die Nähe zu Kunden, die einen hohen Innovationsanspruch haben, von Bedeutung sein.

- Following Customer. Zunehmend erwarten die Hauptabnehmer der Zulieferer, dass diese sie bei ihrer internationalen Expansion begleiten und sich in ihrer Nähe ansiedeln. Vor allem Zulieferer, die fertigungssynchron liefern und zusätzlich Serviceaufgaben wahrnehmen, sind im besonderen Maße von diesem Wunsch ihrer Kunden betroffen. Die Motivation Direktinvestitionen im Ausland zu tätigen ist eine Reaktion auf die Erwartung der Kunden. Eine Weigerung würde die langfristige Bindung an diese gefährden und ein Verlust an Beschäftigung bedeuten.

- Sicherung des Rohstoffs- und Vorleistungszugangs. Die nachhaltige Sicherung des Zugangs zu Rohstoffen und anderen Vorleistungen ist ein weiteres Motiv für ausländische Direktinvestitionen. Vor allem wenn der Zugang aufgrund von nicht funktionierenden Märkten unsicher oder die Versorgung in der benötigten Qualität von Lieferanten nicht gewährleistet ist, kommt es zu Direktinvestitionen.

Die Abbildung 3.5 ordnet die dargestellten Hauptmotive den in Kapitel 3.2 vorgestellten Theorien zur Entstehung von ausländischen Direktinvestitionen zu.

Motive / Theorien	Absatzmarkt-erschließung	Kosten-reduktion	Erschließung von Know-how	Following Customer	Sicherung des Rohstoffs- und Vorleistungs-zugangs
Klassische und neoklassische Erklärungs-ansätze		●			●
Neo-Faktor-proportionentheorien		●			●
Neo-Technologietheorien/ Theorie der technologischen Lücke	●	●			
Lernkurventheorie/ Erfahrungskurvenkonzept/ Economies-of-Scale-Theorie	●				
Nachfragestruktur-Theorie	●				
Produktzyklustheorie	●	●		●	●
Kapitalmarkt- und Investitionstheorie		●			
Handelsschrankenansatz	●				
Standorttheorie	●	●	●		●
Monopolistischen Theorie der Direktinvestitionen	●				
Theorie des oligopolistischen Parallelverhaltens	●				
Transaktionskosten- und Internalisierungstheorie	●	●	●		●
Eklektische Theorie von Dunning	●	●		●	●

Abbildung 3.5: Erklärungsbeitrag ausgewählter Theorien bezüglich der Motivation ausländische Direktinvestitionen durchzuführen (Quelle: in Anlehnung an [KINKEL 2004], S. 420.)

3.3 Strategie und Strategieformulierung

3.3.1 Begriffliche Grundlagen

Der Begriff *Strategie* entstammt dem griechischen Wort *strategós*. Dieses geht auf die Wortstämme *stratos* und *agein* zurück, welche übersetzt *das Heer* und *führen* bedeuten. Somit wurde ursprünglich unter Strategie die Kunst der Heerführung verstanden.[103]

Dies erklärt auch, dass zunächst der Strategiebegriff stark in der Kriegslehre verankert war. Dort wurde früh erkannt, dass aufbauend auf dem Wissen über die eigenen Stärken

[103] Vgl. [o.V. 2007a], S. 685.

und Schwächen sowie die des Gegners ein Denken in Wenn-dann-Konstellationen und Handlungsoptionen von entscheidender Bedeutung war. Die *36 Strategeme*, die dem chinesischen General TAN DAOJI zugeschrieben werden, das Werk *Die Kunst des Krieges* des chinesischen Generals SUN TSU oder das Werk *Vom Kriege* des preußischen Generals und Militärtheoretikers CARL VON CLAUSEWITZ verdeutlichen dies beispielhaft.[104]

CLAUSEWITZ definiert Strategie wie folgt:[105]

> „Die Strategie ist der Gebrauch des Gefechts zum Zweck des Krieges; sie muss also dem ganzen kriegerischen Akt ein Ziel setzen, welches dem Zweck desselben entspricht, d.h. sie entwirft den Kriegsplan und an dieses Ziel knüpft sie die Reihe der Handlungen an, welche zu demselben führen sollen, d.h. sie macht die Entwürfe zu den einzelnen Feldzügen und ordnet in diesen die einzelnen Gefechte an. Da sich alle diese Dinge meistens nur nach Voraussetzungen bestimmen lassen, die nicht alle zutreffen, eine Menge anderer, mehr ins einzelne gehender Bestimmungen sich aber gar nicht vorher geben lassen, so folgt von selbst, dass die Strategie mit ins Feld ziehen muss, um das Einzelne an Ort und Stelle anzuordnen und für das Ganze die Modifikationen zu treffen, die unaufhörlich erforderlich werden."

Eine unreflektierte Übertragung von Grundsätzen aus dem Bereich der Militärstrategie auf betriebswirtschaftliche Aspekte ist aufgrund der unterschiedlichen Prämissen dieser Bereiche problematisch. Die entscheidenden Unterschiede liegen darin begründet, dass eine Militärstrategie:[106]

- antagonistisch ist, d.h. mindestens zwei Gegner mit konfliktären Interessen einander gegenüberstehen. Eine derartige Gegnerschaft ist in einem marktwirtschaftlichen Wettbewerb nicht immer gegeben;

- einen diskontinuierlichen Zeithorizont aufweist;

- immer eine Teilstrategie der übergeordneten Staatsstrategie darstellt, während bei einer Strategie in einem betriebswirtschaftlichen Sinne eine Unterordnung möglich, aber nicht zwingend erforderlich ist.

[104] Vgl. [SENGER VON 2003a], [SENGER VON 2003b], [TSU 2001] und [CLAUSEWITZ 1980].
[105] [CLAUSEWITZ 1980], S. 345.
[106] Vgl. [GÄLWEILER 2005], S. 60ff.

In den 40er Jahren des 20. Jahrhunderts prägt die *Spieltheorie*[107] sowie die dahinter stehende Denkweise den Strategiebegriff.[108] Dabei wird die Strategie als der vollständige Plan eines Spielers angesehen, bei dem dieser sowohl die eigenen Aktionen als auch die seiner Gegner simultan und antizipativ berücksichtigt.[109] Die Strategie liefert somit eine vollständige Abfolge von Handlungen für jedes erdenkliche Entscheidungsproblem, auf das ein Spieler im Spielverlauf treffen kann. Jede noch so unwahrscheinliche Situation wird berücksichtigt.[110]

Dieses Strategieverständnis prägt vor allem den volkswirtschaftlichen Ansatz der *Industrieökonomik*[111], welcher überwiegend Methoden der Spieltheorie zur Analyse von Geschäftsfeldstrategien von Unternehmen innerhalb einer Branche einsetzt.[112] Die Erkenntnis, dass Strategien eng mit den dynamischen Interaktionen der beteiligten Akteure zusammenhängen, kann als einer der Verdienste der Industrieökonomik angesehen werden. Das strategische Verhalten im Sinne der Industrieökonomik impliziert somit eine Handlungsweise, die sich an wettbewerblichen Interdependenzen orientiert und die Auswirkung des Konkurrenzverhaltens auf das eigenen Unternehmen proaktiv mit be-

[107]Die Spieltheorie (englisch *game theory*) ist ein Teilgebiet der Mathematik. Die Analyse von Systemen mit mehreren Akteuren, deren Interaktionen denen in Gesellschaftsspielen ähneln, steht im Vordergrund. Die Spieltheorie versucht dabei, das rationale Entscheidungsverhalten in sozialen Konfliktsituationen abzuleiten. Der Unterschied zur Entscheidungstheorie besteht darin, dass der Erfolg der in der Spieltheorie untersuchten Entscheidungssituationen nicht nur vom eigenen Handeln, sondern auch von dem Handeln anderer Akteure abhängt. Der Begriff Spieltheorie entstand durch die anfänglich starke Konzentrierung auf Gesellschaftsspiele, wie z.B. Schach oder Dame. Bei der Spieltheorie handelt es sich weniger um eine zusammenhängende Theorie als vielmehr um einen Satz von Analyseinstrumenten. Angewandt wird die Spieltheorie vor allem in den Disziplinen Operations Research, Wirtschaftswissenschaften, Politikwissenschaft, Soziologie, Psychologie, Informatik und Biologie. Vgl. [RIECK 2007] S. 1ff.

[108]Vgl. [NEUMANN 1944].

[109]Vgl. [NEUMANN 1973], S. 79.

[110]Vgl. [HOLLER 2006], S. 31ff.

[111]Gegenstand der Industrieökonomik (*Industrial Organization - IO*) ist die Frage nach der optimalen Ressourcenallokation, die durch einen funktionsfähigen Wettbewerb realisiert wird. Im Mittelpunkt steht das Marktstruktur-Marktverhalten-Marktergebnis-Paradigma (*Structure-Conduct-Performance-Paradigma*). Das Ziel des industrieökonomischen Ansatzes ist, den Einfluss der Struktur von Märkten auf das Marktverhalten der Unternehmen und dem daraus resultierenden Marktergebnis empirisch zu erforschen. BAIN [BAIN 1959] klassifiziert in den 50er Jahren auf der Basis umfangreicher empirischer Studien als erster die unterschiedlichen Formen unvollkommenen Wettbewerbs. Dabei zeigt er Unternehmen, die auf unvollkommenen Märkten etabliert sind, Möglichkeiten auf, neuen Konkurrenten den Marktzugang zu erschweren. In den 60er und 70er Jahren werden die Konzepte BAINs weiter ausgearbeitet. Zum einen wird sein Konzept der Markteintrittsbarrieren um die der Austritts- und der Mobilitätsbarrieren erweitert, zum anderen wird begonnen, Methoden der mathematischen Spieltheorie auf die Industrieökonomik anzuwenden, um damit die wechselseitige Abhängigkeit von etabliertem Anbieter und potenziellen Newcomer besser abbilden zu können. Anfang der 80er Jahre wendet PORTER [PORTER 1979], [PORTER 1980], die bislang wohlfahrtstheoretisch ausgerichtete Industrieökonomik auf Einzelunternehmen an und geht der Frage nach, welche Schlussfolgerungen einzelne Unternehmen aus den Erkenntnissen der Industrieökonomik ziehen sollten. Er begründet mit diesem Ansatz eine der einflussreichsten Konzepte des strategischen Managements, den Market-Based View.

[112]Vgl. [SHAPIRO 1989], S. 125.

rücksichtigt.[113] Die Übertragung dieses anfänglich stark an die Spieltheorie angelehnten Strategieverständnisses der Industrieökonomik auf die betriebswirtschaftliche Praxis ist selten möglich, denn die hier zu bewältigenden Entscheidungssituationen sind zu komplex, um alle Eventualitäten zu berücksichtigen.[114]

Die eigentliche Einführung des Strategiebegriffes in die Betriebswirtschaftslehre erfolgt Anfang der 60er Jahre durch den in der Harvard Business School entwickelten *Business Policy-Ansatz.*[115] Danach wird Strategie definiert als:[116]

> „das Muster der grundlegenden langfristigen Zielsetzungen sowie der zur Zielerreichung wesentlichen Mitteln, Wege und Richtlinien. Die Strategie lässt erkennen, welche Geschäfte ein Unternehmen betreibt oder zukünftig betreiben soll und welche die besonderen Merkmale des Unternehmens sind oder zukünftig sein sollten.“

Ein weiterer bedeutender Beitrag liefert die Arbeit des russischen Mathematikers und Wirtschaftswissenschaftlers IGOR ANSOFF, der als Begründer und Namensgeber des Strategischen Managements angesehen wird. Aufbauend auf seinen Erfahrungen bei Lockheed entwickelt er seine Theorien zur Unternehmensstrategie, die er in seinem Hauptwerk *Corporate strategy: an analytic approach to business policy for growth and expansion* dokumentierte.[117] ANSOFF versteht unter Strategie im Wesentlichen die Produkt -Markt-Politik eines Unternehmens.[118]

Zwischen ANSOFFs Ansatz und dem Business Policy-Ansatz bestehen zwei grundlegende Unterschiede. Der Business Policy-Ansatz betrachtet die Zielbildung als integralen aus dem Strategieformulierungsprozess nicht herauslösbaren Bestandteil der Unternehmensstrategie. Für ANSOFF hingegen ist die Zielformulierung ein eigenständiger, der Unternehmensstrategie vorgelagerter Prozess und somit nicht Bestandteil der Unternehmensstrategie.[119] Des Weiteren versteht der Business Policy-Ansatz die Strategieformulierung als einen inkrementellen Planungsprozess, der sich schrittweise auf überschaubare und begrenzte Teile des Gesamtproblems konzentriert, während ANSOFF ein

[113]Vgl. [SCHMALENSEE 1988], S. 645f.
[114]Vgl. [KREIKEBAUM 1993], S. 25.
[115]Vgl. dazu die Arbeiten von [ANDREWS 1971], [CHANDLER 1962] und [PORTER 1980].
[116]Übersetzung nach [ANDREWS 1971], S. 28.
[117]Vgl. [ANSOFF 1965].
[118]Vgl. [ANSOFF 1965], S. 108ff.
[119]Vgl. [HOFER 1987], S. 16ff. Allgemein wird die Frage, ob die Zielbildung Bestandteil des strategischen Planungsprozesses ist oder diesem vorgelagert, in der Literatur kontrovers diskutiert. Vgl. dazu [JENNER 2001], S. 109 sowie die dort zitierte Literatur.

synoptisches Konzept mit einer umfassenden Gesamtplanung anstrebt. Abbildung 3.6 zeigt die unterschiedliche Vorgehensweisen dieser beiden Planungsphilosophien auf.

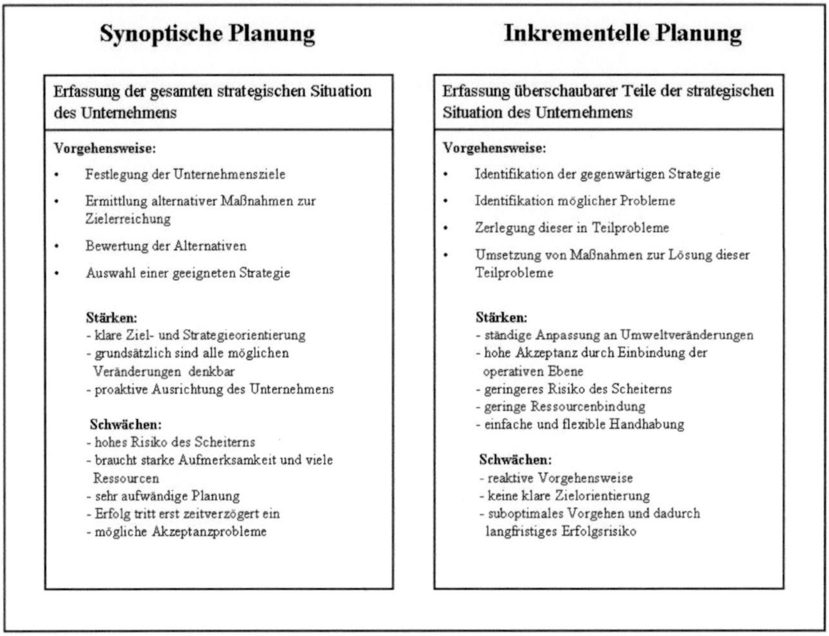

Abbildung 3.6: Synoptische und inkrementelle Planungsphilosophien (Quelle: in Anlehnung an [ZAHN 1979], S. 118f.)

Der synoptische Planungsansatz ist wie dargestellt präskriptiv, das heißt es gibt Gestaltungsempfehlungen, wie der Prozess des strategischen Managements ablaufen sollte, um möglichst effizient zu sein. Vereinfacht ausgedrückt werden im Anschluss einer umfassenden SWOT-Analyse eine Vielzahl möglicher Handlungsalternativen ermittelt, die anschließend in Bezug auf den Erreichungsgrad vorab definierter Ziele bewertet werden. Die Vielzahl der zu berücksichtigenden Faktoren führt zu einer hohen Komplexität, verbunden mit einem hohen Zeitbedarf und hohen Kosten.[120]

Der inkrementelle Planungsansatz kann als deskriptiv bezeichnet werden, denn er basiert auf der empirischen Analyse von realen strategischen Entscheidungsprozessen. MINTZBERG und QUINN können bei der Beobachtung strategischer Entscheidungsprozesse keine eindeutige, systematische Phasen von Aktivitäten nachweisen.[121] Sie stellen

[120]Vgl. [WALTER 2007], S. 114.
[121]Vgl. dazu die Arbeiten von [MINTZBERG 1978] und [QUINN 1980].

fest, dass Strategien unregelmäßig, dezentral und nicht nach einem strengen Muster ablaufend entstehen. Die inkrementale Planung wird daher auch als Strategie der unzusammenhängenden Schritte, als Wissenschaft des Durchwurstelns (*science of muddling through*) oder als Stückwerkstechnologie (*piecemeal engineering*) bezeichnet.[122]

MINTZBERG beschreibt Strategie ganz allgemein als *Grundmuster in einem Strom der Entscheidungen oder Aktivitäten eines Unternehmens.* Strategien werden dabei nicht einfach als ein Plan für die Zukunft verstanden, sondern auch als ein Verhaltensmuster, das sich aus der Vergangenheit ergibt. Hierzu führt MINTZBERG plakativ aus:[123]

> „Fragen wir Führungskräfte, was Strategie ist, werden wir fast immer hören, es sei eine bestimmte Art von Plan, eine Anleitung für künftiges Verhalten. Haken wir dann nach, welche Strategien ein Wettbewerber oder das eigene Unternehmen verfolgen, wird die Antwort in der Regel aus nichts anderem bestehen als der Beschreibung eines konsequenten, in der Vergangenheit gezeigten Verhaltens. Strategie ist offenbar ein Begriff, den die Leute anders definieren als benutzen, ohne den Unterschied zu bemerken. Der Grund dafür ist einfach. Ungeachtet seiner Definition und seiner militärischen Wurzeln im alten Griechenland gebrauchen wir das Wort ebenso oft, um vergangene Handlungen wie auch zukunftsgerichtete Planung zu beschreiben. Denn eine Strategie macht ja nur Sinn, wenn sie in die Tat umgesetzt wird. Also halten wir uns an das Handfeste: Wir beobachten die Aktionen von Unternehmen und versuchen, in den Handlungen typische Muster, eben eine Strategie zu entdecken. Doch so wie ein Plan nicht unbedingt auch zu Handlungen führen muss, braucht ein konkretes Handlungsmuster nicht einem Plan zu entspringen. Ein Unternehmen kann ein Aktionsmuster haben oder eine realisierte Strategie, ohne das zu wissen oder klar zum Ausdruck zu bringen.“

Die meisten Lehrbücher zum strategischen Management nehmen heute die Perspektive eines synoptischen strategischen Planungsmodells ein und auch in der Unternehmenspraxis finden sich häufig Planungsansätze, die auf diesem Modell basieren. Dennoch konnte die Kontroverse bis heute nicht geklärt werden.[124]

[122] Vgl. [MINTZBERG 1978], S. 114.

[123] Übersetzung nach MINTZBERG in [BEA 2001], S. 194.

[124] Vgl. dazu MINTZBERGs Artikel *The Design School: Reconsidering the Basic Premises of Strategic* [MINTZBERG 1990], S. 171ff. und ANSOFFs Replik *Critique of Henry Mintzbergs The Design School: Reconsidering the Basic Premises of Strategic Management* [ANSOFF 1991], S. 449ff. oder MINTZBERGs Artikel *Rethinking Strategic Planning* [MINTZBERG 1994a], S. 12ff., [MINTZBERG 1994b], S. 22ff. und

Obwohl die Beschäftigung mit strategischen Problemstellungen schon eine über 50-jährige Geschichte aufweist, entwickelt sich jedoch kein einheitliches Strategieverständnis.[125] So gibt es für den Begriff Strategie eine Vielzahl von Definitionen und Umschreibungen, aus denen sich die zwei aufgezeigten grundlegenden Strategieverständnisse ableiten lassen.

Tabelle 3.1: Ausgewählte Strategiedefinitionen aus dem angloamerikanischen und deutschsprachigen Raum

Autor	**Strategiedefinition**
Chandler (1962)	Strategy is the determination of the basic long-term goals and objectives of an enterprise. The adaption of course of action. The allocation of resources necessary for carrying out these goals.
Ansoff (1965)	Strategy is: Product/market scope, growth vector, competitive advantage, synergy.
Andrews (1971)	Strategy is the pattern of objectives, purposes, or goals and major policies. Plans for achieving these goals, stated in such a way as to define what business the company is in or is to be in and the kind of the company it is or it is to be.
Christensen/ Andrews/Bower (1973)	Strategy is the patter of decisions in a company that shapes and reveals its objectives, purposes and goals. Strategy produces the principle policies and plans achieving these goals. Strategy defines the business the company intends to be in and the kind of economic and human organization it intends to be.
Arbeitskreis Unternehmungs-planung (1977)	Strategien beinhalten langfristig angelegte, die Gesamtunternehmung berührende und die Erreichung der Unternehmensziele dienende Verhaltensweisen der Unternehmung in ihren Aktivitätsbereichen.
Mintzberg (1978)	Strategy ist the pattern in a stream of decisions.
Steiner/Miner/ Gray (1982)	Strategy is the central and unique care of strategic management. Strategy refers to the formulation of basic organizational missions, purposes, and objectives; policies and programs to achieve them; and the methods needed to assure that strategies are implemented to achieve organizational ends.

Fortsetzung auf der nächsten Seite

Ansoffs Kommentar *Comment on Henry Mintzbergs Rethinking Strategic Planning* [Ansoff 1991], S. 449ff.

[125]Für einen Überblick über verschiedene Strategieverständnisse vgl. [Freiling 2007], S. 301ff.

Autor	Strategiedefinition
HENTZE/BROSE (1985)	Strategien bezeichnen die grundsätzlichen, konzeptionellen Möglichkeiten zur Bestimmung, Verfolgung und Realisierung festgelegter (oder noch festzulegender) Unternehmensziele.
GÄLWEILER (1987)	Strategie bedeutet, sein Denken, Entscheiden und Handeln an den übergeordneten Zielen oder Zielvoraussetzungen zu orientieren und sich dabei nicht durch vordergründige Dringlichkeiten, d.h. Augenblicksvorteile und -nachteile, ablenken zu lassen.
SCHOLZ (1987)	Strategie ist die grundsätzliche Vorgehensweise zur Erreichnung der unternehmenspolitischen Ziele.
HOFER/SCHENDEL (1987)	The basic characteristics of the match an organization achieves with its environment is called its strategy. Strategy is the fundamental pattern of present and planned resource deployments and environmental interactions that indicates how the organization will achieve its objectives.
QUINN/ MINTZBERG/JAMES (1988)	Strategy is the pattern or plan that integrates an organization's major goals, policies and action sequences into a cohesive whole. A well-formulated strategy helps to marshal and allocate an organization's resources into a unique and viable posture based on its relative internal competencies and short comings, anticipated changes in the environment and contingent moves by intelligent opponents.
ZAHN (1989)	Strategie ist eine wirkungsvolle, auf das Ziel der Unternehmung ausgerichtete Verknüpfung des Weges, auf dem die Stärken und Schwächen einer Unternehmung sinnvoll zu den Chancen und Risiken der Umwelt in eine für das Unternehmen vorteilhafte Beziehung gesetzt werden.
HANSSMANN (1990)	Strategie ist die Gesamtheit aller Maßnahmen der Unternehmung, die einen wesentlichen Einfluss auf den Ausgang des Wettbewerbs – etwa auf den im Konkurrenzkampf errungenen Marktanteil und Gewinn – haben.
ULRICH (1990)	Strategie ist die grundsätzliche Vorgehensweise zur Erreichung der unternehmenspolitischen Ziele.
KREIKEBAUM (1991)	Strategien bringen zum Ausdruck, wie ein Unternehmen seine vorhandenen und seine potenziellen Stärken einsetzt, um Veränderungen der Umweltbedingungen zielgerichtet zu begegnen.
PORTER (1996)	The essence of strategy is choosing to perform activities differently than rivals do.

Quelle: in Anlehnung an [WELGE 1992], S. 166–169 sowie die dort zitierte Literatur.

Welchem Strategieverständnis diese Arbeit folgt, kann nur im Zusammenhang mit der Frage geklärt werden, zu welchem Zweck der Strategiebegriff hier Verwendung findet. Die Zielsetzung dieser Arbeit ist die Aufdeckung kulturabhängiger Erfolgsfaktoren, die für eine erfolgreiche Internationalisierung von deutschen KMU nach Rumänien verantwortlich sind. Da die Entscheidung, auf ausländischen Märkten und Standorten tätig zu werden, viele Merkmale eines durch Planung determinierten Vorgehens aufweist, wird in dieser Arbeit dem Strategieverständnis gefolgt, wonach Strategien rational geplante Maßnahmenbündeln sind. Dabei wird davon ausgegangen, dass um ein vorgegebenes Ziel zu erreichen, eine Vielzahl von aufeinander abgestimmte Einzelmaßnahmen durchgeführt werden müssen. Auf der Basis dieses Strategieverständnisses ergeben sich folgende Einsichten:[126]

- Strategien bestehen aus einer Vielzahl voneinander abhängigen Einzelentscheidungen, deren Revidierung in aller Regel einen hohen Zeit- und Kostenaufwand verursacht.
- Strategien werden bewusst gestaltet und sind das Ergebnis eines koordinierten Planungsprozesses.
- Strategien sind zukünftigen Maßnahmen vorgelagert, sie sind das Fundament auf Basis dessen diese Maßnahmen realisiert werden.
- Strategien sind der Weg, die von der Unternehmensleitung vorgegebenen Ziele zu erreichen. Obwohl in der Literatur überwiegend diese Auffassung vertreten wird, gibt es Autoren, die Unternehmensziele als einen Teil der Strategien ansehen.
- Strategien sind umweltabhängig und werden kontinuierlich an veränderte Umweltzustände angepasst.

3.3.2 Strategieformulierung

Ausgehend von der Annahme, dass der Zweck von Strategien die Sicherstellung der Erfüllung von Unternehmenszielen ist, stellt sich die Frage, welche Zielsetzungen Unternehmen haben. Empirische Befunde zeigen auf, dass die Sicherung der langfristigen Unternehmensentwicklung von den meisten Unternehmen als primäres Ziel angesehen wird.[127] Die Erreichung dieses Ziels ist maßgeblich von der Qualität der vorhandenen

[126] Vgl. [Macharzina 2005], S. 257ff.
[127] Vgl. [Fritz 1988], S. 567ff.

Steuerungsgrößen des Unternehmens abhängig. Dabei sind Größen wie z.B. Liquidität oder Gewinn aufgrund ihrer Vergangenheitsorientierung wenig nützlich.[128] Die Anwendung von Größen, die den künftigen Erfolgsaussichten vorgelagert sind, ist sinnvoller.[129] Solche Größen werden als Erfolgspotenziale bezeichnet. Der Begriff *Erfolgspotenzial* geht auf GÄLWEILER zurück,[130] der Erfolgspotenziale als Größen zur Vorsteuerung der für die operative Führungsaufgabe maßgebenden Zielgrößen Erfolg und Liquidität bezeichnet.[131] Auf eine ausführlichere Auseinandersetzung mit dem Begriff wird an dieser Stelle verzichtet und auf Kapitel 5.1.2 verwiesen.

Die Zielsetzung der Strategieformulierung ist somit die Sicherung und Erweiterung der Erfolgspotenziale eines Unternehmens, um dessen Bestand und Entwicklung langfristig zu gewährleisten.

3.3.3 Strategietypen

Die Auseinandersetzung mit Unternehmensstrategien führt zu einer Vielzahl von Strategiearten. Die Unterscheidung in Strategien für das gesamte Unternehmen (*Corporate Strategies*), Strategien für die einzelnen Geschäftsfelder eines Unternehmens (*Business Unit Strategies*) sowie Strategien für die einzelnen Funktionsbereiche eines Unternehmens (*Functional Area Strategies*) ist weitgehend verbreitet.[132]

3.3.3.1 Gesamtunternehmensstrategien

Gesamtunternehmensstrategien werden auf der obersten Führungsebene eines Unternehmens postuliert und sind die Grundlage für die Strategien nachgelagerter Unternehmensebenen. Sie enthalten Informationen über die Märkte und über die Geschäftsbereiche, in denen ein Unternehmen tätig ist oder plant künftig tätig zu sein (*Produkt-Markt-Strategien*). Diese Aktivitätsfelder werden in strategische Geschäftseinheiten zusammengefasst. Entscheidungen über den Auf- oder Abbau von Geschäftseinheiten (*Wachstums-, Stabilisierungs- und Schrumpfungsstrategien*) und über die Allokation unternehmerischer Ressourcen (*Diversifikations- und Kernkompetenzstrategien*) stehen

[128]Hohe Gewinne weisen nicht notwendigerweise auf vorhandene Leistungsreserven eines Unternehmens hin. Die Konzentration auf die Verbesserung des kurzfristigen Erfolgs kann nämlich auch über Substanzschmälerungen des Unternehmens erfolgen.

[129]Vgl. [MACHARZINA 2005], S. 263.

[130]Vgl. [GÄLWEILER 1974], S. 132ff.

[131]Vgl. [GÄLWEILER 1980], S. 32.

[132]Vgl. [HAX 1996], S. 24ff.

im Vordergrund.[133] Somit stehen bei Gesamtunternehmensstrategien Produkt-Markt-Konstellationen im Mittelpunkt des Strategieformulierungsprozesses.

3.3.3.2 Wettbewerbsstrategien

Weisen Unternehmen Tätigkeiten in verschiedenen Geschäftsfeldern mit unterschiedlichen Rahmenbedingungen aus, müssen für die unterschiedlichen Geschäftsfelder spezifische Strategien formuliert werden. Diese bestimmen, auf welchen Märkten, mit welchen Mitteln und mit welchem Vorgehen innerhalb eines abgegrenzten Geschäftsfelds das Unternehmen eine bestimmte Wettbewerbsposition erreichen und dauerhafte Wettbewerbsvorteile aufbauen will (*Wettbewerbsstrategien*). Des Weiteren ist zu entscheiden, mit welcher Geschwindigkeit die ausgewählten Märkte zu betreten sind (*Markteinrittsgeschwindigkeitsstrategien*) sowie in welchem Maße der Leistungserstellungsprozess im Unternehmen verankert ist (*Make-or-Buy-Strategien*).[134]

3.3.3.3 Funktionsbereichsstrategien

Funktionsbereichsstrategien werden unter Berücksichtigung der Unternehmens- und Wettbewerbsstrategien festgelegt. Sie beinhalten die Ziele und Maßnahmen der Funktionsbereiche (z.B. *Beschaffungsstrategie, Produktionsstrategie, Absatzstrategie, Forschungs- und Entwicklungsstrategie, Finanzierungsstrategie, Personalstrategie*). Im Mittelpunkt der Funktionsbereichsstrategien steht der effiziente Einsatz der Unternehmensressourcen und der Beitrag der einzelnen Unternehmensfunktionen zur Erreichung der in den Unternehmens- und Wettbewerbsstrategien postulierten Ziele.

3.4 Internationalisierungsstrategien

3.4.1 Einführende Überlegungen zur Definition von Internationalisierungsstrategien

Die Typologisierung von Internationalisierungsstrategien wird in zahlreichen Publikationen thematisiert. Aufgrund unterschiedlicher Systematiken ist es zu keinen einheitli-

[133]Für eine ausführliche Darstellung dieser Strategien vgl. [MACHARZINA 2005], S. 266ff.
[134]Vgl. [MACHARZINA 2005], S. 276f.

chen Ergebnissen gekommen. Die nachfolgend kurz angesprochenen Typologisierungen bestätigen dies.

FAYERWEATHER unterscheidet vier verschiedene Strategietypen. Unternehmen, die ein *Hochtechnologiemodell* verfolgen, haben das Ziel, durch den Absatz auf internationalen Märkte eine Kostendegression im Bereich Forschung und Entwicklung zu realisieren. Verfolgen Unternehmen ein *Niedrigtechnologiemodell*, streben diese an, die vorhandene Produkttechnologien ohne das Entstehen weiterer Kosten auszunutzen. Beim *Managementmodell* sollen durch eine Internationalisierung besondere Managementfähigkeiten im Unternehmen gebunden werden. Das *Funktionsverlagerungsmodell* hat die Verlagerung der Produktion in Niedriglohnländer bei gleichzeitig weltweiter Vermarktung der Produkte zum Ziel.[135]

ROBOCK und SIMMONDS unterscheiden zwei Arten von globalen Strategien. Die *globale Standardisierung* mit dem Ziel einer vorteilhafteren Fixkostendegression und der Erhöhung von Erfahrungseffekten sowie die *globale Differenzierung* mit dem Ziel der besseren Anpassung der Produkte an die unterschiedlichen Erfordernisse der ausländischen Märkte.[136]

SCHULTZ-WILD geht in seiner Untersuchung bezüglich der Internationalisierungsstrategien von kleinen und mittleren Unternehmen von folgenden vier Strategietypen aus: *Internationalisierung als Verlängerung von Exportstrategien*, *Internationalisierung zur Kostenreduktion*, *Internationalisierung als Reflex auf die Produktions- und Absatzstrategien von Großkunden* und *Internationalisierung zur Erschließung und Konsolidierung von Auslandsmärkten.*[137]

Andere Autoren definieren fälschlicherweise Markterschließungsformen wie z.B. Export, Lizenzvergabe, Joint Venture oder Niederlassungen als Internationalisierungsstrategien.[138]

In dieser Arbeit wird ein ähnlicher Blickwinkel wie der von SCHULTZ-WILD eingenommen. Strategien werden als rational geplante Maßnahmenbündel verstanden, die sich aus übergeordneten Unternehmenszielen ableiten. Somit müssen auch die Internationalisierungsstrategien aus den Internationalisierungsmotiven der Unternehmen hervorgehen, die sich ihrerseits aus den Gesamtunternehmensstrategien, den Wettbewerbs- strategien oder den Funktionsbereichsstrategien ableiten. Abbildung 3.7 verdeutlicht dies.

[135] Vgl. [FAYERWEATHER 1978], S. 449ff.
[136] Vgl. [ROBOCK 1983], S. 276ff.
[137] Vgl. [SCHULTZ-WILD 1997], S. 13ff.
[138] Vgl. [HILGER 2001], S. 10ff.

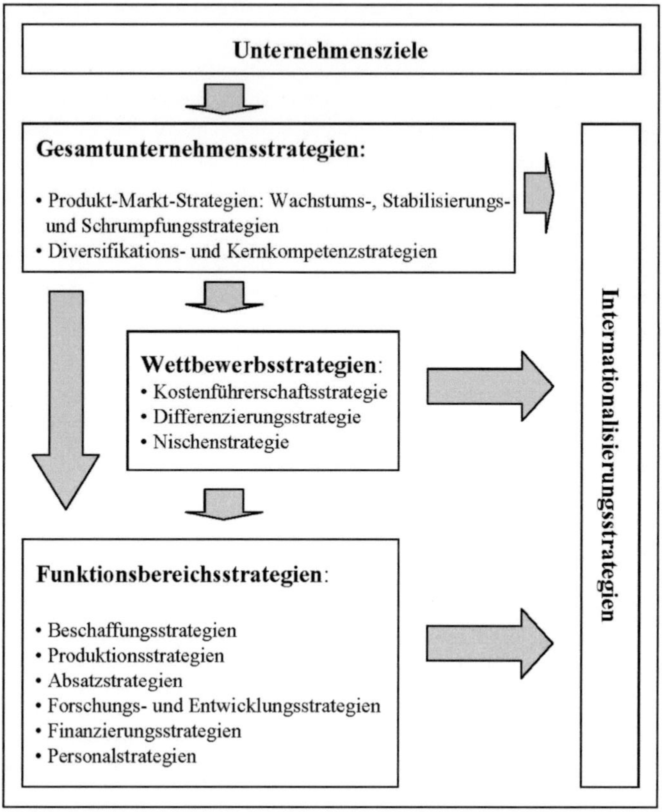

Abbildung 3.7: Einordnung von Internationalisierungsstrategien (Quelle: eigene Darstellung)

3.4.2 Basisstrategien der Internationalisierung

Ausgehend von den vorangegangenen Überlegungen und den in Kapitel 3.2 identifizierten Hauptmotiven der Internationalisierung werden fünf Basisstrategien identifiziert, die einzeln, aber auch kombiniert die Internationalisierungsstrategie eines Unternehmens ergeben.

Die Basisstrategie *Absatzmarkterschließung* leitet sich aus dem Internationalisierungsmotiv der Unternehmen ab, durch die Erschließung von ausländischen Märkten ihre Wettbewerbsposition zu verbessern. Dabei sollen die vorhandenen Vertriebswege erweitert und die Präsenz in Kundennähe verstärkt werden. Durch die Absatzmarkterschließung werden folgende Teilziele, die sich je nach Situation sowohl aus den Gesamtunternehmens- als auch aus Wettbewerbs- oder Funktionsbereichsstrategien ergeben können, verfolgt:

- Risikodiversifikation. Dieses Ziel kann sowohl auf der Ebene der Unternehmensstrategien als auch auf der Ebene der Wettbewerbsstrategien angesiedelt sein. Auf der Ebene der Unternehmensstrategie geht es um die Minimierung des Risikos des Gesamtportfolios der im Unternehmen angesiedelten strategischen Geschäftseinheiten. Auf der Ebene der Wettbewerbsstrategien geht es um die Realisierung von konkreten Wettbewerbsvorteilen. Das Engagement auf deinem Auslandsmarkt kann bei unterschiedlichen Konjunkturzyklen das Risiko eines stark schwankenden Absatzes minimieren.

- Realisierung von Wettbewerbsvorteilen durch einen frühzeitigen Eintritt auf einem ausländischen Markt oder Markteintritt als Nachfolger, um einen Vorsprung der Konkurrenz zu verhindern. Während die erstgenannte Verhaltensweise Wettbewerbsvorteile durch den Aufbau und die Verteidigung der Marktposition schaffen soll, geht es bei der zweiten darum Wettbewerbsnachteile zu vermeiden.

- Realisierung von Wettbewerbsvorteilen durch die Ausnutzung von Skalenerträgen. Der im Ausland zusätzlich generierte Absatz führt zu geringeren Stückkosten. Aufgrund der verfolgten Wettbewerbsstrategie kommt es zur Internationalisierung.

Die Basisstrategie *Kostenreduktion* leitet sich aus dem Internationalisierungsmotiv der Unternehmen ab, durch ausländische Direktinvestitionen die Kostensituation und dadurch die Wettbewerbsposition der Unternehmen zu verbessern. Dies soll durch die Verlagerung von Produktionsprozessen in Länder mit geringen Faktorkosten, durch die Reduzierung von Transaktionskosten sowie durch die Umgehung von gesetzlichen Auflagen und Steuern erreicht werden. Die durch die Basisstrategie Kostenreduktion verfolgten Teilziele können sowohl aus den Gesamtunternehmens- als auch aus Wettbewerbs- oder Funktionsbereichsstrategien hervorgehen.

Weitere Basisstrategien sind die *Erschließung von Know-how*-Strategien mit dem Ziel der Know-how-Akquirierung, die *Following Customer*-Strategie mit dem Ziel der langfristigen Bindung von Schlüsselkunden sowie die *Sicherung des Rohstoff- und Vorleistungszugangs*-Strategie mit dem Ziel der nachhaltigen Sicherung des Zugangs zu Rohstoffen und anderer Vorleistungen.[139]

[139]Vgl. Kapitel 3.2.

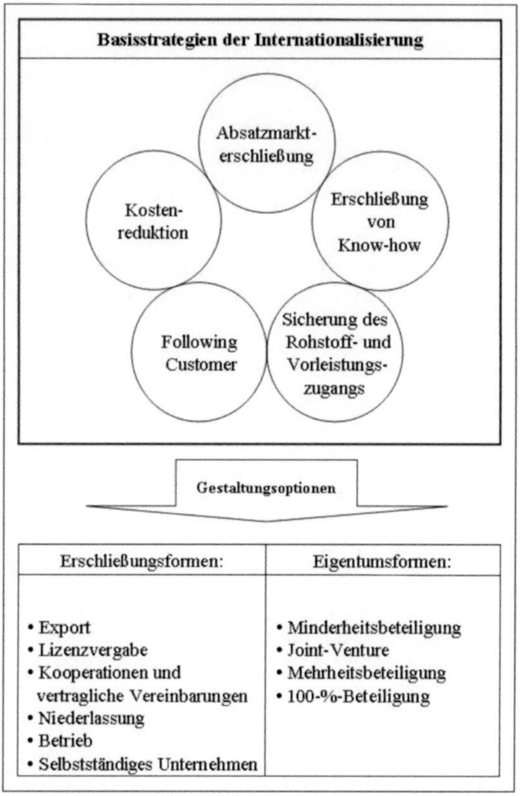

Abbildung 3.8: Basisstrategien der Internationalisierung (Quelle: eigene Darstellung)

Nachfolgend werden die wichtigsten Gestaltungsmöglichkeiten von Internationalisierungsstrategien diskutiert.

3.4.3 Gestaltungsoptionen

3.4.3.1 Erschließungsformen

3.4.3.1.1 Export

Der grenzüberschreitende Transport von Gütern aus dem Inland in das ausländische Bestimmungsland wird als Export bezeichnet.[140] Die Frage, ob es sich beim Export um eine Form des internationalen Markteintritts handelt, ist in der Literatur aufgrund der relativ temporären Bindung von Unternehmensressourcen und der Möglichkeit, Exporte einmalig oder nur gelegentlich durchzuführen, uneinheitlich beantwortet. Obwohl diese Form des Markteintritts nicht Gegenstand der empirischen Untersuchung dieser Arbeit ist, wird diese, da sie häufig die Vorstufe anderer Markterschließungsstrategien ist, kurz angesprochen.

Generell wird zwischen dem indirekten und dem direkten Export unterschieden. Beim indirekten Export setzen Unternehmen Güter auf Auslandsmärkten über spezialisierte Distributeure[141] ab. Diese übernehmen die Exportabwicklung sowie die Mittlerfunktion zwischen den inländischen Unternehmen und den ausländischen Abnehmern. Beim direkten Export erfolgt der Abverkauf der Produkte direkt an die ausländischen Abnehmer.

Während der indirekte Export nur geringe Unternehmensressourcen bindet, sind die Anforderungen beim direkten Export höher. Die wichtigsten Anforderungen für den Aufbau von Exportaktivitäten sind:

- die Anpassung der Produkte an länderspezifische Gegebenheiten,
- die Schulung der Mitarbeiter hinsichtlich der Abwicklung von länderübergreifenden logistischen und monetären Transaktionen und
- die Institutionalisierung der Abwicklung des Exportgeschäfts im Unternehmen.

Diese Markteintrittsstrategie ist sinnvoll, wenn das im Ausland realisierbare Geschäftsvolumen für eine Direktinvestition zu niedrig oder das damit verbundene Risiko zu hoch ist. Weitere Vorteile im Vergleich zu den anderen Markteintrittsstrategien sind die Möglichkeit inländische Kapazitäten höher auszulasten und damit die Stückkosten

[140] Vgl. [DÜLFER 2006], S. 172f.

[141] Zu diesen Absatzhelfern zählen Exportvertreter, Exportmakler und Exportkommisionäre. Für einen Überblick vgl. [JAHRMANN 2007], S. 83ff.

abzusenken sowie die Chance durch eine zeitversetzte Markteinführung die Produktlebenszyklen zu verlängern und dadurch die Investitionskosten besser zu amortisieren.[142] Zusätzlich weisen Exportaktivitäten aufgrund schneller Ein- und Austrittsmöglichkeiten ein eher überschaubares politisches und wirtschaftliches Risiko auf und erfordern einen relativ geringen Kapitaleinsatz sowie keine umfassende Internationalisierungserfahrung. Daher eignet sich der Export vor allem als erster Schritt in Richtung Internationalisierung.[143]

Die Nachteile des Exports sind die zum Teil große geografische Distanz zu den Endkunden sowie die relativ hohe zusätzliche Kostenbelastung. Die geografische Distanz erschwert die Kommunikation zwischen der Entwicklungs- und Produktionsstätte und dem ausländischen Endkunden und dadurch eine schnelle Reaktion auf sich verändernde Kundenpräferenzen. Bedingt durch den Ort der Produktionsstätte entstehen weitere Kosten durch tarifäre und nichttarifäre Handelshemmnisse sowie durch den Transport, was die Produkte zusätzlich verteuert.[144]

Generell ist festzustellen, dass die Steuerung und Kontrolle der Marktbearbeitung auf einem ausländischen Markt sowie die Ausschöpfung dessen Potenziale beim Export sehr begrenzt sind. Aufgrund des geringen Risikos und der geringen Ressourcenbindung wählen viele KMU diese Markteintrittsstrategie.

3.4.3.1.2 Lizenzvergabe

Die Lizenzvergabe als Markterschließungsform ist ein Rechtsgeschäft zwischen einem inländischen Lizenzgeber und einem ausländischen Lizenznehmer, welches dem Lizenznehmer gegen Entgelt die Erlaubnis einräumt Rechte des Lizenzgebers für eine bestimmte Dauer zu nutzen. Gegenstand des Lizenzvertrages sind nicht wie beim Export materielle, sondern immaterielle Güter wie Technologie- und Verfahrens-Know-how sowie die Nutzungsrechte von Marken, Patente, Warenzeichen, Gebrauchs- und Geschmacksmuster.[145]

Aufgrund des Transfers von Rechten und Wissen ist der Lizenzgeber weder von tarifären noch von nichttarifären Handelshemmnissen betroffen. Zusätzlich entfallen im Vergleich zu materiellen Gütern die Transportkosten. Ein weiterer Vorteil ist die Vertrautheit des

[142] Vgl. [RUMER 1998], S. 81.
[143] Vgl. [PUES 1994], S. 90.
[144] Vgl. [PAUSENBERGER 1994], S. 4.
[145] Vgl. [HÄMISEGGER 1986], S. 59ff.

Lizenznehmers mit dem ausländischen Markt und dessen Übernahme eines Großteils der Vermarktungskosten und -risiken.[146]

Die Nachteile dieser Markterschließungsform sind die aufgrund der räumlichen Distanz mangelnde Kontrollmöglichkeiten der Lizenznutzung über die vertraglich vereinbarten Bereiche hinaus, die Gefahr, dass Lizenznehmer zu Konkurrenten auf Drittmärkten avancieren, die geringere Ausschöpfung des Marktpotenzials sowie das Teilen der auf dem Auslandsmarkt erwirtschafteten Erträge mit dem Lizenznehmer. Auch die mangelnde Einfluss- und Steuerungsmöglichkeit des Lizenzgebers kann den Markterfolg gefährden, wenn der Lizenznehmer die Leistungsstandards (z.B. Produkt- oder Servicequalität) des Lizenzgebers nicht erfüllt.[147]

Die Lizenzvergabe eignet sich insbesondere für Unternehmen, die eine ressourcenschonende und schnelle Markterschließung anstreben. Zudem sind dafür keine organisatorischen Anpassungen notwendig. Häufig wird die Lizenzvergabe als Vorstufe zur Aufnahme einer eigener Produktion im Ausland betrachtet. Sie bietet sich vor allem zur Erschließung von politisch und wirtschaftlich instabilen Ländern, zur Erschließung von sehr kompetitiven Auslandsmärkten sowie als Testlauf für künftige Direktinvestitionen an.[148]

3.4.3.1.3 Kooperationen und vertragliche Vereinbarungen

Bei dieser Art der Markterschließung wird zwischen *Beratungsverträgen* sowie *klassischen Kooperationsverträgen* unterschieden.

Unter *Beratungsverträgen* versteht man die temporäre Erbringung von Beratungsleistungen im technischen und kaufmännischen Bereich gegen Honorar. Da in vielen aufstrebenden Regionen eine starke Nachfrage nach diesen Dienstleistungen besteht, ergeben sich gute Marktchancen für deren Anbieter. Diese Markterschließungsstrategie eignet sich speziell für Dienstleistungsunternehmen, die sowohl über die finanziellen Mittel als auch über geeignetes Fachpersonal verfügen.[149]

Klassische Kooperationsverträge regeln die Zusammenarbeit sowie die gemeinsamen Aktivitäten von rechtlich und wirtschaftlich unabhängigen Unternehmen in Bezug auf bestimmte Unternehmensbereiche oder -funktionen. Solche Kooperationen finden häufig zwischen Partnern statt, die gegenseitig von dem Know-how oder den Ressourcen des

[146] Vgl. [PAUSENBERGER 1994], S. 5f.
[147] Vgl. [GLAUM 1996], S. 28 und [PAUSENBERGER 1994], S. 7.
[148] Vgl. [GLAUM 1996], S. 28.
[149] Vgl. [SEIDEL 1977], S. 120f.

anderen profitieren und nicht im direkten Wettbewerb stehen.[150] Die Vorteile dieser Kooperationen sind vielfältig wie z.B. die Aneignung von zusätzlichem Know-how, die Ausschöpfung von Rationalisierungspotenzialen sowie der Zugang zu neuen Märkten. Bei der grenzüberschreitenden Markterschließung ermöglichen Kooperationen mit im Ausland beheimateten Unternehmen einen schnellen und kostengünstigen Markteintritt aufgrund des beim Partner schon vorhandenen marktspezifischen Know-hows und dessen existierenden Vertriebsstrukturen.[151] Häufig ist dies bei restriktiven und diskriminierenden gesetzlichen Regelungen im Auslandsmarkt die einzige Möglichkeit, auf dem Markt präsent zu sein.[152]

Die praktische Umsetzung von Kooperationen ist durch die häufig unterschiedlichen Zielsetzungen, die die Kooperationspartner mit ihrer Zusammenarbeit verfolgen, nicht immer einfach. Während Kooperationen in Bereichen wie Werbung, Einkauf oder Auftragsabwicklung eher unkritisch sind, müssen bei komplexen Kooperationen, wie bei gemeinsamen Produktionsstätten, geeignete Organisations- und Führungssysteme implementiert werden. Dementsprechend führen folgende Gründe zu Problemen und häufig auch zum Scheitern dieser Form der Markterschließung:[153]

- fehlende Managementressourcen zur Pflege der Kooperationsbeziehungen,
- unterschiedliche betriebswirtschaftliche Fähigkeiten und Ziele der Kooperationspartner sowie die sich daraus ergebenden Erwartungen an den Gegenüber,
- keine oder nur unzureichend rechtliche und organisatorische Regelung der Zusammenarbeit,
- mangelhafte Institutionalisierung geeigneter Informations- und Kommunikationskanäle, um Missverständnisse und Probleme rechtzeitig zu erkennen.

Eine besondere Kooperationsform ist die *Lohnfertigung*. Dabei werden Wertschöpfungsaktivitäten auf ausländische Unternehmen übertragen. Die Produktion erfolgt nach Vorgaben des Auftraggebers, der anschließend eine Weiterverarbeitung oder die Vermarktung der Produkte übernimmt.[154] Um diese Erschließungsstrategie erfolgreich umzusetzen, müssen Steuerungs-, Schulungs- und Qualitästsicherungsmaßnahmen beim

[150] Vgl. [HÄMISEGGER 1986], S. 78f.
[151] Vgl. [ROTHER 1991], S. 88.
[152] Vgl. [SEIDEL 1977], S. 109 und [WALLDORF 1990], S. 52.
[153] Vgl. [PAUSENBERGER 1994], S. 22 und [WALLDORF 1990], S. 52.
[154] Vgl. [WALLDORF 1992], S. 455.

Kooperationspartner durchgeführt werden. Dazu müssen Mitarbeiter und Managementkapazitäten bereitgestellt werden.[155] Der Vorteil dieser Erschließungsform liegt in der Vermeidung von Investitionen bei gleichzeitig hoher Flexibilität hinsichtlich der Kapazitätsanpassung, in der Senkung der Herstellkosten und der damit verbesserten Wettbewerbsfähigkeit sowie in der relativen Unabhängigkeit von politischen Risiken. Diese Erschließungsform bietet sich vor allem für die Verlagerung von relativ unkomplizierten, aber arbeitsintensiven Produktionsstufen in Niedriglohnländern an.

Während die Lohnfertigung von vielen KMU als Möglichkeit zur Kostenreduzierung wahrgenommen wird, werden klassische Kooperationsvertäge aufgrund der genannten Abstimmungsprobleme und Zieldivergenzen der Kooperationspartner nur vereinzelt als geeigneter Weg zur Erschließung von neuen Märkten und Standorten angesehen.[156]

3.4.3.1.4 Niederlassung

Als Niederlassungen werden Büros oder Gesellschaften zum Zweck des Vertriebs, der Montage oder der Konfektionierung bezeichnet. Es sind rechtlich selbstständige Unternehmen im Ausland, die von einem übergeordneten Unternehmen im Heimatmarkt gesteuert und kontrolliert werden.

Im Vergleich zum Export ergibt sich bei einer *Vertriebsniederlassung* der Vorteil einer geringen Distanz zum Kunden und zum ausländischen Markt. Dadurch können Informationen über Kunden, deren Präferenzen sowie das Verhalten von Wettbewerbern schneller und umfassender gesammelt sowie zeitnah auf die daraus generierten Erkenntnisse reagiert werden.[157] Die Vertriebsniederlassung übernimmt häufig die Abwicklung des Imports der Marktleistungen, deren Zwischenlagerung, deren Vermarktung vor Ort sowie deren Distribution. Je nach Beschaffenheit der Marktleistung werden zusätzlich auch Beratungs-, Wartungs- und Reparaturaufgaben angeboten und so das Leistungsspektrum im Vergleich zum Export wesentlich erweitert. Die geringe Kundendistanz, die Möglichkeit kaufentscheidende Zusatzdienstleistungen anzubieten sowie die Übertragung des heimischen Qualitäts- und Serviceniveaus sind bedeutsame Vorteile,[158] die im Vergleich zum Export nur durch deutlich höhere Kosten realisiert werden können. Können diese Kosten auf Dauer nicht durch höheren Umsatz gedeckt werden, ist der Export zu bevorzugen.

[155] Vgl. [Seidel 1977], S. 119.
[156] Vgl. dazu die Ergebnisse der empirischen Studie *Going International* [DIHK 2005], S. 17ff.
[157] Vgl. [Rother 1991], S. 83.
[158] Vgl. [Bullinger 2003], S. 708.

Montage- und Konfektionsniederlassungen ermöglichen zusätzlich zu den Vorteilen einer größeren Marktnähe, eine schnelle und kundenspezifische Anpassung der Leistungen sowie das Umgehen von rechtlichen Restriktionen für ausländische Exporteure. Eine Montage- oder Konfektionsniederlassung ist häufig die einzige Möglichkeit inländische *Local content*-Vorschriften zu erfüllen.[159] Meistens wird nur die letzte Phase eines mehrstufigen Produktionsprozesses durchgeführt, bei der die zumeist importierten Bauteile des Endproduktes zusammengefügt werden. Dies ist vor allem dann sinnvoll, wenn Markterschließungs- und Importkosten für fertige Produkte deutlich höher liegen als die für einzelne Komponenten. Auch Kostenvorteile im Bereich der Montage, die Möglichkeit Serviceleistungen effizienter anzubieten sowie der Zugang zu staatlichen Fördermitteln können entscheidende Beweggründe sein.

Die Errichtung einer Montageniederlassung setzt voraus, dass der ausländische Markt langfristig genügend Potenzial bietet, um die mit der Niederlassung verbundenen Investitionskosten und die laufenden Kosten zu decken. Des Weiteren müssen folgende Maßnahmen zur Sicherung des Erfolgs durchgeführt werden:

- Rekrutierung geeigneter Mitarbeiter sowie deren Aus- und Weiterbildung,
- Entsendung von Stammpersonal, um in der Aufbauphase helfend und steuernd eingreifen zu können,
- Integration der Niederlassung in die heimische Organisation sowie die Ausgestaltung der Führungs-, Kontroll- und Steuerungssysteme.

Mit der Errichtung einer Niederlassung wird häufig der Übergang vom Export zu **Direktinvestitionen** mit einem entsprechend längerfristigen Commitment vollzogen. Der sich dabei vollziehende sukzessive Aufbau von Internationalisierungserfahrung ist besonders wichtig, um die Risiken, die mit solchen Investitionen verbunden sind, zu minimieren.

3.4.3.1.5 Betrieb

Ein *Betrieb* kennzeichnet sich im Vergleich zu einer Niederlassung dadurch aus, dass mehrere betriebliche Funktionen am ausländischen Standort angesiedelt sind. Häufig

[159] Local content-Vorschriften sind staatliche Vorschriften, die festlegen, dass nur Produkte, die zu einem bestimmten Anteil im Inland produziert wurden, auch im Inland vertrieben werden dürfen. Ziel dieser Regelungen ist es, Know-how zur Produktion eines Gutes im Inland zu sammeln und inländische Arbeitsplätze zu schaffen. Vgl. [Walldorf 1990], S. 76f.

kann die gesamte Wertschöpfung am neuen Standort erbracht werden. Während Montageniederlassungen im Wesentlichen Leistungen im Bereich der Endmontage für den ausländischen Markt erbringen, beliefern Betriebe häufig auch Drittmärkte oder andere Betriebe der Stammorganisation.

Generell werden drei Betriebsformen unterschieden. Bei der *Vorproduktion* werden im Betrieb einzelne oder mehrere Produktionsprozesse für die Endprodukte erbracht. Dadurch ist der Betrieb in einem Produktionsverbund mit wechselseitigen Lieferströmen eingebunden. Vor allem Kostenaspekte im Personalbereich und die Verfügbarkeit spezifischer Ressourcen sind Gründe für diese Betriebsform im Ausland. Eine weitere Betriebsform ist der *Veredelungsbetrieb*. Der Zweck dieser Betriebsform ist die Be- und Verarbeitung der Produkte der Stammorganisation. Im Gegensatz zur Lohnfertigung wird die Veredelung nicht extern vergeben, sondern in der eigenen Organisation durchgeführt. Qualitäts- und Kostenüberlegungen, aber auch die Umgehung von rechtlichen Restriktionen am Heimatstandort stehen bei der Errichtung eines Veredelungsbetriebs im Ausland im Vordergrund. Zusätzlich zu den genannten Betriebsformen gibt es Betriebe, in denen Endprodukte im Ausland gefertigt werden. Hauptbeweggründe, einen solchen Betrieb im Ausland aufzubauen, sind neben Kostensenkungspotenzialen im Bereich der Beschaffung und des Personals die Überwindung von Kapazitätsengpässen in der Stammorganisation, eine positive Wahrnehmung im ausländischen Markt sowie die Notwendigkeit als Zulieferer einem wichtigen Abnehmer ins Ausland zu folgen.[160]

Aufgrund des hohen unternehmerischen Risikos, das mit dem Aufbau eines ausländischen Betriebs verbunden ist, muss rechtzeitig überprüft werden, ob die Stammorganisation die damit verbundenen Anforderungen erfüllen kann. Neben den finanziellen Anforderungen, die sich aus den zu tätigen Investitionen ergeben, müssen personelle, organisatorische sowie führungsspezifische Anforderungen berücksichtigt werden. Dies gilt im Speziellen für KMU, denn ein Misserfolg kann aufgrund der generell geringeren Ressourcenausstattung existenzbedrohende Formen annehmen.

3.4.3.1.6 Selbstständiges Unternehmen

Ein im Vergleich zum Betrieb oder der Niederlassung weiterer Transfer von Unternehmensfunktionen ins Ausland führt zu dem Aufbau eines selbstständigen Unternehmens. Durch die vollständige Integration aller Unternehmensfunktionen vor Ort entsteht eine von der Stammorganisation unabhängige Organisationseinheit.

[160] Vgl. [WALLDORF 1992], S. 460.

Diese Erschließungsform wird aufgrund des höheren Risikos und der anfänglich starken Ressourcenbindung in der Stammorganisation seltener gewählt. Vor allem die Inanspruchnahme von finanziellen und personellen Ressourcen sowie von Managementkapazität ist kritisch. Zusätzlich müssen aufgrund der rechtlichen Selbstständigkeit landesspezifische Eigenkapitalvorschriften erfüllt und vorhandene Führungs-, Kontroll- und Konsolidierungsinstrumente an die neuen Anforderungen angepasst werden. Ein weiteres Risiko sind Konflikte zwischen der Geschäftsführung des ausländischen Unternehmens und der Stammorganisation. Dieses kann durch eindeutige Regelungen über den Einfluss der Stammorganisation minimiert werden.

Vorteile dieser Markterschließungsform sind die mögliche Umgehung von restriktiven nationalen Regelungen sowie eine umfassende Marktbearbeitung. Dies ist vor allem in dynamischen und komplexen Märkten mit nationalistischen Tendenzen sowie in großen Märkten, die mit der Infrastruktur einer Niederlassung oder eines Betriebes nur unzureichend bearbeitet werden können, wichtig. Weitere Vorteile sind:[161]

- die höhere Vernetzung mit der lokalen Wirtschaft und die stärkere Wahrnehmung durch die lokalen Kunden,
- die zunehmende Entlastung der Stammorganisation und
- eine Haftungsbeschränkung der Stammorganisation, die sich aus dem rechtlichen Status des eigenständigen Unternehmens im Ausland ergibt.

3.4.3.2 Eigentumsformen

Ist im Rahmen der Internationalisierungsstrategie eine dauerhafte Ansiedlung im Ausland geplant, muss nach der Festlegung der Markterschließungsform entschieden werden, ob und in welcher Höhe Eigentum erworben wird. Generell wird bei Kapitalanlagen im Ausland zwischen *Direktinvestitionen* und *Portfolioinvestitionen* unterschieden.[162] Während bei Portfolioinvestitionen die meist kurzfristige Anlage liquider Mittel in Form von ausländischen Wertpapieren im Vordergrund steht, werden Direktinvestitionen aufgrund langfristiger Ertrags- und Kontrollüberlegungen getätigt. Ein wesentliches Merkmal von Direktinvestitionen ist das durch den Kapitaltransfer begründete Abhängigkeitsverhältnis und die daraus folgende Möglichkeit zur unmittelbaren Einflussnahme.[163]

[161] Vgl. [MARX 2002], S. 207f.
[162] Vgl. [KUTSCHKER 2006], S. 405.
[163] Vgl. [DIECKHEUER 2001], S. 344.

Unabhängig davon, ob die ausländische Organisationseinheit neu gegründet oder eine schon bestehende erworben wird, ergeben sich folgende mögliche Formen von Direktinvestitionen:

- Minderheitsbeteiligung,
- Joint-Venture,
- Mehrheitsbeteiligung und
- 100-%-Beteiligung.

Die bedeutendsten Einflussgrößen bei der Wahl der Direktinvestitionsform sind die Internationalisierungsziele der Unternehmen, die zur Verfügung stehenden Ressourcen sowie die nationalen Gesetze und Regelungen der Gastregion. Letztere können den grenzüberschreitenden Kapitalverkehr beeinflussen, bestimmte Gesellschafts- und Beteiligungsformen vorschreiben sowie durch tarifäre und nichttarifäre Handelshemmnisse die Entwicklung einzelner Branchen und Unternehmen beeinträchtigen.[164] Dadurch kann die Zahl der möglichen Entscheidungsalternativen bei der Erschließung neuer Regionen limitiert werden. Häufig kann ein ausländischer Investor nur Minderheitsbeteiligungen erwerben oder muss mit einem nationalen Unternehmen oder einer staatlichen Institution eine Kooperation in Form eines Joint Ventures eingehen.[165]

Abbildung 3.9 zeigt den Zusammenhang zwischen Markterschließungs- und Eigentumsformen auf und verdeutlicht die für diese Arbeit geltende Definition von Direktinvestitionen.

3.4.3.2.1 Minderheitsbeteiligung

Besitzt das investierende Unternehmen maximal 49,9 Prozent des Kapitals oder der Stimmrechte eines ausländischen Unternehmens, handelt es sich um eine *Minderheitsbeteiligung*.[166] Eine solche Direktinvestition ermöglicht einen frühen Markteintritt in Zusammenarbeit mit einem marktkundigen Partner. Weitere Vorteile sind:[167]

- der relativ geringe Kapitaleinsatz und das dadurch geringere Risiko,

[164] Vgl. Kapitel 3.2.2.2.
[165] Vgl. Kapitel 3.4.3.1.4.
[166] Vgl. [Kutschker 2006], S. 875.
[167] Vgl. [Strietzel 2005], S. 92.

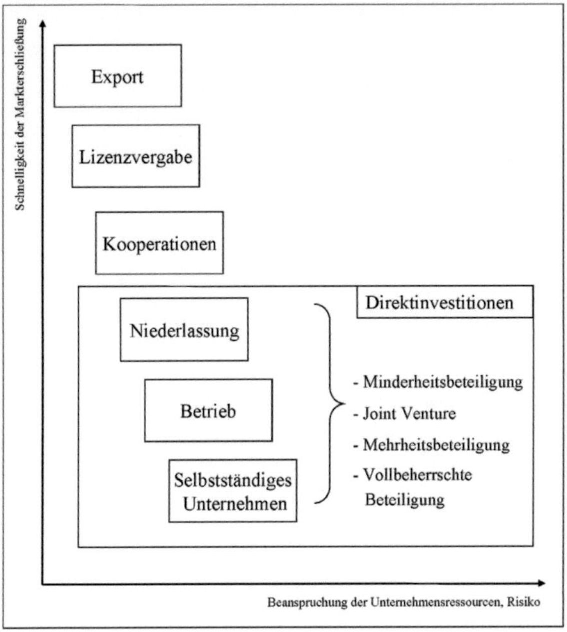

Abbildung 3.9: Markteintritts- und Eigentumsformen (Quelle: eigene Darstellung in Anlehnung an [KUTSCHKER 1992], S. 526.)

- die bessere Möglichkeit zur Einschätzung des anderen Unternehmens, bevor über eine vollständige Akquisition entschieden wird,
- das Ausnutzen des nationalen Images des ausländischen Unternehmens zum Schutz gegen zukünftige restriktive staatliche Maßnahmen und als Zugang zu lokalen Institutionen, Marktpartnern, potenziellen Mitarbeitern sowie
- der generelle Zugang zum Know-how des ausländischen Unternehmens.

Allerdings hat eine Minderheitsbeteiligung auch Nachteile. Aufgrund der Konstellation des Beteiligungsverhältnisses, das nur eine beschränkte Einflussmöglichkeit vorsieht, ist ein latentes Konfliktpotenzial permanent vorhanden. Zusätzlich zu der begrenzten Steuerungsmöglichkeit müssen in der Stammorganisation Personalressourcen zur Kontrolle der Minderheitsbeteiligung bereitgestellt werden.[168] Zusammenfassend ist festzustellen, dass diese Direktinvestitionsform von KMU selten gewählt wird, da die Nachteile

[168] Vgl. [KUTSCHKER 2006], S. 876 und [PERLITZ 2002], S. 546.

durch die begrenzte Einflussmöglichkeit überwiegen. Als geeignet scheint eine Minderheitsbeteiligung, wenn sich die Partner durch langfristige Geschäftsbeziehungen sehr gut kennen oder wenn dies aufgrund staatlicher Restriktionen die einzige Möglichkeit ist, auf einem Wachstumsmarkt präsent zu sein. Dann ist der langfristige wirtschaftliche Nutzen gegen einen möglichen Know-how-Verlust auf der Seite des investierenden Unternehmens abzuwägen.

3.4.3.2.2 Joint Venture

Ein Joint Venture ist der Zusammenschluss mindestens zweier rechtlich unabhängiger Partner in einer neuen eigenständigen Gesellschaft.[169] Diese wird üblicherweise als Kapitalgesellschaft mit paritätischen Besitzverhältnissen geführt. Bei internationalen Joint Ventures hat häufig mindestens ein Partner seinen Sitz im Gründungsland der neuen Gesellschaft. Die Beteiligung der Partner erstreckt sich dabei nicht nur auf die Einbringung von Kapital, sondern auch auf die von Management- und Personalressourcen sowie von Know-how hinsichtlich Produkten, Fertigungsverfahren, Forschung und Entwicklung, Absatz- und Beschaffungskanälen sowie Kontakten zu staatlichen Behörden und Institutionen.[170]

Die Vorteile eines Joint Ventures entsprechen denen einer Minderheitsbeteiligung. Zusätzlich können Joint Ventures von Wettbewerbern dazu führen, dass die Wettbewerbsintensität nachlässt. Auch die wesentlichen Nachteile, wie z.B. die begrenzte Möglichkeit zur Steuerung und der damit einhergehende Verlust an Flexibilität, die schwierige Identifikation eines passenden Partners, aufkommende Konflikte aufgrund unterschiedlicher Zielsetzungen und Erwartungen sowie der Verwendung des Gewinns, sind mit denen einer Minderheitsbeteiligung vergleichbar. Ein weiteres Problem ergibt sich beim Auslaufen eines Joint Venture-Vertrages. Neben der Gefahr eines Know-how-Verlustes kann der ausländische Partner zum Konkurrenten werden.[171]

Angesichts der beschränkten Ressourcen von KMU scheint ein Joint Venture durch die Verteilung der Aufgaben und Risiken auf mehrere Partner und durch die Möglichkeit deren Ressourcen zu bündeln attraktiv.[172] Vor allem wenn in der Gastregion gesetzliche Regelungen eine Partnerschaft mit einem nationalen Unternehmen oder einer staatlichen Institution vorschreiben. Voraussetzung für ein erfolgreiches Joint Venture ist, dass beide Partner das gleiche Ziel verfolgen. Zusätzlich ist in der Betriebsphase darauf zu

[169] Vgl. [Wolf 2000], S. 6.
[170] Vgl. [Kutschker 2006], S. 861 und [Perlitz 2002], S. 547.
[171] Vgl. [Pausenberger 1994], S. 22.
[172] Vgl. [Wasner 1984], S. 179f.

achten, dass ein Joint Venture ein dynamisches, aber auch labiles Gebilde ist. Dadurch müssen adäquate Strukturen und Verhaltensweisen implementiert werden, die von denen der Stammorganisation häufig differieren. Dies mindert die Attraktivität eines Joint Ventures deutlich und kann aufgrund des Wertesystems von KMU zu Akzeptanzproblemen führen.[173]

3.4.3.2.3 Mehrheitsbeteiligung

Bei einer Mehrheitsbeteiligung erwirbt das inländische Unternehmen die Kapitalmehrheit und die Mehrheit der Stimmrechte an dem ausländischen Unternehmen. Dieses Mehrheitsverhältnis ermöglicht dem Investor eine direkte Einflussnahme auf sämtliche Entscheidungen und somit die Steuerung des Unternehmens im Ausland.[174]

Durch die Stimmrechtsmehrheit werden Nachteile wie eine begrenzte Steuerung sowie eine geringe Integration in die bestehenden Strukturen und Systeme der Stammorganisation vermieden. Das landesspezifische Wissen des lokalen Partners sowie dessen Netzwerk kann trotzdem genutzt werden. Ein weiterer Vorteil ist auch die Entscheidungshoheit bezüglich der Verwendung des erzielten Gewinns. Der entscheidende Nachteil im Vergleich zu den bisher dargestellten Eigentumsformen ist das durch die höhere Investitionssumme gestiegene unternehmerische Risiko. Die Problematik eines opportunen Verhaltens des lokalen Partners bleibt bestehen, die Tragweite ist aber aufgrund dessen geringeren Entscheidungsmacht überschaubarer.[175]

Generell kommt diese Eigentumsform aufgrund des direkten Einflusses und der Möglichkeit rasch und flexibel reagieren zu können dem Wertesystem der KMU entgegen.[176] Von großer Bedeutung erweist sich die Wahl eines geeigneten Partners, der durch die Einbringung wichtiger und ergänzender Ressourcen sowie des Know-hows über den lokalen Markt die Erschließung des ausländischen Marktes erleichtert und beschleunigt. Da die Identifikation eines solchen Partners schwierig und zeitintensiv ist, entscheidet sich die Mehrheit der KMU für eine 100-%-Beteiligung.

3.4.3.2.4 Vollbeherrschte Beteiligung

Das investierende Unternehmen hat bei einer 100-%-Beteiligung sämtliche Kapital- und Stimmrechtsanteile inne. Dadurch werden Konflikte, die bei einer gemeinsamen Investi-

[173] Vgl. [Wasner 1984], S. 182.
[174] Vgl. [Jung 2006], S. 146.
[175] Vgl. [Jakopin 2006], S. 98.
[176] Vgl. [Wasner 1984], S. 182.

tion mit Partnern entstehen können, vermieden. Auch können sämtliche Entscheidungen ohne Rücksicht auf die Reaktionen der Partner getroffen werden. Ein weiterer Vorteil ist der Schutz von unternehmenseigenem Know-how.[177]

Dafür trägt das investierende Unternehmen das Gesamtrisiko und muss erhebliche finanzielle und personelle Ressourcen sowie Managementressourcen für die Inbetriebnahme der neuen Organisationseinheit zur Verfügung stellen. Dies führt anfänglich zu einer starken Belastung der Stammorganisation. Auch entfällt die Nutzung von Kontakten und Wissen, die ein lokaler Partner hat.

Als vorteilhaft erweist sich diese Eigentumsform, wenn genügend Ressourcen zur Verfügung stehen, die Geschwindigkeit des Markteintritts nicht von entscheidender Bedeutung ist und nationale Gesetze den Alleingang ausländischer Investoren nicht verhindern. Für KMU ist diese Eigentumsform sinnvoll, wenn eine Konzentration auf wenige ausländische Märkte vorgesehen ist. Sonst bietet sich eine ressourcenschonendere Eigentumsform an.[178]

3.4.3.3 Empirische Befunde

Abschließend wird anhand ausgewählter empirischen Untersuchungen aufgezeigt, welche Markterschließungs- und Eigentumsformen deutsche Unternehmen bei ihrer Internationalisierung bevorzugen.

Die von dem Deutschen Industrie- und Handelskammertag durchgeführte Umfrage *Going International* mit 4.400 teilnehmenden Unternehmen bietet einen umfassenden Überblick über den Stand der Internationalisierung deutscher Unternehmen.[179] Es zeigt sich, dass bezüglich des Auslandsengagements in den neuen EU-Mitgliedsstaaten der Export mit 79,4 Prozent die dominierende Markterschließungsform ist. In der Rangfolge an zweiter Stelle stehen mit 20,5 Prozent lose Kooperationen gefolgt von Vertriebsniederlassungen mit 19,3 Prozent und selbstständige Tochterunternehmen mit 16,3 Prozent. Joint Ventures werden mit 3,8 Prozent selten eingegangen.[180] Dies bestätigt die bisherigen Ausführungen in Kapitel 3.4.3.1.

---

[177] Vgl. [SEIDEL 1977], S. 106f.

[178] Vgl. [HÄMISEGGER 1986], S. 117.

[179] Vgl. [DIHK 2005].

[180] Vgl. [DIHK 2005], S. 17. Auch für andere Regionen sind ähnliche Ergebnisse ermittelt worden. Anmerkung: Joint Ventures werden in der DIHK-Untersuchung als eigenständige Markterschließungsform gewertet. In der vorliegenden Arbeit wird ein anderer Blickpunkt eingenommen. Hier wird Joint Venture als eine spezifische Eigentumsform betrachtet.

Eine speziell mit deutschen mittelständischen Unternehmen, die schon international tätig sind, durchgeführte Studie auf Basis der Antworten von 533 Unternehmen liefert ähnliche Ergebnisse. Auch hier ist der Export mit 80 Prozent die am meisten gewählte Markterschließungsstrategie. Danach folgen mit 64 Prozent Kooperationen, mit ebenfalls 64 Prozent die Gründung von Tochtergesellschaften, mit 46 Prozent Niederlassungen und mit 34 Prozent die Vergabe von Lizenzen.[181] Die deutlich höheren Ergebnisse sind auf die unterschiedlichen Grundgesamtheiten der beiden Untersuchungen zurückzuführen. Während die DIHK-Untersuchung sämtliche Unternehmen, also auch Unternehmen, die nicht international tätig sind miteinbezieht, konzentriert sich die zweite vorgestellte Untersuchung nur auf international engagierte Unternehmen.[182]

Auf Basis von Daten der Deutschen Bundesbank (Stand 2003) ermitteln KUSTSCHKER und SCHMID die bei Auslandsinvestitionen von deutschen Unternehmen gewählte Eigentumsformen. Mit 70 Prozent sind die vollbeherrschten Beteiligungen die dominierende Eigentumsform. Weitere 21 Prozent sind Mehrheits- und die verbleibenden 9 Prozent Minderheitsbeteiligungen.[183] Dies untermauert die bisherigen Ausführungen in Kapitel 3.4.3.2.

Nachfolgendes Kapitel geht auf die Besonderheiten Rumäniens als Investitionsstandort ein und arbeitet die für Direktinvestitionen von deutschen KMU bedeutendsten Themen heraus.

[181] Vgl. [BASSEN 2001], S. 418.
[182] Beide Untersuchungen sahen Mehrfachnennungen vor.
[183] Vgl. [KUTSCHKER 2006], S. 120.

Kapitel 4

Rumänien als Investitionsstandort für deutsche KMU

Der Sturz des *Ceausescu-Regimes* im Jahre 1989 führte zu der Reintegration Rumäniens in die internationale Völkergemeinschaft. Wichtige Meilensteine waren die Aufnahme in die *Welthandelsorganisation*, in die *NATO (North Atlantic Treaty Organization)* sowie der im Jahr 2007 vollzogene Beitritt in die *Europäische Union*. Ermöglicht wurde dies durch eine umfassende wirtschaftliche und gesellschaftliche Transformation sowie die daraus resultierende demokratische und pluralistische Gesellschaftsordnung.

Vor allem der ökonomische Neubeginn mit dem anfänglich schwierigen und schmerzhaften Übergangsprozess zur Marktwirtschaft hat dazu geführt, dass die rumänische Wirtschaft seit 2001 ein durchschnittliches Wachstum von über 5 Prozent und einen Rückgang der Arbeitslosenquote auf 4,2 Prozent aufweist.[1] Dies zusammen mit der seit 1998 rückläufigen Inflation stärkt den privaten Konsum und macht Rumänien mit seinen 21,7 Millionen Einwohnern zu einem attraktiven Absatzmarkt. Die von der rumänischen Regierung verfolgte Wirtschaftspolitik, die im Jahr 2005 eingeführte *Flat Tax* von 16 Prozent sowie der EU-Beitritt, mit den sich daraus ergebenden stabilisierenden Wirkungen, macht Rumänien auch als Standort für ausländische Investoren zunehmend interessant. Dies belegen die Fortschritte bei der Privatisierung von Staatsunternehmen, wie z.B. der nationalen Ölgesellschaft Petrom oder der größten rumänischen Bank BCR sowie der jährlich steigende Zustrom an Direktinvestitionen.[2] Trotz der insgesamt positiven volkswirtschaftlichen Gesamtentwicklung Rumäniens besteht weiterhin großer Reformbedarf, vor allem in der öffentlichen Verwaltung, in der Justiz und bei

[1]Vgl. Abbildung 4.2.

[2]Vgl. Abbildung 4.4.

der Bekämpfung von Korruption. Dabei können ausländische Direktinvestitionen durch ihre restrukturierende und modernisierende Wirkung auf die lokale Wirtschaft einen wesentlichen Beitrag leisten.

Nachfolgend werden die aktuell in Rumänien anzutreffende politische, ökonomische, rechtliche und sozio-kulturelle Rahmenbedingungen punktuell aufgezeigt, da deren Kenntnis für den wirtschaftlichen Erfolg oder Misserfolg von Direktinvestitionen in Rumänien entscheidend ist.

4.1 Geografisches und ethnografisches Kurzprofil Rumäniens

Rumänien liegt im Südosten Zentraleuropas und grenzt im Süden an Bulgarien, im Westen an Serbien und Ungarn, im Norden an die Ukraine sowie im Osten an Moldawien und das Schwarze Meer.

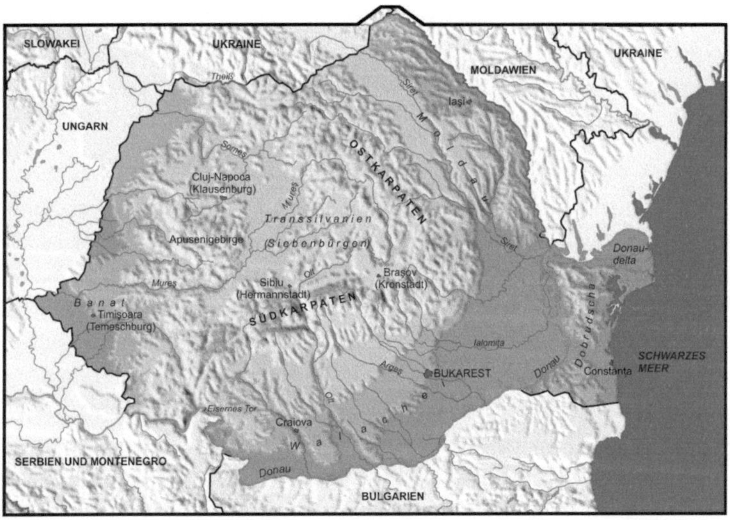

Abbildung 4.1: Physische Landkarte Rumäniens

Rumäniens Topografie wird etwa zu je einem Drittel von Gebirge, Hochland und Ebene bestimmt. Der größte und bekannteste Gebirgszug Rumäniens ist das Karpaten-Massiv mit dem landesweit höchsten Gipfel von 2.544 Metern. Die Karpaten trennen die drei historischen Regionen Moldau, Walachei und Siebenbürgen voneinander. Das Siebenbürgische Hochland liegt umschlossen vom Karpatenbogen im Zentrum Rumäniens, das Moldauer Hochland östlich der Karpaten im Nordosten Rumäniens und die Walachische Tiefebene südlich der Karpaten im Süden Rumäniens. Im Westen Rumäniens grenzen die Karpatenausläufer an die Regionen Banat, Kreischgebiet und Maramures. Der größte Fluss Rumäniens ist die Donau, die an der rumänischen Südgrenze entlang fließt und im Donaudelta ins Schwarze Meer mündet.[3]

Mit ca. 21,7 Millionen Einwohnern ist Rumänien nach Polen das bevölkerungsreichste Land der neuen EU-Mitglieder, obwohl es zwischen 1992 und 2002 aufgrund einer geringen Geburtenrate, einer höheren Sterberate sowie Migration zu einem Bevölkerungsschwund von über 1,1 Millionen kam.[4] Die aktuellste Volkszählung aus dem Jahr 2002 zeigt auf, dass neben Rumänen, die 89,5 Prozent der Bevölkerung ausmachen, Ungarn (7 Prozent), Sinti und Roma (2,5 Prozent), Deutsche (0,3 Prozent), Ukrainer (0,3 Prozent), Russen-Lipovaner (0,2 Prozent) und mit jeweils ca. 0,1 Prozent Türken, Tartaren, Serben und Slowaken als Minderheiten in Rumänien leben. Die vielfältige ethnische Zusammensetzung der Bevölkerung erklärt sich durch die bewegte Vergangenheit Rumäniens.[5]

4.2 Politische Rahmenbedingungen

4.2.1 Geschichtlicher Rückblick

Die ältesten, ethnisch klar einzuordnenden Bewohner des heutigen Rumäniens sind die nordthrakischen Daker, die im 1. Jahrhundert v. Chr. auf dem heutigen Territorium Rumäniens angesiedelt waren. Nach deren Niederlage 106 n. Chr. gegen den römischen Kaiser Trajan kam es zu einer Verschmelzung mit den danach angesiedelten Römern und zur Entstehung der rumänischen Ethnie.[6] Zwischen dem 4. und 12. Jahrhundert beherrschten Wandervölker das Gebiet des heutigen Rumäniens, wobei nur die Slaven

[3]Vgl. [o.V. 2008c], S. 3.

[4]Der Rückgang der Natalität sowie die hohe Auswanderungsquote steht im engen Zusammenhang mit dem Transformationsprozess und den daraus folgenden sozioökonomischen Problemen wie Armut, Arbeitslosigkeit und Perspektivlosigkeit. Die höhere Mortalitätsrate ist Folge der während des kommunistischen Regimes unzureichenden und mangelhaften Ernährung, schlechter Wohnbedingungen, einem verminderten Zugang zur medizinisch-sanitären Betreuung sowie eines mit der Perspektivlosigkeit verbundenem ungesunden Lebensstils. Vgl. [Oschlies 1998], S. 15.

[5]Für weiterführende Informationen vgl. [Jordan 2006], S. 63ff.

[6]Vgl. [Klepper 2003], S. 8ff. und S. 29ff.

Spuren in der sich herausbildenden rumänischen Sprache hinterließen.[7] Im 10. und 11. Jahrhundert erfolgte die Eroberung Transilvaniens (Siebenbürgen) durch die Ungarn (Magyaren) und ab etwa 1150 die Kolonisierung durch die Siebenbürger Sachsen.[8]

Im 14. Jahrhundert entstanden mit der Walachei und Moldau zwei unabhängige rumänische Fürstentümer. Die Eroberung durch das sich ausbreitende Osmanische Reich konnte durch die Anerkennung der türkischen Hoheit und durch Tributzahlungen abgewendet werden. Zu einer ersten kurzen Vereinigung der drei Fürstentümer Walachei, Moldau und Transilvanien kam es im Jahre 1600 unter dem Fürsten Mihai dem Tapferen. Sein Tod führte zur erneuten Trennung der Fürstentümer.[9]

Im 18. Jahrhundert verschlechterte sich die politische Lage der rumänischen Fürstentümer. Während Transilvanien, die Bukowina und das Banat fester Bestandteil des Kaiserreichs Österreich-Ungarn waren, kontrollierte das Osmanische Reich die Moldau und die Walachei. 1895 kam es zu der Zusammenschließung Moldaus mit der Walachei und zur Gründung des souveränen Staats Rumänien. Durch eine neue liberale Verfassung wurde Rumänien 1866 zu einer konstitutionellen Monarchie.[10]

Die Parteinahme zugunsten der Siegermächte des Ersten Weltkriegs führte zu einer Verdoppelung der Staatsfläche, da Rumänien für die Unterstützung der Siegermächte, vom besiegten Österreich-Ungarn Siebenbürgen, das östliche Kreischgebiet, die Bukowina und zwei Drittel des Banats erhielt. Aus dem Nationalstaat wurde ein Vielvölkerstaat mit insgesamt 18 ethnischen Minderheiten.[11]

---

[7] Vgl. [Klepper 2003], S. 43ff.

[8] Die Geschichte der deutschen Minderheit beginnt im 12. Jahrhundert mit der Besiedelung Siebenbürgens und hat ihren Höhepunkt 1930. Bei der in diesem Jahr durchgeführten Volkszählung gaben 745.421 Bürger oder 4,1 Prozent der Gesamtbevölkerung Rumäniens an, der deutschen Minderheit anzugehören. Neben den Siebenbürger Sachsen gab es mit den Banater und Sathmarer Schwaben, den Bessarabiendeutschen, den Buchenlanddeutschen, den Dobrodschadeutschen, den Landlern, den Durlachern, den Deutschbömern, den Steyrern, den Temeswarern und den Zipsern insgesamt zwölf deutsche Siedlergruppen, die sich sowohl nach Herkunft als auch nach Entwicklungsstand unterschieden. Mit dem Beginn des Zweiten Weltkriegs änderte sich dies substanziell. Während des Krieges zog die deutsche Wehrmacht die in Rumänien lebenden wehrfähigen deutschen Männer ein und nach dem Krieg wurde ein Großteil der arbeitsfähigen deutschen Bevölkerung als Teil der Reparationszahlung Rumäniens zur Zwangsarbeit in die Sowjetunion deportiert. Dadurch hatte sich die Zahl der in Rumänien lebenden deutschen Minderheit auf 344.000 mehr als halbiert. Die nach dem Krieg durch das neue kommunistische Regime durchgeführte Zwangskollektivierung sowie die zunehmende Umsiedlung und Unterdrückung von Minderheiten führten zu mehreren Auswanderungswellen. Das *Ceausescu*-Regime handelte mit der Bundesregierung Auswanderungsquoten aus und erhielt für jede deutschstämmige Person, die das Land verließ, einen festen Geldbetrag. Der Sturz des Regimes erhöhte die Zahl der Auswanderungen weiter und führte dazu, dass zurzeit nur noch ca. 60.000 Deutschstämmige in Rumänien leben. Vgl. [Leisse 2004], S. 16ff.

[9] Vgl. [Klepper 2003], S. 57ff. und S. 80.

[10] Vgl. [Klepper 2003], S. 83ff.

[11] Vgl. [Berindei 2006], S. 251ff.

Nach Ausbruch des Zweiten Weltkriegs war Rumänien anfänglich auf der Seite der Achsenmächte. 1944 kam es aufgrund der erfolgreichen Offensive der Roten Armee zum Frontwechsel Rumäniens. Trotz dessen behielt die Sowjetunion den nordöstlichen Teil Moldaus, aus dem der heute eigenständige Staat Moldawien hervorging.[12]

Nach dem Zweiten Weltkrieg geriet Rumänien völlig unter sowjetischen Einfluss und wurde als Volksrepublik Rumänien zu einem Satellitenstaat Moskaus. Im Zuge dessen wurden bis auf die Kommunistische Partei alle andere Parteien verboten und die Industrie sowie die Landwirtschaft verstaatlicht.

1965 wurde unter Nicolae Ceausescu, dem Generalsekretär der Kommunistischen Partei, die Sozialistische Republik Rumänien ausgerufen. 1974 wurde Ceausescu Präsident. Es kam zu mehreren radikalen Einschnitten in die rumänische Wirtschaft und Gesellschaft. Die Industrialisierung des Agrarlandes hatte die höchste Priorität und sollte durch die Umsiedlung von Teilen der Landbevölkerung in die Städte beschleunigt werden. Zusätzlich wurde, um Kinderreichtum zu fördern, ein strenges Abtreibungsverbot erlassen.[13]

Der gewünschte Erfolg dieser Maßnahmen blieb aus und führte ab 1970 zu zunehmenden Versorgungsengpässen. 1980 kam es schließlich zum Zusammenbruch der rumänischen Volkswirtschaft. Rumänien erhielt aufgrund seiner schlechten Bonität keine Kredite mehr und begann seinen Devisenbedarf durch den Export von Grundversorgungsgütern zu decken. Die dadurch verursachte Versorgungskrise der Bevölkerung zusammen mit dem Zusammenbruch anderer Staaten des Ostblocks führte 1989 zu Demonstrationen mit zahllosen Opfern. Diese führten zu dem Sturz des kommunistischen Regimes, gefolgt von der Verhaftung und Hinrichtung Ceausescus.[14]

Nach der Abhaltung der ersten freien Wahlen im Mai 1990 kam es unter Ion Iliescu zum Sieg der Front der Nationalen Rettung. 1991 wurde eine neue Verfassung eingeführt, die Rumänien als demokratischen und sozialen Rechtsstaat ausweist und auf dem Prinzip der Gewaltenteilung fußt. Gleichzeitig wurde der Staatsname in Republik Rumänien abgeändert.[15]

Trotz anfänglicher außenpolitischen Erfolge konnte die Wirtschafts- und Finanzkrise in der zweiten Hälfte 90er Jahre nicht verhindert werden.[16] Die schlechte wirtschaftliche Lage führte zu landesweiten Streiks und Massendemonstrationen. In dieser heiklen

[12]Vgl. [KLEPPER 2003], S. 192ff.
[13]Vgl. [KLEPPER 2003], S. 218ff.
[14]Vgl. [SCHASER 2006], S. 297ff.
[15]Vgl. [KLEPPER 2003], S. 250ff.
[16]Vgl. Abbildung 4.2.

Situation erwies sich die noch junge Demokratie als sehr robust. Mit dem Nachholen zahlreicher, anfänglich versäumten unpopulären Reformen verbesserte sich ab 1999 die wirtschaftliche Lage spürbar. 2003 wurde die Verfassung in Vorbereitung auf den *NATO-* und *EU-Beitritt* angepasst.

18 Jahre nach dem Sturz des kommunistischen Regimes hat der Beitritt in die Europäische Union Rumänien mit den damit einhergehenden Reformen entgültig zurück nach Europa gebracht und kann als Garant für politische Stabilität angesehen werden.

4.2.2 Aktuelle politische Lage

Innenpolitisch ist die Korruption nach wie vor ein Problem. Auch das in 2003 verabschiedete Anti-Korruptionsgesetz hat noch nicht die angedachte Wirkung gezeigt. Generell wird die Korruption als balkanüblich beschrieben. Sie ist im Zusammenhang mit einer ausufernden Bürokratie zu sehen[17] und auf allen Ebenen, von der Zentralverwaltung in Bukarest bis zu den örtlichen Behörden, verbreitet. Im Zuge des EU-Beitritts hat sich die Korruptionslage leicht verbessert.[18] Dafür ist vor allem eine neue, mit der EU abgestimmte Antikorruptionsstrategie sowie die eingeleitete Justizreform verantwortlich. Denn für die erfolgreiche Bekämpfung von Korruption ist eine unabhängige Justiz unabdingbar. Um dies zu erreichen, wurden die Rechte des Justizministeriums beschnitten. Richter und Staatsanwälte werden in Zukunft nicht mehr von diesem ernannt. Zusätzlich üben die strengen Kontroll- und Sanktionsmechanismen der EU, die im Falle von Rückschritten bei der Korruptionsbekämpfung oder der Justizreformen greifen, weiteren Druck aus.[19]

Bezüglich der Wirtschaftspolitik ist die rumänische Regierung dabei, die bis 1998 durch halbherzige und verschleppte Reformen verlorene Zeit nachzuholen. Die erfolgreiche Ratifizierung des Abkommens mit dem *Internationalen Währungsfond* im Oktober 2003 verdeutlichte den erstarkten Willen der rumänischen Regierung, die notwendige Reformen umzusetzen. Dadurch stieg auf den internationalen Märkten das Vertrauen in die

[17] Mit dem Ende des Kommunismus ist die Zahl der Behörden deutlich gestiegen. Generell ist die staatliche Bürokratie formalistisch und selten flexibel. Nicht Sachverhalte, sondern die benötigten Bescheinigungen sind von Relevanz.

[18] Aufgrund der geringen Entlohnung der Staatsbediensteten, die zum Teil weniger als eine ortsübliche Miete verdienen, ist es nicht überraschend, dass Beamte der Steuer-, Arbeits- oder Zollbehörden auf einen Zuverdienst angewiesen sind. Unternehmen sollten Korruption nicht tolerieren, um nicht zu einem späteren Zeitpunkt erpressbar zu sein. Es bietet sich an Dienstleister einzusetzen, die sich auf die Arbeit mit verschiedenen Behörden spezialisiert haben. [Amschlinger 2007], S. 516f.

[19] Seit Juni 2008 kann die EU eine Schutzklausel für die rumänische Justiz verhängen. Das würde bedeuten, dass Urteile rumänischer Gerichte innerhalb der EU nicht anerkannt würden.

weitere positive Entwicklung des Landes. Dies belegen die von Ratingagenturen wiederholt höhere Bonitätseinstufungen rumänischer Staatsanleihen. Vor allem die Aussicht des Beitritts zur *Europäischen Union* im Jahr 2007 erhöhte das Reformtempo, denn ohne das Prädikat *funktionierende Marktwirtschaft* wäre ein Beitritt nicht möglich gewesen. Um dieses zu erhalten wurde der Privatisierungsprozess beschleunigt, der Energiemarkt liberalisiert und eine Flat Tax von 16 Prozent eingeführt, die die bis zu diesem Zeitpunkt gültige Körperschaftssteuer von 25 Prozent und die progressive Einkommenssteuer von 18 bis 40 Prozent ersetzte. Das damit verbundene Ziel, weitere Auslandsinvestitionen anzuziehen und dadurch Arbeitsplätze und Wachstum zu schaffen, wurde erreicht.[20]

Vor allem die wirtschaftlichen Erfolge Rumäniens ebneten den Beitritt Rumäniens 2007 in die *Europäische Union* und somit auch den größten außenpolitischen Erfolg nach dem NATO-Beitritt im Jahre 2004. Trotz des EU-Beitritts und der stabilen politischen Rahmenbedingungen ist abzuwarten ob, vor allem in der Innenpolitik die Reformen die gewünschten Resultate erbringen.

4.3 Entwicklung der rumänischen Wirtschaft

Das postkommunistische Wirtschaftsleben Rumäniens ist geprägt von den Folgen jahrzehntelanger Misswirtschaft und einer tief greifender Transformation der ineffizienten Planwirtschaft in eine funktionierende Marktwirtschaft.

Der damit einhergehende wirtschaftliche Strukturwandel führte in den Jahren 1990 bis 1992 zu einer schwerwiegenden Rezession mit einer Schrumpfung der Wirtschaftsleistung um über 25 Prozent. Als Folge entstand eine Hyperinflation.[21] Nach einer durch zunehmende Exporte gestützten temporären Erholungsphase in den Jahren 1993 bis 1996 kam es aufgrund von zögerlichen und unvollständig durchgeführten Reformen und einer restriktiven Wirtschaftspolitik zu einer weiteren schweren Wirtschaftskrise. Erst 2000 gelang es schließlich die rumänische Wirtschaft zu stabilisieren. Seit diesem Zeitpunkt befindet sich die Wirtschaft auf einem stabilen Wachstumspfad.[22] Die aktuelle weltweite Finanzkrise führt vorerst zu einer Stagnation dieser Entwicklung.

[20] Vgl. Kapitel 4.3.

[21] Als Hyperinflation wird eine unkontrollierbare Inflation mit extrem hohen monatlichen Inflationsraten bezeichnet. Eine einheitliche Festlegung, ab wann eine galoppierende Inflation zu einer Hyperinflation wird, gibt es nicht.

[22] Vgl. Abbildung 4.2.

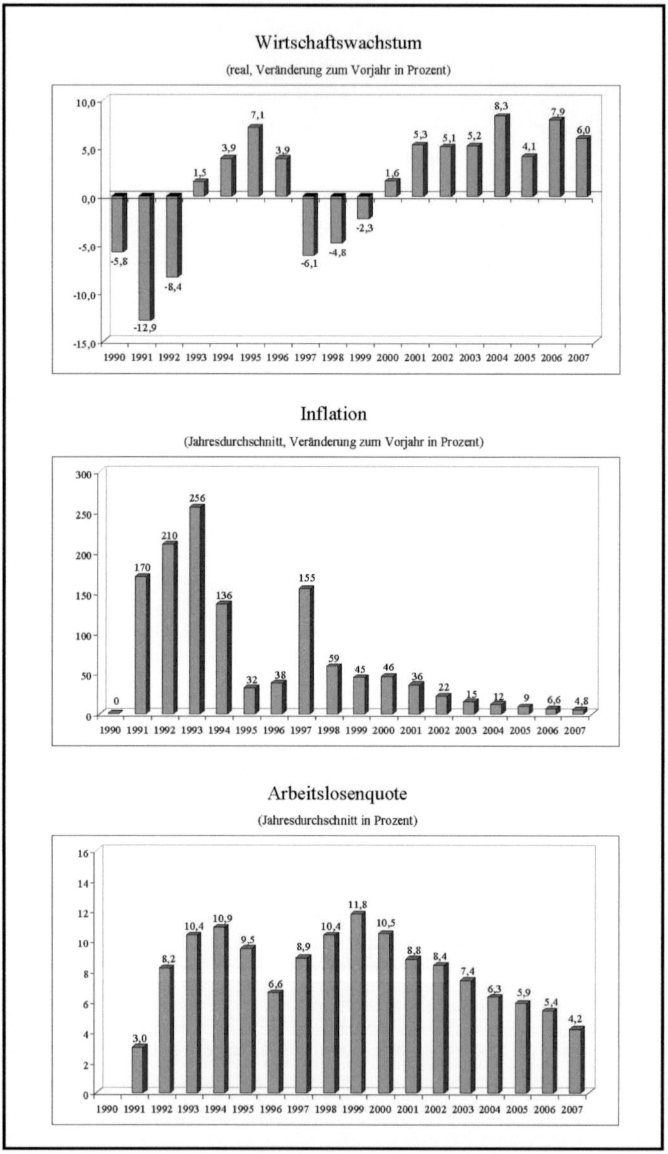

Abbildung 4.2: Ausgewählte makroökonomische Indikatoren Rumäniens (Quelle: eigene Darstellung auf Basis der Daten von [STAPEL 2001], [INSSE 2008b] und [WKO 2008].)

Traditionell dominieren in Rumänien die Branchen Textil, Maschinenbau, Metallurgie, Chemie, Ölindustrie und Petrochemie. Daneben spielt aus Versorgungsängsten, die auf die Mangelerfahrungen während des kommunistischen Regimes und der Wirtschaftskrisen während der Transformationsjahre zurückzuführen sind, die Landwirtschaft immer noch eine relativ bedeutende Rolle.

Bezüglich der Beschäftigung ist die Textil- und Bekleidungsindustrie mit ca. 350.000 Beschäftigten der größte Industriezweig und für rund ein Viertel der rumänischen Exporte verantwortlich. Die kostengünstigere asiatische Konkurrenz zwingt die rumänische Textilbranche aber zunehmend zu einer strategischen Neuorientierung, weg von dem Billigsegment hin zu anspruchsvolleren Textilsegmenten. Im Bereich des Maschinenbaus sind die Bereiche Ausrüstungen und Anlagen, Schiffsbau und Kraftfahrzeuge wettbewerbsfähig. Vor allem die Kfz-Industrie und Kfz-Zulieferindustrie gilt inzwischen aufgrund der hohen ausländischen Investitionen als ein wichtiger Schwerpunkt der rumänischen Industrie.

Hervorzuheben ist auch die Entwicklung der Informationstechnologie- und Softwarebranche, die durch die Verfügbarkeit von hoch qualifizierten und im internationalen Vergleich noch kostengünstigen rumänischen Fachkräfte erklärt wird. Vor allem die sehr stark mathematisch-naturwissenschaftliche Orientierung des rumänischen Bildungswesens erklärt die hohe Dichte der IT-Spezialisten in Rumänien.

Eine stark positive Entwicklung verzeichnen des Weiteren die Bau- und Baustoffindustrie. Dies belegen auch die prognostizierten Wachstumsraten von jährlich zwischen zehn und zwölf Prozent für die Jahre 2006 bis 2010, die deutlich über dem allgemeinen Wirtschaftswachstum liegen. Getrieben ist diese Entwicklung von nötigen Investitionen in die veraltete und zum Teil nicht vorhandene Infrastruktur sowie von dem Bau moderner Büro- und Verkaufsflächen. Damit einhergehend ist auch eine dynamische Entwicklung im Umweltsektor mit dem Schwerpunkt Gebäudesanierung und Energieeffizienz zu erwarten.[23]

Abzuwarten ist, inwiefern die aktuelle Finanz- und Wirtschaftskrise diese positiven Entwicklungen in den verschiedenen Branchen dämpft bzw. verzögert.

[23] Vgl. [o.V. 2008b].

4.3.1 Außenwirtschaft

Der transformationsbedingte wirtschaftliche Strukturwandel veränderte auch das außenwirtschaftlichen Gefüge Rumäniens substanziell. Während vor dem Fall des Eisernen Vorhangs die Außenhandelstätigkeit des Landes hauptsächlich auf den RGW-Raum[24] beschränkt war, kam es nach dem Zusammenbruch des Kommunismus zu einer Neuausrichtung der Handelsströme Rumäniens. Die politische und wirtschaftliche Zusammenarbeit mit der EU führte zu einem sukzessiven Abbau von tarifären und nichttarifären Handelshemmnissen und dadurch zu einer Verschiebung der rumänischen Außenhandelsströme zugunsten der Mitgliedsstaaten der Europäischen Union.

Während 1991 knapp 37 Prozent der rumänischen Exporte in die EU gingen, hat sich dieser Anteil 2007 fast verdoppelt. Ein ähnlicher Verlauf ist auch bei den Importen Rumäniens aus der EU festzustellen. Neben den neuen Handelspartnern kam es trotz zeitweilig hemmender Faktoren, wie dem fast ein Jahrzehnt dauernden Krieg am Balkan und dem Handelsembargo gegenüber Jugoslawien, zusätzlich zu einer Vervielfachung des gesamten Handelsvolumens. 2007 betrugen die Exporte 29,4 und die Importe 50,9 Milliarden EURO. Die Hauptabnehmerländer waren im Jahre 2007 Italien (17,1 Prozent), Deutschland (16,9 Prozent), Frankreich (7,7 Prozent), die Türkei (7,0 Prozent) und Ungarn 5,6 Prozent. Die regionale Herkunft der Importe deckt sich weitgehend mit der regionalen Exportstruktur, mit Ausnahme von Russland, das als wichtiger Rohstofflieferant für Erdöl und Erdgas 6,8 Prozent der Importe ausmacht.[25] Der Importwachstum ist zum Teil auf das hohe Exportwachstum zurückzuführen, da ein Teil der exportierten Güter aus importierten Vorprodukten entstehen. Des Weiteren sind die Modernisierung von Produktionskapazitäten sowie der stark gestiegene private Konsum weitere Treiber des Importwachstums.[26]

Die Liberalisierung des Außenhandels veränderte auch die Struktur der gehandelten Güter. Während 1990 die höchsten Exporterlöse aufgrund niedriger Lohnkosten in den arbeitsintensiven Wirtschaftszweigen Textil, Bekleidung und Schuhe erzielt wurden,

[24]Der Rat für gegenseitige Wirtschaftshilfe wurde am 25. Januar 1949 in Moskau von der Sowjetunion, Polen, Rumänien, Bulgarien, Ungarn und der Tschechoslowakei als sozialistisches Gegengewicht zum Marshallplan und der Organisation für wirtschaftliche Zusammenarbeit und Entwicklung gegründet. Später traten Albanien, Kuba, die Mongolei und Vietnam bei. Der RGW hatte zwei Aufgaben: einerseits die wirtschaftliche Spezialisierung zwischen den sozialistischen Staaten voranzutreiben, um Kosten einzusparen und Synergien zu nutzen, anderseits für eine Angleichung der wirtschaftlichen Bedingungen zu sorgen. Der Außenhandel zwischen den Mitgliedern war durch mehrjährige bilaterale Verträge gekennzeichnet. Aufgrund der fehlenden Konvertibilität der Währungen war es für die am Außenhandel beteiligten Länder nicht attraktiv Gläubigerpositionen aufzubauen. Dies führte zu ausgeglichenen Handelsbilanzen. Vgl. [KNAPP 2003], S. 608ff.

[25]Vgl. Abbildung 4.3.

[26]Vgl. [o.V. 2004], S. 21.

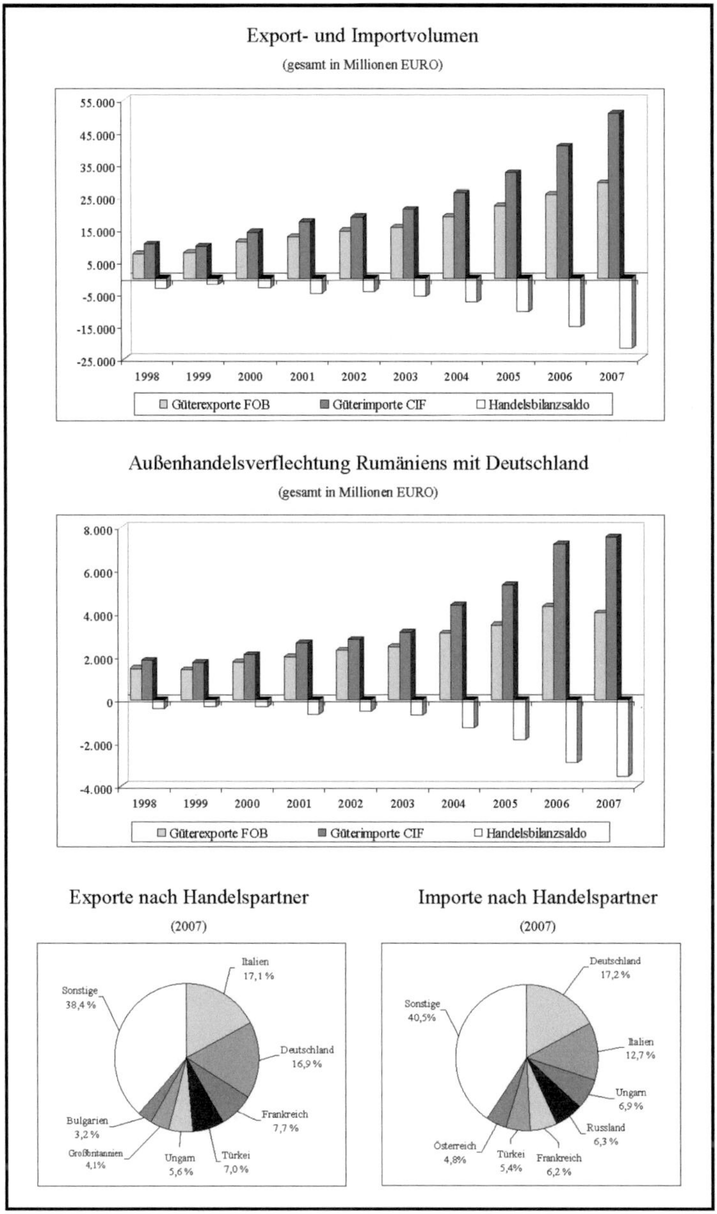

Abbildung 4.3: Außenhandel Rumäniens (Quelle: eigene Darstellung auf Basis der Daten von [BNRO 2008a], [DESTATIS 2008] und [BFAI 2008a].)

sank deren Anteil am Gesamtexport im Jahr 2007 auf 13,6 Prozent. Die Privatisierung von Staatsunternehmen sowie ausländische Direktinvestitionen im Bereich der technologieintensiven Industrien führten dazu, dass mittlerweile Maschinen und Fahrzeuge sowie Elektro- und Elektronikgüter 33,7 Prozent des Gesamtexportvolumens ausmachen.[27]

Das Importvolumen ist maßgeblich von dem Modernisierungsbedarf der Wirtschaft und der Präferenz der rumänischen Verbraucher für westliche Konsumgüter geprägt. Mit einem Anteil von 38,1 Prozent sind Maschinen und Fahrzeuge sowie Elektro- und Elektronikprodukte die bedeutendsten Warengruppen auf der Importseite. Der hohe Rohstoffbedarf des an sich rohstoffreichen Landes ist einerseits durch zum Teil ineffiziente Anlagen und anderseits durch den Bedarf an Vorprodukten für die Exportwirtschaft zu erklären. Zusammenfassend ist für die letzten 15 Jahre eine Vervielfachung des Außenhandelsvolumens sowie einer Veränderung der Struktur der gehandelten Güter festzustellen.

Der EU-Beitritt Rumäniens, der Zustrom ausländischer Direktinvestitionen, die Nachfrage nach westlichen Investitionsgütern zur Modernisierung und Erweiterung von veralteten und ineffizienten Produktionsanlagen sowie die starke Nachfrage der Bevölkerung nach qualitativ hochwertigeren und imageträchtigen westlichen Konsumgütern lassen langfristig auf eine weitere Zunahme des Außenhandelsvolumens schließen. Der Außenhandel hat damit unverkennbar an Bedeutung für die Gesamtwirtschaft gewonnen, macht Rumänien zugleich aber auch stärker von der internationalen, insbesondere der europäischen Konjunktur abhängig.

4.3.2 Ausländische Direktinvestitionen

Im Gegensatz zu anderen Transformationsländer Mittel- und Osteuropas war der Zufluss ausländischer Direktinvestitionen nach Rumänien bis 1996 gering. Die politische und rechtliche Unsicherheit nach 1989 und die damit verbundenen wirtschaftlichen Problemen einhergehend mit hohen bürokratischen Hürden sowie einer weit verbreiteten Korruption, lenkte das Interesse von Investoren auf mittel- und osteuropäische Länder mit attraktiveren Rahmenbedingungen und hemmten den Zustrom ausländischen Kapitals substanziell. In den Folgejahren bis 1996 dämpfte eine tief greifende Wirtschafts- und Finanzkrise sowie die inkonsequente Umsetzung dringender Reformen den Zufluss ausländischer Investitionen. Im Jahre 1997 flossen mit 1,1 Mrd. EURO mehr ausländische Direktinvestitionen nach Rumänien als in der Periode 1991 bis 1996 insgesamt.

[27]Vgl. [BFAI 2008b], S. 10.

Erste Privatisierungserfolge führten von 1997 bis 2003 zu einer Erhöhung des Direktinvestitionzuflusses und einer teilweisen Modernisierung des veralteten Kapitalstocks.

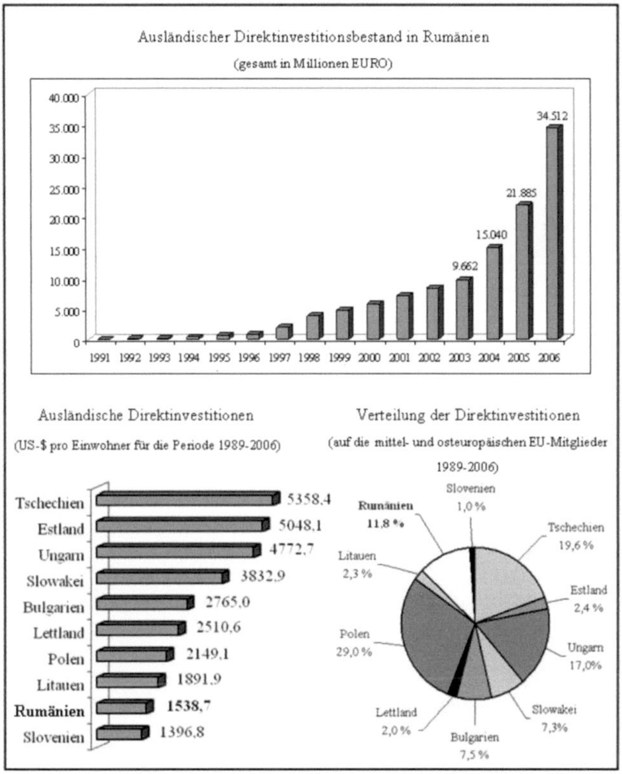

Abbildung 4.4: Ausländische Direktinvestitionen in Rumänien (Quelle: eigene Darstellung auf Basis der Daten von [BNRO 2008a].)

Die Aussicht des EU-Beitritts und der tatsächliche Beitritt beschleunigten den Reformprozess in Rumänien. Die Vielzahl der für den Zugang zur EU durchgeführten rechtlichen und politischen Reformen und deren erzielte Wirkung führten zu einer Vervielfachung der ausländischen Investitionen. 2006 wurde mit 12,6 Mrd. EURO ein vorläufiges Rekordhoch erreicht. Der Bestand an ausländischen Direktinvestitionen stieg in diesem Jahr schlagartig um 57 Prozent auf 34,5 Mrd. EURO an.

Trotz dieses starken Anstiegs weist Rumänien im Vergleich zu den anderen mittel- und osteuropäischen Staaten, die der EU beigetreten sind, nach Slowenien die geringsten Direktinvestitionen pro Kopf auf. Auch konnte Rumänien, das hinter Polen das flächen-

und bevölkerungsmäßig zweitgrößte Land in Zentral- und Osteuropa, anfänglich nur einen sehr geringen Prozentsatz der gesamten nach Zentral- und Osteuropa geflossenen Direktinvestitionen anziehen. Dies hat sich 2004 bis 2006 deutlich verbessert.

Der Zufluss an ausländischen Direktinvestitionen konzentriert sich mit einem Anteil von 44,0 Prozent am Gesamtbestand zum Großteil auf die verarbeitende Industrie. Die wichtigsten Empfängerbranchen hier sind die Metall-, die Chemie- und die Automobilbranche sowie der Energiesektor. Des Weiteren entfallen 22,2 Prozent der Auslandsinvestitionen auf den Finanzsektor, 12,2 Prozent auf den Groß- und Einzelhandelssektor, 8,2 Prozent auf die Telekommunikationsbranche und 6,4 Prozent auf den Bausektor. Einen äußerst niedrigen Attraktivitätsgrad weist hingegen mit unter einem Prozent des gesamten Auslandskapitalbestandes die Landwirtschaft auf.

Auch in den kommenden Jahren wird die Industrie angesichts einer Vielzahl von abgeschlossenen und noch kommenden Privatisierungsvorhaben und den damit verbundenen Folgeinvestitionen trotz Finanzkrise die höchsten Direktinvestitionszuflüsse aufweisen. Aus den gleichen Gründen dürfte auch der Dienstleistungs-, vor allem der Finanzdienstleistungssektor künftig zu den größten Direktinvestitionsempfängern aufsteigen.

Die regionale Verteilung der Direktinvestitionen zeigt, dass die Hauptstadt Bukarest 64,3 Prozent der gesamten Direktinvestitionen anzog und damit die bedeutendste Zielregion Rumäniens darstellt. Danach folgen die hauptstadtnahen Kreise Arges, Ilfov und Prahova. Weitere aus Investorensicht attraktive Standorte sind Galati, Constanta an der Schwarzmeerküste sowie die Kreise Timis, Cluj und Bihor im Westen Rumäniens. Die nachfolgende Grafik gibt Auskunft über die regionale Verteilung ausländischer Direktinvestitionen in Rumänien.

Gemessen am investierten Kapital gehen bis Ende 2006 über 85 Prozent der Direktinvestitionen auf Mitgliedsstaaten der Europäischen Union zurück. Die Übernahme der nationalen rumänischen Ölgesellschaft Petrom und des größten rumänischen Kreditinstitutes, der Banca Comerciala Romana, durch österreichische Unternehmen führte dazu, dass Österreich mit 23,0 Prozent mit deutlichem Abstand die Rangliste der Herkunftsländer ausländischer Direktinvestitionen anführt.[28] Weitere 17,1 Prozent des Di-

[28]Die hohe Investitionstätigkeit österreichischer Unternehmen wird häufig mit dem gemeinsamen geschichtlichen Hintergrund (Transilvanien, die Bukowina und das Banat waren Bestandteil des Kaiserreichs Österreich-Ungarn) und der daraus folgenden kulturellen Affinität sowie des Informationsvorsprungs begründet.

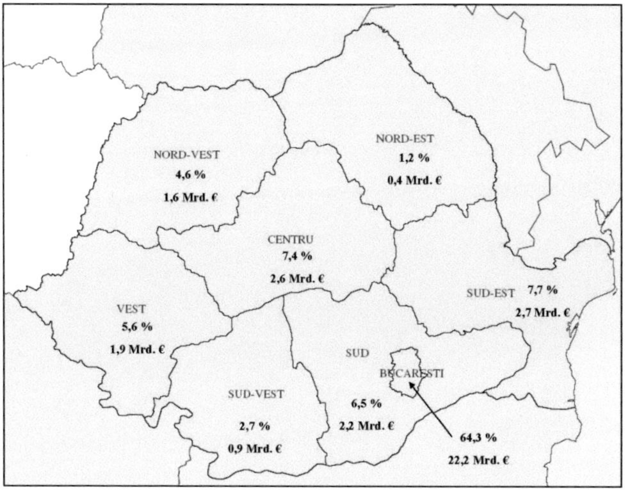

Abbildung 4.5: Verteilung ausländischer Direktinvestitionen innerhalb Rumäniens (Quelle: eigene Darstellung auf Basis der Daten von [BNRO 2008a].)

rektinvestitionsbestandes gehen auf niederländische[29], 10,1 Prozent auf deutsche und 8 Prozent auf französische Unternehmen zurück.[30]

Das Näherrücken des Abschlusses des Privatisierungsprozesses wird mittelfristig zu einem Rückgang privatisierungsbezogener ausländischer Direktinvestitionen führen und *Greenfield*-Investitionen in den Vordergrund rücken.[31] Dies zeigt sich schon dadurch, dass 59,0 Prozent der 2006 getätigten ausländischen Direktinvestitionen als Greenfield-Investitionen klassifiziert wurden. Die EU-Mitgliedschaft und die sich daraus ergebenden stabilisierende Wirkungen, ein investitionsfreundliches Steuerumfeld, noch geringe Lohnkosten sowie eine vorteilhafte geografische Lage machen die momentane Attraktivität Rumäniens als Investitionsstandort aus und rückt das Land verstärkt ins Blickfeld ausländischer Investoren.

Nachfolgend werden die für ausländische Direktinvestitionen von KMU wichtigsten gesetzlichen Rahmenbedingungen beleuchtet.

[29]Die hohe Quote niederländischer Investitionen kommt dadurch zustande, dass eine Vielzahl von Unternehmen aus steuerlichen Gründen den Holdingsitz in den Niederlanden haben, das operative Geschäft aber nicht. Vgl. [o.V. 2004], S. 24.

[30]Vgl. Tabelle 4.3.2.

[31]Unter *Greenfield*-Investitionen werden Investitionen in neue Anlagen und Fabriken verstanden. *Brownfield*-Investitionen sind Investitionen in bestehende Anlagen und Fabriken.

Herkunftsland	Gesamt		Greenfield-Investitionen	
	in Mio. EURO	in %	in Mio. EURO	in %
Österreich	7942	23,0	2029	12,1
Niederlande	5887	17,1	4160	24,9
Deutschland	3473	10,1	2393	14,3
Frankreich	2766	8,0	901	5,4
Griechenland	2680	7,8	970	5,8
Schweiz	2372	6,9	279	1,7
Italien	2322	6,7	1378	8,2
Zypern	1674	4,9	1050	6,3
Ungarn	663	1,9	349	2,1
USA	628	1,8	461	2,8
Türkei	446	1,3	292	1,7
Luxemburg	428	1,2	174	1,0
Schweden	347	1,0	314	1,9
Großbritannien	335	1,0	403	2,4
Tschechien	330	1,0	68	0,4
Belgien	321	0,9	293	1,8
Spanien	263	0,8	171	1,0
Kanada	210	0,6	204	1,2
Israel	107	0,3	70	0,4
Sonstige	1318	3,8	766	4,6
Summe	**34512**	**100**	**16725**	**100**

Tabelle 4.1: Ausländische Direkinvestitionen nach Herkunftsländern (Quelle: Vgl. [BNRO 2008a].)

4.4 Ausgewählte rechtliche Rahmenbedingungen

4.4.1 Investitionsschutz und Investitionsrecht

Generell stehen alle ausländische Investitionen in Rumänien unter dem Schutz der rumänischen Verfassung. Zusätzlich gilt für deutsche Unternehmen der zwischen Rumänien und der Bundesrepublik Deutschland abgeschlossene Investitionsschutzvertrag von 1996, der die Förderung und den gegenseitigen Schutz von Kapitalanlagen garantiert. Hinsichtlich ausländischen Eigentums oder ausländischer Beteiligung an Gesellschaften gibt es keine Einschränkungen. Ausländer oder ausländische Unternehmen können rumänische Gesellschaften in jeglicher Rechtsform erwerben oder gründen.[32]

Investitionsanreize, wie die Befreiung von der Körperschafts-, Grund- und Bodensteuer, der Aufschub der Mehrwertsteuerpflicht, die erweiterten Abschreibungsmöglichkeiten für durchgeführte Investitionen sowie die Befreiung von Zollgebühren, gab es ab 1991. Die genaue Bedingungen, um diese Vegünstigungen in Anspruch nehmen zu können, wurden durch diverse Investitionsgesetze geregelt. Vor allem der bis Ende 2006 gel-

[32] Vgl. [Brenscheidt 2008], S. 5.

tende Beschluss Nr. 332/2001 aus dem Jahre 2001 war aufgrund seiner Ausgestaltung für KMU sehr attraktiv. Danach konnten ausländische Unternehmen, deren Investitionen innerhalb von 30 Monaten die Summe von 1 Mio. US-$ überschritten und die zur Entwicklung und Modernisierung der wirtschaftlichen Infrastruktur Rumäniens beitrugen sowie neue Arbeitsplätze schafften, von den genannten Investitionsanreizen profitierten.[33] In den vergangenen Jahren wurden diese Anreize eingeschränkt oder ganz abgeschafft. Teilweise geschah dies auf Druck der Europäischen Union und des Internationalen Währungsfonds.

Derzeit gilt der am 10.10.2007 veröffentlichte und in Kraft getretene Beschluss Nr. 1165/2007. Dieser setzt die Verordnung Nr. 1628/2006 der Europäischen Kommission über die Anwendung der Artikel 87 und 88 EG-Vertrag auf regionale Investitionsbeihilfen der Mitgliedstaaten um. Im Folgenden werden deren wichtigsten Eckpunkte kurz dargestellt:[34]

- In Rumänien ansässige Gesellschaften, die operativ in Rumänien tätig sind und deren Anfangsinvestitionen den Wert von 30 Mio. EURO überschreiten und mindestens 300 neue Arbeitsplätze dadurch schaffen, können eine Investitionsförderung beantragen.

- Förderungsfähig sind Investitionen in allen Tätigkeitsbereichen mit den folgenden Ausnahmen: Fischerei, Aquakultur, Kohlenindustrie, Eisen- und Stahlindustrie, Transportwesen, Seeschiffbauindustrie, Herstellung von synthetischen Fasern und bestimmten landwirtschaftlichen Erzeugnissen.

- Die Höchstgrenze der Beihilfe beträgt 22,5 Mio. EURO für Investitionen in der Region Bukarest-Ilfov und 28,125 Mio. EURO für Investitionen in allen anderen Regionen.

- Die Förderungsdauer beträgt fünf Jahre, in Ausnahmefällen besteht eine Verlängerungsmöglichkeit.

- Das Gesamtbudget der Beihilferegelung bis 2013 beträgt 500 Mio. EURO, insgesamt sollen 110 Unternehmen gefördert werden. Die Beihilfen werden vom Wirtschafts- und Finanzministerium als nicht rückzahlbare Zuwendung erteilt. Die Anträge auf Erteilung von Beihilfen werden innerhalb von 30 Arbeitstagen ab ihrer Stellung bearbeitet. Nach Zusage der Beihilfe muss innerhalb von vier

[33] Vgl. [o.V. 2004], S. 29f.

[34] Vgl. [o.V. 2008d], S. 32f.

> Monaten mit der Tätigung der geförderten Investition begonnen werden. Ein Antrag auf die Zahlung der ersten Subventionsrate kann erst nach Ablauf von drei Monaten ab Investitionsbeginn gestellt werden. Die Beihilfebeträge werden dann innerhalb von 30 Arbeitstagen ab Antragsstellung auf ein Konto der für das begünstigte Unternehmen zuständigen Steuerbehörde gutgeschrieben.

Neben diesem für die meisten KMU aufgrund der benötigten Investitionssumme eher selten anwendbaren Beschluss bietet das Steuergesetz Gemeinden im beschränkten Rahmen Möglichkeiten, Anreize für Investitionen, die 500.000 EUR überschreiten, zu schaffen. So können Gemeinden eine maximal fünfjährige Befreiung von der Grundsteuer und eine dreijährige Herabsetzung der Gebäudesteuer für Investitionen, die bis zum 01.01.2007 getätigt wurden, veranlassen.[35]

4.4.2 Gesellschaftsrechtliche Rahmenbedingungen

Die Grundlage des rumänischen Gesellschaftsrechts ist das Gesetz Nr. 31/1990. Dieses regelt die bezüglich Auslands- und Inlandsinvestitionen möglichen Gesellschaftsformen. Das Gesetz wurde im Zuge des EU-Beitrittsprozesses mehrfach geändert und an die Anforderungen der EU angepasst. Die gegenwärtigen gesetzlichen Grundlagen für Investitionen und Geschäftsbetrieb in Rumänien sind nachstehend kurz beschrieben.

Nach der neusten Fassung des Gesetzes Nr. 31/1990 können ausländische Investoren in Rumänien Gesellschaften in nachfolgenden Rechtsformen gründen oder sich daran beteiligen:[36]

- Gesellschaft mit beschränkter Haftung (GmbH)/Societate cu raspundere limitata (S.R.L.),
- Offene Handelsgesellschaft (OHG)/Societate in nume colectiv (S.N.C.),
- Kommanditgesellschaft (KG)/Societate in comandita simpla (S.C.S.),
- Kommanditgesellschaft auf Aktien (KGaA)/Societate in comandita pe actiuni (S.C.A.) und
- Aktiengesellschaft (AG)/Societate pe actiuni (S.A.).

[35] Vgl. [o.V. 2007b], S. 47.

[36] Die genannten Gesetze sind unter http://www.onrc.ro/romana/legislatie.php einsehbar. Die Gesellschaftsformen der Einzel- und Familienunternehmen sind ausländischen Investoren mit Ausnahme von EU- und EWG-Bürgern nicht zugänglich.

Generell erfolgt die Gründung aller genannten Gesellschaften durch den Abschluss eines Gründungsvertrags, die genauen Formalitäten sind im Gesetz Nr. 31/1990 sowie im Gesetz Nr. 26/1990 detailliert geregelt, und der Eintragung in das örtliche Handelsregister (registrul comertului). Die Gründungsurkunde muss folgende Angaben enthalten:[37]

- Identität der Gesellschafter oder Aktionäre. Bei natürlichen Personen sind Name, Geburtsort und -datum, Wohnsitz sowie Staatsangehörigkeit, bei juristischen Personen Unternehmensbezeichnung und Sitz anzugeben,
- Rechtsform, Bezeichnung und Sitz der in Rumänien zu gründenden Gesellschaft,
- Geschäftsgegenstand sowie die konkrete Bezeichnung der Hauptgeschäftsfelder,
- das gezeichnete sowie das eingezahlte Stammkapital,
- Angaben zum Geschäftsführer (Name, Geburtsort und –datum, Wohnsitz und Staatsangehörigkeit),
- Art der Gewinn- und Verlustverteilung sowie
- bestehende Zweitsitze.

Die Eintragung im Handelsregister wird durch die Ausgabe eines Handelsregisterauszugs dokumentiert. Dieser enthält die Handelsregisternummer (cod unic de înregistrare) für die steuerliche Identifizierung sowie als Anhang eine Bescheinigung, durch die bestätigt wird, dass die Gesellschaft alle Forderungen gemäß dem gewählten Tätigkeitsfeld erfüllt, um den Betrieb aufnehmen zu können. Durch die Handelsregistereintragung erlangt die Gesellschaft ihre Rechtsfähigkeit und kann den Betrieb aufnehmen. Während des Gründungsverfahrens hat die Gesellschaft eine beschränkte Rechtsfähigkeit. Das Gründungsverfahren dauert in der Regel drei bis fünf Tage.[38]

Insgesamt ist das rumänische Gesellschaftsrecht dem deutschen sehr ähnlich. Die durch die rumänische Legislative vorgenommenen Änderungen sind im Kontext des EU-Beitritts zu bewerten und mit ursächlich für die weitgehende Annäherung. Nachfolgend werden die in Rumänien für KMU gebräuchlichsten Rechtsformen S.R.L. und S.A. tabellarisch dargestellt.

[37]Vgl. [o.V. 2007b], S. 29.
[38]Vgl. [o.V. 2004], S. 33.

Der Kapital- und Gewinntransfer erfolgt währungsunabhängig ohne Einschränkungen. Ebenso ist die Konvertierbarkeit von Dividenden garantiert.[39]

Tabelle 4.2: Häufigste Gesellschaftsformen für KMU in Rumänien

Spezifische Eigenschaften	**Societate cu raspundere limitata (S.R.L.)**	**Societate pe actiuni (S.A.)**
Mindestanzahl Gesellschafter	Mindestens einen und höchstens 50 Gesellschafter	Mindestens fünf Aktionäre
Mindesthöhe Stammkapital	Mindestens 200 rumänische Lei (ca. 55 EURO). Das Stammkapital muss vor der Gründung vollständig in rumänischer oder ausländischer Währung eingezahlt werden. Neben Bareinlagen können auch Sacheinlagen eingebracht werden.	Mindestens 90.000 Lei (ca. 25.000 EURO). Die Aktien können entweder auf den Namen (Namensaktien) oder auf den Inhaber (Inhaberaktien) ausgestellt werden. Bei der Gründung müssen mindestens 30 % des Stammkapitals in Bar- oder Sacheinlagen erbracht werden. Die restlichen Bareinlagen müssen innerhalb von zwölf Monaten, die restlichen Sacheinlagen innerhalb von zwei Jahren eingebracht werden.
Besteuerung	Körperschaftssteuer 16 %	Körperschaftssteuer 16 %
Eintragung	Örtliches Handelsregister	Örtliches Handelsregister
Gründungs-unterlagen (öffentlich einsehbar)	Satzung (Statut) und Gesellschaftsvertrag (Contract de societate)	Satzung (Statut) und Gesellschaftsvertrag (Contract de societate)

Fortsetzung auf der nächsten Seite

[39]Unter Konvertierbarkeit oder Konvertibilität versteht man die Möglichkeit, inländisches Geld ohne Beschränkung in ausländische Zahlungsmittel umzuwandeln. Ist dies nicht möglich, liegt eine Devisenbewirtschaftung vor.

Spezifische Eigenschaften	Societate cu raspundere limitata (S.R.L.)	Societate pe actiuni (S.A.)
Geschäftsführung	Mindestens ein Geschäftsführer (administrator). Die Geschäftsführung wird durch den Gründungsvertrag oder durch die Gesellschafterversammlung bestimmt. Die Geschäftsführer können rumänische Staatsangehörige oder Ausländer sein. Ihre Aufgabe ist die Geschäftsführung und Vertretung der Gesellschaft nach außen. Ein zusätzlicher Aufsichtsrat kann durch den Beschluss der Gesellschafter eingerichtet werden.	Mindestens ein Geschäftsführer, bei mehreren muss deren Anzahl immer ungerade sein und mindestens die Hälfte der Verwaltungsratmitglieder (consiliu de administratie) rumänische Staatsbürger. Der Verwaltungsrat entspricht etwa dem deutschen Vorstand. Der oder die Geschäftsführer einer S.A. bilden gemeinsam den Verwaltungsrat. Sie können im Gründungsvertrag bestimmt oder durch die Mitglieder der Hauptversammlung bestellt werden.
Aufsichtsgremien	Bei mehr als 15 Gesellschaftern gesetzlich vorgeschrieben. Dem Aufsichtsrat (censori) obliegt es, die Geschäftsführung der Gesellschaft, die Bilanzen sowie die Gewinn- und Verlustrechnungen zu überwachen.	Mindestens drei Personen, von denen einer in Rumänien als Buchprüfer oder Wirtschaftsprüfer zugelassen sein muss. Wesentliche Aufgaben sind monatliche Kassenprüfungen sowie die Prüfung der Bilanz, Gewinn- und Verlustrechnung sowie die Anfertigung eines Berichts. Werden IRFS-Standards angewandt, gilt diese Bedingung nicht.

Fortsetzung auf der nächsten Seite

Spezifische Eigenschaften	Societate cu raspundere limitata (S.R.L.)	Societate pe actiuni (S.A.)
Gesellschafter-/ Hauptversammlung	Die Gesellschafterversammlung ist das höchste Gesellschaftsorgan der S.R.L. und muss mindestens einmal jährlich einberufen werden. Die Hauptaufgabe ist die Entlastung der Geschäftsführung, die Genehmigung der Bilanz, die Verteilung des Gewinns, die Bestellung und Abberufung der Geschäftsführung und die Änderungen des Gründungsvertrages. Beschlüsse in der Gesellschafterversammlung bedürfen der absoluten Mehrheit der Anteile, sofern der Gründungsvertrag nichts anderes vorsieht. Beschlüsse zur Änderung des Gründungsvertrags bedürfen der Zustimmung aller Gesellschafter, sofern auch hier die Gründungsurkunde nichts anderes vorsieht.	Das oberste Organ der S.A. ist die General- oder Hauptversammlung. Diese wird mindestens einmal im Jahr fünf Monate nach dem Abschluss des Finanzjahrs einberufen und dann innerhalb von 30 Tagen durchgeführt. Die Einberufung ist öffentlich bekannt zu machen. Die anwesenden Aktionäre müssen 25 % des Gesellschaftskapitals vertreten. Beschlüsse werden mit einfacher Mehrheit gefasst. Durch den Gründungsvertrag können höhere, aber nicht niedrigere Mehrheitsbeschlüsse festgelegt werden.

Quelle: Vgl. [o.V. 2004], S. 34ff. und [Brenscheidt 2008], S. 6ff.

4.4.3 Steuerrechtliche Rahmenbedingungen

Durch das am 01.01.2007 in Kraft getretene Gesetz Nr. 343/2006, das im Wesentlichen EU-Normen umsetzte, erhielt Rumänien ein neues Steuergesetzbuch. Dieses umfasst alle Bestimmungen zur Körperschaftssteuer, Einkommensteuer, Lohnsteuer, Mehrwertsteuer und Verbrauchssteuer. Der 2005 eingeführte einheitliche Besteuerungssatz von

16 Prozent für fast alle Arten von Steuern (*Flat Tax*) wurde für die meisten Steuerarten beibehalten.

Besonders die Bestimmung, dass das Steuergesetzbuch nur durch ein Gesetz und nicht per Regierungsbeschluss oder Dekret geändert werden kann und das beschlossene Änderungen erst im Folgejahr in Kraft treten und grundsätzlich mindestens sechs Monate vor dem Jahresende verabschiedet und veröffentlicht werden müssen, soll möglichen Investoren eine langfristige Stabilität signalisieren. Nachfolgend werden die für ausländische Investoren relevanten steuerlichen Rahmenbedingungen beleuchtet.

Unternehmen werden unabhängig von ihrer Rechtsform mit einem Körperschaftssteuersatz von 16 Prozent besteuert. Ausgenommen sind Veräußerungsgewinne von Immobilien, die in Abhängigkeit der Dauer des Eigentums mit einem Steuersatz zwischen zwei und fünf Prozent besteuert werden. Für die Besteuerung von Dividenden einer rumänischen Gesellschaft gilt die in der EU praktizierte Mutter-Tochter-Richtlinie, die eine Doppelbesteuerung von Dividenden zwischen Mutter- und Tochtergesellschaft vermeidet. Somit unterliegen die Dividenden rumänischer Gesellschaften, die an eine EU-Muttergesellschaft in der Rechtsform einer Kapitalgesellschaft ausgeschüttet werden, nicht mehr der rumänischen Quellensteuer, sondern nur der Körperschaftssteuer, sofern die empfangende Gesellschaft im EU-Ausland seit mehr als zwei Jahren mindestens 25 Prozent der Geschäftsanteile an der rumänischen Gesellschaft besitzt. Eine Besonderheit in Rumänien ist die nicht vorhandene Steuerkonsolidierung oder Gruppenbesteuerung. Dies bedeutet, dass Mitglieder einer Unternehmensgruppe getrennte Steuererklärungen einreichen müssen. Verluste, die ein Gruppenmitglied erlitten hat, können nicht mit Gewinnen der anderen Gruppenmitglieder steuerlich verrechnet werden. Die 2005 veröffentlichte Verordnung Nr. 92/2003 regelt die steuerliche Verfahrensordnung. Nach dieser müssen Unternehmen Steuererklärungen vierteljährlich bis zum 25. des nächsten Monats eingereicht und gleichzeitig die darin errechnete Steuer entrichtet haben. Um dies zu gewährleisten, müssen ausländische Unternehmen, die in Rumänien steuerpflichtig sind, einen Steuerbevollmächtigten ernennen, der diese Verpflichtungen gegenüber der rumänischen Steuerbehörde erfüllt.[40]

Mit Gesetz Nr. 343/2006 wurden die Anpassungen des rumänischen an das europäische Mehrwertsteuersystem vorgenommen. Generell gibt es neben dem Normalsteuersatz von 19 Prozent einen ermäßigter Steuersatz von 9 Prozent für z.B. Bücher, Zeitungen und Arzneimittel. Im Vergleich zu Deutschland wird in Rumänien das *Reverse Charge*-Systems eingesetzt. Lieferanten stellen Rechnungen ohne Umsatzsteuer mit dem Ver-

[40]Vgl. [o.V. 2008d], S. 17ff.

merk *Taxare inversa* aus und Abnehmer begleichen diese auch ohne. Die nicht bezahlte Mehrwertsteuer wird trotzdem sowohl von den Lieferanten als auch den Abnehmern verbucht und bis zum 25. des Monats nach Rechnungstellung bei den Steuerbehörden gemeldet. Die Differenz zwischen gebuchter Umsatz- und Vorsteuer ist am selben Datum fällig. Im Falle eines Rückerstattungsanspruches muss die Steuerbehörde diesen innerhalb von 45 Tagen nach der Einreichung bearbeiten. Warenlieferungen aus einem EU-Staat sind als innergemeinschaftliche Lieferung steuerbefreit, wenn der Abnehmer in Rumänien über eine Umsatzsteueridentifikationsnummer verfügt.[41]

Neben den genannten steuerrechtlichen Regelungen sind Unternehmen von kommunalen Steuern sowie je nach Branche von Verbrauchssteuern betroffen. Kommunale Abgaben und Steuern sind von Privatpersonen und Unternehmen auf Grundstücke, Gebäude und Kraftfahrzeuge zu entrichten. Grundbesitzer unterliegen der Grundsteuer, die pro Quadratmeter anfällt und von der Lage der Ortschaft und dem Nutzungszweck des Bodens abhängt. Die Grundsteuer wird jedes Jahr in zwei Raten entrichtet. Der Gebäudesteuersatz liegt bei 0,25 bis 1,5 Prozent des Buchwertes von Gebäuden. Verbrauchssteuern fallen beim Import und der Herstellung von Produkten, wie z.B. alkoholische Getränke, Tabakprodukte, Kaffeeprodukte, Erdgas und Erdölprodukte sowie bestimmte Luxusgüter, an.[42]

4.4.4 Arbeitsrechtliche Rahmenbedingungen

Die in Rumänien geltenden arbeitsrechtlichen Rahmenbedingungen sind in dem am 01.03.2003 neu gestaltetem Arbeitsgesetzbuch verbrieft. Dieses wurde am 05.07.2005 durch die Dringlichkeitsverordnung Nr. 65/2005 letztmalig reformiert und enthält die Mindestanforderungen bezüglich der Ausgestaltung von Arbeitsverträgen und somit des Verhältnisses zwischen Arbeitgeber und Arbeitnehmer.

Das Arbeitsgesetzbuch unterscheidet fünf Arten von Individualarbeitsverträgen:

- befristete Arbeitsverträge,
- unbefristete Arbeitsverträge,
- Teilzeitarbeitsveträge,
- Arbeitsverträge durch Arbeitsvermittler und

[41] Vgl. [BRENSCHEIDT 2008], S. 22f.
[42] Vgl. [o.V. 2008d], S. 34f.

- Heimarbeitsverträge.

Die Arbeitsverträge sind laut Arbeitgesetzbuch in rumänischer Sprache schriftlich zu formulieren und müssen folgende, gesetzlich vorgeschriebene Punkte beinhalten:[43]

- Angaben über Arbeitgeber und Arbeitnehmer;
- Sitz des Arbeitgebers;
- Informationen über den Arbeitsort, die Arbeitsaufgaben und die damit verbundenen Risiken;
- Zeitpunkt des Arbeitsbeginns, bei befristeten Arbeitsverträgen deren Geltungsdauer;
- Entgelt, Zuschläge, Tag der Auszahlung und Arbeitszeit in Stunden pro Tag und Woche. Die in Rumänien übliche Arbeitszeit beträgt acht Stunden pro Tag bei einer Fünf-Tage-Woche. Die maximale Arbeitszeit inklusive Überstunden darf 48 Stunden pro Woche und 192 Stunden im Monat nicht überschreiten. Zuschläge gibt es für Nachtarbeit zwischen 22.00 Uhr abends und 6.00 Uhr morgens. Für Unternehmen mit über 25 Mitarbeiter gilt ein rumänienweit allgemeingültiger nationaler Tarifvertrag, der einen Zuschlag von 25 Prozent vorsieht. Bei weniger Mitarbeitern gilt der im Arbeitsgesetz vorgesehene Zuschlag von 15 Prozent. Des Weiteren ist für Überstunden über die gesetzliche Arbeitszeit hinaus ein Zuschlag von 75 Prozent zu zahlen. Überstunden können aber alternativ durch Freizeitausgleich abgegolten werden. Hier entfällt dann der Zuschlag;
- Urlaubsregelungen und Kündigungsfristen. Der gesetzliche Mindestanspruch für bezahlten Urlaub beträgt 20 Arbeitstage, Jugendliche haben einen zusätzlichen Anspruch von mindestens drei Tagen. Die gesetzlichen Kündigungsfristen sehen bei einfachen Arbeitnehmern 15, bei Führungskräften 30 Kalendertage vor. Der rumänienweit allgemeingültige nationale Tarifvertrag, der Vorrang gegenüber dem Arbeitsrecht hat, geht bei einfachen Arbeitnehmern jedoch von einer Kündigungsfrist von 20 Arbeitstagen aus;
- Dauer der Probezeit. Für einfache Arbeitnehmer sieht das Arbeitsgesetz eine Probezeit von maximal 30, für leitende Angestellte eine von 90 Kalendertagen vor.

[43] Vgl. [Brenscheidt 2008], S. 39ff. und [o.V. 2007b], S. 34ff.

Neben den in Arbeitsverträgen zu bestimmenden Sachverhalten gelten weitere arbeitsrechtliche Regelungen, die von Arbeitgebern zu beachten sind. So haben Mitarbeiter einen zwölftägigen gesetzlichen Anspruch auf Lohnfortzahlung im Krankheitsfall. Der gesetzliche Mutterschutz beträgt laut Dringlichkeitsverordnung Nr. 96/2003 120 Kalendertage. In dieser Zeit erhält die Arbeitnehmerin 75 Prozent ihres Durchschnittslohns der letzten zehn Monate. Zusätzlich hat die Mitarbeiterin einen Anspruch auf einen zweijährigen unbezahlter Erziehungsurlaub. Arbeitgeber sind zusätzlich laut Gesetz Nr. 346/2002 dazu verpflichtet, die Mitarbeiter gegen Arbeitsunfälle und den sich daraus ergebenden Folgen zu versichern.

Ein weiteres für Investoren wichtiges Gesetz ist die Dringlichkeitsverordnung 55/2007. Hier wird der Status von EU-Bürgern in Rumänien neu geregelt. Dies ist vor allem bei der Entsendung von Stammhausmitarbeitern nach Rumänien von hoher Relevanz. Ab Inkrafttreten dieser Verordnung gelten EU-Bürger nicht mehr als Ausländer und müssen nicht mehr den Bestimmungen des rumänischen Ausländerrechts folgen. Zusammen mit der Dringlichkeitsverordnung 56/2007, die den Wegfall der Arbeitserlaubnis für EU-Bürger in Rumänien vorsieht, bedeutet dies eine starke Vereinfachung und Entbürokratisierung des Entsendungsvorgangs und erleichtert Unternehmen die Entsendung von Führungskräften und Know-how-Trägern nach Rumänien.[44]

4.4.5 Immobilienrechtliche Rahmenbedingungen

Das Gesetz Nr. 247/2005 stellt den gesetzlichen Rahmen zum Erwerb von Grundstücken und Gebäuden dar. Grundsätzlich kann in Rumänien das Eigentum an Gebäuden und Grund und Boden, auf dem dies erbaut wurde, auseinanderfallen. Aufgrund dieses Sachverhaltes gibt es in Rumänien ein zeitlich unbegrenztes dingliches Recht an Bauwerken.

Ausländer und ausländische juristische Personen können gemäß Artikel 41 der rumänischen Verfassung kein Eigentumsrecht an Grund und Boden in Rumänien erwerben. Dieses Recht ist rumänischen natürlichen oder juristischen Personen vorbehalten. Dies bedeutet, dass ausländische natürliche und juristische Personen mittelbar über die Gründung einer rumänischen Gesellschaft rumänisches Grundeigentum erwerben können. Dies ist durch die Entscheidung Nr. 73/1997 des rumänischen Verfassungsgerichtshof abgesichert. Eigentum an Gebäuden ohne Grundstück können Ausländer direkt erwerben.[45]

[44] Vgl. [BRENSCHEIDT 2008], S. 41f.
[45] Vgl. [BRENSCHEIDT 2008], S. 42f.

Aufgrund des EU-Beitritts und den damit verbundenen Vorgaben soll nach einer Übergangsfrist ab 2012 der Erwerb von Grund und Boden und ab 2014 der von landwirtschaftlichen Flächen und Wäldern für Ausländer uneingeschränkt möglich sein.

4.5 Sozio-kulturelle Rahmenbedingungen

Neben der Kenntnis der politischen, ökonomischen und rechtlichen Rahmenbedingungen müssen Investoren, um ihre lokalen Mitarbeiter führen und motivieren zu können, deren kulturelle Besonderheiten berücksichtigen. Aufbauend auf einer kurzen definitorischen Einordnung werden diese Besonderheiten nachfolgend erörtert.

4.5.1 Definitorische Grundlagen

Kultur ist ein vielschichtiger Begriff, der in den betriebswirtschaftlichen, anthropologischen, soziologischen sowie psychologischen Forschungsdisziplinen entsprechend der jeweiligen Zielsetzung unterschiedlich definiert wird. Eine für diese Arbeit sinnvolle Annäherung bietet der Ansatz von OSGOOD,[46] der von einer wahrnehmbaren Ebene und einer nicht wahrnehmbare Ebene der Kultur ausgeht. Die wahrnehmbare Ebene der Kultur ist empirisch beobachtbar. Es wird zwischen einer materiellen Kultur in Form von Kleidung, Architektur sowie Kunstgegenständen und einer sozialen Kultur in Form von Sprache, Sitten, Gebräuche und sozialen Strukturen unterschieden. Die nicht wahrnehmbare Ebene umfasst die kollektiv geteilten Werte, Normen und Einstellungen, die sich im Laufe der Zeit in einem historischen Prozess herausgebildet haben.[47] Der Kultur eines Volkes kann man sich somit nur durch die Erforschung dessen langfristigen Entwicklung und Vergangenheit annähern. Vor allem die Wahrnehmung der eigenen Geschichte sowie das Verhältnis zur Religion liefern wichtige Hintergrundinformationen und Begründungen für bestimmte Denk- und Verhaltensweisen.[48]

Die ersten *interkulturellen Studien*[49] im Bereich der Managementforschung entstanden in den 60er und 70er Jahren des letzten Jahrhunderts und entfachten einen wissenschaft-

[46] Vgl. [OSGOOD 1951].

[47] Vgl. [OSGOOD 1951], S. 211ff. Eine Diskussion weiterer Kulturdefinitionen wird für diese Arbeit als nicht zielführend erachtet. Für einen umfassenden Überblick vgl. [KROEBER 1952].

[48] Vgl. [KELLER 1982], S. 173.

[49] Zweck der kulturvergleichenden Managementstudien ist das Arbeitsverhalten in verschiedenen Kulturen zu beschreiben, zu vergleichen und dadurch Unterschiede zu erklären. Anhand der ermittelten Gemeinsamkeiten und Unterschiede werden Kulturdimensionen ermittelt, um Kulturen beschreiben zu können.

lichen Disput bezüglich der Bedeutung kultureller Aspekte für das Management von Unternehmen.[50] Im Rahmen dieser Kontroverse nehmen die Universalisten den Standpunkt ein, dass Managementprinzipien unabhängig von kulturellen Faktoren überall gültig sind (*culture-free*), die Kulturalisten hingegen vertreten den Standpunkt, dass Management eine kulturabhängige Variable ist.[51] Diese Arbeit schließt sich der Meinung der Mehrzahl der Forscher an, dass die Berücksichtigung von kulturellen Besonderheiten einen positiven Einfluss auf die Mitarbeiter und somit auf den Unternehmenserfolg haben kann. Somit stellt sich die Frage nach einer geeigneten Vorgehensweise, um die Besonderheiten der rumänischen Kultur aufzuzeigen.

Als Grundgerüst dienen die von dem niederländische Psychologen HOFSTEDE, der häufig als Pioneer der kulturvergleichenden Forschung betitelt wird, in mehreren internationalen Befragungen identifizierten fünf Kulturdimensionen:

- *Machtdistanz.* Nach HOFSTEDE stellt Machtdistanz das Ausmaß dar, in dem die weniger mächtigen Mitglieder einer Gesellschaft eine ungleiche Machtverteilung erwarten und akzeptieren.[52]

- *Individualismus versus Kollektivismus.* Diese Kulturdimension stellt den Grad dar, in dem Individuen in Gruppe integriert sind. Individualistische Gesellschaften zeichnen sich durch lockere Bindungen zwischen den Individuen aus. In kollektivistischen Gesellschaften sind Personen dagegen von Geburt an in stark kohesiven Gruppen z.B. Großfamilien integriert, die Halt und Schutz liefern, aber dafür bedingungslose Loyalität fordern.[53]

- *Maskulinität versus Femininität.* HOFSTEDE bezeichnet eine Gesellschaft als maskulin, wenn die Rollen der Geschlechter emotional klar gegeneinander abgegrenzt sind. Während Männer bestimmt, hart und materiell orientiert agieren, nehmen Frauen eine bescheidenere, sensiblere und fürsorglichere Rolle ein. Feminine Gesellschaften zeichnen sich durch eine emotionale Überschneidung der Rollen der Geschlechter aus. Sowohl Frauen als auch Männer sind feinfühliger und legen großen Wert auf Lebensqualität.[54]

[50]Vgl. [BOSCH 1996], S. 27ff.
[51]Vgl. [KELLER 1982], S. 539ff.
[52]Vgl. [HOFSTEDE 2006], S. 59.
[53]Vgl. [HOFSTEDE 2006], S. 100.
[54]Vgl. [HOFSTEDE 2006], S. 165.

- *Unsicherheitsvermeidung versus Risikobereitschaft.* Unter Unsicherheitsvermeidung versteht HOFSTEDE den Grad, bis zu dem die Mitglieder einer Kultur sich durch ungewisse oder unbekannte Situationen bedroht fühlen.[55]

- *Langzeit- versus Kurzzeitorientierung.* Diese Kulturdimension geht auf den zeitlichen Planungshorizont in einer Gesellschaft ein.[56]

Die Grundlage dieser Erkenntnisse bilden die zwischen 1967 und 1973 durchgeführten Studien mit 116.000 Angestellten des multinationalen Konzerns IBM. Durch schriftliche Befragungen wurden die arbeitsbezogenen Wertvorstellungen der Teilnehmer ermittelt. Aufbauend auf der Analyse der Daten identifizierte HOFSTEDE zunächst vier unabhängige Kulturdimensionen.[57] Die fünfte Dimension wurde in einer späteren Untersuchung ermittelt, bei der ein von chinesischen Wissenschaftlern entwickelter Fragebogen zum Einsatz kam. Ziel war die Elimination der kulturbeeinflussten Wahrnehmung westlicher Wissenschaftler. Die von HOFSTEDE gestartete Untersuchung wird von zahlreichen Wissenschaftlern weltweit weitergeführt und die ermittelten Daten werden kontinuierlich eingearbeitet, so dass aktuell Ergebnisse für 74 Länderkulturen vorliegen.[58]

Einen Überblick über die Vorgehensweise anderer Wissenschaftler sowie über weitere Entwicklungen bei dem Vergleich von Kulturen liefert die Arbeit von REIMER.[59] Die Entscheidung die Kulturdimensionen nach HOFSTEDE anzuwenden, basiert auf die in seinen Auswertungen einbezogenen Daten rumänischer Kulturangehörigen und die sich daraus ergebende Möglichkeit die eigenen Schlüsse zu verifizieren. Die Ergebnisse anderer Studien und Arbeiten auf diesem Gebiet bieten diese Möglichkeit nicht und werden deshalb hier auch nicht näher diskutiert.

4.5.2 Kulturelle Prägung der rumänischen Bevölkerung

Die Einstellungen, Werte und Verhaltensweisen der in Rumänien lebenden Bevölkerung wurden nachhaltig durch deren historischen Erfahrung geprägt. Wie in Kapitel 4.2.1 dargelegt, war das Staatsgebiet Rumäniens sowie dessen Einwohner über Jahrhunderte den konkurrierenden Herrschaftsansprüchen des Osmanischen Reiches, des russischen Zarenreichs und des Kaiserreichs Österreich-Ungarn ausgesetzt. Während die unter der Herrschaft der Habsburger Monarchie stehende Bevölkerung Banats und Siebenbürgens

[55] Vgl. [HOFSTEDE 2006], S. 233.
[56] Vgl. [HOFSTEDE 2006], S. 292f.
[57] Vgl. [HOFSTEDE 1980], S. 39ff.
[58] Vgl. [HOFSTEDE 2006], S. 37f.
[59] Vgl. [REIMER 2005].

eine eher mitteleuropäische Grundorientierung entwickelte, kann die Grundorientierung in den restlichen Landesteilen als balkanisch-orthodox bezeichnet werden.[60] Die wahrscheinlich stärkste Prägung hat das kommunistische Regime und die dort herrschenden Arbeits- und Lebensbedingungen hinterlassen. Die unter der sozialistischen Art und Weise des Wirtschaftens gemachten Sozialisationserfahrungen beeinflussen das Verhalten der Rumänen auch unter den neuen marktwirtschaftlichen Rahmenbedingungen weiter. Nachfolgend wird die für die Arbeitswelt relevante kulturelle Prägung der rumänischen Bevölkerung anhand HOFSTEDES fünf Kulturdimensionen beleuchtet.

4.5.2.1 Machtdistanz

Rumänische Kulturangehörige haben aufgrund der jahrhundertelangen wiederkehrenden Übergriffen fremder Herrscher ein gespaltenes Verhältnis zu Autoritäten. Trotz dessen kam es nach der Erlangung der Unabhängigkeit im 19. Jahrhundert aufgrund der Machtkämpfe der demokratischen Parteien im rumänischen Volk zum Wunsch nach einem einzigen Herrscher, einem *Vater der Nation*. Die rumänischen Bürger bevorzugten die Idee eines autoritären, entschlossenen, aber auch gerechten Herrschers, der die Tradition und Ordnung im Lande bewahrt und als Garant der Integrität sowie der Unabhängigkeit des Landes fungiert. Die Prinzipien und Leitideen einer Demokratie wurden als zu vage und unsicher empfunden und so blieb Rumänien bis 1947 eine Monarchie.[61]

In den folgenden vier Jahrzehnten des Kommunismus oblagen alle Planungs- und Entscheidungsbefugnisse dem Staat und den staatlichen Parteiorganisationen. Aufgrund ernsthafter Repressalien wurden staatliche und behördliche Entscheidungen hingenommen und kaum angezweifelt. Auch die wirtschaftlichen Rahmenbedingungen änderten sich grundlegend durch die Einführung einer zentralen Planwirtschaft. Es entstand eine Delegationskette von dem staatlichen Plankomitee über die Industrieministerien zu den Industriezentralen und den einzelnen Unternehmen. Die einzelnen Betriebe erhielten Planvorgaben über die zu produzierenden Güter, die maximale Zahl der Lohnempfänger, den zu bezahlenden Durchschnittslohn, die zu tätigen Investitionen und hatten die Aufgabe diese Vorgaben einzuhalten.[62] Dadurch wurden betriebliche Entscheidungen bereits auf übergeordneter Ebene vorweggenommen. Mitarbeiter aus allen Hierarchieebenen eines Betriebes waren es jahrzehntelang gewohnt Anweisungen und Entscheidungen auszuführen, ohne diese zu hinterfragen.[63]

[60] Vgl. [STERBLING 2007], S. 44.
[61] Vgl. [BOIA 2006], S. 226f.
[62] Vgl. [HAGEMANN 2000], S. 42.
[63] Vgl. [CATANA 1999], S. 158.

Autoritäten werden als positiv angesehen, wenn Rumänen diese als gerecht wahrnehmen und das Gefühl haben, dass diese ihnen bestimmte Entscheidungen vorwegnehmen und ihnen dadurch Orientierung und Sicherheit vermitteln. In diesem Fall ist ein dienstbeflissenes Verhalten mit dem Ziel die Erwartungen der betreffenden Autoritäten zu erfüllen, wahrscheinlich. Allerdings ist davon auszugehen, dass in einer unterlegenen Machtbeziehung jede Gelegenheit genutzt wird, persönlichen Vorteile zu erlangen und die eigene Machtposition zu verbessern. In dem Augenblick, in dem die Betreffenden dann selbst zu Autoritäten werden, weisen diese das gleiche Verhaltensmuster auf wie sie es von den ihnen übergeordneten Autoritäten kennen, d.h. sie zeigen einen autoritären Führungsstil und geben ihren Untergebenen Entscheidungen vor.[64]

HOFSTEDES Datenbank weist für Rumänien einen Machtdistanz-Indexwert von 90 und damit die siebthöchste Punktzahl der 74 untersuchten Landeskulturen aus und bestätigt dadurch die dargelegten Sachverhalte. Deutschland erzielt auf dieser Skala 35 Punkte und den 65. Platz und weist somit im Vergleich zu Rumänien generell eine niedrige Machtdistanz auf.[65]

Nachfolgende Tabelle zeigt die Hauptunterschiede zwischen Gesellschaften mit geringer und großer Machtdistanz bezogen auf die Arbeitswelt auf.

Tabelle 4.3: Hauptunterschiede zwischen Gesellschaften mit geringer und großer Machtdistanz bezogen auf die Arbeitswelt

Geringe Machtdistanz	**Hohe Machtdistanz**
• Mitarbeiter und Vorgesetzte betrachten sich von Natur aus als gleichberechtigt. Die hierarchische Struktur in einer Organisation bedeutet ungleiche Rollenverteilung aus praktischen Gründen. • Organisationen sind eher dezentral und weisen flache Hierarchien auf.	• Vorgesetzte und Mitarbeiter betrachten sich selbst als von Natur aus mit ungleichen Rechten ausgestattet. Die Macht im Unternehmen ist auf wenige Personen konzentriert. • Organisationen weisen mehrere klar definierte Hierarchieebenen aus.
	Fortsetzung auf der nächsten Seite

[64]Vgl. [CONSTANTINIU 2002], S. 239 und [HAGEMANN 2000], S. 22.
[65]Vgl. [HOFSTEDE 2006], S. 56.

Geringe Machtdistanz	Hohe Machtdistanz
• Führungskräfte haben einen höheren Handlungsspielraum und verlassen sich auf die eigenen Erfahrungen und auf ihre Mitarbeiter. • Mitarbeiter erwarten bei Entscheidungen, die ihre Arbeit betreffen, gehört und mit einbezogen zu werden. • Idealbild eines Vorgesetzten ist ein einfallsreicher Demokrat. • Beziehungen zwischen Mitarbeiter und Vorgesetzten sind pragmatisch. • Statussymbole und Privilegien werden missbilligt. • Eine Bürotätigkeit hat das gleiche Ansehen wie eine manuelle Tätigkeit.	• Führungskräfte haben einen engen Handlungsspielraum und halten sich an formale Vorschriften. • Mitarbeiter erwarten Anweisungen, eine selbstständige Arbeitsweise ist selten zu beobachten. • Idealbild eines Vorgesetzten ist ein wohlwollender Autokrat, also eine Person, bei der man sich wohlfühlt und der man hohe Achtung entgegenbringt. • Beziehungen zwischen Mitarbeiter und Vorgesetzten sind oft stark emotional geprägt. • Statussymbole und Privilegien sind akzeptiert und populär. • Eine Bürotätigkeit hat ein höheres Ansehen als eine manuelle Tätigkeit.

Quelle: Vgl. [HOFSTEDE 2006], S. 73ff.

4.5.2.2 Individualismus versus Kollektivismus

Hohe Werte beim Machtdistanzindex korrelieren meistens mit niedrigen Punktwert beim Individualismusindex.[66] Somit sind Kulturen, die eine hohe Machtdistanz aufweisen, eher kollektivistisch und Kulturen, die sich durch eine geringe Machtdistanz auszeichnen, eher individualistisch geprägt. Dies bestätigen auch die in HOFSTEDES Datenbank vorhandene Daten für Rumänien und Deutschland. Der Individualismus-Indexwert für Rumänien beträgt 30, für Deutschland 67. Die rumänische Kultur kann somit als kollektivistisch bezeichnet werden.[67]

[66] Vgl. Abbildung 4.6.
[67] Vgl. [HOFSTEDE 2006], S. 56.

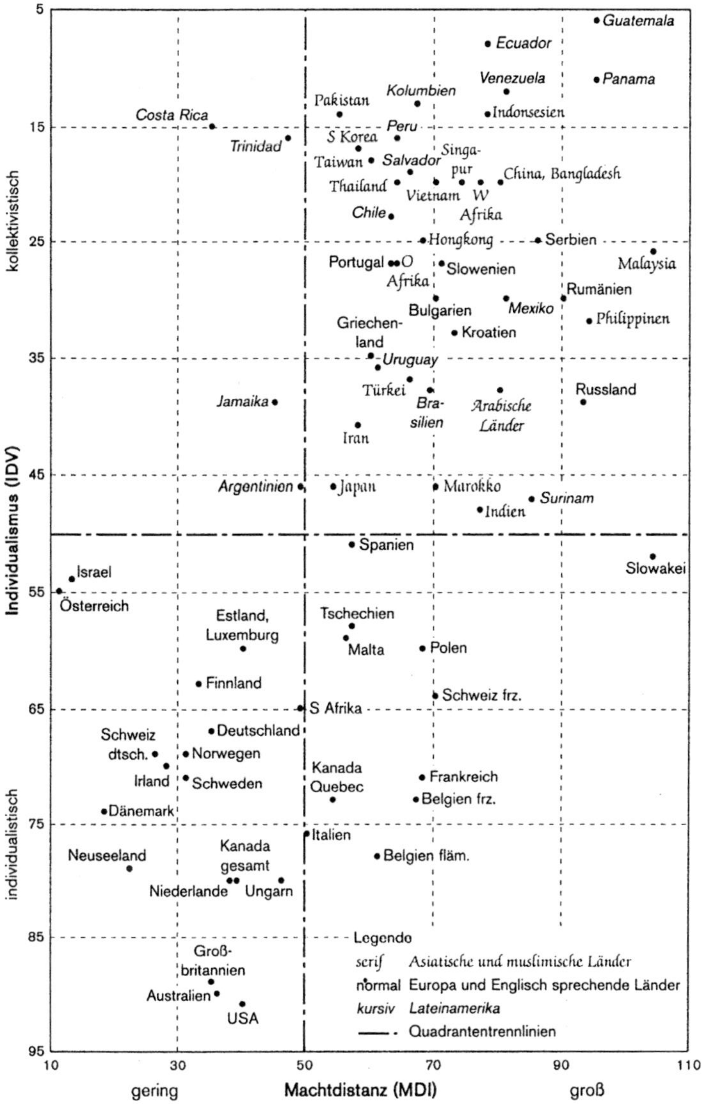

Abbildung 4.6: Zusammenhang zwischen Machtdistanz und Individualismus (Quelle: [HOFSTEDE 2006], S. 112.)

Dies zeigt sich in dem hohen Harmoniebedürfnis der Angehörigen der rumänischen Kultur. Dies manifestiert sich dadurch, dass rumänische Bürger ihre Handlungen und Aktionen meist nach den Wünschen bestimmter Autoritäten und übergeordneten Institutionen ausrichten mit dem Ziel von diesen „in Ruhe gelassen zu werden". Rumänen streben nicht nur mit übergeordneten Instanzen, sondern auch mit ihren Mitmenschen ein harmonisches Verhältnis an. Dies zeigt sich insbesondere darin, dass sie sich bei ihrer Meinungsfindung häufig nach ihren Mitmenschen richten und generell Konflikte und offene Konfrontationen scheuen.[68]

Die Scheu vor Konflikten muss im Zusammenhang mit der geschichtlichen Entwicklung des rumänischen Volkes betrachtet werden. Es war über Jahrhunderte daran gewöhnt, sich den jeweils wechselnden Herrschern und ihren unterschiedlichen Ansprüchen unterzuordnen. Die Rumänen verstehen sich noch heute als das geduldigste Volk unter allen Völkern mit der Fähigkeit lange auszuharren und Missstände stoisch zu ertragen.[69] Die Repressalien der kommunistischen Ära haben diese Verhaltensweise weiter verstärkt.

Diese passive Haltung ist Ausdruck ihrer Überzeugung, aus eigener Kraft kaum etwas bewegen oder verändern zu können. Das mangelnde Vertrauen in das eigene Leistungsvermögen und die Neigung, die Verantwortung für bestimmte Ereignisse anderen zuzuschieben, führen zum Rückzug in die Sicherheit der Familie oder anderer sozialer Gruppen. Die Zugehörigkeit zu einer dieser Gruppen vermittelt das Gefühl, nicht persönlich die Initiative ergreifen zu müssen bzw. nicht alleine die Verantwortung zu tragen.[70] Neben ihren geschichtlich Wurzeln hat die Passivität rumänischer Kulturangehöriger auch einen religiösen Ursprung. Die Orthodoxie lehrt den Glauben an eine externe Kraft, die alles lenkt. Dieses fatalistische Weltbild verstärkt die Einstellung geduldig auszuharren und den Lauf der Dinge eher abzuwarten statt aktiv zu handeln.[71]

Diese Passivität wirkt sich auch auf die Leistungsorientierung der rumänischen Gesellschaft aus. Die Überzeugung, dass sich künftige Ereignisse nicht beeinflussen lassen, führt zu einer Verstärkung der Gegenwartsorientierung und gleichzeitig zu einer geringer ausgeprägten Leistungsorientierung.

Trotz der kollektivistisch geprägten Landeskultur sind auch starke individualistische Tendenzen zu beobachten. Eine interessante Erklärung dazu bietet der rumänische Phi-

---

[68]Vgl. [HAGEMANN 2000], S. 25f.

[69]Vgl. [MUNGIU 1995], S. 136ff.

[70]Vgl. [PATAPIEVICI 2006], S. 79ff.

[71]Die nachhaltige Wirksamkeit einer religiösen Prägung zeigt sich auch bei anderen Religionsgemeinschaften. Protestantische Gläubige streben an in ökonomischer und sozialer Hinsicht erfolgreich zu sein, da im Protestantismus die fleißig arbeitenden Menschen von Gott belohnt werden. S. dazu die Ausführungen von MAX WEBER. Vgl. [WEBER 1934].

losoph Radulescu-Motru. Seiner Ansicht nach zeichnen sich rumänische Kulturangehörige durch ihre Geselligkeit aus, also dem Wunsch einer bestimmten Gemeinschaft oder Gruppe anzugehören und sich dieser in ihren Sitten und Gewohnheiten anzupassen. Das damit häufig verbundene Solidaritätsgefühl bzw. die kollektive Einstellung ist hingegen relativ gering ausgeprägt. Die Bereitschaft, zugunsten des Gemeinwohls auf die Verfolgung eigener Ziele zu verzichten, ist selten vorhanden.[72]

Aufbauend auf die vorangegangenen Ausführungen werden in nachfolgender Tabelle die für die Arbeitswelt relevanten Unterschiede von kollektivistischen und individualistischen Gesellschaften aufgezeigt.

Tabelle 4.4: Hauptunterschiede zwischen kollektivistischen und individualistischen Gesellschaften bezogen auf die Arbeitswelt

Kollektivistisch	**Individualistisch**
• Arbeitnehmer sind Mitglieder von Wir-Gruppen und verfolgen die Interessen ihrer Wir-Gruppe. • Bei Einstellungen und Beförderungen geht es nicht ausschließlich um Individuen, sondern um die Zugehörigkeit dieser zu bestimmten Wir-Gruppen. Häufig werden Gruppenmitglieder der eigenen Wir-Gruppe bevorzugt. • Management bedeutet das Führen von Gruppen.	• Arbeitnehmer verfolgen die Interessen des Arbeitgebers, wenn diese mit den eigenen Interessen übereinstimmen. • Bei Einstellungen und Beförderungen stehen die Fähigkeiten und Meriten des Kandidaten im Vordergrund. • Management bedeutet das Führen von Individuen.
	Fortsetzung auf der nächsten Seite

[72]Vgl. [Radulescu-Motru 1990], S. 1ff.

<table>
<tr><th>Kollektivistisch</th><th>Individualistisch</th></tr>
<tr><td>

- Die Beziehung zwischen Arbeitgeber und Arbeitnehmer ist eher moralischer Art. Sie ähnelt einer familiären Beziehung mit beiderseitigen Verpflichtungen von Schutz und Loyalität. Schwache Leistungen stellen nicht zwingend einen Kündigungsgrund dar, sondern entscheiden eher über die übertragenen Aufgaben.
- Beurteilungen erfolgen meist in indirekter Form, um die Harmonie aufrechtzuerhalten und ein Gesichtsverlust zu vermeiden.
- Geschäftspartner derselben Wir-Gruppe werden bevorzugt behandelt. Häufig muss zuerst ein Vertrauensverhältnis etabliert werden, bevor Geschäftsverbindungen eingegangen werden.
- Die Beziehung steht vor der Aufgabe.

</td><td>

- Die Beziehung zwischen Arbeitgeber und Arbeitnehmer ergibt sich aus den Rechten und Pflichten des geschlossenen Arbeitsvertrags.
- Beurteilungen werden in direkter Form erteilt mit dem Zweck, die Arbeitsergebnisse zu verbessern.
- Geschäftspartner erhalten dieselbe Behandlung. Eine Bevorzugung geschieht nur, wenn dies für das Unternehmen wirtschaftlich ist.
- Die Aufgabe genießt Priorität vor der Beziehung.

</td></tr>
</table>

Quelle: Vgl. [HOFSTEDE 2006], S. 133ff.

4.5.2.3 Maskulinität versus Femininität

Die in HOFSTEDES Datenbank vorhandene Daten weisen bezüglich der Maskulinität für Rumänien einen Indexwert von 42 und für Deutschland einen von 66 auf. Damit nimmt Rumänien den 53. und Deutschland den 11. von 74 Rängen ein. Die rumänische Kultur kann somit als eher feminin, die Deutsche als eher maskulin bezeichnet werden.[73]

[73] Vgl. [HOFSTEDE 2006], S. 166.

Dies zeigt sich in dem schon angesprochenen hohen Harmoniebedürfnis und der Scheu vor Konflikten. Dazu kommt ein hohes Sicherheitsbedürfnis, das sich durch die Präferenz strenger, aber gerechter Autoritäten manifestiert.[74] Weitere Indizien für eine eher feminine Prägung der rumänischen Kultur sind der hohe Anteil arbeitender Frauen, vor allem in qualifizierten und leitenden Berufen, sowie die generell geringere Leistungsorientierung.

Nachfolgende Tabelle geht auf die in der Arbeitswelt anzutreffenden Unterschiede maskuliner und femininer Gesellschaften ein.

Tabelle 4.5: Hauptunterschiede zwischen maskulinen und femininen Gesellschaften bezogen auf die Arbeitswelt

Feminin	**Maskulin**
• Intuition und Konsens sind wichtige Aspekte der Führung von Mitarbeitern. • Konflikte werden durch Verhandlungen und Kompromisse beigelegt. • Belohnungen basieren auf dem Prinzip der Gleicheit; jeder wird entsprechend seiner Bedürfnisse belohnt. • Sowohl Männer als auch Frauen sind berufstätig. • Höherer Anteil berufstätiger Frauen in leitenden Positionen. • Humanisierung der Arbeit durch Kontakte und Zusammenarbeit. • Freizeit ist wichtiger als Geld. Man arbeitet, um zu leben.	• Entschlossenheit und Dynamik sind wichtige Faktoren im Management. • Bei Konflikten erhält der Stärkere den Vortritt. • Belohnungen basieren auf dem Prinzip der Gerechtigkeit; jeder wird nach der erbrachten Leistung belohnt. • Ein Beruf ist für den Mann obligatorisch, Frauen müssen nicht berufstätig sein. • Geringer Anteil berufstätiger Frauen in leitenden Positionen. • Humanisierung der Arbeit durch Aufgabenbereicherung. • Geld ist wichtiger als Freizeit. Man lebt, um zu arbeiten.

Quelle: Vgl. [HOFSTEDE 2006], S. 194ff.

[74] Vgl. [MUNGIU 1995], S. 163.

4.5.2.4 Unsicherheitsvermeidung versus Risikobereitschaft

HOFSTEDES Datenbank weist für Rumänien einen Unsicherheitsvermeidungs-Indexwert von 90 und damit den 14. Rang unter den 74 untersuchten Landeskulturen aus. Deutschland erzielt mit 65 Punkten den 43. Platz und weist somit im Vergleich zur rumänischen Kultur eine niedrigere Tendenz zur Unsicherheitsvermeidung auf.[75]

Uneindeutigkeit wird in der rumänischen Kultur als Bedrohung empfunden. Unsicherheitsvermeidung dient weniger der Risikoreduktion als der Reduzierung von Uneindeutigkeit. Rumänische Kulturangehörige sind sogar bereit riskante Verhaltensweisen aufzuzeigen, nur um uneindeutige Situationen zu vermeiden.[76]

Neben klaren Strukturen in Organisationen, Institutionen und Beziehungen, die dabei helfen Ereignisse zu interpretieren und vorherzusehen, dienen auch Gesetze, Vorschriften und informelle Regeln dazu Unsicherheit zu reduzieren.[77] Während klare Hierarchien und Strukturen von rumänischen Kulturangehörigen akzeptiert werden, ist deren Verhalten gegenüber Regeln ambivalent. Eine Erklärung dafür findet sich in der Religion. Die Orthodoxie stellt das karge, von Nächstenliebe, Opferbereitschaft und Bescheidenheit geprägte Leben eines Mönchs als Ideal dar. Damit liefert die orthodoxe Religion zwar ein anzustrebendes Idealbild, jedoch keine Verhaltensregeln, die für Situationen des alltäglichen Lebens Orientierung bieten. Im Vergleich zur katholischen Religion, die dem Gläubigen detaillierte Regeln vorgibt, gibt die orthodoxe Religion ihren Gläubigen keine expliziten moralischen Normen vor. Aufgrund der fehlenden Existenz solcher Regeln vermittelt die Orthodoxie den Individuen den Eindruck, ihre persönlichen Ziele und Interessen über Regeln und Gesetze stellen zu dürfen. Das rumänische Sprichwort „*Fa ce zice popa, nu ce face popa*“, bringt den Sachverhalt auf den Punkt. Man solle das tun, was der Pfarrer sagt, aber nicht das, was er selbst tut. Sind Gesetze und Regeln nicht bis ins Detail ausformuliert, werden diese umgangen. Die Befolgung von Regeln und Gesetzen ist jedoch zu erwarten, wenn das Missachten dieser ernsthafte negative Konsequenzen zur Folge hat. Dies gilt auch für geschäftliche Vereinbarungen. Werden nicht eingehaltene Zusagen und Vereinbarungen von den jeweiligen Geschäftspartnern oder Vorgesetzten in den Unternehmen sanktioniert, ist in der Zukunft mit deren Einhaltung zu rechnen.[78]

[75] Vgl. [HOFSTEDE 2006], S. 234.

[76] Mehrere Interviewpartner der im Vorfeld der Hauptuntersuchung durchgeführten Interviews in Rumänien haben die Erfahrung gemacht, dass ihre Mitarbeiter vor Ort bei uneindeutigen Situationen eher das Risiko einer Konfrontation eingehen als die temporäre Uneindeutigkeit auszuhalten.

[77] Vgl. [HOFSTEDE 2006], S. 239 und S. 252.

[78] Vgl. [HAGEMANN 2000], S. 37f.

Ein weiteres Indiz für die Korrektheit von HOFSTEDES empirischer Befunde kann in dem in Rumänien als sozial akzeptabel angesehenem Verhalten, laut zu sprechen, mit den Händen zu gestikulieren und Gefühle öffentlich zu zeigen, gesehen werden. Denn in der Regel sind Kulturen, die durch eine hohe Unsicherheitsvermeidung gekennzeichnet sind, ausdrucksstarke Kulturen.[79]

Nachfolgende Tabelle geht auf die in der Arbeitswelt anzutreffenden Unterschiede von Gesellschaften mit schwacher und starker Unsicherheitsvermeidung ein.

Tabelle 4.6: Hauptunterschiede zwischen Gesellschaften mit schwacher und starker Unsicherheitsvermeidung bezogen auf die Arbeitswelt

Schwache Unsicherheitsvermeidung	**Starke Unsicherheitsvermeidung**
• Es sollten nur so viele Regeln existieren wie unbedingt notwendig. • Uneindeutigkeit wird nicht als Bedrohung angesehen, sondern auch als Chance für die Entstehung von Kreativität. • Entscheidungsprozesse stehen im Mittelpunkt. • Generalisten sowie dem gesunden Menschenverstand wird ein hoher Stellenwert eingeräumt. • Führungskräfte auf höchster Ebene beschäftigen sich mit strategischen Themen. • Leistung und Wertschätzung sind wichtig für die Motivation der Mitarbeiter. • Häufigerer Arbeitgeberwechsel.	• Emotionales Bedürfnis nach Regeln, auch wenn diese nicht funktionieren. • Bedürfnis nach Strukturen, die Sicherheit und Orientierung bieten. • Entscheidungsinhalte stehen im Mittelpunkt. • Experten und technische Lösungen genießen einen hohen Stellenwert. • Führungskräfte auf höchster Ebene sind stark in operative Tätigkeiten involviert. • Das Eingehen auf die Sicherheits- sowie sozialen Bedürfnisse der Mitarbeiter wirkt auf diese motivierend.

Quelle: Vgl. [HOFSTEDE 2006], S. 253ff.

[79] Vgl. [HOFSTEDE 2006], S. 237.

4.5.2.5 Lang- versus Kurzzeitorientierung

Die jahrhundertelange Unterdrückung und die damit verbundene unsichere Zukunft sowie die Sorge um die eigene Existenz haben das Zeitverständnis der rumänischen Kulturangehörigen maßgeblich geprägt. Vor allem die vier Jahrzehnte des Kommunismus, die von vielen Bürgern als perspektivlos empfunden wurden, führten dazu, dass die meisten rumänischen Bürger ein gegenwartsorientiertes Zeitverständnis entwickelten.

Die Konzentration auf gegenwärtige Tatbestände sowie das geringe Vertrauen in die eigene Leistungsfähigkeit zeigen sich in der Handlungsunentschlossenheit rumänischer Kulturangehörigen. Als Konsequenz ihrer Handlungsunentschlossenheit und ihrer passiven Haltung neigen diese dazu, anstehende Entscheidungen immer wieder aufzuschieben. Die Gegenwartsorientierung der Rumänen wirkt sich auch auf deren Termintreue und Pünktlichkeit aus.[80]

Rumänische Kulturangehörige sind schnell bereit Versprechungen zu machen, wenn für deren Erledigung genügend Zeit vorhanden ist. Danach gehen sie zunächst ihrem Tagesgeschäft nach. Je näher der betreffende Zeitpunkt rückt, desto mehr geraten sie unter Zeitdruck. Die Notwendigkeit, eine Arbeit oder Aufgabe erst in einer Woche erledigen zu müssen, vermittelt den rumänischen Individuen das Gefühl, noch unendlich viel Zeit zu haben. Die ersten Tagen werden für andere Tätigkeiten verwendet. Erst in den letzten Tagen wenden sie sich den längerfristig geplanten Tätigkeiten zu. Dadurch geraten sie gegen Ende der vereinbarten Frist zunehmend unter Zeitdruck und können die ihnen übertragenen Aufgaben meist nur zu einem Teil erledigen.[81]

HOFSTEDES Datenbank weist für Rumänien keinen Langzeitorientierungs-Indexwert auf, da für diese Dimension für Rumänien keine Daten vorliegen. Deutschland ist mit einem Punktwert von 31 in dem letzten Drittel der untersuchten Länder positioniert, so dass man eher von einer Kurzzeitorientierung ausgehen kann. Aufgrund der dargelegten Sachverhalte kann der rumänischen Kultur eine Kurzzeitorientierung bescheinigt werden.[82]

Nachfolgende Tabelle geht auf die in der Arbeitswelt anzutreffenden Unterschiede von Gesellschaften mit Lang- und Kurzzeitorientierung ein.

---

[80] Vgl. [CATANA 1999], S. 255f.

[81] Vgl. [HAGEMANN 2000], S. 30f. Diesen Sachverhalt bestätigen auch die Mehrzahl der Interviewpartner der im Vorfeld der Hauptuntersuchung durchgeführten Interviews in Rumänien.

[82] Vgl. dazu auch die Ergebnisse von BIBU und BRANCU. [BIBU 2008], S. 4.

Tabelle 4.7: Hauptunterschiede lang- und kurzzeitorientierter Gesellschaften, bezogen auf die Arbeitswelt

Kurzzeitorientierung	**Langzeitorientierung**
• Zu den Hauptwerten am Arbeitsplatz gehören Freiheit, Leistung und selbstständiges Denken. • Die Maximierung des gegenwärtigen Unternehmenserfolgs steht im Mittelpunkt. • Vorgesetzte und Mitarbeiter haben divergierende Ziele. • Meritokratie, Entlohnung nach Fähigkeiten. • Persönliche Treuepflichten ändern sich situationsbedingt.	• Zu den Hauptwerten am Arbeitsplatz gehören Lernen, Ehrlichkeit, Anpassungsfähigkeit, Verantwortlichkeit und Selbstdisziplin. • Die Maximierung des künftigen Unternehmenserfolgs sowie die stetige Verbesserung der Marktposition stehen im Mittelpunkt. • Vorgesetzte und Mitarbeiter verfolgen dieselben Ziele. • Große soziale und wirtschaftliche Unterschiede sind nicht erwünscht. • Lebenslange Pflege und Aufbau eines persönlichen Netzwerks. Loyalität hat einen hohen Stellenwert.

Quelle: Vgl. [HOFSTEDE 2006], S. 302ff.

Die in Kapitel 4.5 aufgezeigten Sachverhalte treffen sicherlich nicht auf jedes Individuum der rumänischen Gesellschaft zu, sondern treten statistisch häufiger auf. Somit sollte deren Berücksichtigung bei geschäftlichen Aktivitäten in Rumänien immer der spezifischen Situationen angepasst werden.[83]

[83]Die Validität von HOFSTEDES Ergebnisse für Rumänien wird durch die Befragung von BIBU und BRANCU bestätigt. Vgl. [BIBU 2008], S. 1ff. Obwohl diese die Kulturdimensionen leicht anders definieren, ermitteln sie fast identische Ergebnisse.

4.6 Angebotsseitige Rahmenbedingungen

Die Umstrukturierung der rumänischen Wirtschaftsstruktur von einer Plan- zu einer Marktwirtschaft hat sowohl die Verfügbarkeit als auch die Kosten der Produktionsfaktoren Arbeit, Kapital und Boden stark beeinflusst. Im Folgendem wird die aktuell anzutreffende Situation in Rumänien kurz beleuchtet.

4.6.1 Produktionsfaktor Arbeit

Häufig werden als wesentlicher Standortvorteil Rumäniens die niedrigen Arbeitskosten, vor allem im produzierenden Gewerbe, angeführt. Der gesetzliche Bruttomindestlohn in Rumänien beträgt ab dem 01.10.2008 ca. 155 EURO und ist im Januar 2009 um 11 Prozent angehoben werden. Der durchschnittliche Bruttolohn hingegen betrug 2008 ca. 487 EURO.

Die höchsten Löhne werden mit 298 Prozent des landesdurchschnittlichen Bruttolohns im Finanzbereich, mit 176 Prozent im Information- und Kommunikationsbereich, mit 161 Prozent in der öffentlichen Verwaltung sowie mit 168 Prozent im Bergbau erzielt. Die niedrigsten Löhne sind im Gastgewerbe mit 56 Prozent, in der Land- und Forstwirtschaft mit 67 Prozent, im Handel mit 80 Prozent sowie in der verarbeitenden Industrie mit 81 Prozent zu finden.[84] Zusätzlich ist die Höhe der Bruttolöhne auch von der Region innerhalb des Landes abhängig. Vor allem in den Ballungsgebieten Bukarest und Timisoara werden teilweise das Zwei- bis Dreifache des branchentypischen Landesdurchschnitts bezahlt.

In Rumänien werden Gehaltsverhandlungen zwischen Arbeitnehmer und Arbeitgeber ausschließlich auf Basis des Nettolohns geführt. Zusätzlich müssen Arbeitgeber die Sozialversicherungsbeiträge der Arbeitnehmer und Arbeitgeber bei der Ermittlung der Arbeitskosten berücksichtigen. Diese werden in Prozent des Bruttogehalts ermittelt. Während bei Arbeitnehmern 9,5 Prozent an Sozial-, 1 Prozent an Arbeitslosen- und 5,5 Prozent an Krankenversicherungsbeiträgen anfallen, beträgt der Arbeitgeberbeitrag an der Sozialversicherung je nach Arbeitsbedingung 19,5 bis 29,5 Prozent, an der Arbeitslosenversicherung 2,25 Prozent, an der Krankenversicherung 7,85 Prozent, an der Unfallversicherung 0,5 bis 4 Prozent und an dem Fonds zur Sicherung der rückständigen Lohnzahlungen 0,25 Prozent.[85] Rechnet man alle Lohnnebenkosten und sonstigen

[84]Vgl. [INSSE 2008a], S. 3f.
[85]Vgl. [o.V. 2007b], S. 35.

Land	2002	2003	2004	2005	2006	2007
EU (27 Länder)	19,44	19,66	20,25	20,35	22,05	22,80
Deutschland	26,20	26,80	26,90	27,20	27,70	29,10
Slowenien	9,70	10,54	10,41	10,76	11,29	12,50
Tschechien	5,39	5,47	5,85	6,63	7,14	8,10
Ungarn	4,91	5,10	5,54	6,14	6,34	7,70
Estland	3,67	4,01	4,24	4,67	5,50	7,00
Polen	5,27	4,70	4,74	5,55	6,03	6,70
Slowakei	3,59	4,02	4,41	4,80	5,33	6,40
Litauen	2,90	3,10	3,22	3,56	4,21	5,20
Lettland	2,39	2,37	2,52	2,77	3,41	4,80
Rumänien	1,67	1,60	1,76	2,33	2,68	3,90
Bulgarien	1,32	1,39	1,45	1,55	1,65	2,10

Tabelle 4.8: Vergleich der Arbeitskosten in EURO pro Stunde (Quelle: eigene Darstellung auf Basis der Daten von [DESTATIS 2007] und [o.V. 2008a].)

Abgaben hinzu, betragen die gesamten Arbeitskosten das 1,5- bis 1,8-Fache des ausgehandelten Nettolohns.

Wie die Tabelle 4.8 darlegt, sind die Arbeitskosten in Rumänien seit dem Jahr 2004 im Jahresdurchschnitt deutlich stärker gestiegen als in den anderen mittel- und osteuropäischen Ländern. Dieser starke Anstieg war Ergebnis einer investitionsinduzierten höheren Nachfrage auf dem rumänischen Arbeitsmarkt sowie der Verknappung des Produktionsfaktors Arbeit, da rund zwei Millionen Rumänen im Ausland arbeiteten.[86] Die aktuelle Wirtschaftskrise und die damit verbundene abflauende Konjunktur führt einerseits zu der Rückkehr eines Teils dieser Arbeitskräfte und anderseits zu einem generell sinkendem Bedarf an Arbeitskräften. Somit ist aktuell eher von einem leichten Absenken der Arbeitskosten auszugehen.

Unternehmen, die einen hohen Anteil menschlicher Arbeitskraft zur Produktion benötigen und nach günstigen Arbeitskräften suchen, finden diese meist in ländlichen Gebieten. Dort sind Arbeitskosten von ein bis zwei EURO pro Stunde realistisch. Unternehmen, die auf qualifizierte Arbeitskräfte angewiesen sind, wie z.B. Techniker, Ingenieure oder Informatiker finden diese in den Ballungsgebieten. Für diese Berufsgruppen sind Arbeitskosten von vier bis acht EURO pro Stunde mittlerweile marktüblich. Die Höhe der Löhne muss aber immer im Verhältnis zur Arbeitsproduktivität gesehen werden. Diese wird von 64 Prozent der für diese Arbeit in Rumänien interviewten Unternehmen als gering angesehen. Die Angaben variieren zwischen 30 und 70 Prozent der Produktivität deutscher Mitarbeiter. Insbesondere viele ältere Arbeitnehmer haben Schwierigkeiten mit dem Wechsel auf das leistungsorientierte marktwirtschaftliche System. Zusätzlich haben viele Arbeitnehmer aufgrund der geringen Löhne vielfach

[86] Vgl. [o.V. 2006].

mehrere Beschäftigungsverhältnisse, was dazu führt, dass deren Leistung nachlässt. Generell wird auch die Immobilität innerhalb des Landes bemängelt. Betrachtet man aber die Höhe der Mieten, die für eine Einzimmerwohnung in den Großstädten schon ein Niveau von 200 bis 600 EURO erreicht hat, ist dies kaum verwunderlich. Positiv wird die Motivation jüngerer Arbeitnehmer bewertet, die von den interviewten Unternehmen als hoch motiviert und karriereorientiert beschrieben werden.[87]

4.6.2 Produktionsfaktor Kapital

Die Strukturen des rumänischen Geld- und Kapitalmarktes lassen sich zumindest in institutioneller und formaler Sicht mit den westlichen Kapitalmärkten vergleichen. Der Bericht der Nationalbank Rumäniens zur Finanzstabilität vom Juni 2008 beschreibt das rumänische Finanzsystem trotz mancher kleiner Probleme als stabil und gesund.[88] Vor allem die Privatisierung der großen staatlichen Finanzinstitute und das starke Engagement internationaler Bankinstitute führte zu einem deutlich verbesserten Leistungsangebot und zu fallenden Servicegebühren. Für Investoren ist vor allem die dadurch gegebene Präsenz von Niederlassungen ihrer aus dem Stammland bekannten Hausbanken in Rumänien vorteilhaft.

Eine weitere, wenn auch von KMU selten genutzte Möglichkeit Kapital zu beschaffen, bietet die im Jahre 1995 wiedereröffnete Börse. Die Marktkapitalisierung der zwei geregelten Kapitalmärkte, der Bukarester Börse (BVB) und des OTC-Marktes RASDAQ, betrug im August 2008 37,5 Mrd. EURO. Trotz der beachtlichen Entwicklung sind die Tagesumsätze mit meistens unter zehn Millionen EURO im Vergleich zu anderen europäischen Börsen klein und entfallen ausschließlich auf die großen privatisierten Staatsunternehmen. Der Rentenmarkt der Bukarester Börse konzentriert sich auf den Handel von Staatspapieren, das Volumen der gehandelten Unternehmensanleihen ist gering.[89]

4.6.3 Produktionsfaktor Immobilie und Boden

Neben der Verfügbarkeit von Arbeitskräften und Kapital ist die Investitionsentscheidung vieler Investoren auch davon abhängig, ob und zu welchen Bedingungen diese geeignete Immobilien mieten oder erwerben können.

[87] Vgl. [Amschlinger 2007], S. 519.
[88] Vgl. [BNRO 2008b], S. 17ff.
[89] Vgl. [o.V. 2004], S. 74.

Wie in Kapitel 4.4.5 dargelegt, ist der Erwerb von Immobilien für Investoren unkompliziert. Dies gilt auch für den Abschluss von Mietverträgen. Als problematischer erweisen sich die Verfügbarkeit geeigneter Immobilien in den Wirtschaftszentren des Landes sowie die damit einhergehenden Kosten.

Vor allem in Bukarest sind sowohl die Verfügbarkeit als auch die Qualität der Büroräume nicht ausreichend. Von der Gesamtfläche an Bürogebäuden von 830.000 qm werden nur 33 Prozent als A-Klasse und somit einem modernen westlichen Standard entsprechend bewertet. Häufig werden alte Villen oder vier bis fünf Zimmer Wohnungen als Büros genutzt. Um das Angebot der Nachfrage anzupassen, entstehen vor allem in den nördlichen Vierteln der Hauptstadt, da diese Zugang zum Flughafen haben und in der Nähe der großen Wohnviertel liegen, moderne Büro- und Gewerbeflächen. Eine ähnliche Situation ist auch auf dem Wohnungsmarkt festzustellen. Wegen der erhöhten Nachfrage stiegen die Preise in alten Plattenbauten und Villen unverhältnismäßig stark an. Moderne Wohnimmobilien gibt es wenige. Aufgrund der gestiegenen Preise werden zunehmend neue Wohnungen gebaut.[90]

Die Verkaufspreise von Geschäftsgebäuden schwanken zwischen 1.000 und 1.500 EURO pro qm für unsanierte Gebäude und von 2.000 und 2.200 EURO pro qm für Gebäude, die modernisiert wurden. Die Mietpreise für die Bukarester Büroräume liegen zwischen 17 und 28 EURO pro qm. Die monatliche Miete für Handelsflächen in modernen Einkaufszentren schwankt zwischen 60 und 120 EURO pro qm, die für Handelsflächen in Ladenpassagen von Supermärkten zwischen 20 und 40 EURO pro qm. Die höchsten Mietpreise für Handelsflächen werden im Zentrum am Magheru Boulevard und auf der Calea Victoriei erzielt. Durch die aktuell im Bau befindlichen neuen Einkaufszentren mit einer Gesamtfläche von 940.000 qm und die zunehmende Konjunkturabkühlung dürften die Mietpreise allerdings mittelfristig deutlich sinken.[91] Logistik- und Gewerbeflächen sind in den Randgebieten oder den benachbarten Kreisen zu finden, aber aufgrund der hohen Nachfrage teuer. Quadratmeterpreise von unter 300 EURO für deren Erwerb sind in der Region um Bukarest selten. Die monatliche Miete für Wohnungen in Bukarest schwankt zwischen 300 EURO für eine Einzimmerwohnung in einem alten Plattenbau und 5.000 EURO für einen 180-qm-Neubau in begehrter Lage. Die höchsten Mieten für Häuser sind in den Villenvierteln der nördlichen Stadtteilen zu finden. Die Miete für diese Objekte kann zwischen 2.500 und 9.000 EURO betragen.[92]

---

[90] Vgl. [o.V. 2007b], S. 16f.

[91] Vgl. [BFAI 2007].

[92] Vgl. [o.V. 2007b], S. 16f.

Ein ähnliche Situation ist in den Großstädten Timisoara, Cluj, Iasi und Constanta vorzufinden. Auch dort sind die Preise für Geschäfts- und Wohnimmobilien stark angestiegen. Vor allem die Expansion der internationalen Groß- und Einzelhandelsketten mit der dadurch generierten Nachfrage und das beschränkte Angebot an geeigneten Flächen erwiesen sich als Preistreiber. Generell liegen die Preise in diesen Regionen bei 50 bis 70 Prozent der Preise im Großraum Bukarest.[93]

Preiswerte Gewerbeflächen sind außerhalb der Wirtschaftszentren zu finden. Dort sind Grundstückspreise von unter zehn EURO pro qm möglich. Problematisch hingegen sind die dort vorhandene schlechte Infrastruktur und die gering qualifizierten Arbeitskräfte. Allgemein ist mittelfristig als Folge der Wirtschaftskrise mit substanziellen Preissenkungen zu rechnen.

4.7 Empirische Ergebnisse bezüglich der Rahmenbedingungen in Rumänien

Im Vorfeld der Hauptuntersuchung wurden in Rumänien im Zeitraum März bis Mai 2006 mit 28 Geschäftsführern und Inhabern von deutschen KMU, die in Rumänien Direktinvestitionen getätigt haben, offenen Interviews durchgeführt. Neben potenziellen Erfolgsfaktoren wurden auch deren Einschätzung bezüglich der in Rumänien anzutreffenden Rahmenbedingungen ermittelt.

Als problematisch wurde im Bereich der politisch-rechtlichen Faktoren die kurzfristige Änderung von Gesetzen, die Korruption, die Bürokratie, die Schwierigkeit Rechtstitel durchzusetzen sowie die Nichteinhaltung staatlicher Zusagen angesehen. Die Befragten bemängeln, dass Gesetze ohne Beratung mit den jeweiligen Interessengruppen und ohne vorherige öffentliche Debatten beschlossen werden und sie kurzfristig auf die neue Rechtslage reagieren müssen. Eine Diskussion findet erst nach dem Inkrafttreten statt und führt häufig zu nachträglichen Änderungen. Die Korruption wird als balkanüblich beschrieben. Sie ist im Zusammenhang mit einer ausufernden Bürokratie zu sehen und ist auf allen Ebenen, von der Zentralverwaltung in Bukarest bis zu den örtlichen Behörden, verbreitet. Aufgrund der geringen Entlohnung der Staatsbediensteten, die teilweise weniger als eine ortsübliche Miete verdienen, ist dies kaum verwunderlich. Die meisten Unternehmen gaben an, Korruption nicht zu tolerieren, um nicht zu einem späteren Zeitpunkt erpressbar zu sein. Sie setzen Dienstleister ein, die sich auf die Ar-

[93] Vgl. [IHK-Pfalz 2008].

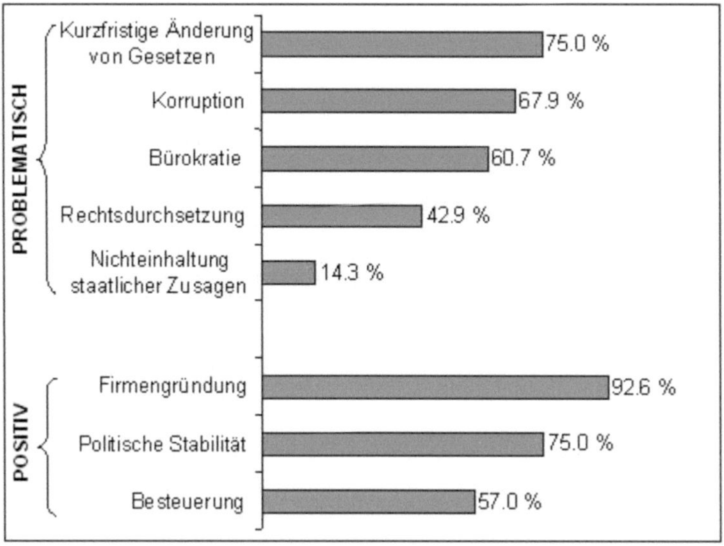

Abbildung 4.7: Einschätzung politisch-rechtlicher Rahmenbedingungen in Rumänien (Mehrfachnennungen möglich; Quelle: [AMSCHLINGER 2007], S. 517.)

beit mit verschiedenen Behörden spezialisiert haben. Im Zuge des EU-Beitritts hat sich wie schon dargelegt die Korruptionslage stark verbessert. Positiv bewerten die befragten Unternehmen im Bereich der politisch-rechtlichen Faktoren die unkomplizierte und schnelle Möglichkeit eine Firma zu gründen, meist innerhalb einer Woche, die politische Stabilität sowie die attraktive Steuergesetzgebung.[94]

Innerhalb der wirtschaftlichen Faktoren sehen die Befragten Probleme im Bereich der Verfügbarkeit von Krediten, der Qualität der Inputgüter, der sehr hohen Fluktuation der Mitarbeiter sowie zum Teil bei den stark angestiegenen Immobilienpreisen. Der Service zahlreicher in- und ausländischer Banken in Rumänien wird als teuer und unzureichend empfunden, da Kredite trotz guter Bonität selten gewährt werden und Transaktionsgebühren sehr hoch sind. Produkte rumänischer Zulieferer werden als qualitativ problematisch und teuer beurteilt. Teilweise müssen Zulieferteile im Ausland beschafft werden. Einige der befragten Unternehmen bemerken aber eine Verbesserung, die sie auf die zunehmende Erfahrung der rumänischen Lieferanten mit dem marktwirtschaftlichen System zurückführen. Als positiv beurteilen die teilnehmenden Unternehmen die niedrigen Arbeitskosten, die Attraktivität des Absatzmarktes, das Arbeitskräfteange-

[94] [AMSCHLINGER 2007], S. 516f.

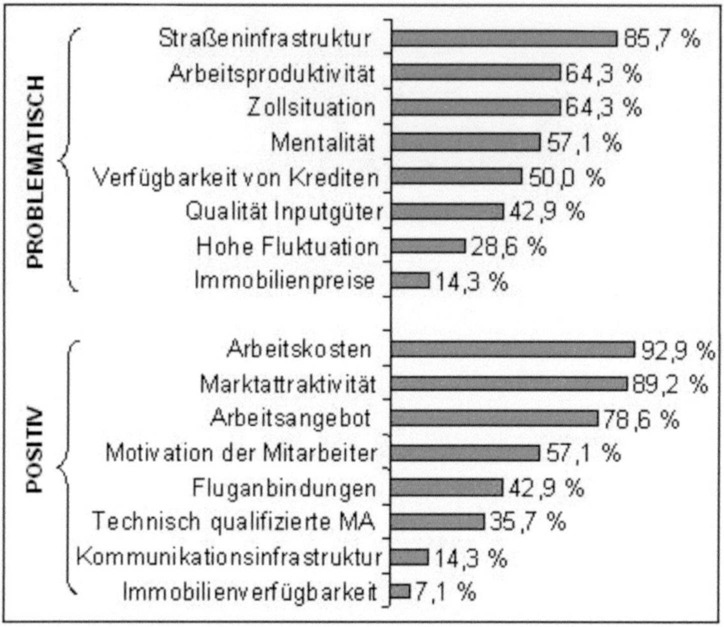

Abbildung 4.8: Einschätzung wirtschaftlicher, physischer und soziokultureller Rahmenbedingungen in Rumänien (Mehrfachnennungen möglich; Quelle: [AMSCHLINGER 2007], S. 518.)

bot und das zum Teil hohe technische Ausbildungsniveau. Hinsichtlich der physischen Landesfaktoren wird die Straßeninfrastruktur als mangelhaft, die zahlreichen und preiswerten Fluganbindungen sowie die moderne Kommunikationsinfrastruktur als positiv empfunden.[95]

[95] [AMSCHLINGER 2007], S. 518f.

Kapitel 5

Erfolgsfaktorenforschung als mögliche Entscheidungshilfe bei der Durchführung von Direktinvestitionen

Die Frage, warum manche Unternehmen im Wettbewerb erfolgreicher sind als andere und welche Faktoren diesen Unterschied ausmachen, war Ausgangspunkt der Suche nach diesen kritischen Erfolgsfaktoren.[1] Als Keimzelle der Erfolgsfaktorenforschung[2] gilt die *Profit Impact of Marketing Strategies*-Studie, in deren Rahmen seit den 60er Jahren des letzten Jahrhunderts Daten von 300 Unternehmen mit etwa 3.000 strategischen Geschäftseinheiten erfasst wurden. Durch die Anwendung der multiplen linearen Regression konnten branchenübergreifende interne und externe Erfolgsfaktoren identifiziert werden.[3] Weitere Aufmerksamkeit erlangte die Erfolgsfaktorenforschung in den 80er Jahren. Die zahlreichen branchenübergreifend und branchenspezifisch durchgeführten Studien waren sowohl bezogen auf die Untersuchungsansätze und -methoden als auch auf ermittelten Resultaten teilweise sehr heterogen.[4] Dies löste einen bis heute andauernden wissenschaftlichen Disput über den Erkenntnisgewinn der Erfolgsfaktorenforschung aus.[5]

Nach einer kurzen definitorischen Einordnung wird ein Überblick über die Methoden zur Identifikation von Erfolgsfaktoren gegeben. Aufbauend darauf werden die Haupt-

[1] Vgl. [HILDEBRANDT 2003], S. 204.

[2] Erfolgsfatorenforschung, Betriebsvergleiche, Krisen- und Insolvenzforschung sowie Benchmarking werden als Teilbereiche der Erfolgsforschung angesehen.

[3] Vgl. [BUZZELL 1989].

[4] Vgl. [FRITZ 1990], S. 94ff.; [GRÜNIG 1996], S. 3ff. und [HAENECKE 2002], S. 166f.

[5] Vgl. [NICOLAI 2002], S. 580ff.; [HOMBURG 2004], S. 1ff. und [FRITZ 2004], S. 5ff.

kritikpunkte an der Erfolgsfaktorenforschung kurz erörtert. Die Kenntnis und Berücksichtigung dieser ist für die Konzipierung und Durchführung der eigenen Befragung in den kommenden zwei Kapiteln relevant.

5.1 Grundlagen der Erfolgsfaktorenforschung

5.1.1 Erfolg

Allgemein wird unter dem Begriff *Erfolg* das positive Ergebnis aus der wirtschaftlichen Tätigkeit eines Unternehmens verstanden. Somit ist der Erfolg bzw. der Misserfolg das Resultat zeitlich vorgelagerter Handlungen und Entscheidungen. Die Interpretation eines Ergebnisses als Erfolg oder Misserfolg kann nur in Abhängigkeit vorab festgelegter Unternehmenszielen geschehen.[6] Diese sind als Soll-Werte eines in Zukunft liegenden gewünschten Zustands zu verstehen.[7] Folgt man diesem Verständnis, spiegelt der Erfolg den Grad der Erreichung von Unternehmenszielen wider.

Um die Faktoren, die den Erfolg beeinflussen, zu bestimmen, ist es vorerst notwendig diesen anhand geeigneter Indikatoren zu operationalisieren. Ein Beispiel für einen solchen Indikator stellt beispielsweise die Rentabilitätskennzahl *Return on Investment* dar.[8] Die Anwendung nur eines Indikators, um den Erfolg eines Unternehmens zu messen, würde dem multidimensionalen Charakter des Unternehmenserfolgs kaum Rechnung tragen. Denn Unternehmen verfolgen in der Regel ein Zielbündel, das neben ökonomischen auch außerökonomische Ziele umfasst.[9] Die Berücksichtigung der Tatsache, dass die Ziele von Unternehmen zu Unternehmen divergieren, verdeutlicht auch, dass Erfolg nicht als absolute Größe definiert werden kann. Vielmehr kann der Erfolg nur unter Berücksichtigung aller verfolgten Unternehmensziele beurteilt werden.

---

[6]Vgl. dazu die Ausführungen zu dem synoptischen Planungsansatz in Kapitel 3.3.1.

[7]Vgl. [WAHLE 1991], S. 21ff. und [NIESCHLAG 2002], S. 160ff.

[8]Vgl. [FRITZ 1990], S. 94ff.

[9]Vgl. [HEINEN 1976], S. 113ff. Auf die verschiedenen in der Literatur diskutierten Kategorisierungsmöglichkeiten von Zielen sowie auf die Vielzahl der ermittelten Zielsystemen und das Verhältnis einzelner Ziele untereinander wird nicht eingegangen. Vgl. [HILGER 2001], S. 101ff. und [MACHARZINA 2005], S. 205ff. sowie die dort zitierte Literatur.

5.1.2 Erfolgsfaktoren

Vorläufer der Erfolgsfaktorenforschung waren Überlegungen im Informationsmanagement, die Komplexität vorhandener Daten auf die für einen Markt entscheidenden Einflussgrößen zu reduzieren. Dabei ging DANIEL von fünf bis sieben Faktoren pro Branche aus, in denen Unternehmen hervorragende Leistungen erbringen müssen, um langfristig erfolgreich zu sein und prägte dadurch den Begriff *Erfolgsfaktor.*[10]

Seit der Entstehung der Erfolgsfaktorenforschung Mitte der 70er Jahre des letzten Jahrhunderts entstanden neben verschiedener begrifflicher Bezeichnungen auch eine Vielzahl an Definitionen. In der deutschsprachigen Literatur ist der Begriff Erfolgsfaktor am häufigsten zu finden. Neben dieser Bezeichnung existieren die Begriffe *strategische Erfolgsfaktoren, strategische Faktoren, kritische Erfolgsfaktoren, Erfolgsdeterminanten, strategische oder kritische Schlüsselfaktoren, critical success factors, key variables* und *key success factors.*[11] Im weiteren Verlauf dieser Arbeit wird zum besseren Verständnis nur der Begriff Erfolgsfaktor verwendet.

Wie angesprochen gibt es auch eine Vielzahl von Versuchen den Sachverhalt inhaltlich zu konkretisieren. Die nachfolgende Tabelle stellt eine Auswahl an häufig zitierten Definitionen dar.

Tabelle 5.1: Ausgewählte Definitionen für Erfolgsfaktoren

Autor	**Definition**
STEINER (1962)	Strategic factors refer to an action, element, or condition wich for a business may be of critical importance in its success or failure. It can refer both to a force outside the company as well as one within an enterprise.
ROCKART (1979)	Critical success factors thus are, for any business, the limited number of areas in which results, if they are satisfactory, will ensure successful competitive performance for the organization. They are the few key areas where things must go right for the business to flourish. If results in these areas are not adequate, the organization's efforts for the period will be less than desired.

Fortsetzung auf der nächsten Seite

[10]Vgl. [DANIEL 1961], S. 116.
[11]Vgl. [BOYNTON 1984], S. 17ff. und [HILDEBRANDT 1988], S. 92.

Fortsetzung

Autor	Definition
GRIMM (1983)	Als strategische Faktoren werden diejenige Elemente, Determinanten oder Bedingungen bezeichnet, die den Erfolg oder Misserfolg unternehmerischen Handelns entscheidend beeinflussen.
BOYNTON/ZMUD (1984)	Critical success factors are those few things that must go well to ensure success for manager or an organization, and therefore, they represent those managerial or enterprise areas that must be given special and continual attention to bring about high performance.
LEIDECKER/ BRUNO (1984)	Critical Success Factors are those characteristics, conditions, or variables, that when properly sustained, maintained, or managed can have a significant impact on the success of a firm competing in a particular industry.
HOFFMANN (1986)	Kennzeichnend für ein Denken in kritischen Erfolgsfaktoren ist, von einer überschaubaren Zahl erfolgsentscheidender Einflussfaktoren auszugehen. Unternehmungen sind erfolgreich, wenn sie diese Haupterfolgs- und Problemquellen beherrschen.
HILDEBRANDT (1986)	Als Erfolgsfaktoren werden dabei ganz einfach die Einflussgrößen verstanden, die erfolgreiche von nicht-erfolgreichen Unternehmen unterscheiden.

Quelle: Eigene Darstellung auf Basis folgender Quellen: [STEINER 1969], S. 2, [ROCKART 1979], S. 85, [GRIMM 1983], S. 26, [BOYNTON 1984], S. 17, [LEIDECKER 1984], S. 24, [HOFFMANN 1986], S. 833 und [HILDEBRANDT 1986], S. 38.

Die aufgeführten Definitionen verdeutlichen die Vorstellung, die hinter dem Konzept der Erfolgsfaktoren steht, dass trotz der Multidimensionalität und Multikausalität des Unternehmenserfolges einige wenige Einflussfaktoren über den unternehmerischen Erfolg oder Misserfolg entscheiden.[12] Für die in der vorliegenden Arbeit untersuchten Sachverhalte wird der Begriff Erfolgsfaktor wie folgt abgegrenzt:

- Erfolgsfaktoren fördern den Ausbau und die Sicherung von Wettbewerbsvorteilen und beeinflussen maßgeblich den wirtschaftlichen Erfolg von Unternehmen bzw. den einzelnen unternehmerischen Einheiten.

[12] Vgl. [HOFFMANN 1986], S. 832f.

- Erfolgsfaktoren haben eine langfristig Wirkung und werden deshalb in strategische Planungen und Überlegungen miteinbezogen.
- Erfolgsfaktoren können sowohl dem innerbetrieblichen als auch dem außerbetrieblichen Unternehmensumfeld entstammen.

In der Literatur sind unterschiedliche Kategorien von Erfolgsfaktoren beschrieben. Ein wesentliches Unterscheidungskriterium ist die Möglichkeit der Beeinflussung durch die Unternehmen selbst. Innerbetriebliche Faktoren wie z.B. Produktqualität sind meistens durch Unternehmen steuerbar, außerbetriebliche Faktoren wie z.B. Umweltbedingungen nur marginal. Während außerbetriebliche Faktoren eine wesentliche Rolle bei Grundsatzentscheidungen wie z.B. Standortentscheidungen spielen, stehen die vom Management beeinflussbaren Faktoren permanent im Fokus. Diese werden in der Literatur häufig auch als *kritische* Erfolgsfaktoren bezeichnet.[13] Erfolgsfaktoren können auch nach derer Quantifizierbarkeit in harten und weichen Faktoren unterschieden werden. Leicht quantifizierbare Faktoren werden als harte Faktoren, nicht oder nur schwer quantifizierbare Faktoren als weiche Faktoren bezeichnet. Als Beispiel für einen harten Erfolgsfaktor kann der Preis der angebotenen Leistungen, als Beispiel für einen weichen Erfolgsfaktor die vorhandene Unternehmenskultur angeführt werden.[14] Darüber hinaus können Erfolgsfaktoren nach deren Geltungsbereich klassifiziert werden. Nach diesem Kriterium lassen sich allgemeingültige, markt- bzw. branchenspezifische, geschäftsfeldspezifische und unternehmensspezifische Erfolgsfaktoren unterscheiden. Der Geltungsbereich von allgemeingültigen Erfolgsfaktoren erstreckt sich auf alle Branchen und Märkte, der von markt- bzw. branchenspezifischen Erfolgsfaktoren auf einzelne Märkte, Marktsegmente bzw. Branchen, der von unternehmensspezifischen Erfolgsfaktoren auf einzelne Unternehmen.[15]

In der vorliegenden Untersuchung sind vor allem die beeinflussbaren kulturabhängigen Faktoren, die den wirtschaftlichen Erfolg von Direktinvestitionen von KMU in Rumänien determinieren, von Interesse. Diese können sowohl einen harten als auch einen weichen Charakter annehmen.

[13]Vgl. [GRUNERT 1992], S. 1.
[14]Vgl. [PATT 1988], S. 6ff.
[15]Vgl. [SEIBERT 1987], S. 10.

5.2 Methodische Ansätze zur Identifikation von Erfolgsfaktoren

In den wissenschaftlichen Beiträgen zur Erfolgsfaktorenforschung finden sich eine Vielzahl verschiedener Ansätze zur Identifikation von Erfolgsfaktoren. Diese unterscheiden sich hinsichtlich der Kriterien Spezifität, Präzision und Kausalität.[16]

5.2.1 Spezifität

Die Spezifität gibt den Grad der Allgemeingültigkeit der Untersuchungen an. Untersuchungen, die das Ziel haben, allgemeingültige Erfolgsfaktoren, die über Industriezweige, Branchen und Größenklassen hinweg Gültigkeit besitzen, zu ermitteln, beziehen eine heterogene Grundgesamtheit in die Datenerhebung ein.[17] Zu Beginn der Erfolgsfaktorenforschung dominierten diese Form von Untersuchungen, da davon ausgegangen wurde, dass Erfolgsfaktoren Allgemeingültigkeit besitzen und somit für alle Branchen und Märkte gleichermaßen gelten. Die bekannteste Erfolgsfaktorenstudie mit einer niedrigen Spezifität ist die *Profit Impact of Marketing Strategies*-Studie.[18] Die mit einer niedrigen Spezifität einhergehende Nichtberücksichtigung von Branchen-, Sektor- und Größenunterschiede erschwerte die konkrete Umsetzung der Ergebnisse in der betrieblichen Praxis. Dies führte zu der Erkenntnis, dass mit zunehmender Spezifität sowohl die Umsetzbarkeit als auch die Validität der ermittelten Ergebnissen zunahmen. Aktuelle Untersuchungen weisen in der Regel eine höhere Spezifität auf. Häufig konzentrieren sich diese auf einzelne Industrien, Märkte oder auf Unternehmen mit gleichen Eigenschaften, wie z.B. auf Unternehmen ähnlicher Größe oder Ressourcenausstattung.

5.2.2 Präzision

Die einzelnen Beiträge zur Erfolgsfaktorenforschung lassen sich neben der Spezifität auch nach der Art der gewonnenen Erkenntnisse unterscheiden. Die anfängliche Vielzahl heterogener Untersuchungsmethoden und die mangelnde Auseinandersetzung mit der Frage, welche davon in welcher Situation einzusetzen ist, um valide Ergebnisse zu erhalten, führte zu häufiger Kritik.[19] 1996 stellten Grünig, Heckner und Zeus eine

[16] Vgl. [Kube 1991], S. 4.
[17] Vgl. [Kreikebaum 1983], S. 7.
[18] Vgl. [Buzzell 1989].
[19] Vgl. [Haenecke 2002], S. 167.

schlüssige Systematisierung dieser Untersuchungsmethoden vor.[20] Die darin unterschiedenen fünf Methoden werden nachfolgend dargestellt.

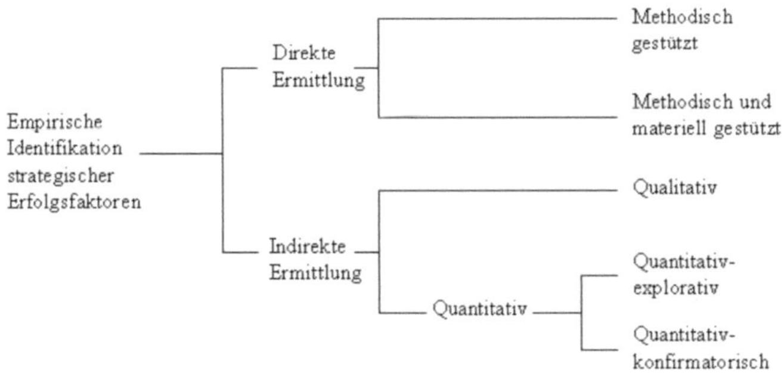

Abbildung 5.1: Methoden zur Identifikation von Erfolgsfaktoren (Quelle: [HAENECKE 2002], S. 168.)

Zunächst wird zwischen einer *direkten* und einer *indirekten* Ermittlung der Erfolgsfaktoren unterschieden. Eine *direkte* Ermittlung liegt dann vor, wenn eine Gruppe von Experten direkt nach den Faktoren befragt wird, die den Erfolg maßgeblich bestimmen. Bei einer indirekten Ermittlung hingegen werden die erhobenen Daten mit Hilfe statistischer Analysemethoden daraufhin überprüft, ob ein signifikanter Zusammenhang zwischen den potenziellen Erfolgsfaktoren und dem Unternehmenserfolg existiert. Es wird nicht direkt nach möglichen Erfolgsfaktoren gefragt. Die direkte Ermittlung erfolgt *methodisch gestützt* oder *methodisch und materiell* gestützt. Bei rein methodisch gestützten Befragungen können Kreativitätstechniken wie z.B. Brainstorming oder Brainwriting, aber auch besondere Befragungstechniken wie z.B. die Delphi-Methode oder tiefenpsychologische Interviews zum Einsatz kommen. Bei den methodisch und materiell gestützten Befragungen wird ein Bezugsrahmen z.B. in Form von Checklisten mit einer Auswahl an potenziellen Erfolgsfaktoren vorgegeben. Bei der *indirekten Ermittlung* sind je nach Art der Datenerhebung *qualitative* und *quantitative* Untersuchungen zu unterscheiden. In *qualitativen* Erhebungen stehen qualitative Sachverhalte wie z.B. die Unternehmenskultur im Zentrum des Interesses. Die Datenerhebung in diesen Untersuchungen erfolgt häufig in Form von nichtstandardisierten Interviews mit offenen Fragen oder durch die Auswertung von Sekundärmaterialien, häufig in Form von Fallstudienanalysen. Die wahrscheinlich bekannteste qualitative Untersuchung ist die Arbeit von PETERS und WATERMAN. Diese untersuchten in ihrer Studie 62 nordamerikanische Unternehmen aus verschiedenen Branchen, die als außerordentlich erfolgreich galten, nach

[20] Vgl. [GRÜNIG 1996], S. 6f.

gemeinsamen Charakteristika. Die in Interviews ermittelten Gemeinsamkeiten der erfolgreichen Unternehmen wurden als Erfolgsfaktoren interpretierten.[21] In *quantitativen* Erfolgsfaktorenstudien werden in standardisierter Form quantifizierbare Daten untersucht. Die Wirkung potenzieller Erfolgsfaktoren auf den Erfolg wird durch statistische Methoden wie z.B. der Regressionsanalyse ermittelt. Innerhalb dieses Untersuchungsansatzes ist zwischen explorativen und konfirmatorischen Studien zu unterscheiden. *Explorative* Studien versuchen aus einer Vielzahl eventuell erfolgsrelevanten Größen die Faktoren zu ermitteln, die tatsächlich eine signifikante Wirkung auf den Erfolg aufweisen. Es geht darum Kausalstrukturen zu entdecken. Dagegen ist es das Ziel von *konfirmatorischen* Studien, vorab formulierte Hypothesen zu testen, die auf Ergebnissen früherer Studien oder aber auf theoretischem Wissen basieren. Im Vergleich zu den explorativen Studien werden deutlich weniger Faktoren untersucht, denn es geht vielmehr darum, spezifische Kausalstrukturen zu überprüfen. Der Präzisionsgrad ist hier am höchsten.[22]

5.2.3 Kausalität

Neben den schon genannten Kriterien können Erfolgsfaktorenstudien auch anhand des Grads der ermittelten Kausalität unterschieden werden. Die Auffassung, dass Erfolgsfaktoren erfolgsbestimmende Größen sind, impliziert eine Ursache-Wirkung-Beziehung zwischen diesen Faktoren und dem unternehmerischen Erfolg. Der Nachweis dieser Kausalbeziehungen muss der Anspruch jeder Erfolgsfaktorenstudie sein. Da die Erfüllung dieses Anspruchs von der eingesetzten Untersuchungsmethodik abhängt, kann eine Differenzierung der Studien nach Kausalität nicht unabhängig von der Präzision der Ergebnisse vorgenommen werden.[23]

Generell ist Kausalität nicht beweisbar, denn die oftmals so einfach erscheinende Gewissheit über eindeutige Ursache-Wirkungs-Funktionen lässt sich nach dem momentanen Stand der Wissenschaft unter Berücksichtigung der Erkenntnisse der Relativitätstheorie und der Quantentheorie nicht lückenlos beweisen. Allerdings gilt, dass man mit zunehmenden, nicht erfolgreichen Versuchen Kausalbeziehungen zu falsifizieren, optimistischer an deren Existenz glauben kann.[24]

[21] Vgl. [PETERS 1982].
[22] Vgl. [HAENECKE 2002], S. 167ff. und [GRÜNIG 1996], S. 8f.
[23] Vgl. [KUBE 1991], S. 6.
[24] Vgl. [POPPER 2005], S. 36ff. und S. 206ff.

Obwohl Kausalität nicht beweisbar ist, stellt das streng kontrollierte Experiment die am ehesten geeignete Untersuchungsmethode dar. Dabei wird eine Variable, bei Konstanthaltung aller übrigen, gezielt verändert und die Wirkung deren Veränderung auf die Erfolgsgröße gemessen. Eine derartige Vorgehensweise ist in der Erfolgsfaktorenforschung nicht möglich.[25] Trotzdem gibt es verschiedene Möglichkeiten sich einer solchen Versuchsanordnung anzunähern.

Studien mit einer direkten Ermittlung von Erfolgsfaktoren sowie qualitative Studien, wie die Arbeit von PETERS und WATERMAN,[26] sind von dieser Vorgehensweise weit entfernt und deshalb durch eine sehr geringe Kausalität gekennzeichnet. Kausalbeziehungen werden von den Autoren vermutet, aber nicht nachgewiesen. Eine Möglichkeit, bei solchen Studien kausal begründbare Aussagen zu erhalten, wäre die Einbeziehung von Kontrastgruppen. Dabei werden sowohl erfolgreiche als auch nicht erfolgreiche Unternehmen untersucht.[27]

Auch quantitativ explorative Studien, die nicht auf ein theoretisch fundiertes Gerüst aufbauen, sondern unter Anwendung von statistischen Methoden Zusammenhänge aufzeigen, weisen eine geringe Kausalität auf. Es kann nicht ausgeschlossen werden, dass weitere, nicht untersuchte Variablen diese Zusammenhänge verursachen oder ermittelte Zusammenhänge zufällig sind. Ein wesentlicher Fortschritt bei der Analyse von Kausalstrukturen stellt die quantitativ-konfirmatorische Kausalanalyse dar. Bei Untersuchungen dieser Art werden die Ursache-Wirkung-Beziehungen auf Basis theoretischer Überlegungen und schon existenter empirischer Daten postuliert und anhand der erhobenen empirischen Daten verifiziert. Quantitativ-konfirmatorische Erfolgsfaktorenstudien weisen dadurch eine hohe Kausalität auf.[28]

Zusätzlich kann der Kausalitätsanspruch durch die wiederholte Erhebung der Daten zu mehreren Zeitpunkten erhöht werden. Im Vergleich zu einer reinen Querschnittsuntersuchung können so auch die Wirkung der Veränderung von Variablen im Zeitverlauf erforscht werden. Eine quantitativ-konfirmatorische Längsschnittuntersuchung kommt der Versuchsanordnung eines kontrollierten Experiments am nächsten.[29]

Durch die Eingrenzung der Untersuchungsobjekte auf KMU, die Direktinvestitionen in Rumänien getätigt haben, weist die vorliegende Untersuchung eine hohe Spezifität auf.

[25] Vgl. [SCHRÖDER 1994], S. 93ff.
[26] Vgl. [PETERS 1982].
[27] Vgl. [PLASCHKA 1986], S. 27ff. und [KUBE 1991], S. 7.
[28] Vgl. [KUBE 1991], S. 7.
[29] Vgl. [HILDEBRANDT 1996], S. 1409ff. und [WOYWODE 2004], S. 37.

Um auch eine hohe Präzision sowie eine hohe Kausalität der Arbeit zu gewährleisten, wird eine quantitativ-konfirmatorischen Vorgehensweise angewandt.[30]

5.3 Wesentliche Kritikpunkte

In dem am Anfang des Kapitels erwähnten Disput über den Erkenntnisgewinn der Erfolgsfaktorenforschung stehen methodische und inhaltliche Kritikpunkte im Mittelpunkt. Ausgehend von den in Kapitel 5.2 dargestellten Ansätzen zur Identifikation von Erfolgsfaktoren wird nachfolgend auf die wichtigsten Kritikpunkte eingegangen.

5.3.1 Methodische Kritik

5.3.1.1 Mangelnde Theorieleitung

Ein häufig angebrachter Kritikpunkt ist die mangelnde Theorieleitung der durchgeführten Untersuchungen. So stellen sowohl KUBE als auch FRITZ in den von ihnen durchgeführten Meta-Analysen fest, dass der explorative Ansatz bei der Ermittlung von Erfolgsfaktoren überwiegt. Die Ermittlung eines möglichst umfassenden Katalogs aller erdenklich möglichen Erfolgsfaktoren steht bei vielen Untersuchungen im Vordergrund.[31]

Der häufige Einsatz des explorativen Untersuchungsansatzes ist für diesen Kritikpunkt ursächlich. Die damit einhergehende mangelnde Theorieleitung kann zu verfälschten Ergebnissen führen, da zufällige Zusammenhänge zwischen bestimmten Größen als gesicherte Erkenntnisse interpretiert werden.[32] Auch die alleinige Ableitung von Erfolgsfaktoren an Hand von Expertenwissen oder durch logische Überlegungen kann aufgrund der eingeschränkten Perspektive, die lediglich das eigene Unternehmen oder die eigene Branche berücksichtigt, zur Folge haben, dass einzelne bedeutsame Variablen vergessen werden oder aber solche Faktoren einbezogen werden, die vielmehr als Folge des Erfolgs anzusehen sind. WOYWODE stellt sogar die Vermutung auf, dass viele Forscher sich bei ihren Untersuchungen nicht an Theorien orientieren, sondern sich eher nach vorhandenem Datenmaterial bzw. dazu passenden Variablen richten.[33]

[30] Vgl. Kapitel 6 und Kapitel 7.
[31] Vgl. [FRITZ 1990], S. 103 und [KUBE 1991], S. 55.
[32] Vgl. [AHLERT 2005], S. 362f.
[33] Vgl. [WOYWODE 2004], S. 30.

5.3.1.2 Verwendung ungeeigneter Analyseverfahren

Im Zusammenhang mir der fehlenden Theorieleitung wird häufig die Verwendung ungeeigneter Analyseverfahren zur Datenauswertung kritisiert. So kommen in quantitativexplorativen Untersuchungen überwiegend multiple Regressionen zum Einsatz, obwohl diese nicht zu den strukturentdeckenden, sondern vielmehr zu den strukturüberprüfenden Analysemethoden zählen.[34]

Zusätzlich sind mit einer Regressionsanalyse weitere grundlegende Probleme verbunden. So dürfen die untersuchten unabhängigen Variablen keine linearen Zusammenhänge aufweisen. Da die Regressoren aber nur in den seltensten Fällen gänzlich linear unabhängig sind, sollte zumindest der Grad der linearen Abhängigkeit möglichst gering sein. Tritt hohe Multikollinearität, also Inkonsistenz der Regressoren auf, lässt sich die Wirkung der unabhängigen Variablen auf die abhängige Variable nicht mehr klar zurechnen. Je höher die Zahl der potenziellen Erfolgsfaktoren ist, umso höher ist auch das Risiko der Multikollinearität.[35]

Bemängelt wird ebenfalls, dass die Regressionsanalyse es nicht zulässt, neben direkten Einflüssen auch indirekte Zusammenhänge zu Drittvariablen in die Analyse mit einzubeziehen. Somit lässt sich die vielschichtige Wirklichkeit in den Studien nicht in angemessener Weise berücksichtigen. Ebenso wird von Kritikern die Annahme abgelehnt, dass ein hoher Korrelationskoeffizient Kausalität impliziert. Es besteht durchaus auch die Möglichkeit, dass hohe Korrelationskoeffizienten auf Scheinkorrelationen zurückzuführen sind.[36] Auch die neben der Regressionsanalyse angewandten Methoden, wie z.B. die Faktoren- oder die Clusteranalyse, sind nicht frei von Kritik. Vor allem die starke Komprimierung der verwendeten Daten wird bemängelt.[37]

Die verstärkte Anwendung der Strukturgleichungsmethodik anstelle der genannten Verfahren hat entscheidend dazu beigetragen diesen Kritikpunkt zu entschärfen.[38] Mit Hilfe dieser Methodik ist es möglich, einerseits die Realität im Hinblick auf ihre Komplexität

---

[34] Vgl. [Seidel 1997], S. 154.
[35] Vgl. [Berekoven 2006], S. 210ff.
[36] Vgl. [Kube 1991], S. 61.
[37] Vgl. [Schröder 1994], S. 96.
[38] Ausgehend von Bagozzis Buch *Causal Models in Marketing* [Bagozzi 1980] ist ein stetiger Anstieg von Veröffentlichungen zu diesem Themenbereich zu beobachten. Neben der methodischen Überlegenheit haben vor allem die damals aufkommenden leistungsfähigen Softwareprogramme die Verbreitung der Strukturgleichungsmethodik beschleunigt. Die Strukturgleichungsmethodik vereint verschiedene multivariate Analysetechniken, deren Kopplung die Analyse von Beziehungsstrukturen zwischen nicht beobachtbaren (latenten) Variablen und beobachtbaren (manifesten) Variablen ermöglicht. Sie wird auch als eine Kombination von regressions- und faktoranalytischen Methoden aufgefasst. Vgl. [Hildebrandt 1999], S. 2.

geeigneter abzubilden und anderseits der Forderung eines theoriegeleiteten Vorgehens nachzukommen.

5.3.1.3 Mangelnde Überprüfung auf zeitliche Stabilität

Ein weiterer Kritikpunkt ist die mangelnde Überprüfung der zeitlichen Stabilität von Erfolgsfaktoren. Es ist nicht davon auszugehen, dass einmal ermittelte Erfolgsfaktoren ihren Einfluss auf den Erfolg für immer beibehalten. Vor allem Veränderungen im Umfeld des Unternehmens, wie z.B. technologische Neuerungen oder der Wandel von Kundenpräferenzen, können die Wirkung von Erfolgsfaktoren beeinflussen. So können im Zeitverlauf andere Faktoren erfolgsrelevant werden und bekannte Erfolgsfaktoren ihre Wirkung verlieren. Aus diesem Grund wird die Überprüfung der zeitlichen Stabilität von ermittelten Erfolgsfaktoren gefordert. Dabei ist zu prüfen, ob die bekannten Erfolgsfaktoren noch ihre Gültigkeit besitzen und ob eventuell neue Einflussfaktoren hinzugekommen sind, die es zu beachten gilt. Von Interesse ist auch die Identifikation der Gründe bzw. Einflussfaktoren, die den Verlust der Wirksamkeit der früheren Erfolgsfaktoren ausgelöst haben. Wird eine solche Überprüfung in bestimmten Zeitabständen nicht durchgeführt, richten Unternehmen unter Umständen ihre Strategien und Handlungen an wirkungslosen Erfolgsfaktoren aus.[39]

Auch die gleichzeitige Erhebung der abhängigen und unabhängigen Variablen wird als problematisch angesehen. Tritt die Wirkung eines Erfolgsfaktors erst verspätet ein, wird dieser nicht festgestellt. Folglich können wichtige Erfolgsfaktoren bei einer einmaligen Datenerhebung unidentifiziert bleiben.[40]

Allerdings ist im Hinblick auf diese Kritik zu berücksichtigen, dass bei vielen der Erfolgsfaktorenstudien eine zeitliche Beschränkung des Forschungsprojekts vorliegt, da es sich bei einigen dieser Arbeiten um Dissertationen handelt. Auf Grund der zeitlichen Beschränkung ist es in diesen Fällen kaum möglich, die von Kritikern geforderte spätere Überprüfung der Erfolgsfaktoren auf ihre Gültigkeit zu verwirklichen.[41]

[39] Vgl. [Woywode 2004], S. 23.
[40] Vgl. [Woywode 2004], S. 31.
[41] Vgl. [Schröder 1994], S. 96.

5.3.1.4 Verzerrungen bei der Datenerhebung

Bei der empirischen Erhebung von Daten zur Ermittlung von Erfolgsfaktoren können verschiedene Verzerrungen auftreten, die von Kritikern bemängelt werden. Im Folgenden werden diese Verzerrungen näher dargestellt.

Unter *Key Informant Bias* werden Verzerrungen verstanden, die sich aus der Auswahl der in die Untersuchung einbezogenen Unternehmensmitglieder ergeben. Häufig sollen diese anhand strukturierter und standardisierter Fragebögen Auskünfte zu komplexen Gegebenheiten geben, wobei davon ausgegangen wird, dass die befragten Personen über die zur Beantwortung notwendigen Kenntnisse verfügen. Diese eigentlich subjektiven Auskünfte werden anschließend als objektive Informationen betrachtet. Als Problematisch wird vor allem die gleichzeitige Abfrage der abhängigen und unabhängigen Variablen gesehen, denn dadurch können wissentlich oder unwissentlich Verfälschungen von Antworten auftreten. Eine wissentliche Verzerrung wäre eine wissentlich falsche Angabe, um einen besseren Eindruck zu erwecken oder um aufgrund einer Geheimhaltungsabsicht tatsächliche Sachverhalte zu verschleiern. Unwissentliche Verzerrungen entstehen durch mangelnde Sachkenntnis oder Fehleinschätzungen der Informanten. Kritisiert wird, dass diese Verzerrungen zu fehlerhaften Daten und somit auch zu fehlerhaften Ergebnissen der Erfolgsfaktorenforschung führen können.[42]

Erfolgsfaktorenstudien untersuchen am Markt präsente Unternehmen. Somit werden die aus dem Markt gedrängten Unternehmen nicht miteinbezogen. Kritiker sehen darin aufgrund des *Survival Bias* das Vorliegen einer Nicht-Repräsentativität und fordern zusätzliche Daten über in der Vergangenheit gescheiterte Unternehmen zu erheben, um so repräsentative Ergebnisse zu erhalten. AHLERT et al. begegnen dieser Kritik mit der Tatsache, dass weniger erfolgreiche Unternehmen sehr wohl am Markt tätig sind und sich bezüglich der relevanten Erfolgsfaktoren von erfolgreichen Unternehmen unterscheiden. Deren Daten gehen somit in Erfolgsfaktorenstudien ein.[43]

Weigert sich eine bestimmte Gruppe von Unternehmen den Fragebogen zu beantworten, beispielsweise die Gruppe der besonders erfolgreichen Unternehmen, kommt es zu einer Datenverzerrung in Form eines *Non Response Bias*. Durch die fehlenden Daten dieser Gruppe kann es zu falschen Ergebnissen bei der Auswertung kommen. Eine Möglichkeit diese Verzerrung aufzudecken ist die von ARMSTRONG und OVERTON erarbeitete Vorgehensweise. Dabei werden die Spätantworter, die nachweislich ein ähnliches Verhalten bei der Beantwortung zeigen wie die nicht antwortenden Unternehmen, mit den

[42]Vgl. [AHLERT 2005], S. 363, [NICOLAI 2002], S. 584 und [KUBE 1991], S. 58.
[43]Vgl. [AHLERT 2005], S. 363 und [WOYWODE 2004], S. 36.

Frühantworter verglichen, um festzustellen, ob zwischen diesen beiden Gruppen eventuell Unterschiede bestehen. Liegen Unterschiede vor, so kann auf einen Non Response Bias geschlossen werden. Wird das Vorliegen eines Non Response Bias aufgedeckt, gilt es Maßnahmen zu ergreifen, die seine Auswirkungen so gering wie möglich halten.[44] Für die vorliegende Untersuchung wurden die Mittelwerte der Antworten der 20 zuerst und 20 zuletzt eingegangenen Fragebögen verglichen. Es konnten keine signifikanten Unterschiede festgestellt werden.

5.3.1.5 Verwendung ungeeigneter Daten und Problem der Endogenität

Häufig ist in Studien der Erfolgsfaktorenforschung das Verwenden von Datenmaterial zu beobachten, das zu einem anderen Zweck erhoben wurde. Eine alleinige Verwendung von sekundärstatistischem Datenmaterial ist abzulehnen, da die Datensätze nicht ergänzt werden können und außerdem die Gefahr besteht, Fehler in den Daten unbemerkt auf die neue Studie zu übertragen. Auch müssen die eigene Hypothesen und deren Operationalisierung auf die vorhandene Datenbasis angepasst werden, was zu deutlichen Ungenauigkeiten führt. Hingegen können sekundärstatistische Daten in sinnvoller Weise zu Vorstudien über die zu untersuchenden Unternehmen verwendet werden.[45]

Als weiteres Problem der Erfolgsfaktorenforschung, aber auch anderer empirischer Untersuchungen erweist sich die Endogenität. Existiert ein Zusammenhang zwischen den untersuchten erklärenden Variablen und anderen Störgrößen, die nicht in die Analyse miteinbezogen sind, liegt ein Endogenitätsproblem vor. Dadurch ist der tatsächliche Einfluss der unabhängigen Variablen auf den Erfolg nicht eindeutig ermittelbar. Eine weitere Ursache für die Endogenität kann eine Simultanitätsbeziehung sein. Als plakatives Beispiel führt WOYWODE den Zusammenhang zwischen Geschäftsführerwechsel und Erfolg an. So kommt es häufig vor, dass nach mangelndem Erfolg in der Vergangenheit ein Geschäftsführerwechsel vollzogen wird. Daraus ergibt sich die für die Analyse des Erfolgseinflusses problematische Situation, dass ein Geschäftsführerwechsel auf mangelnden Erfolg in der Vergangenheit zurückzuführen ist, der künftige Erfolg aber auf den Geschäftsführerwechsel zurückgeführt werden kann.[46] Endogenität kann zum Teil vermieden werden, indem auf eine Allgemeingültigkeit der Studie verzichtet und diese in spezifischerem Rahmen durchgeführt wird. Dadurch besteht eher die Möglichkeit Störgrößen zu identifizieren und ebenfalls in die Untersuchung mit einzubeziehen.[47]

[44] Vgl. [AHLERT 2005], S. 363 und [ARMSTRONG 1977], S. 397ff.
[45] Vgl. [KUBE 1991], S. 56f.
[46] Vgl. [WOYWODE 2004], S. 33.
[47] Vgl. [AHLERT 2005], S. 363.

5.3.1.6 Kritik an der Operationalisierung des Unternehmenserfolgs

Die Operationalisierung des Unternehmenserfolgs erweist sich ebenfalls als kritischer Punkt in der Erfolgsfaktorenforschung, denn Erfolgsfaktorenstudien unterscheiden sich häufig in den angewandten Erfolgsmaßen. Festzustellen ist, dass in vielen Studien vor allem quantitative Erfolgsindikatoren wie beispielsweise Umsatz, Gewinn oder Return on Investment herangezogen werden. Diese quantitativen Erfolgsindikatoren weisen einige Kritikpunkte auf, die nachfolgend kurz dargestellt werden. Werden Erfolgsindikatoren aus dem Rechnungswesen verwendet, können diese sich von Unternehmen zu Unternehmen aufgrund von verschiedenen Kostenrechnungssystemen, Bilanzierungspraktiken und Bewertungswahlrechten unterscheiden. Dies kann sich besonders stark auswirken, wenn Firmen aus verschiedenen Ländern untersucht werden. Somit ergeben sich bereits in diesem Bereich Probleme in der Vergleichbarkeit des Datenmaterials.[48] Zum anderen wird kritisiert, dass einige Erfolgsindikatoren lediglich für den kurzfristigen Unternehmenserfolg stehen, wie beispielsweise der Gewinn. Konzentriert sich ein Unternehmen allein auf die Erhöhung des kurzfristigen Unternehmenserfolgs, kann das zu negativen Auswirkungen auf den langfristigen Unternehmenserfolg führen. Darüber hinaus spiegeln verschiedene Erfolgsindikatoren unterschiedliche Perspektiven des Unternehmenserfolgs wider. Beispielsweise entspricht der Shareholder Value mehr dem Unternehmenserfolg aus der Perspektive der Shareholder, wohingegen die Umsatz- und Ergebnisentwicklung die Perspektive von Unternehmensleitung und Mitarbeitern wiedergibt.[49]

Auch die ausschließliche Verwendung von quantitativen Erfolgsmaßen wird kritisiert. Der zusätzliche Einbezug von qualitativen Erfolgsmaßen würde eine umfassendere Operationalisierung ermöglichen und dadurch zu valideren Ergebnissen führen.

5.3.1.7 Vernachlässigung theoretischer Konstrukte

Unter der Vernachlässigung theoretischer Konstrukte wird die mangelnde Trennung zwischen theoretischer und Beobachtungssprache verstanden. Die theoretische Sprache verwendet zur Darstellung von Erfolgsfaktoren, die nicht direkt mess- oder beobachtbar sind, komplexe theoretische Konstrukte. Die Anwendung der Beobachtungssprache hingegen führt zu einer Konzentration auf unmittelbar erfassbare Variablen.[50]

[48]Vgl. [Kube 1991], S. 58.
[49]Vgl. [Woywode 2004], S. 22f.
[50]Vgl. [Haenecke 2002], S. 173 und [Seidel 1997], S. 153f.

Kritisiert wird, das obwohl die Erfolgsfaktorenforschung aus konzeptioneller Sicht die Operationalisierung komplexer Erfolgsfaktoren anhand der theoretischen Sprache erfordert, dies häufig in Untersuchungen nicht umgesetzt wird. So kann beispielsweise der potenzielle Erfolgsfaktor interkulturelle Kompetenz nicht einfach anhand einer messbaren Größe operationalisiert werden, da dies eine starke Vereinfachung der Realität bedeuten würde. Die Verwendung mehrerer Indikatoren würde eine gesamtheitlichere Erfassung dieser mehrdimensionalen Variablen ermöglichen und wäre in diesem Fall sinnvoll. Die Vernachlässigung theoretischer Konstrukte ist zum Teil auf die in der Vergangenheit geringe Zahl bekannter Analysemethoden zurückzuführen. Vor allem die häufig eingesetzte Regressionsanalyse trug durch die Forderung nach voneinander unabhängigen Variablen dazu bei, dass komplexe Konstrukte vernachlässigt wurden. Darüber hinaus ist die Vernachlässigung theoretischer Konstrukte auch im Zusammenhang mit der mangelnden Berücksichtigung qualitativer Daten zu sehen, denn sowohl komplexe Konstrukte als auch qualitative Variablen müssen zuerst sinnvoll operationalisiert werden. Dies führt zu einem zusätzlichen Zeitaufwand durch die Operationalisierung, aber auch dazu, dass Primärdaten zu erheben sind und Sekundärdaten selten eingesetzt werden können.[51]

Neuere Analysemethoden wie z.B. die Kausalanalyse ermöglichen die Untersuchung komplexer Konstrukte und berücksichtigen die auf den Einsatz der Regressionsanalyse zurückführende Kritik. Der Einsatz dieses Verfahrens führt aber zu Problemen, wenn Konstrukte ungeeignet operationalisiert werden, da dann inhaltlich falsche Schlüsse gezogen werden. Dieser Kritik kann dadurch begegnet werden, dass die für die zu messenden Variablen gewählten Indikatoren nicht willkürlich, sondern auf Basis bestehender und getesteter Theorien und Operationalisierungsansätzen geschieht.[52]

5.3.2 Inhaltliche Kritik

Auch wenn die angesprochenen methodischen Kritikpunkte überwunden werden können, sehen Kritiker die größte Schwäche der Erfolgsfaktorenforschung in der Kopierbarkeit bekannter Erfolgsfaktoren und dem damit zusammenhängenden Verlust ihrer Wirksamkeit.

March und Sutton erklären den Verlust der Wirksamkeit von Erfolgsfaktoren wie folgt:[53]

---

[51] Vgl. [Kube 1991], S. 53ff. und [Schröder 1994], S. 95.
[52] Vgl. [Ahlert 2005], S. 363 und [Kube 1991], S. 56f.
[53] [March 1997], S. 699.

„In this way, successes at understanding performance differences are self-destructive. As knowledge spreads, factors that previously distinguished high performers from low performers tend to disappear; and the more powerful the explanatory mechanism is believed to be, the faster the diffusion of knowledge about it. This imitative mechanism does not require that the performance advantage or disadvantage attributed to a particular factor necessarily be "real", only that it be generally accepted and acted upon, so as to reduce variation in the independent variables. The mechanism is obviously more enduring, however, if a true performance advantage or disadvantage has been identified, thus reducing variation in the dependent variable as well.“

Somit sehen Kritiker den Nutzen der Entdeckung von Erfolgsfaktoren als begrenzt an.[54] Dem kann entgegnet werden, dass es keinen vollkommenen Markt gibt, auf dem z.B. Ressourcen, die als Erfolgsfaktoren wirken, handelbar sind. Beispielsweise kann eine Organisation ohne Internationalisierungserfahrung entsprechende Mitarbeiter verpflichten, aber es wird eine nicht unerhebliche Zeit dauern, bis deren Erfahrungen auf die Organisation übertragen werden. Auch sind viele Ressourcen wie z.B. spezifisches Know-how beschränkt oder nicht verfügbar. Somit ist von einem unvollkommenen Markt für Erfolgsfaktoren auszugehen und dass Erfolgsfaktoren sehr wohl eine langfristige Wirkung entfalten können.[55]

Ziel der Erfolgsfaktorenforschung ist die Identifikation erfolgsrelevanter Faktoren. Aufbauend darauf sollen Konzepte und Maßnahmen entwickelt und implementiert werden. Auch wenn keine allgemeingültige Gesetzmäßigkeiten und Wirkungsmechanismen ermittelt werden, führen die Ergebnisse dazu, erfolgreiche Unternehmen besser zu verstehen. Aus diesem Verständnis heraus können Möglichkeiten identifiziert werden schwächer positionierten Unternehmen zu helfen. Die durch die Durchführung einer Erfolgsfaktorenstudie ermittelten Ergebnisse sind somit in besonderem Maße dazu geeignet KMU, die Direktinvestitionen in Rumänien tätigen, wertvolle Entscheidungs- und Gestaltungshilfen zu liefern. Dabei sind die diskutierten Kritikpunkte bei der Konzeptualisierung sowie der Durchführung der Untersuchung in den nachfolgenden Kapiteln aufzugreifen und soweit möglich adäquat zu berücksichtigen.

[54]Vgl. [NICOLAI 2002], S. 585f.
[55]Vgl. [AHLERT 2005], S. 364.

Kapitel 6

Konzeption zur Analyse kulturabhängiger Erfolgsfaktoren von Direktinvestitionen deutscher kleiner und mittelständischer Unternehmen in Rumänien

6.1 Konzeptualisierung und Operationalisierung des Internationalisierungserfolgs

6.1.1 Konzeptualisierung des Internationalisierungserfolgs

Um die Wirkung von potenziellen Erfolgsfaktoren auf den Erfolg einer Direktinvestition zu untersuchen, muss dieser ermittelt werden. In der betriebswirtschaftlichen Praxis wird Erfolg häufig eindimensional als wertmäßige Differenz zwischen Aufwand und Ertrag gemessen. Wie aber schon in Kapitel 5.1.1 aufgezeigt, handelt es sich bei dem Begriff Erfolg um ein komplexes mehrdimensionales Phänomen. Dies ist bei der Konzeptualisierung und Operationalisierung der Variable *Internationalisierungserfolg* zu berücksichtigen.[1]

---

[1]Unter Konzeptualisierung wird die Erarbeitung der relevanten Dimensionen eines Konstruktes anhand theoretischer Erklärungsansätze verstanden. Vgl. [HOMBURG 2002], S. 497.

Zur Konzeptualisierung der abstrakten und bedingt direkt messbaren Größe Internationalisierungserfolg bietet sich die Heranziehung des Zielansatzes an.[2] Der auf ETZIONI[3] zurückgehende Zielansatz *(goal approach)* konzeptualisiert Erfolg als Grad der Erreichung von vorab festgelegten Zielen. Je höher die Zielerreichung, desto größer ist der Erfolg. Geeignet scheint der Zielansatz zur Konzeptualisierung des Erfolgs von Direktinvestitionen in Rumänien aus nachfolgenden Gründen:

- Der Zielansatz lässt sich nicht nur auf die Ebene der Gesamtorganisation, sondern auch auf Teilbereiche beziehen.
- Der Zielansatz geht von der Annahme aus, dass das Unternehmensverhalten zielgesteuert ist. Dies steht in Einklang zu dem in Kapitel 3.3.1 für diese Arbeit festgelegten Strategieverständnis.
- Die Operationalisierung der Erfolgsvariablen ist anhand des Zielansatzes bei Kenntnis der verfolgten Ziele einfach und nachvollziehbar.

Obwohl der Zielansatz zur Erfolgsbestimmung von Direktinvestitionen geeignet scheint und in vielen Erfolgsfaktorenstudien angewandt wird, ist dieser nicht frei von Kritik. Diese konzentriert sich im Wesentlichen auf die Beobachtung, dass sich nicht alle Unternehmen konsequent an den eigenen Zielen orientieren und auf die Feststellung, dass Unternehmen unterschiedliche Ziele verfolgen, was eine zielbasierte Erfolgsmessung erschwert.[4] Für die vorliegende Untersuchung können diese Kritikpunkte entkräftet werden, indem einerseits die Zielsetzung der Unternehmen bei ihrem Engagement in Rumänien auf Basis von Experteninterviews und Literaturanalysen zu einem homogenen Konsens verdichtet werden und andererseits durch die Experteninterviews auch die Annahme gestützt wird, dass Unternehmen bei Direktinvestitionen in Rumänien zielorientiert vorgehen.

[2] Auch der Einsatz des Systemansatzes oder des interessenpluralistischen Ansatzes ist denkbar, aber aus forschungspragmatischer Sicht, aufgrund der damit verbundenen Prämissen, für die vorliegende Untersuchung wenig geeignet. Für einen Überblick siehe [PANTEN 2005], S. 83ff.

[3] Vgl. [ETZIONI 1964].

[4] Vgl. [BÖING 2001], S. 41 und [MURPHY 1996], S. 16.

6.1.2 Operationalisierung des Internationalisierungserfolgs

6.1.2.1 Ansätze zur direkten Messung des Internationalisierungserfolgs

Aufbauend auf die Konzeptualisierung des *Internationalisierungserfolgs* anhand des Zielansatzes ist nachfolgend im Rahmen der Operationalisierung eine geeignete Vorgehensweise zur Messung des Zielerreichungsgrades festzulegen. Dabei ist neben der Art der Erfolgsmessung die Wahl geeigneter Messgrößen entscheidend.

Grundsätzlich können folgende Vorgehensweisen unterschieden werden:[5]

- die Erfolgsmessung auf Basis von Globalurteilen,
- die Erfolgsmessung durch eine isolierte Betrachtung mehrerer Variablen und
- die Erfolgsmessung durch eine integrierte Betrachtung mehrerer Variablen anhand eines Indexes.

Die einfachste Möglichkeit, die auch bei international ausgelegten Erfolgsfaktorenstudien häufig angewandt wird, ist die Ermittlung des Erfolgs auf Basis von Globalurteilen.[6] Dabei geben die Befragten direkt an, ob diese erfolgreich sind oder nicht. Obwohl dieses Vorgehen eine einfache und schnelle Erfolgseinschätzung ermöglicht,[7] ist es aufgrund der damit möglichen hohen Subjektivität für die vorliegende Untersuchung nur bedingt geeignet. Um aber die nachfolgend noch zu operationalisierende Variable *Internationalisierungserfolg* zu validieren, werden die Teilnehmer dieser Untersuchung auch direkt nach dem Erfolg ihres Rumänienengagements gefragt.

Die isolierte Betrachtung mehrerer Variablen zieht einzelne Zielsetzungen zur Messung des Erfolges heran. Daraus ergibt sich die Problematik, welche dieser abgefragten Zielsetzungen in die Erfolgsanalyse der Untersuchung einzubeziehen sind, da eine Konsolidierung der empirischen Befunde der einzelnen Zielsetzungen nicht vorgesehen ist. Neben einer sich eventuell daraus ergebenden willkürlichen Selektion der einbezogenen Zielsetzungen muss auch die bei dieser Vorgehensweise implizit getroffene Annahme,

[5] Vgl. [BÖING 2001], S. 52. Der Rückgriff auf Sekundärmaterial zur Ermittlung des Internationalisierungserfolgs ist aufgrund der fehlenden Publizitätspflicht von KMU und der Untersuchungsthematik kaum möglich und wird somit hier nicht weiter thematisiert.

[6] Vgl. [HILGER 2001], S. 223.

[7] Zusätzlich kann als Vorteil angesehen werden, dass die integrierte Betrachtung durch ein Globalurteil nicht den Prämissen, die mit einer Indexbildung verbunden sind, gerecht werden muss. Vgl. dazu [BÖING 2001], S. 55.

dass Unternehmen identische Zielsetzungen verfolgen, hinterfragt werden.[8] Diese Kritikpunkte disqualifizieren diese Vorgehensweise für die vorliegende Untersuchung.

Eine Möglichkeit diesen Kritikpunkten zu begegnen bietet die integrierte Betrachtung mehrerer Variablen durch Indexbildung. Dieser Vorgehensweise liegt die Annahme zugrunde, dass Unternehmen ein Zielbündel verfolgen, in dem verschiedene Ziele mit unterschiedlichen Gewichtungen einfließen.[9] Durch die Indexbildung werden die verschiedenen Zielgrößen verdichtet, indem die jeweiligen Zielbedeutungen und Zielerreichungsgrade multipliziert und durch die Anzahl der verfolgten Ziele dividiert werden.[10] Der durch die Multiplikation vorgenommene Gleichstellung von Zielbedeutung und Zielerreichung wird hier aus Plausibilitätsgründen nicht gefolgt. Es ist nicht plausibel, dass eine hohe Erreichung eines wenig wichtigen Ziels den gleichen Erfolg widerspiegelt wie die geringe Erreichung eines sehr wichtigen Ziels. Um dies zu berücksichtigen, werden in die Indexberechnung nur Ziele mit den Skalenwerten 4 und 5 einbezogen. Dadurch wird gewährleistet, dass der ermittelte Indexwert dann hoch ist, wenn sehr wichtige Zielsetzungen voll erreicht wurden. Der Index wird anhand der in Abbildung 6.1 dargelegten Formel berechnet.

Zu beachten ist, dass der in dieser Weise zu ermittelnde Erfolgsindex an folgende Prämissen gebunden ist:[11]

- Multiplikativitätsprämisse (Diese unterstellt die statistische Unabhängigkeit sowie ein metrisches Skalenniveau der Variablen Zielerreichung und Zielrelevanz.),
- Additivitätsprämisse (Die gewichteten Zielerreichungsgrade sind voneinander statistisch unabhängig.),
- Linearitätsprämisse (Die Veränderung eines Zielerreichungsgrades führt zu einer Veränderung des Gesamterfolgs in gleicher Höhe.),
- Kompensationsprämisse (Eine geringe Zielerreichung bei einem Ziel kann durch eine hohe Zielerreichung bei einem anderen kompensiert werden.),

[8] Vgl. [Schröder 1994], S. 99f.

[9] Vgl. [Raffée 1990], S. 8.

[10] Vgl. [Eisele 1995], S. 92. Sowohl die Zielbedeutungen als auch die Zielerreichung werden anhand einer Fünferskala erhoben. Eine sehr hohe Zielbedeutung wird mit 5, eine geringe Zielbedeutung mit 1 codiert. Eine volle Erreichung des Ziels wird mit 5, eine Nichterreichung des Ziels mit 1 codiert. Neben dem Wegfall der bei der isolierten Betrachtung mehrerer Variablen vorhandenen Problematik, welche Zielsetzung in die Untersuchung einzubeziehen ist, wird hier auch der Tatsache Rechnung getragen, dass Unternehmen voneinander unterschiedliche Zielsetzungen verfolgen können.

[11] Vgl. [Fritz 1992], S. 225ff. und [Eisele 1995], S. 93.

$$IE_j = \frac{\sum_{i=1}^{n} \left(ZB_{ij} * ZE_{ij} \right)}{AZ_{ij}} \quad (\text{für } ZB_{ij} \geq 4)$$

IE_j = Index des Internationalisierungserfolgs des Unternehmens j

ZB_{ij} = Bedeutung des Internationalisierungsziels i für das Unternehmen j (Skala von *1 = geringe Bedeutung* bis *5 = sehr hohe Bedeutung*)

ZE_{ij} = Erreichung des Internationalisierungsziels i durch das Unternehmen j (Skala von *1 = gar nicht erreicht* bis *5 = voll erreicht*)

AZ_{ij} = Anzahl der Internationalisierungsziele i des Unternehmens j, bei denen $ZB_{ij} \geq 4$ ist

Abbildung 6.1: Formel zur Berechnung des Internationalisierungserfolgsindexes (Quelle: eigene Darstellung in Anlehnung an [FRITZ 1992], S. 224.)

- Plausibilitätsprämisse (Die Vorgehensweise der Indexberechnung ist aus theorethischer Sicht plausibel.).

Eine vollständige Erfüllung dieser Prämissen ist in der Forschungspraxis selten möglich. Besonders trifft dies für die Multiplikativitäts- und die Additivitätsprämisse zu. Es ist eher davon auszugehen, dass die Zielrelevanz mit dem Grad der Zielerreichung korreliert, da wichtige Ziele im Fokus der Unternehmen stehen. Trotz der nicht vollständig erfüllbaren Prämissen überwiegen die Vorteile der höheren Anschaulichkeit der Ergebnisse.

Abschließend ist festzustellen, dass keine ideale Vorgehensweise zur Messung des Internationalisierungserfolgs von Unternehmen existiert. Trotz der genannten Kritik wird die Erfolgsmessung durch eine integrierte Betrachtung mehrerer Variablen anhand eines Indexes in der folgenden Arbeit als zweckmäßig erachtet. Zusätzlich werden die Teilnehmer dieser Untersuchung zur Überprüfung der Übereinstimmungsvalidität auch direkt nach dem Erfolg ihres Rumänienengagements befragt.

6.1.2.2 Auswahl der einzubeziehenden Zielsetzungen

Die Auswahl der einzubeziehenden Zielsetzungen ist ein kritischer Punkt in der Erfolgsfaktorenforschung. Festzustellen ist, dass in vielen Studien vor allem quantitative

Erfolgsindikatoren wie beispielsweise Umsatz, Gewinn oder Return on Investment herangezogen werden. Diese quantitativen Erfolgsindikatoren weisen aber einige wesentliche Kritikpunkte auf. Werden Erfolgsindikatoren aus dem Rechnungswesen verwendet, können diese sich von Unternehmen zu Unternehmen aufgrund von verschiedenen Kostenrechnungssystemen, Bilanzierungspraktiken und Bewertungswahlrechten unterscheiden. Somit ergeben sich bereits in diesem Bereich Probleme in der Vergleichbarkeit des Datenmaterials.[12] Zum anderen wird kritisiert, dass einige quantitative Erfolgsindikatoren lediglich für den kurzfristigen Unternehmenserfolg stehen, wie beispielsweise der Gewinn. Konzentriert sich ein Unternehmen allein auf die Erhöhung des kurzfristigen Unternehmenserfolgs, kann das zu negativen Auswirkungen auf den langfristigen Unternehmenserfolg führen. Darüber hinaus spiegeln verschiedene Erfolgsindikatoren unterschiedliche Perspektiven des Unternehmenserfolgs wider. Beispielsweise entspricht der Shareholder Value mehr dem Unternehmenserfolg aus der Perspektive der Shareholder, wohingegen die Umsatz- und Ergebnisentwicklung die Perspektive von Unternehmensleitung und Mitarbeitern wiedergibt. Zudem zeigen bestimmte Indikatoren nicht immer den tatsächlichen Unternehmenserfolg auf, da die Unternehmensleitung diese beeinflussen kann, ohne tatsächlich erfolgreicher zu sein.[13] Auch die ausschließliche Verwendung von quantitativen Erfolgsmaßen wird kritisiert. Denn der zusätzliche Einbezug von qualitativen Erfolgsmaßen würde eine umfassendere Operationalisierung ermöglichen und dadurch zu valideren Ergebnissen führen.

Um die Ziele der Unternehmen, die mit einem Engagement in Rumänien verbunden sind, zu identifizieren, empfiehlt es sich zunächst auf die in Kapitel 3.2 anhand der Literaturrecherche aufgezeigten Motive zurückzugreifen. Die dort identifizierten Hauptmotive Absatzmarkterschließung, Kostenreduktion, Erschließung von Know-how, Following Customer und Sicherung des Rohstoff- und Vorleistungszugangs können auch durch empirische Daten belegt werden. Nachfolgend werden beispielhaft die Ergebnisse zweier ausgewählter empirischer Untersuchungen grafisch dargelegt.[14]

Aufbauend auf die in der Literaturrecherche und auf die in Abbildung 6.2 aufgezeigten empirischen Ergebnisse wird die Variable Internationalisierungserfolg anhand von 14

[12]Vgl. [Kube 1991], S. 58.

[13]Vgl. [Woywode 2004], S. 22f.

[14]Die thematische Nähe dieser Untersuchungen führte zu deren Auswahl. Die als erstes aufgezeigten Ergebnisse basieren auf der Auswertung der Angaben von 533 mittelständischen Unternehmen bezüglich deren Internationalisierungsmotiven. Vgl. [Bassen 2001]. Im unteren Teil der Grafik sind die Ergebnisse der mit rund 4.400 Teilnehmern aktuell umfangreichsten Studie *Going International* des Deutschen Industrie- und Handelskammertags dargestellt. Vgl. [DIHK 2005].

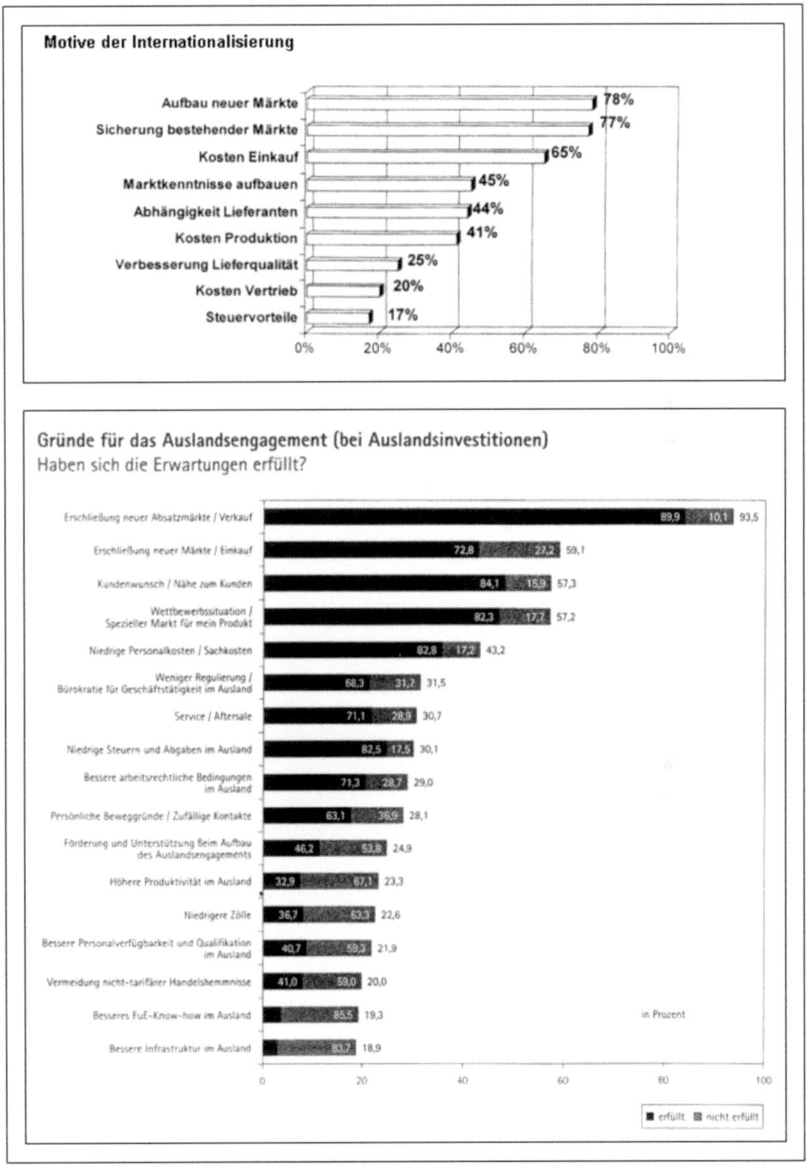

Abbildung 6.2: Ausgewählte empirische Ergebnisse bezüglich der Motive für die Durchführung von Direktinvestitionen (Quelle: eigene Darstellung auf Basis der Daten von [BASSEN 2001], S. 421 und [DIHK 2005], S. 45.)

	Absatzmarkt-erschließung	Kosten-reduktion	Erschließung von Know-how	Following Customer	Rohstoff- und Vorleistungs-zugang
Ausnutzung von Billiglöhnen		x			
Kostengünstige Beschaffung		x		x	
Bekanntheitsgrad erhöhen	x				
Umsatzwachstum/ Markterschließung	x				
Wettbewerbsvorteile erlangen	x	x	x	x	x
Steigerung der Absatzmenge	x	x			
Rekrutierung von hoch qualifiziertem Personal		x	x		
Imageaufbau und -pflege	x		x		x
Verbesserung Service/Aftersale	x				x
Rumänien-Know-how erwerben	x		x		
Langfristige Gewinnerzielung	x	x	x	x	x
Nähe zu großen Kunden				x	
Kapazitätsauslastung in BRD	x	x			
Rumänien als Basis für weitere Internationalisierung	x	x	x		

Tabelle 6.1: Operationalisierung der Hauptmotive anhand einzelner Zielsetzungen (Quelle: eigene Darstellung)

aus den Hauptmotiven abgeleiteten Zielen operationalisiert.[15] Tabelle 6.1 verdeutlicht den Zusammenhang zwischen den Hauptmotiven und den einzelnen Zielsetzungen.

Zur Ermittlung des Internationalisierungserfolgs durch den vorgestellten Index wird für jedes der 14 Ziele auf einer Likert-Skala mit jeweils fünf Merkmalsausprägungen die Zielbedeutung und das Ausmaß der Zielerreichung abgefragt.[16] Unter Anwendung der in Abbildung 6.1 dargestellten Formel wird dann aus den ermittelten Daten der Wert des Indikators (INTER) der Variablen Internationalisierungserfolg berechnet.[17]

[15]Dabei wurden die in Kapitel 5.3.1.6 diskutierten Kritikpunkte berücksichtigt.
[16]Für Ausführungen zur Likert-Skala vgl. [SCHNELL 2008], S. 187ff.
[17]Bezüglich der Operationalisierung latenter Variablen vgl. Kapitel 6.2.2.

6.2 Konzeptualisierung und Operationalisierung potenzieller Erfolgsfaktoren des Internationalisierungserfolgs

6.2.1 Abgrenzung eines Bezugsrahmens als Ausgangspunkt der Analyse

Wie in Kapitel 5.3.1.1 dargelegt, ist die Entwicklung eines theoretisch fundierten Bezugsrahmens für die Identifikation der kulturabhängigen Erfolgsfaktoren von Direktinvestitionen kleiner und mittlerer Unternehmen in Rumänien unerlässlich. Dabei werden mittels einzelner Theorieansätze die Suchfelder potenzieller Erfolgsfaktoren systematisiert und konkretisiert. Ausgehend von dieser Vorgehensweise können Hypothesen nachvollziehbar abgeleitet, begründet und überprüft werden. Ziel ist die umfassende Identifikation potenzieller Erfolgsfaktoren sowie der Berücksichtigung der Forderung nach einer theoretischen Fundierung der vorliegenden Untersuchung.[18]

Die Verwendung mehrerer auch konkurrierender Theorieansätze im Interesse des Erkenntnisfortschritts ist im Sinne des theoretischen Pluralismus.[19] In der vorliegenden Untersuchung wird nicht von einer zwangsläufigen Konkurrenz der Theorien ausgegangen, sondern die Idee des komplementären theoretischen Pluralismus aufgegriffen. Diese besagt, dass diejenigen theoretischen Ansätze einzubeziehen sind, die für die untersuchten Sachverhalte die größte Erklärungskraft besitzen. Dabei wird weder ein Zusammenhang zwischen den Theorien noch deren Überführbarkeit ineinander gefordert. Vielmehr sind die gewählten Theorien zu einem empirisch gehaltvollen Erklärungsmodell zu kombinieren.[20] Vor diesem Hintergrund wird in der vorliegenden Untersuchung der in der wissenschaftlichen Disziplin des Strategischen Managements[21] beheimatete *ressourcen-*

[18]Vgl. Kapitel 5.3.1.1.

[19]Vgl. [Feyerabend 1965], S. 223f.

[20]Vgl. [Kretschmann 1990], S. 21 und [Fritz 1995], S. 27.

[21]Die Forschungsrichtung des Strategischen Managements hat in ihrer Untersuchung des Unternehmenserfolgs sowie der dafür ursächlichen nachhaltigen Wettbewerbsvorteile (Der Begriff Wettbewerbsvorteil bezeichnet den Vorsprung eines Akteurs auf dem Markt gegenüber seinen Konkurrenten. Vgl. [Macharzina 2005], S. 306.) einen stetigen Wandel erfahren. Die Suche nach Erfolgsfaktoren ist somit zum Teil auch eine Suche nach potenziellen Wettbewerbsvorteilen. Um die historische Abfolge der in dieser Forschungsrichtung jeweils vorherrschenden Erklärungsansätze aufzuzeigen, haben Hoskisson et.al. die Metapher eines Pendelschlags benutzt. Während anfänglich das Pendel auf den *ressourcenorientierten Ansatz* ausgerichtet war und Ressourcen als die wichtigsten Erfolgsdeterminanten angesehen wurden, kam es in den 1970er Jahren zu einer Pendelbewegung zugunsten der *Industrial-Organization-Theorie.* Diese ging davon aus, dass der Unternehmenserfolg eine Funktion der Industriestruktur, also des externen Wettbewerbsumfelds der Unternehmen, ist. Die Feststellung,

orientierte Ansatz als sinnvoller Bezugsrahmen erachtet. Im Detail wird dieser je nach Erfolgsfaktor von weiteren Theorien, auf die bei den einzelnen Erfolgsfaktoren getrennt eingegangen wird, ergänzt.

6.2.1.1 Ressourcenorientierter Ansatz

Die Analyse interner Unternehmensressourcen in den 1960er Jahren wird häufig als Ausgangspunkt des Strategischen Managements angesehen. Aufbauend auf die Erkenntnisse von BARNARD[22] untersuchte der Soziologe SELZNICK[23] den Einfluss von spezifischen Managementkompetenzen auf den Unternehmenserfolg. Eine ähnliche Vorgehensweise beschritt PENROSE, die als Begründerin des ressourcenorientierten Ansatzes in der Betriebswirtschaftslehre angesehen wird, mit ihrem Werk *The Theory of the Growth of the Firm.*[24] Da ihr die neoklassische Theorie, die ein Unternehmen als eine Produktionsfunktion versteht, bei der Frage nach der Grenze des Wachstums von Unternehmen wenig hilfreich erschien, argumentierte PENROSE, das ein Unternehmen eher als ein administratives Gerüst, das Individuen und Gruppen vernetzt und koordiniert, als ein Bündel produktiver Ressourcen zu verstehen ist.[25] Sie stellt weiterhin fest, dass die Ausstattung mit produktiven Ressourcen von Unternehmen zu Unternehmen stark variiert und auch in gleichen Branchen sehr heterogen sein kann. Zusätzlich zeigt PENROSE auf, dass auf Perioden mit starkem Wachstum häufig Perioden mit niedrigem Wachstum folgen. Daraus schloss sie, dass der Mangel an Ressourcen zwar das Wachstum grundsätzlich beschränkt, aber dass langfristig nur die Management-Ressourcen das Unternehmenswachstum entscheidend einschränken können. Denn die vorhandenen Managementkapazitäten können entweder zur Durchsetzung von Expansionsstrategien oder zur Integration und Weiterbildung neuer Managementkapazitäten eingesetzt werden, was zu einer Verlangsamung des Wachstums führt.[26]

---

dass Unternehmen aus gleichen strategischen Gruppen unterschiedlich erfolgreich sein können, führte in den 1980er Jahren zu einem Rückschwung des imaginären Pendels zugunsten des ressourcenorientierten Ansatzes. Vgl. [HOSKISSON 1999], S. 417ff. Seit den 90er Jahren des vergangenen Jahrhunderts hat sich zunehmend die Sichtweise durchgesetzt, dass beide Erklärungsansätze zusammen den Erfolg von Unternehmen umfassender erklären als jeder Ansatz einzeln für sich. Da in dieser Arbeit die Erfolgsfaktoren im Fokus stehen, die von der rumänischen Landeskultur beeinflusst werden, wird nachfolgend ausschließlich auf den ressourcenorientierten Ansatz eingegangen.

[22] Vgl. [BARNARD 1938].

[23] Vgl. [SELZNICK 1957].

[24] Vgl. [PENROSE 1959].

[25] Vgl. [PENROSE 1959], S. 21.

[26] Vgl. [PENROSE 1959], S. 49. Für einen Überblick über die Entwicklung und zeitliche Abfolge der wichtigsten Publikationen zum ressourcenorientierten Ansatz siehe [BARNEY 2001].

Im ressourcenorientierten Ansatz basiert der Erfolg von Unternehmen darauf, dass Unternehmen über strategisch wertvollere Ressourcen als ihre Wettbewerber verfügen und dass das Management die eigenen Ressourcen besser als die Konkurrenz einsetzt. Die Ressourcenausstattung von Unternehmen ist somit die Basis für Wettbewerbsvorteile und für den daraus resultierenden nachhaltigen Unternehmenserfolg.[27]

Um einen nachhaltigen Erfolg zu erzielen, müssen die für den Wettbewerbsvorteil verantwortlichen Ressourcen folgende Charakteristika aufweisen:[28]

- Werthaltigkeit,
- Knappheit,
- Nicht-Imitierbarkeit,
- Nicht-Substituierbarkeit.

Die Werthaltigkeit von Ressourcen ist daran zu messen, ob diese durch Effizienz- oder Effektivitätssteigerungen zur Erreichung von Unternehmenszielen beitragen. Deren Besitz führt aber nicht zwingend zu Wettbewerbsvorteilen, denn auch Konkurrenten können über solche Ressourcen verfügen. Erst die Knappheit dieser Ressourcen kann zu Wettbewerbsvorteilen führen. Zu nachhaltigen Wettbewerbsvorteilen und einem nachhaltigen Unternehmenserfolg kommt es, wenn diese Ressourcen zusätzlich sehr schwer imitierbar oder substituierbar sind.[29] Dies trifft vor allem auf Ressourcen zu, die unter historisch einmaligen Bedingungen oder in sozial komplexen Zusammenhängen entstanden und kausal mehrdeutig sind. Beispiele dafür sind die Unternehmenskultur oder die interkulturelle Kompetenz von Mitarbeitern.[30]

Abschließend wird kurz eine für diese Arbeit zielführende Systematisierung von Unternehmensressourcen vorgestellt.[31] Diese basiert auf die von HOFER und SCHENDEL vorgeschlagenen Einteilung in finanzielle, physische, technologische, organisationale Res-

[27] Aufgrund der überlegenen Ressourcenausstattung und -nutzung erzielen die Unternehmen einen komparativen Kostenvorteil in der Leistungserstellung, der sich in Form einer *Ricardianischen Rente* widerspiegelt. Vgl. Kapitel 3.2.1.1.

[28] Vgl. [BARNEY 1991], S. 106ff.

[29] Wie schon in Kapitel 5.3.2 aufgezeigt, ist die Annahme eines homogenen und perfekt mobilen Markts für Ressourcen selten zutreffend.

[30] Vgl. [BARNEY 1991], S. 111. Kausal mehrdeutig sind Ressourcen, wenn deren Besitzer selber nicht eindeutig wissen, mit welchen Maßnahmen diese Ressourcen entwickelt werden können. Dadurch wird auch die Imitation stark erschwert.

[31] Die in der Volkswirtschaft angewandte Gliederung der Ressourcen in Land, Kapital und Arbeitskraft ist für diese Untersuchung nicht geeignet. Für einen Überblick über die bekanntesten Systematisierungsansätze von Unternehmensressourcen vgl. [BRAST 2006], S. 55.

sourcen sowie Humanressourcen.[32] Um die Spezifika der vorliegenden Untersuchung zu berücksichtigen, werden zusätzlich intangible Ressourcen wie z.B. vorhandene Beziehungen zu Geschäftspartnern und -kunden berücksichtigt.[33]

6.2.1.2 Validierung des Bezugsrahmens

Um die Richtigkeit des abgesteckten Bezugsrahmens zu überprüfen, werden die Ergebnisse einer im Vorfeld der Hauptuntersuchung in Rumänien im Jahr 2006 durchgeführten Befragung von Geschäftsführern und Inhaber von deutschen KMU, die in Rumänien Direktinvestitionen getätigt haben, herangezogen. Nachfolgende Abbildung gibt die Einschätzung bezüglich der von den Interviewten als erfolgsrelevant betrachteten Faktoren wieder.

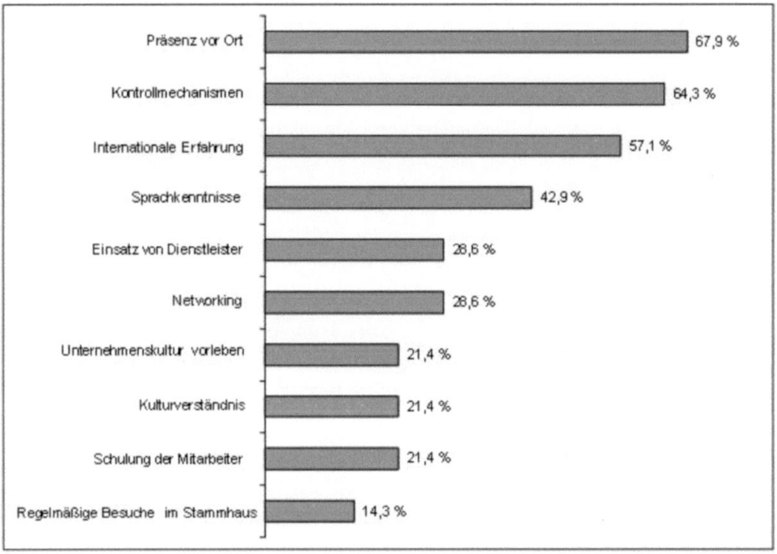

Abbildung 6.3: Einschätzung bezüglich möglicher Erfolgsfaktoren (Quelle: [AMSCHLINGER 2007], S. 520.)

Über 60 Prozent der Interviewten sahen die Präsenz eines Entscheidungsträgers vor Ort sowie den Einsatz geeigneter Kontroll- und Reportingmechanismen als einen zentralen

[32]Vgl. [HOFER 1987], S. 145ff.

[33]Vgl. [GRANT 1991], S. 119. Für eine detailliertere inhaltliche Erläuterung der einzelnen Kategorien von Unternehmensressourcen vgl. Kapitel 6.2.2.

Erfolgsfaktor an. Vor allem in diesem Punkt unterscheiden sich die erfolgreichen von den erfolglosen Befragungsteilnehmern. Die Erfolglosen führten ihr Scheitern zum Teil auf das von rumänischen Mitarbeitern und Geschäftspartnern missbrauchte Vertrauen zurück. Sie gaben auch an, dass die fehlende Präsenz vor Ort sowie fehlende regelmäßige Kontrollmechanismen diesen Vertrauensmissbrauch erst ermöglichten. Vorhandene Internationalisierungserfahrung wird als weiterer wichtiger Faktor genannt, da dadurch Fehler der Vergangenheit nicht wiederholt werden. Auch rumänische Sprachkenntnisse, ein gutes Verständnis der rumänischen Kultur und der Denkweise der Mitarbeiter, die Schulung dieser sowie das Vorleben der eigenen Unternehmenskultur werden als erfolgsrelevant angesehen. Zusätzlich können regelmäßige Besuche bei Entscheidungsträgern verschiedener Behörden und das Bilden eines Netzwerkes sehr hilfreich sein, da dies und der Einsatz von Dienstleistern der Korruption wirkungsvoll entgegenwirkt.[34]

Die auf Basis der durchgeführten Interviews gewonnenen Erkenntnisse bestätigen die Bedeutung von Unternehmensressourcen und somit die Korrektheit des abgesteckten Bezugsrahmens. Zusätzlich werden diese als Hinweis auf Faktoren von besonderer Relevanz gedeutet. Aufbauend auf den abgesteckten Bezugsrahmen wird im Folgenden wieder auf die zentrale Problemstellung dieser Arbeit zurückgekommen, nämlich der Identifikation der für den Erfolg von Direktinvestitionen deutscher KMU in Rumänien ursächlichen kulturabhängigen Faktoren. Dazu sind auf Basis des Bezugsrahmens potenzielle Erfolgsfaktoren abzuleiten und zu operationalisieren sowie Hypothesen bezüglich deren Wirkung zu formulieren.

6.2.2 Ableitung und Operationalisierung potenzieller kulturabhängiger Erfolgsfaktoren auf Basis des ressourcenorientierten Ansatzes

Bevor nachfolgend anhand des ressourcenorientierten Ansatzes kulturabhängige Erfolgsfaktoren abgeleitet werden, sind an dieser Stelle geeignete Operationalisierungsformen zu beleuchten. Der Kritikpunkt der mangelnden Trennung zwischen theoretischer und Beobachtungssprache ist zu berücksichtigen. Erfolgsfaktoren, die nicht direkt mess- oder beobachtbar sind, müssen durch geeignete Messmodelle operationalisiert werden.[35]

[34] [AMSCHLINGER 2007], S. 520f.
[35] Vgl. Kapitel 5.3.1.7.

BAGOZZI definiert ein theoretisches Konstrukt als „an abstract entity which represents the true, nonobservable state or nature of a phenomen“.[36] Da theoretische Konstrukte nicht direkt messbar sind, werden diese auch als latente Variablen bezeichnet. Um eine latente Variable zu operationalisieren, bedarf es eines Messmodels, welches der latenten Variablen manifeste Variablen in Form von beobachtbaren Indikatoren zuordnet. Ziel dieser Vorgehensweise ist es mit Hilfe der eingesetzten Indikatoren das Konstrukt empirisch messbar zu machen.[37]

Konstrukte lassen sich grundsätzlich auf zwei verschiedene Arten operationalisieren: mittels formativer oder reflektiver Messmodelle. Wird die latente Variable als kausal verursachend für die ihr zugeordneten manifesten Variablen angesehen, spricht man von einem reflektiven Messmodell, denn das Konstrukt reflektiert auf seine Indikatoren. Ein Beispiel für ein reflektives Messmodell ist das Konstrukt Kundenzufriedenheit mit seinen Indikatoren Wiederkauf- und Weiterempfehlungsabsicht. Diese Indikatoren werden kausal durch das Konstrukt Kundenzufriedenheit verursacht. Im formativen Messmodell liegt eine umgekehrte Kausalität vor, das theoretische Konstrukt ist eine Funktion seiner Indikatoren. Ein Beispiel hierfür ist das Konstrukt des sozioökonomischen Status und seinen Indikatoren Bildung, Einkommen sowie Prestige des Berufs. Die Indikatoren formieren zusammen das Konstrukt.[38] Abbildung 6.4 verdeutlicht den dargelegten Sachverhalt.[39]

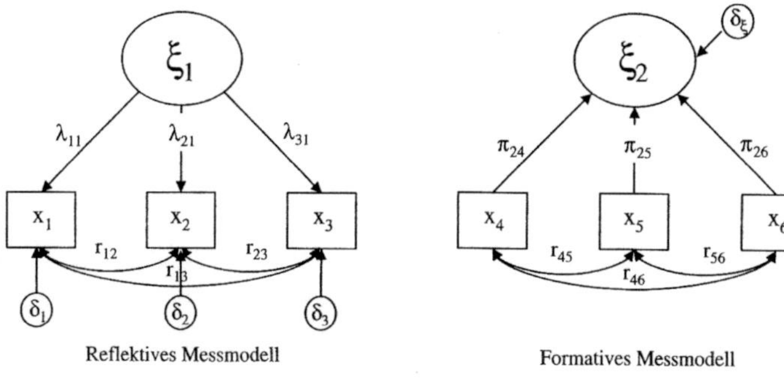

Abbildung 6.4: Reflektive und formative Messmodelle (Quelle: [GÖTZ 2004], S. 717.)

Um ein Konstrukt durch geeignete Indikatoren operationalisieren zu können, muss zuerst ein grundlegendes Verständnis für dieses erarbeitet werden. Dies kann durch die

[36] [BAGOZZI 1982], S. 24.

[37] Vgl. [EBERL 2006], S. 651 sowie die dort zitierte Literatur.

[38] Vgl. [EDWARDS 2000], S. 162 und [HOMBURG 1998], S. 114f.

[39] In Kapitel 7.2.2.2 wird ausführlich darauf eingegangen.

Auswertung vorhandener Literatur sowie durch die Durchführung von Experteninterviews geschehen. Erst die Herausarbeitung und die Entwicklung eines umfassenden Verständnisses für die einzelnen Dimensionen und Facetten eines Konstruktes ermöglichen dessen Operationalisierung mit geeigneten Indikatoren.[40] Generell bietet sich auch der Einsatz von in der Literatur dokumentierten Messmodelle an, die sich als valide erwiesen haben. Eine unkritische Übernahme dieser existierenden Skalen kann aber zu Problemen führen, da die messtheoretischen Unterschiede zwischen reflektiven und formativen Skalen in der Vergangenheit häufig unbeachtet blieben. So sind beispielsweise sowohl in der deutsch- als auch in der englischsprachigen Literatur ein erheblicher Anteil von eigentlich formativen Messmodellen als reflektiv spezifiziert.[41] Um bei der Entwicklung eigener Messmodelle und dem Einsatz existierender Messmodelle Fehlspezifikationen und die damit verbundenen fehlerhaften Modellbeurteilungen sowie falschen Implikationen zu vermeiden, schlagen JARVIS/MACKENZIE/PODSAKOFF den Einsatz der in Tabelle 6.2 dargestellten Entscheidungsregeln vor.[42]

Tabelle 6.2: Entscheidungshilfe, um zu bestimmen, ob ein Messmodell formativ oder reflektiv ist

Entscheidungsregel	**Formatives Messmodell**	**Reflektives Messmodell**
Austauschbarkeit der Indikatoren	• Indikatoren müssen nicht, können aber austauschbar sein. • Indikatoren bilden unterschiedliche Facetten des Konstrukts ab. • Die Elimination eines Indikators kann zu einer Veränderung des konzeptionellen Inhalts eines Konstrukts führen.	• Indikatoren müssen austauschbar sein. • Indikatoren haben den gleichen oder einen ähnlichen Inhalt. Sie beziehen sich auf ein gemeinsames Thema. • Die Elimination eines Indikators führt nicht zu einer Veränderung des konzeptionellen Inhalts eines Konstrukts.

Fortsetzung auf der nächsten Seite

[40] Vgl. [HOMBURG 1996], S. 11f.
[41] Vgl. [FASSOTT 2006], S. 84.
[42] Vgl. [JARVIS 2003], S. 202f., für Probleme, die Fehlspezifikationen verursachen, vgl. [ALBERS 2006].

Fortsetzung

Entscheidungsregel	Formatives Messmodell	Reflektives Messmodell
Wirkungsrichtung	• Indikatoren sind definierende Charakteristika des Konstrukts.	• Indikatoren sind Manifestationen des Konstrukts.
Nomologisches Netz der Indikatoren	• Indikatoren müssen nicht dieselben Antezedenzien und Konsequenzen haben.	• Indikatoren müssen dieselben Antezedenzien und Konsequenzen haben.
Korrelation der Indikatoren	• Indikatoren müssen nicht korreliert sein. • Veränderungen in der Ausprägung eines Indikators führen nicht zwangsläufig zu Veränderungen in den Ausprägungen der anderen Indikatoren.	• Indikatoren müssen hochgradig korreliert sein. • Veränderungen in der Ausprägung eines Indikators führen zwangsläufig zu Veränderungen in den Ausprägungen der anderen Indikatoren.

Quelle: Vgl. [JARVIS 2003], S. 203.

Wie dargelegt lassen sich Konstrukte sowohl formativ als auch reflektiv operationalisieren. Eine reflektive Operationalisierung ist sinnvoll, wenn primär der Test von Theorien im Untersuchungsmittelpunkt steht. Steht dagegen die Ermittlung konkreter Ansatzpunkte zur Beeinflussung der latenten Variablen im Vordergrund, ist ein formatives Messmodell zweckmäßiger.[43] Aus diesem Grund wird in der vorliegenden Arbeit soweit möglich eine Operationalisierung mit formativen Messmodellen bevorzugt und die Position DILLERs eingenommen: „wenn ... Forschung wirklichen Erkenntnisfortschritt erzielen will, muss den Einflussfaktoren der behandelten Konstrukte erheblich größere Aufmerksamkeit gewidmet werden als den oft banalen Folgewirkungen im Sinne re-

[43] Vgl. [FASSOTT 2006], S. 84.

flektiver Indikatoren".[44] Aus forschungspragmatischen Gesichtspunkten ist dies nicht durchgängig möglich, da der Einsatz formativer Messmodelle, um alle Facetten eines Konstrukts abzubilden, eine tendenziell höhere Anzahl an Indikatoren und damit auch eine längere Befragungsdauer erfordert. Dies erhöht die Wahrscheinlichkeit, dass die Teilnahme an der Untersuchung verweigert oder dass die Befragung frühzeitig abgebrochen wird. Um die genannten Aspekte zu berücksichtigen, werden die in der vorliegenden Arbeit im Fokus stehenden kulturinduzierten Erfolgsfaktoren soweit möglich formativ spezifiziert.

6.2.2.1 Finanzielle Ressourcen

Unter finanziellen Ressourcen subsumiert man die den Unternehmen zur Verfügung stehenden liquiden Mitteln zur Durchführung von Akquisitionen und Investitionen. Neben einem hohen Cashflow, der eher eine Ergebnisgröße darstellt, ist bezüglich einer guten finanzieller Ressourcenausstattung vor allem der Zugang zu Krediten relevant. Gemäß den in Kapitel 6.2.1.1 aufgezeigten Charakteristika sind finanzielle Ressourcen auf den ersten Blick, da diese weder knapp noch nicht imitierbar oder substituierbar sind, kaum geeignet, um einen nachhaltigen Wettbewerbsvorteil zu generieren.[45]

Bei genauerer Betrachtung sind nicht die finanziellen Ressourcen per se, sondern der Zugang zu diesen zu annehmbaren Konditionen knapp. Diese Konditionen hängen von der Kreditwürdigkeit des Kreditnehmers ab, die wiederum von dessen Historie mit dem Kreditgeber sowie der langfristigen wirtschaftlichen Performance des Kreditnehmers mitbestimmt wird. Es ist festzustellen, dass Unternehmen, die über langfristig gewachsene vertrauensvolle Beziehungen zu ihren Kreditgebern verfügen, tendenziell Kapital zu günstigeren Zinssätzen erhalten. Eine solche Beziehung ist kurzfristig nicht imitierbar.

Die Ausführungen in Kapitel 2.2.1.5 haben gezeigt, das KMU im Durchschnitt eine geringere Eigenkapitalquote als Großunternehmen aufweisen. Zusätzlich führt das im Jahre 2007 in Kraft getretene Basel II-Abkommen dazu, dass der Zugang zu Krediten für KMU erschwert und verteuert wurde, denn zum einen ist die geforderte Eigenkapitalquote der KMU häufig gering und zum anderen erfüllen KMU aufgrund ihres Risikoprofils seltener die Sicherheitsanforderungen der Kreditgeber, was zu Risikozuschlägen führt. Somit kann eine ausreichende Ausstattung der KMU mit finanziellen Ressourcen ein Wettbewerbsvorteil gegenüber anderen auf dem rumänischen Markt agierenden Un-

[44] Vgl. [DILLER 2004], S. 177.
[45] Vgl. [EVANSCHITZKY 2003], S. 105.

ternehmen darstellen, die über geringere finanzielle Ressourcen verfügen. Nachfolgende Hypothese wird aufgestellt:

> H_{FR}: Eine starke finanzielle Ressourcenausstattung führt zu nachhaltigen Wettbewerbsvorteilen und dadurch zum Erfolg von Direktinvestitionen.

Um die postulierte Hypothese verifizieren zu können, wird aufbauend auf die vorangegangenen Überlegungen zur Operationalisierung latenter Variablen das Konstrukt *starke finanzielle Ressourcenausstattung* durch drei Indikatoren operationalisiert.[46] Da dieser Erfolgsfaktor nicht kulturabhängig ist, wird dieser nicht detailliert, sondern in allgemeiner Form operationalisiert. Es geht darum, die Rolle der finanzielle Ressourcenausstattung nicht zu vernachlässigen.

Potenzieller Erfolgsfaktor	**Bezeichnung der Indikatoren**	**Messmodell**
Starke finanzielle Ressourcenausstattung (FR)	Unsere finanziellen Ressourcen sind im Vergleich zu unseren Wettbewerbern in Rumänien besser. (FR1) Die finanzielle Ressourcenausstattung unseres Unternehmens ist sehr gut. (FR2) Wir haben Zugang zu ausreichenden finanziellen Mitteln (z.B. für Investitionen). (FR3)	reflektiv

Tabelle 6.3: Operationalisierung des potenziellen Erfolgsfaktors *starke finanzielle Ressourcenausstattung* (Quelle: in Anlehnung an [EVANSCHITZKY 2003], S. 300.)

6.2.2.2 Physische und technologische Ressourcen

Ähnlich wie bei den finanziellen sind auch die physischen und technologischen Ressourcen nicht kulturabhängig. Um aber generell deren Rolle im Vergleich zu den anderen untersuchten Faktoren nicht zu vernachlässigen, gehen diese zumindest in allgemeiner Form in die Untersuchung mit ein.

Unter physischen und technologischen Ressourcen werden in der vorliegenden Arbeit die zur Leistungserstellung benötigten Anlagen und Ausstattungen, das damit verbundene technologische Know-how sowie der Standort eines Unternehmens verstanden. Auf den ersten Blick sind Anlagen sowie Geschäftsausstattungen von Unternehmen, wenn

[46] Angelehnt ist dieses Messmodell an ein von EVANSCHITZKY entwickeltes Modell. Vgl. [EVANSCHITZKY 2003], S. 300.

diese über den Markt erwerbbar sind, gemäß den in Kapitel 6.2.1.1 aufgezeigten Charakteristika weder knapp noch nicht imitierbar oder substituierbar und daher kaum geeignet nachhaltige Wettbewerbsvorteile zu erzielen. Falls aber geschütztes unternehmensspezifisches Wissen in Form von z.B. Patenten oder proprietären Prozessen zu einer Einmaligkeit der Anlagen oder deren Nutzung führen, können Wettbewerbsvorteile generiert werden. Dies gilt auch für den Standort eines Unternehmens, da gute Standorte, vor allem in Rumänien aufgrund der zum Teil unterentwickelten Infrastruktur, nicht beliebig vorhanden sind.[47] Somit lässt sich folgende Hypothese aufstellen:[48]

> H_{PR}: Eine überlegene physische Ressourcenausstattung führt zu nachhaltigen Wettbewerbsvorteilen und dadurch zum Erfolg von Direktinvestitionen.

Da die in die Untersuchung einbezogenen Unternehmen in verschiedenen Branchen tätig sind, haben diese auch unterschiedliche Anforderungen an ihre physischen Ressourcen. So hat ein Unternehmen, das einfache Montagetätigkeiten in Rumänien durchführen lässt, andere Standortanforderungen als ein Unternehmen, das dort Software produziert und testet. Deswegen und aufgrund der Kulturunabhängigkeit wird das Konstrukt *überlegene physische Ressourcenausstattung* eher allgemein mit zwei Indikatoren operationalisiert.

Potenzieller Erfolgsfaktor	**Bezeichnung der Indikatoren**	**Messmodell**
Überlegene physische und technologische Ressourcenausstattung (PR)	Unser Standort in Rumänien ist im Vergleich zu unseren Wettbewerbern besser dazu geeignet, Wettbewerbsvorteile zu erzielen. (PR1) Unsere Ausstattung an technischen Anlagen in Rumänien ist im Vergleich zu unseren Wettbewerbern besser dazu geeignet, Wettbewerbsvorteile zu erzielen. (PR2)	formativ

Tabelle 6.4: Operationalisierung des potenziellen Erfolgsfaktors *überlegene physische Ressourcenausstattung* (Quelle: eigene Darstellung)

[47] Auf rumänienspezifische Standorteigenheiten wird hier nicht erneut eingegangen, sondern auf die Ausführungen in Kapitel 4 verwiesen.

[48] Physische und technologische Ressourcen werden im Folgenden unter physischen Ressourcen zusammengefasst.

6.2.2.3 Humanressourcen

Die Begriffe Personal, Humankapital, Humanvermögen, Humanpotenzial und Humanressourcen werden in der Literatur häufig synonym angewandt. Subsumiert wird darunter die Gesamtheit aller Kenntnisse, Fähigkeiten, Fertigkeiten und Erfahrungen sowie die Energie und der Enthusiasmus, welche Mitarbeiter in den Leistungserstellungsprozess von Unternehmen einbringen.[49]

Die Humanressourcen-Ausstattung eines Unternehmens wird somit nicht durch die Menschen selbst, sondern durch deren Leistung bzw. Produktivität definiert. Diese wird neben dem Leistungspotenzial durch die Leistungsorientierung der Mitarbeiter bestimmt. Das *Leistungspotenzial* der Mitarbeiter umfasst die Summe ihrer derzeitigen und künftigen Leistungsmöglichkeiten. Das aktuelle, sofort abrufbare Leistungspotenzial wird durch die Qualifikation als Summe des Wissens, der Fähigkeiten, der Fachkenntnis, der Erfahrung der Mitarbeiter gebildet. Darüber hinaus verfügen Humanressourcen über ein künftig entwickelbares Leistungspotenzial, dem Entwicklungspotenzial.[50]

Bezüglich der *Leistungsorientierung* ist nach *Richtung* und *Intensität* zu unterscheiden. Die Orientierungsrichtung der Humanressourcen-Ausstattung gibt einerseits an, ob Mitarbeiter übergeordnete Anforderungen und Ziele sowie Möglichkeiten, diese zu erreichen, kennen, und anderseits, wie genau sich Mitarbeiter mit diesen Zielen und Vorgaben identifizieren. Unter Orientierungsintensität wird die Motivation bzw. Bereitschaft der Mitarbeiter, die vorgegebenen Ziele zu erreichen, verstanden.[51] Sie ist Ausdruck des persönlichen, individuellen Nutzens, den sich Mitarbeiter durch ihren Einsatz für das Unternehmen erhoffen. Aufschluss über Möglichkeiten, die Orientierungsintensität zu beeinflussen, bieten motivationstheoretische Konzepte wie z.B. die *Zwei-Faktoren-Theorie* von HERZBERG oder die *Valenz-Instrumentalitäts-Erwartungs-Theorie* von VROOM.[52] Eine weitere wichtige Komponente zur Beeinflussung der Leistungsbereitschaft kommt der Führung und ihrer Rolle der weitgehenden Integration von Unternehmens- und Individualzielen zu.[53] Führungstheorien und -konzepte bieten somit ein zusätzliches Erklärungspotenzial, wie die Leistungsorientierung von Mitarbeitern positiv beeinflusst werden kann.

[49] Vgl. [WEATHERLY 2003], S. 1.

[50] Vgl. [STAEHLE 1999], S. 179ff. Eine Besonderheit der Humanressourcen ist, dass diese nicht wie viele andere Ressourcen verbraucht werden, sondern durch ein geeignetes Management weiterentwickelt werden können und dadurch ein höheres Leistungspotenzial erreichen.

[51] Vgl. [SCHOLZ 2000], S. 331ff.

[52] Vgl. [HERZBERG 1959] und [VROOM 1964].

[53] Vgl. [SCHOLZ 2000], S. 775.

Abschließend ist festzustellen, dass sowohl Orientierungsrichtung als auch Orientierungsintensität für eine hohe Leistungsorientierung entscheidend sind. Bei einer starken Ausprägung der Orientierungsrichtung, aber mangelnder Orientierungsintensität kennen die Mitarbeiter die zu erreichenden Ziele, sind aber nicht bereit, sich für deren Erreichung besonders anzustrengen. Eine hohe Orientierungsintensität würde ohne ein gleichzeitig vorhandenes Mindestmaß an Orientierungsrichtung bedeuten, dass sich die Mitarbeiter sehr anstrengen, aber aufgrund mangelhafter Vorgaben keine oder nicht die erwünschten Ergebnisse erzielen. Somit ist eine hohe Leistung bzw. Produktivität der Mitarbeiter nur durch ein Zusammenspiel von Qualifikation, Zielkenntnis und Motivation bzw. Leistungsbereitschaft zu erwarten.

Gemäß den in Kapitel 6.2.1.1 aufgezeigten Charakteristika sind Humanressourcen besonders dazu geeignet, Wettbewerbsvorteile zu erzielen, da der Wert erzeugende Prozess einer solchen Ressource kaum beobachtbar, hoch komplex und dadurch schwer nachahmbar oder substituierbar ist.[54]

Der Beitrag der Humanressourcen zum Erfolg von Direktinvestitionen in Rumänien ergibt sich durch das Leistungspotenzial und die -orientierung der Mitarbeiter sowie die Güte des Managements vor Ort. Somit lässt sich folgende Hypothese aufstellen:

> H_{HR}: Überlegene Humanressourcen führen zu nachhaltigen Wettbewerbsvorteilen und dadurch zum Erfolg von Direktinvestitionen.

Nachfolgend wird getrennt auf die Humanressourcen Mitarbeiter und Leitung sowie auf die Auswirkung rumänienspezifischer kultureller Aspekte[55] eingegangen.

6.2.2.3.1 Mitarbeiterproduktivität

Wie dargelegt ist das Leistungspotenzial sowie die Leistungsorientierung der Mitarbeiter in Rumänien maßgeblich für deren Produktivität. Somit lässt sich folgende Hypothese aufstellen:

> H_{HRPR}: Eine hohe Leistung bzw. Produktivität der Humanressourcen in Rumänien führt zum Erfolg von Direktinvestitionen.

[54] Vgl. [EVANSCHITZKY 2003], S. 108.
[55] Vgl. Kapitel 4.5.

Um den Zusammenhang zwischen der Leistung bzw. Produktivität der rumänischen Mitarbeiter und dem Erfolg von Direktinvestitionen aufzeigen zu können, wird das Konstrukt *Mitarbeiterproduktivität* gebildet und mit zwei Indikatoren reflektiv operationalisiert.[56]

Potenzieller Erfolgsfaktor	Bezeichnung der Indikatoren	Messmodell
Mitarbeiter-produktivität (HRPR)	Die Belegschaft in Rumänien ist sehr produktiv. (HRPR1) Unsere Mitarbeiter sind maßgeblich für unseren Erfolg in Rumänien verantwortlich. (HRPR2)	reflektiv

Tabelle 6.5: Operationalisierung des potenziellen Erfolgsfaktors *Mitarbeiterproduktivität* (Quelle: eigene Darstellung)

6.2.2.3.1.1 Leistungspotenzial

Das Leistungspotenzial der rumänischen Mitarbeiter als Summe deren Fähigkeiten, Fachkenntnis und Erfahrung ist vor allem im technischen Bereich hoch. Dies ist das Ergebnis des hohen Anteils naturwissenschaftlicher Fächer im Curriculum der Schulen und Universitäten sowie des hohen Ansehens technischer Berufe während des kommunistischen Regimes.[57] Das Leistungspozential im wirtschaftlichen Bereich ist weniger entwickelt. Vor allem Mitarbeiter, die ihre Sozialisationserfahrungen in der Planwirtschaft gemachten haben, können sich häufig nur schwer an die postkommunistischen Rahmenbedingungen anpassen. Eine betriebswirtschaftliche Ausbildung westlicher Prägung gibt es erst seit dem Ende der 90er Jahre in Form von MBA-Programmen. Diese lehnen sich stark an amerikanische Lehrbücher und Lehrinhalte an und sind selten auf die rumänischen Gegebenheiten angepasst, was in der Praxis zu Akzeptanzproblemen bei der Umsetzung der Inhalte führt. Generell kann bezüglich des Leistungspotenzials im wirtschaftlichen Bereich ein großer Unterschied zwischen jüngeren Generationen, die sich an westlichen Standards zu orientieren versuchen, und älteren Generationen beobachtet werden.[58] Dies bedeutet aber nicht, dass alle älteren Rumänen diese Anpassungsschwierigkeiten haben. Ausgehend von dem geschilderten Sachverhalt wird folgende Hypothese aufgestellt:

[56]Vgl. Tabelle 6.5.

[57]Rumänische Universitäten hatten bei den Staaten des Ostblocks sowie bei einer Vielzahl Arabischer Staaten einen exzellenten Ruf bezüglich ihrer naturwissenschaftlichen Disziplinen. Dies manifestierte sich durch die hohe Zahl an Studenten aus den genannten Regionen.

[58]Vgl. [FEICHTINGER 1998], S. 237.

H_{HRLP}: Ein hohes Leistungspotenzial der Humanressourcen in Rumänien führt zu einer hohen Produktivität der Mitarbeiter.

Um die Bedeutung des Leistungspotenzials der Humanressourcen in Rumänien bezüglich der Mitarbeiterproduktivität zu ermitteln, wird das Konstrukt *Leistungspotenzial* eingeführt und durch zwei Indikatoren formativ operationalisiert.[59]

Potenzieller Erfolgsfaktor	**Bezeichnung der Indikatoren**	**Messmodell**
Leistungs-potenzial (HRLP)	Die technischen Kenntnisse unserer rumänischen Mitarbeiter sind sehr gut. (HRLP1) Die betriebswirtschaftlichen Kenntnisse unserer rumänischen Mitarbeiter sind sehr gut. (HRLP2)	formativ

Tabelle 6.6: Operationalisierung des potenziellen Erfolgsfaktors *Leistungspotenzial* (Quelle: eigene Darstellung)

6.2.2.3.1.2 Leistungsorientierung

Die Leistungsorientierung der Mitarbeiter wird neben deren Kenntnis der zu verfolgenden Ziele sowie der Möglichkeiten diese zu erreichen vor allem von deren Motivation bzw. Leistungsbereitschaft bestimmt. Folgende Hypothese wird aufgestellt:

H_{HRLO}: Eine hohe Leistungsorientierung bzw. Motivation der Humanressourcen in Rumänien führt zu einer hohen Produktivität der Mitarbeiter.

Um die Bedeutung der Leistungsorientierung der Humanressourcen in Rumänien bezüglich der Mitarbeiterproduktivität zu ermitteln, wird das Konstrukt *Leistungsorientierung* eingeführt und durch zwei Indikatoren reflektiv operationalisiert.[60]

Nachfolgend werden nach einer kurzen Begriffsklärung ausgewählte *Motivations-* und *Führungstheorien* dargestellt und Empfehlungen bezüglich der Berücksichtigung der kulturellen Besonderheiten rumänischer Mitarbeiter bei deren Umsetzung abgeleitet.

[59] Vgl. Tabelle 6.6.

[60] Vgl. Tabelle 6.7.

Potenzieller Erfolgsfaktor	Bezeichnung der Indikatoren	Messmodell
Leistungs-orientierung (HRLO)	Unsere Belegschaft in Rumänien zeichnet sich durch eine hohe Einsatzbereitschaft aus. (HRLO1) Die Belegschaft in Rumänien ist sehr motiviert die vorgegebenen Ziele zu erreichen. (HRLO2)	reflektiv

Tabelle 6.7: Operationalisierung des potenziellen Erfolgsfaktors *Leistungsorientierung* (Quelle: eigene Darstellung)

6.2.2.3.1.2.1 Ausgewählte Motivationstheorien

Die Lebens- und Berufserfahrungen sowie die gegenwärtige Lebens- und Arbeitssituation prägen die *Bedürfnisse* und *Motive* der Mitarbeiter. Bedürfnisse sind physiologische Ungleichgewichte und den Motiven vorgelagert. Zu unterscheiden sind angeborene, primäre Bedürfnisse, wie z.B. das Bedürfnis nach Nahrung, sowie erworbene, sekundäre Bedürfnisse, wie z.B. das Bedürfnis nach Anerkennung. Im Unterschied zu den Bedürfnissen kommt bei den Motiven die Bereitschaft hinzu, die physiologische Ungleichgewichte zu beseitigen. Aus diesem Grund gelten Motive als Auslöser von menschlichen Handlungen.

Die ersten *motivationstheoretischen Ansätze* entstanden in den 30er Jahren des letzten Jahrhunderts als Gegenbewegung zum mechanistischen Menschenbild des *Taylorismus*, welches den Menschen als Produktionsfaktor wahrnahm.[61] Diese einseitige ingenieurwissenschaftliche Perspektive wurde durch die von MAYO, MASLOW, HERZBERG eingeleitete *Human Relations Bewegung*, zugunsten der Vorstellung des Menschen als sozial motiviertes Gruppenwesen, abgelöst.[62] MAYO folgerte auf Basis der Ergebnisse der bei der Western Electric Company in Chicago durchgeführten *Hawthorne-Experimente*, dass die Arbeitsleistung der Mitarbeiter nicht nur von objektiven Arbeitsbedingungen, sondern zum Großteil von sozialen Faktoren abhängt.[63]

Trotz einer Vielzahl an motivationstheoretischen Arbeiten gibt es aktuell keine universale, allgemein gültige Motivationstheorie, die umfassend und abschließend erklärt, wie menschliches Verhalten in wirtschaftlichen Unternehmen beeinflussbar ist, sondern einzelne verschiedene motivationstheoretische Erklärungsansätze. Innerhalb dieser Ansätze sind *Inhalts-* und *Prozesstheorien* zu unterscheiden.

[61] Vgl. [HEINEN 1984], S. 147.
[62] Vgl. [MAYO 1933], [MASLOW 1943] und [HERZBERG 1959].
[63] Vgl. [MAYO 1933].

Inhaltstheorien beschäftigen sich mit Inhalt und Art von Motiven und versuchen zu erklären, welches Motiv für ein bestimmtes Verhalten ursächlich ist. Das Individuum wird als Objekt betrachtet, das auf Bedürfnisse und Umweltreize reagiert. Eine der bekanntesten Arbeiten hierzu ist die von MASLOW. Dieser postuliert nachfolgende fünf grundlegende und aufeinander hierarchisch aufbauende Kategorien von Bedürfnissen:[64]

- körperliche Bedürfnisse, wie z.B. Nahrung, Schlaf, Unterkunft,
- Bedürfnis nach Sicherheit, wie z.B. Schutz vor Gefahren und Willkür,
- soziale Bedürfnisse, wie z.B. Zugehörigkeit, Freundschaft, Liebe,
- Bedürfnis nach sozialer Wertschätzung, wie z.B. Status, Einfluss, Anerkennung, Wohlstand und
- Bedürfnis nach Selbstverwirklichung, wie z.B. Individualität, Talententfaltung, Erleuchtung.

Nach MASLOW sind die Menschen zuerst bestrebt, die Bedürfnisse der niedrigen Kategorien zu befriedigen, bevor die Bedürfnisse der höheren Kategorien von Bedeutung werden. Ist ein niedriger bewertetes Bedürfnis gestillt, nimmt der Motivationsfaktor deutlich ab, die Erfüllung der nächst höherwertigen Bedürfnisse hat nun die höchste Motivationswirkung. Bezüglich der interkulturellen Anwendbarkeit von MASLOWS Ergebnissen ist festzustellen, dass diese ein westlich-industriell sozialisiertes Statusdenken und eine individualistische Kultur voraussetzen und somit nicht vollständig auf andere Kulturen übertragbar sind.

Auch die von HERZBERG aufgestellte *Zwei-Faktoren-Theorie* zählt zu den Inhaltstheorien der Arbeitsmotivation und wird häufig als Weiterentwicklung von MASLOWs Erkenntnissen angesehen.[65] Ausgehend von 203 Interviews mit Ingenieuren und Buchhaltern, die HERZBERG zusammen mit seinen Mitarbeitern MAUSNER und SNYDERMAN bei Pittsburgh durchführten, ermitteln diese 16 Faktoren, die entweder zur Arbeitszufriedenheit oder zur Arbeitsunzufriedenheit führen. Von entscheidender Bedeutung ist, dass Faktoren, die sich positiv auf die Arbeitszufriedenheit der Mitarbeiter auswirken, andere sind als die Faktoren, die zur Unzufriedenheit führen. Das Gegenteil von Arbeitszufriedenheit ist nicht Arbeitsunzufriedenheit, sondern keine Arbeitszufriedenheit, das Gegenteil von Arbeitsunzufriedenheit nicht Arbeitszufriedenheit, sondern keine Arbeitsunzufriedenheit.[66] Somit stellen Arbeitszufriedenheit und Arbeitsunzufriedenheit nicht

[64]Vgl. [MASLOW 1943], S. 372ff.
[65]Vgl. [STEINMANN 2005], S. 561.
[66]Vgl. [HERZBERG 1968], S. 57.

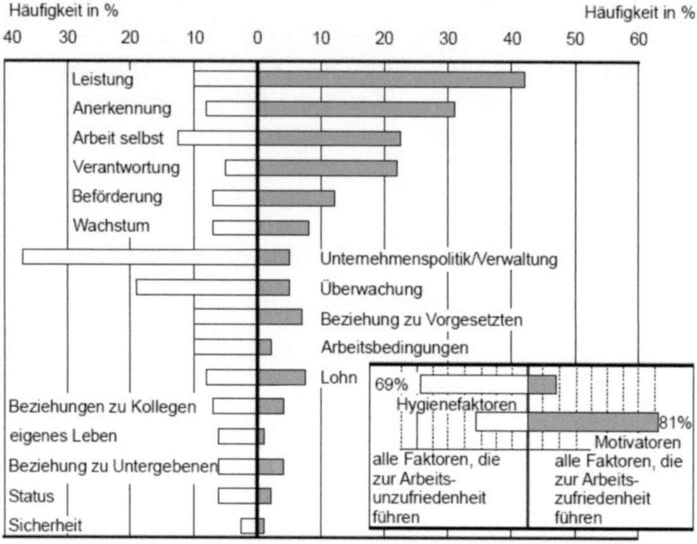

Abbildung 6.5: Ergebnisse der Pittsburgh-Studie (Quelle: [STEINMANN 2005], S. 559.)

die beiden Extreme derselben Eigenschaft dar, sondern müssen als zwei unabhängige Eigenschaften angesehen werden. Aufgrund dieser Feststellung verwendet HERZBERG die Bezeichnung *Zwei-Faktoren-Theorie* und unterteilte die durch die Interviews ermittelten Faktoren in so genannte Hygienefaktoren und Motivatoren. Mit Hygienefaktoren werden Faktoren bezeichnet, die bei positiver Ausprägung die Entstehung von Unzufriedenheit verhindern, aber langfristig keine motivierende Wirkung entfalten.[67] Motivatoren sind dagegen diejenigen Faktoren, die ganz individuelle Bedürfnisse der Mitarbeiter befriedigen und somit Zufriedenheit bei diesen auslösen. Diese kommen schwerpunktmäßig aus dem Arbeitsinhalt und motivieren die Mitarbeiter, mehr zu leisten als bisher.[68] Abbildung 6.5 zeigt die von HERZBERG ermittelten Hygiene- und Motivationsfaktoren auf.

[67]Vgl. [HERZBERG 1959], S. 107ff. Der Begriff des Hygienefaktors ist im medizinischen Sinne zu interpretieren. Hygiene kann ein Erkranken verhindern, aber keine Krankheit heilen. Ebenso kann die Beachtung der Hygienefaktoren dazu dienen, Unzufriedenheit am Arbeitsplatz zu vermeiden, aber dadurch wird noch keine echte Arbeitszufriedenheit geschaffen.

[68]Vgl. [HERZBERG 1959], S. 113ff.

Obwohl die Arbeit von HERZBERG nicht frei von Kritik ist,[69] gibt sie einen guten Überblick über die wesentlichen Einflussfaktoren, die die Mitarbeitermotivation positiv beeinflussen.

Im Gegensatz zu den bereits genannten Theorien geht MCCLELLAND davon aus, dass Bedürfnisse nicht gegeben im Sinne von angeboren sind.[70] Vielmehr werden diese durch die Interaktion mit der kulturellen Umwelt erlernt. Nach MCCLELLAND gibt es für die menschliche Motivation drei dominante Bedürfnisse:[71]

- das Bedürfnis nach Leistung (Need for achievement - Dieses Bedürfnis manifestiert sich, indem versucht wird, schwierige und fordernde Aufgaben auf hohem Niveau zu lösen. Die Lösung solcher Aufgaben sowie ein damit verbundenes Feedback führt zur Befriedigung dieses Bedürfnisses.),
- das Affiliations- oder Zugehörigkeitsbedürfnis (Need for affiliation - Dieses Bedürfnis äußert sich durch das Streben, Bestandteil einer Gruppe zu sein und dort Sicherheit zu finden. Individuen mit einem hohem Zugehörigkeitsstreben bevorzugen harmonische soziale Beziehungen zu Mitmenschen und Interaktionen mit geringem Wettbewerb.) sowie
- das Machtbedürfnis (Need for power - Das Machtstreben äußert sich im Versuch, eine Kontroll- und Einflussposition gegenüber anderen Individuen zu erlangen.).

Neben den drei genannten Grundmotiven beschreibt MCCLELLAND des Weiteren das Vermeidungsmotiv (Fear of failure). Dieses ist im Zusammenhang mit den drei Grundmotiven zu sehen. Es entsteht z.B. aus der Angst vor dem Versagen am Arbeitslatz (Leistungsbedürfnis) oder z.B. der Furcht vor Zurückweisung (Zugehörigkeitsmotiv).[72] Generell sind in jedem Menschen alle genannten Bedürfnisse präsent, deren Bedeutung variiert aber von Individuum zu Individuum. Dennoch dominiert in Abhängigkeit der Persönlichkeit eins der Bedürfnisse. Für die vorliegende Arbeit ist vor allem MCCLELLANDS Feststellung relevant, dass es eine Vielzahl von Kombinationen aus Streben nach Leistung, Zugehörigkeit und Macht gibt, diese aber im Wesentlichen von der aktuellen Situation, der persönlichen Erfahrungen und der Landes- bzw. Unternehmenskultur der Mitarbeiter abhängig sind.[73]

[69]Vgl. [NEUBERGER 1974], S. 126ff.
[70]Vgl. [MCCLELLAND 1961], S. 126ff.
[71]Vgl. [MCCLELLAND 1987], S. 223ff.
[72]Vgl. [MCCLELLAND 1987], S. 392ff.
[73]Vgl. [MCCLELLAND 1987], S. 598ff.

Die drei dargestellten Theorien zeigen auf, dass alle Menschen bestimmte Bedürfnisse haben, seien diese angeboren oder erlernt, und dass die Befriedigung dieser zur Verhaltenssteuerung eingesetzt werden kann. Eine genaue Anweisung, wie dies geschehen soll, bieten diese Theorien aber nicht.

Prozesstheorien gehen der Frage nach, wie ein bestimmtes Verhalten des Einzelnen generiert und gelenkt werden kann. Der Fokus liegt im Vergleich zu den Inhaltstheorien auf den Prozessen und Einflussfaktoren, die eine Person zu einem bestimmten Verhalten veranlassen, jedoch losgelöst von Bedürfnisinhalten. Prozesstheorien betrachten das Individuum als Subjekt, das aufgrund von Erwartungen über die Folgen seiner Anstrengungen rationelle Entscheidungen trifft und danach agiert. Exemplarisch für die verschiedenen Prozesstheorien wird die *Valenz-Instrumentalitäts-Erwartungs-Theorie (VIE)* von VROOM kurz vorgestellt, da diese das Grundmodell für die meisten anderen Prozesstheorien ist.[74] VROOM geht davon aus, dass die Leistungsmotivation eines Individuums nicht nur von dessen individuellen Anlagen und Sozialisation, sondern vor allem von aktuellen situativen Faktoren abhängt.

Grundlage der VIE-Theorie ist die Annahme, dass Leistung nur dann als erstrebenswert angesehen wird, wenn damit ein erwünschtes Ziel erreicht werden kann. Ein Individuum verhält sich als Nutzenmaximierer und entscheidet sich für diejenige Alternative, deren zu erwartender subjektiver Gesamtnutzen maximal ist. Der Gesamtnutzen einer Alternative wird durch die Multiplikation des Nutzen des Ereignisses mit dessen Eintrittswahrscheinlichkeit ermittelt. VROOM führt zur Erklärung von motivational getroffenen Entscheidungen nachfolgende Begriffe ein:[75]

- Handlungsergebnisse (j). Darunter sind die direkten Ergebnisse des Handelns oder auch Nicht-Handelns einer Person zu verstehen. Ein Beispiel dafür ist die aus einer sehr guten Arbeitsleistung resultierenden Beförderung im Beruf.
- Handlungsfolgen (k). Darunter wird die Wirkung eines Handlungsergebnises auf andere Lebensbereiche subsumiert. So ist beispielsweise eine Beförderung auch mit mehr Verantwortung, weniger Freizeit und einer höheren Vergütung verbunden.
- Instrumentalität (I) bezeichnet das Verhältnis zwischen dem Handlungsergebnis und den damit verbundenen Handlungsfolgen. Ein Handlungsergebnis kann bezogen auf die sich daraus ergebenden Handlungsfolgen sowohl eine positive als auch eine negative Instrumentalität aufweisen. So hat beispielsweise das Handlungsergebnis Beförderung eine positive Instrumentalität hinsichtlich der damit

[74] Vgl. [VROOM 1964].
[75] Vgl. [VROOM 1964], S. 15ff.

verbundenen Handlungsfolge einer höheren Vergütung und eine negative Instrumentalität hinsichtlich der Handlungsfolge weniger Freizeit.

- Valenz (V) zeigt den subjektiven Wert von Handlungsergebnissen und Handlungsfolgen auf. Die Valenz eines Handlungsergebnisses ist abhängig von der Valenz der damit verbundenen Handlungsfolgen und deren Instrumentalität. Im Bezug auf das Beispiel Beförderung ergibt sich deren Valenz aus der Valenz der Handlungsfolge höheren Einkommens und deren positiven Instrumentalität sowie aus der Valenz der geringeren Freizeit und deren negativen Instrumentalität. Die Valenz eines Handlungsergebnisses gibt an, wie erstrebenswert dieses ist. Auf Basis der Valenz wird jedoch noch keine Entscheidung getroffen, ob Handlungen vorgenommen werden, um das gewünschte Ergebnis zu erreichen.

- Erwartung (E) als subjektiv wahrgenommene Eintrittswahrscheinlichkeit von Ergebnissen. VROOM unterscheidet zwischen Handlungs-Ergebnis-Erwartungen und Ergebnis-Folge-Erwartungen. Die Handlungs-Ergebnis-Erwartung ist die subjektive Wahrscheinlichkeit, dass durch bestimmte Anstrengungen und Handlungen ein gewolltes Ergebnis eintritt. Ein Beispiel dafür ist die subjektive Einschätzung eines Mitarbeiters, dass dessen Anstrengungen auch zu sehr guten Arbeitsergebnissen führen. Mit Ergebnis-Folge-Erwartung wird die subjektive Wahrscheinlichkeit bezeichnet, mit der das erreichte Ergebnis zu den damit erhofften Folgen führt. Ein Beispiel hierfür ist die subjektive Einschätzung eines Mitarbeiters, dass sehr gute Arbeitsergebnisse auch mit einer Beförderung belohnt werden.

Die Valenz und die Instrumentalität können Werte zwischen -1 und $+1$ annehmen, die Erwartungen solche zwischen 0 und 1. Bezüglich der Valenz bedeutet eine 1, dass ein Ergebnis als erstrebenswert, eine -1 als nicht erstrebenswert und eine 0 als indifferent eingestuft wird. Eine positive Ausprägung der Instrumentalität ist als eine erwünschten Handlungsfolge, eine negative als eine unerwünschte zu interpretieren. Erwartungen mit einem Wert nahe 1 bringen zum Ausdruck, dass die subjektive Wahrscheinlichkeit für das Eintreten eines Ereignisses sehr hoch ist. Ein Wert nahe 0, dass diese sehr gering ist. Nachfolgende Abbildung stellt die mathematische Formulierung der *Valenz-Instrumentalitäts-Erwartungs-Theorie* dar.

Nachfolgend werden ausgewählte Führungstheorien und deren zusätzliches Erklärungspotenzial für die Beeinflussung der Leistungsorientierung von Mitarbeitern angesprochen.

$$P = f(M \times A)$$

P = Arbeitsleistung E = Erwartung
M = Motivation V = Valenz
A = Fähigkeiten I = Instrumentalität

$$M_i = f_i\left[\sum_{j=1}^{n}(E_{ij} \times V_j)\right]$$

Die Motivation, eine Handlungsalternative i zu wählen, ergibt sich als Produkt der Erwartung mit dieser ein Ergebnis j zu erreichen und der Valenz des Ergebnisses von j, aufsummiert über alle möglichen Ergebnisse.

$$V_j = f_j\left[\sum_{k=1}^{n}(V_k \times I_{jk})\right]$$

Die Valenz eines Ergebnisses j ergibt sich als Produkt der Instrumentalität von j für eine Handlungsfolge k und der Valenz von k, aufsummiert über alle möglichen Handlungsfolgen.

Abbildung 6.6: Mathematische Formulierung der VIE-Theorie (Quelle: [BÜHNER 2005], S. 270.)

6.2.2.3.1.2.2 Ausgewählte Führungstheorien

Führung wird als die zielbezogene Beeinflussung der Einstellungen und des Verhaltens von Individuen oder Gruppen durch Kommunikation definiert. Dabei ist zwischen einer direkten oder interaktiven Führung durch Menschen und einer indirekten oder organisatorischen Führung durch Strukturen wie z.B. durch Anreizsysteme oder Hierarchiestrukturen zu unterscheiden.[76]

Führungstheorien versuchen den Führungserfolg zu erklären, um dadurch Möglichkeiten aufzuzeigen, wie dieser beeinflusst werden kann. Ähnlich wie bei den Motivationstheorien gibt es trotz einer Vielzahl an führungstheoretischen Ansätzen keine universale, allgemein gültige Führungstheorie, die umfassend und abschließend erklärt, wie Führungserfolg generiert wird, sondern einzelne unterschiedliche Erklärungsansätze. Diese können nach den Bedingungen oder Prozessen, die dabei im Mittelpunkt des Interesses stehen, wie folgt klassifiziert werden:

- Führungstheorien, welche die persönliche Eigenschaften des Führers oder die des Geführten als erklärende Variable nutzen. Diese auch als *Eigenschaftstheorien* bezeichneten Ansätze waren in den 40er Jahren des letzten Jahrhunderts die dominierenden Forschungs- und Erklärungsansätze. Unter der Annahme, dass die Fähigkeit erfolgreich zu führen eine relativ stabile, von Zeit und Situation unabhängige Persönlichkeitscharakteristika ist, war es das Ziel dieser Ansätze, die

[76] Vgl. [JUNG 2008], S. 410.

Persönlichkeitsmerkmale erfolgreicher Führungspersonen zu ermitteln. Die Forschungsergebnisse waren jedoch ernüchternd, denn die festgestellten Zusammenhänge waren gering und streuten je nach Untersuchung stark. Man kann zwar davon ausgehen, dass gewisse Persönlichkeitseigenschaften wie z.B. eine höhere Intelligenz, eine größere Extraversion und eine hohe Selbstsicherheit die Wahrscheinlichkeit des Führungserfolgs erhöhen, diese aber keine Prädiktoren dafür sind. Die Nichtberücksichtigung situativer Merkmale wie die Art der Arbeitsaufgabe oder das Arbeitsumfeld ist der Hauptkritikpunkt an den Eigenschaftstheorien.[77]

- Führungstheorien, die die Interaktion zwischen Führer und Geführten als erfolgsrelevante Größe untersuchen. Ausgehend von der Kritik an den eigenschaftsorientierten Ansätzen entwickelten sich zu Beginn der 50er Jahre des letzten Jahrhunderts die *verhaltensorientierten Ansätze*. Diese Ansätze gehen davon aus, dass das Führungsverhalten ursächlich für den Führungserfolg ist. Um diesen Zusammenhang zu untersuchen, wurden einerseits Führungsverhaltensweisen beobachtet, klassifiziert und allgemeine Verhaltensmuster in Form von Führungsstile identifiziert und anderseits der Einfluss der verschiedenen Führungsstilen auf den Führungserfolg untersucht. Als Verdienst dieser Ansätze kann die Ermittlung von grundlegenden Dimensionen des Führungsverhaltens angesehen werden. Kritisiert wird, dass diese Ansätze die Führungssituation selbst nicht berücksichtigen. So kommt es häufig vor, dass Führungskräfte je nach Situation einen anderen Führungsstil aufweisen und das Postulat des einen Führungsstils der Führungskraft nicht immer gilt.[78]

- Führungstheorien, die Führungssituationen als erfolgsrelevante Variable ansehen. Diese *Situations- oder Kontingenztheorien* berücksichtigen die der Verhaltenstheorien entgegengebrachte Kritik und beziehen Situationavariablen wie die Anzahl und Struktur der zu führenden Mitarbeiter, die zu lösende Arbeitsaufgaben sowie externe Einflüsse wie z.B. spezifische Landeskulturen und -normen in die Erklärung von Führungserfolg als moderierende Variablen mit ein. Aufgrund der Komplexität realer Situationen existiert keine umfassende Theorie, die alle Situationsvariablen berücksichtigt, sondern einzelne Ansätze die ausgewählte Variablen und deren Interdependenzen analysieren. Dies wird bezüglich der praktischen Verwertbarkeit der Ergebnisse dieser Ansätze kritisiert. Trotz der Kritik zeigen die der Situationstheorie zugeordneten Arbeiten auf, dass unterschiedliche Gruppen-

[77]Vgl. [Heinen 1984], S. 148, [Jung 2008], S. 416f., [Macharzina 2008], S. 571f. und [Raich 2005], S. 30ff.

[78]Vgl. [Jung 2008], S. 417f. und [Raich 2005], S. 32f.

und Führungssituationen unterschiedliche Führungsstile erfordern und dass erfolgreiche Führer über analytische Fähigkeiten verfügen müssen, um das eigene Führungsverhalten den Umständen entsprechend anpassen zu können.[79]

- Führungstheorien, die die wechselseitigen sozialen Einflussprozesse zwischen Führer und Geführten zur Erklärung von Führungserfolg berücksichtigen. Diese *Interaktionstheorien* berücksichtigen im Gegensatz zu den bisher genannten Theorien die Beeinflussbarkeit von Personen untereinander und somit die Tatsache, dass auch Individuen ohne formale Führungsfunktionen andere in ihrem Kommunikationsumfeld tätigen Individuen beeinflussen können. Ausgehend von der Annahme, dass die Einflussbeziehungen zwischen Organisationsmitgliedern zunächst neutral sind, wird untersucht inwiefern Persönlichkeitsmerkmale, Fähigkeiten sowie die Ausstattung mit formalen Machtattributen die Interaktions- strukturen beeinflussen und zu einer Gleich-, Über- oder Unterordnung führen. Der wesentliche Fortschritt dieser Theorie ist die Verbindung einzelner Aspekte der Eigenschafts-, Verhaltens- und Kontingenztheorie zu einem integrierenden und prozessorientierten Ansatz. Leider geschieht dies nur auf einer deskriptiven Ebene. Auch hier führt die Komplexität der Realität dazu, dass kein umfassendes Variablensystem der Führung entwickelt wurde, welches die Ableitung normativer Aussagen ermöglicht.[80]

Der Überblick über die bekanntesten Erklärungsansätze zeigt, dass es unmöglich ist, Führungserfolg mithilfe eines Modelles zu erklären oder zu verstehen. Es ist eher davon auszugehen, dass Führungserfolg in einem dynamischen, komplexen und mehrdeutigen Umfeld vor allem auf dem Wissen der Führungskraft bezüglich menschlicher und zwischenmenschlicher Vorgänge beruht. Denn dieses spezifische Wissen erhöht die Wahrscheinlichkeit, dass der Führende sich situativ richtig verhält. Bezüglich der Motivation von Mitarbeitern sind vor allem die Aussagen der verhaltens- und situationsorientierten Führungstheorien von Bedeutung. Ein Führungsverhalten, das mit der in Rumänien vorhandenen Landeskultur kompatibel ist, motiviert die Mitarbeiter stärker als eines, das auf die Sozialisationserfahrungen der Rumänen kein Rücksicht nimmt.

Um im nachfolgenden Kapitel ein mit der rumänischen Landeskultur kompatiblen Führungsstil herauszuarbeiten, wird zur Identifikation möglicher Führungsstile das von

[79] Vgl. [Aschauer 1970], S. 78f., [Jung 2008], S. 418f. und [Macharzina 2008], S. 576f.
[80] Vgl. [Jung 2008], S. 419f. und [Macharzina 2008], S. 577f.

SCHAPER und LIEBEREI vorgeschlagene Klassifikationschema angewandt.[81] Die drei Dimensionen:

- Aufgabenorientierung (AO - bezeichnet ein Führungsverhalten, bei dem die Zielerreichung, die Etablierung von Leistungsstandards sowie die Kontrolle deren Erreichung im Vordergrund steht.),
- Mitarbeiterorientierung (MO - bezeichnet ein Führungsverhalten, dass auf die Bedürfnisse der Mitarbeiter über den unmittelbaren Kontext der Arbeit hinaus eingeht. Offenheit, Zugänglichkeit, Respekt sowie Unterstützung sind zentrale Bestandteile dieses Führungsverhaltens.) und
- Partizipation (P - bezeichnet ein Führungsverhalten, bei dem Mitarbeiter in Entscheidungsprozesse miteinbezogen werden. Unabhängig von dem Ausmaß der Aufgaben- und Mitarbeiterorientierung kann die Einbeziehung der Mitarbeiter durch ihre Führungskraft hoch oder niedrig ausgeprägt sein.)

beschreiben acht verschiedene Führungsstile, die in Tabelle 6.8 dargestellt werden.

Ausgehend von den Ausführungen zu *Motivations-* und *Führungstheorien* werden nachfolgend Empfehlungen bezüglich der Ausgestaltung von Anreizen sowie der Anwendung eines passenden Führungsstils abgeleitet, welche die kulturellen Besonderheiten rumänischer Mitarbeiter adäquat berücksichtigen.

[81] Vgl. [SCHAPER 2001]. Das von SCHAPER und LIEBEREI dargestellte Klassifikationschema von Führungsstilen ist im Wesentlichen eine inhaltliche Erweiterung der wahrscheinlich am weitest verbreiteten Typologie von Führungsverhalten von TANNENBAUM und SCHMIDT. Vgl. [TANNENBAUM 1958].

Tabelle 6.8: Führungsstile nach SCHAPER und LIEBEREI

Führungsstil	Beschreibung der Führungsstile	Ausprägung der Dimensionen
Autoritärer Führungsstil	Für die Führungskraft steht das Erfüllen der Aufgaben und eine starke Leistungsorientierung im Zentrum ihres Führungsverständnisses. Die Belange und das Mitspracherecht der Mitarbeiter werden dabei stärker vernachlässigt. Innerhalb eines streng hierarchischen Unterstellungsverhältnisses herrscht eine klare Abgrenzung von Kompetenzen und Entscheidungsbefugnissen. Kommunikation erfolgt hauptsächlich über den Dienstweg. Die Führungskraft nimmt weniger Rücksicht auf persönliche Sorgen, Wünsche oder die Bedürfnisse ihrer Mitarbeiter. Die Motivierung von Mitarbeitern erfolgt häufig über finanzielle Anreize oder Sanktionen.	**AO $\Uparrow$ MO $\Downarrow$ P $\Downarrow$**
Patriarchalischer Führungsstil	Die Führungskraft ist sehr stark aufgabenorientiert, nimmt aber auch Rücksicht auf die Bedürfnisse der Mitarbeiter. Obwohl die Entscheidungskompetenz in den Händen der Führungskraft liegt, ist diese bestrebt, die Mitarbeiter vorab von der Richtigkeit der zu treffenden Entscheidungen zu überzeugen. Die Führungskraft hat ein starkes Verantwortungsgefühl für Aufgaben und Mitarbeiter.	**AO $\Uparrow$ MO $\Uparrow$ P $\Downarrow$**
Laissez-faire Führungsstil	Die Führungskraft kümmert sich nicht in ausreichendem Maße um die Belange ihrer Mitarbeiter und um die sachgemäße Erledigung und Delegation von Tätigkeiten und Aufgaben. Sie nimmt ihre Führungsaufgaben und Pflichten nicht in angemessener Weise wahr. Sie fördert und fordert ihre Mitarbeiter nicht.	**AO $\Downarrow$ MO $\Downarrow$ P $\Downarrow$**

Fortsetzung auf der nächsten Seite

Fortsetzung

Führungsstil	Beschreibung der Führungsstile	Ausprägung der Dimensionen
Delegierender Führungsstil	Die Führungskraft beteiligt die Mitarbeiter in allen die Arbeit betreffenden Angelegenheiten. Verantwortung und Aufgaben werden nicht angemessen an ihre Mitarbeiter delegiert, sondern eher abgeschoben. Dabei wird nicht berücksichtigt, welche Qualifikation die Mitarbeiter mitbringen. Mitarbeiter können dadurch überfordert werden. Ihre Mitarbeiter werden somit nicht angemessen gefördert und gefordert. Die Führungskraft erteilt oft unverbindlich formulierte Arbeitsanweisungen. Aufgaben können somit oft nicht hinreichend präzise ausgeführt werden.	**AO $\Downarrow$ MO $\Downarrow$ P $\Uparrow$**
Fördernder Führungsstil	Die Führungskraft schafft Arbeitsbedingungen, die die Leistungsmotivation der Mitarbeiter fördert, da sie um die Wünsche und Besonderheiten ihrer Mitarbeiter weiß. Sie beteiligt die Mitarbeiter an anstehenden Aufgaben in Form einer transparenten Informationspolitik. Sie ist zudem sehr teamorientiert. Allerdings gerät die Erfüllung der Aufgaben dabei eher in den Hintergrund.	**AO $\Downarrow$ MO $\Uparrow$ P $\Uparrow$**
Überfordernder Führungsstil	Die Führungskraft beteiligt ihre Mitarbeiter an den Aufgaben, deren Erledigung stark im Vordergrund stehen. Sie betont Leistung und Zielerreichung, so dass die Mitarbeiter damit leicht überfordert sein können. Die Qualifikation und die Besonderheiten ihrer Mitarbeiter werden nicht ausreichend berücksichtigt. Sie fordert oft auch dann die Selbstständigkeit ihrer Mitarbeiter, wenn diese nicht dazu in der Lage sind.	**AO $\Uparrow$ MO $\Downarrow$ P $\Uparrow$**

Fortsetzung auf der nächsten Seite

Fortsetzung

Führungsstil	Beschreibung der Führungsstile	Ausprägung der Dimensionen
Kooperativer Führungsstil	Die Führungskraft fördert und fordert die Selbstständigkeit ihrer Mitarbeiter. Dabei wird das Erreichen von Zielen und die Umsetzung von Aufgaben nicht vernachlässigt. Mitarbeiter wirken im starkem Maße bei der Gestaltung ihrer Arbeit mit. Die Führungskraft vereinbart mit den Mitarbeitern Ziele, plant mit diesen die Arbeitsdurchführung und strukturiert auf diese Weise die Aufgabe. Die Führungskraft setzt Überzeugung, Motivation und Beratung ein, um die betrieblichen Ziele und Interessen durchzusetzen. Bei Konflikten steht die sachliche Problemlösung im Vordergrund.	**AO $\Uparrow$ MO $\Uparrow$ P $\Uparrow$**
Kumpelhafter Führungsstil	Die Führungskraft steht ihren Mitarbeitern freundschaftlich und wohlwollend gegenüber. Sie ist an der Befindlichkeit ihrer Mitarbeiter interessiert und zeigt für sie viel Verständnis. Das Verhältnis zu den Mitarbeitern ist besonders gekennzeichnet durch informelle Beziehungen (z.B. erkundigt sich die Führungskraft nach dem Privatleben der Mitarbeiter). Dabei geraten die Erfüllung von Aufgaben und die Beteiligung der Mitarbeiter daran eher in den Hintergrund.	**AO $\Downarrow$ MO $\Uparrow$ P $\Downarrow$**

Quelle: [SCHAPER 2001], S. 23ff.

6.2.2.3.1.2.3 Schlussfolgerung für die Leistungsorientierung und das Leistungspotenzial der rumänischen Mitarbeiter vor Ort

Die Mitarbeitermotivation kann, wie aufgezeigt, als Produkt von individuellen Motiven und Merkmalen einer aktuellen Situation, in der Anreize auf die Motive einwirken und diese aktivieren, angesehen werden. Generell lassen sich zwei Arten von Motivation unterscheiden. Die intrinsische Motivation beruht auf dem eigenen, inneren Antrieb der Mitarbeiter. Hier haben vor allem die Arbeitsinhalte in Form von verantwortungsvollen und wichtigen Tätigkeiten, Entscheidungsfreiheiten und persönlichen Entwicklungsmöglichkeiten einen entscheidenden Einfluss auf die Arbeitsmotivation. Die extrinsische Motivation hingegen beruht auf den von den Mitarbeitern erwarteten Folgen ihrer Arbeitstätigkeit und entsteht durch die von Vorgesetzten und Unternehmensleitung gesetzten externen Anreize.[82] Typische Beispiele dafür sind Gehaltserhöhungen, Beförderungen oder Belobigungen. Die intrinsische und extrinsische Motivation schließen sich grundsätzlich nicht aus, sind aber auch nicht einfach kumulierbar, denn extrinsische Motivationsfaktoren können eine vorhandene intrinsische Motivation teilweise oder ganz verdrängen.[83] Bezüglich der Motivation von Mitarbeitern hat sich aufgrund deren Beeinflussbarkeit die extrinsische Motivation als dominantes Konzept durchgesetzt.

EXTRINSISCHE MOTIVATION				**INTRINSISCHE MOTIVATION**
Materielle Anreize		**Immaterielle Anreize**		
finanzielle Anreize				
Direkte finanzielle Anreize	***Indirekte finanzielle Anreize***	***Soziale Anreize***	***Organisatorische Anreize***	***Anreize der Arbeit selbst***
Basisgehalt variables Gehalt Sonderprämien	berufliche Vorsorge zusätzl. Versicherung Firmenwagen Kinderbetreuung Parkplätze Baudarlehen Bildungurlaube Sabbaticals bes. Weiterbildung ...	Führungsstil Gruppen-mitgliedschaft Anerkennung Status Kommunikation Information	Arbeitszeit-system Personal-entwicklung Personaleinsatz	Ganzheitlichkeit Anforderungsvielfalt Autonomie Wesentlichkeit Lern- & Entwicklungs-möglichkeiten

Abbildung 6.7: Anreize zur Steigerung der Motivation (Quelle: [Bayard 1997], S. 88.)

Die verschiedenen Anreize, die die Motivation von Mitarbeitern beeinflussen, können anhand verschiedener Kriterien klassifiziert werden. Bezüglich der extrinsischen Moti-

[82] Vgl. dazu die Ausführungen von Herzberg, der zwischen Hygienefaktoren und Motivatoren unterscheidet [Herzberg 1959], S. 107ff.

[83] Vgl. [Holtbrügge 2007], S. 177.

vation, deren Beeinflussung hier im Mittelpunkt steht, wird zwischen materiellen und immateriellen Anreizen unterschieden. Materielle Anreize, die häufig auch als finanzielle Anreize bezeichnet werden, können direkter oder indirekter Art sein. Immaterielle Anreize können soziale Anreize in Form eines bestimmten Führungsstils oder einer bestimmten Kommunikationsform sein, organisatorische Anreize spiegeln sich in Form bestimmter organisationaler Gegebenheiten wider.[84] Abbildung 6.7 gibt einen Überblick über die am häufigsten eingesetzten Anreize.

Bezüglich der Gestaltung von Anreizen, die auf die rumänische Belegschaft vor Ort motivierend wirken, bietet die Untersuchung von PRODAN und GASPAR eine mögliche Hilfestellung.[85] Auf Basis einer schriftlichen Befragung von 143 rumänischen Beschäftigten unterschiedlicher Unternehmen ermitteln PRODAN und GASPAR Sachverhalte, die die Befragungsteilnehmer in deren aktuellen Arbeitsumwelt als negativ sowie als positiv empfinden. Negative Aspekte sind:[86]

- die subjektive, nicht transparente Leistungsmessung und -honorierung. Das Vergütungssystem basiert mehr auf vorhandene Beziehungen als auf die individuell erbrachte Leistung;
- die Nichteinbeziehung der Mitarbeiter in betriebliche Entscheidungen. Diese werden häufig ohne Absprache mit den Mitarbeitern und ohne weitere Erklärungen getroffen und umgesetzt;
- die mangelhafte interne Kommunikationspolitik der Unternehmen. Die Mitarbeiter erhalten dadurch den Eindruck, dass das Management etwas zu verbergen hat;
- die Erteilung von Anweisungen, ohne dass die Mitarbeiter über die Ressourcen verfügen, um diese umzusetzen.

Als positiv und somit motivierend werden ein gutes Arbeitsverhältnis zwischen den Mitarbeitern sowie eigenverantwortliches Arbeiten angegeben.

Die im Vorfeld der Hauptuntersuchung durchgeführten Interviews zeigen ein ähnliches Bild. So sind Mitarbeiter am schnellsten über materielle Anreize zu aktivieren. Vor allem ein leistungsgerechtes, transparentes Vergütungssystem und ein über dem Branchendurchschnitt liegendes Gehalt wirken motivierend. Hilfreich sind auch indirekte

[84]Vgl. [BAYARD 1997], S. 88.
[85]Vgl. [PRODAN 2004].
[86]Vgl. [PRODAN 2004], S. 336f.

finanzielle Anreize in Form von Firmenwagen, Firmenlaptops und Firmentelefone, da Status und Statussymbole für Rumänen von großer Bedeutung sind. Problematisch erweist sich der einseitige Einsatz materieller Anreize, wenn Konkurrenten bereit sind eine höhere Vergütung anzubieten. So schildert ein Interviewteilnehmer, dass die Wechselwilligkeit schon bei Beträgen von 50 EURO mehr pro Monat stark zunimmt.[87] Als weitere wichtige Motivationsfaktoren nennen die Interviewteilnehmer eine offene Kommunikation mit den Mitarbeitern sowie deren rechtzeitigen Information bezüglich betrieblicher Belangen, die Fort- und Weiterbildung dieser und einen adäquaten Führungsstil. Die Berücksichtigung dieser Faktoren steigert sowohl die Motivation als auch die Loyalität der Mitarbeiter.

In den meisten Betrieben dominiert nach wie vor die aus der kommunistischen Ära übernommenen Kommunikationformen über Hierarchien und Formalismen. Informationen werden häufig zurückgehalten, um eigene persönliche Interessen durchzusetzen sowie um den eigenen Status zu sichern und auszubauen. Fast alle Interviewten gaben an, dass es essenziell ist, indirekte, umständliche Kommunikationswege, kommunikative Missverständnisse und die Möglichkeit der Zurückhaltung von Informationen zu unterbinden. Der Aufbau von festen Informationskanälen in Form regelmäßiger Informationsrunden auf allen Hierarchiestufen sowie die Information durch Aushänge und Intranet hat sich bewährt. Die verbindliche Vorgabe von transparenten Prozessen wie Informationen, die Organisation zu durchlaufen haben, und die permanente Überprüfung dieser Prozesse auf mögliche Schwachstellen wird von den Interviewteilnehmern als sehr effizient angesehen, um Informationsmonopole zu durchbrechen. Die hohe Bedeutung einer offenen Kommunikation für die rumänischen Mitarbeiter ergibt sich aus deren Tendenz zur Unsicherheitsvermeidung und der Reduzierung von Uneindeutigkeit. Rumänische Kulturangehörige sind eher bereit riskante Verhaltensweisen aufzuzeigen als uneindeutige Situationen auszuhalten.[88] Eine offene und ehrliche Kommunikation mit den Mitarbeitern hilft solche Situationen zu vermeiden sowie einer eventuell misstrauischen Haltung gegenüber ausländischen Investoren und Führungskräften zu begegnen. Einige Interviewteilnehmer gaben an, dass gerade aufgrund der offenen Kommunikation- und Informationspolitik nachhaltig Vertrauen und Loyalität geschaffen wurde.

[87]Dies kann auch als Resultat der Kurzzeitorientierung rumänischer Kulturangehöriger interpretiert werden. Nicht zu vernachlässigen ist aber auch das hohe Sicherheitsbedürfnis der rumänischen Kulturangehörigen, das sich in der hohen Wertschätzung von materiellen Belohnung widerspiegelt. Vgl. Kapitel 4.5.

[88]Mehrere Interviewpartner haben die Erfahrung gemacht, dass ihre Mitarbeiter vor Ort bei uneindeutigen Situationen eher das Risiko einer Konfrontation eingehen als die temporäre Uneindeutigkeit zu ertragen. Bezüglich der Kulturdimension Unsicherheitsvermeidung vgl. Kapitel 4.5.

Die Fort- und Weiterbildung der Mitarbeiter wirkt aus Mitarbeitersicht motivierend, da die Mitarbeiter dadurch ihren Marktwert und deren Attraktivität auf dem Arbeitsmarkt steigern. Unter der Berücksichtigung der Tatsache, dass in Rumänien kein duales Ausbildungssystem existiert, dass die Qualität der universitären Ausbildung nur bei wenigen technischen Studiengängen ein internationales Niveau erreicht, dass Wissen über Projekt- und Zeitmanagement selten vorhanden ist und dass Soft Skills wie Kommunikations-, Konflikthandhabungs- und Führungsfähigkeit eher rudimänter ausgeprägt sind, ist die Schulung und Weiterbildung der rumänischen Mitarbeiter auch aus Investorensicht notwendig, um neben der Leistungsorientierung auch deren Leistungspotenzial zu steigern.[89] Als besonders effektiv bewerten die Interviewteilnehmer den Einsatz von Projektarbeit, von tätigkeitsnahen Trainings sowie den Einsatz von Mentoren, die den rumänischen Mitarbeitern für eine begrenzte Zeit zur Verfügung stehen. Eine weiterer, nicht zu unterschätzende Lernmöglichkeit bietet die Entsendung ausländischer Führungskräfte. Die rumänischen Mitarbeiter profitieren dabei nicht nur von deren fachlichen Erfahrung sondern auch von deren Sozial- und Führungskompetenzen. Als weniger geeignet haben sich Ansätze erwiesen, bei denen die reine Wissensvermittlung im Vordergrund steht. Obwohl die meisten Interviewteilnehmer die Wichtigkeit von Fort- und Weiterbildung der rumänischen Mitarbeiter betonen, wird darin auch die Gefahr gesehen, dass Mitarbeiter aufgrund ihrer höheren Qualifikation überzogene Ansprüche stellen oder zu Konkurrenten wechseln.

Neben den schon genannten Faktoren hat auch der Führungsstil einen unmittelbaren Einfluss auf das Teilnahme- und Leistungsverhalten sowie die Loyalität der Mitarbeiter. Bei dem bewussten Einsatz eines Führungsstils sind die vorherrschende Situation sowie die Bedürfnisse der Mitarbeiter zu berücksichtigen.[90] Da diese Aspekte zum Großteil durch die rumänische Landeskultur geprägt sind, sollte der gewählte Führungsstil mit dieser kompatibel sein, denn die rumänische Landeskultur beeinflusst die Erwartungen der Geführten bezüglich der Eigenschaften und Verhaltensweisen der Führungskräfte. Somit wird eine Führungskraft nur akzeptiert und kann nur dann effizient arbeiten, wenn diese die rumänienspezifische kulturellen Besonderheiten berücksichtigt. Nachfolgende Aufzählung gibt die Beobachtungen der Interviewteilnehmer bezüglich deren rumänischen Mitarbeiter wieder und versucht gleichzeitig diese Beobachtungen und Verhaltensweise in den Kontext der rumänischen Landeskultur einzuordnen:[91]

[89] Die Humankapitaltheorie, die die Prinzipien der klassischen Investitionstheorie auf das Humankapital überträgt, geht davon aus, dass unter Aufwendung von Zeit und Kosten das individuelle Humankapital erhöht werden kann. Somit können Investitionen in die Aus- und Weiterbildung der Mitarbeiter in Rumänien zu der Erhöhung derer Arbeitsproduktivität führen. Vgl. [BECKER 1962], S. 11ff.

[90] In dieser Arbeit wird davon ausgegangen, dass der Führungsstil von den Führungskräften gezielt eingesetzt werden kann.

[91] Vgl. Kapitel 4.5.

- Mitarbeiter erwarten, dass die Führungskräfte ihnen Aufgaben zuweisen und deren Durchführung detailliert beschreiben. Eigenverantwortliches Arbeiten sowie eine zielgerichtete Priorisierung ist eher die Ausnahme. Der Wunsch nach konkreten Weisungen durch die Führungskräfte spiegelt, wie in Kapitel 4.5 aufgezeigt, die in der rumänischen Kultur vorhandene hohe Machtdistanz sowie die stark ausgeprägte Unsicherheitsvermeidungstendenz wider. Autoritäten werden als positiv angesehen, wenn Rumänen diese als gerecht wahrnehmen und das Gefühl haben, dass diese ihnen bestimmte Entscheidungen vorwegnehmen und ihnen dadurch Orientierung und Sicherheit vermitteln. In diesem Fall ist ein dienstbeflissenes Verhalten mit dem Ziel, die Erwartungen der betreffenden Autoritäten zu erfüllen, wahrscheinlich. Allerdings ist davon auszugehen, dass in einer unterlegenen Machtbeziehung jede Gelegenheit genutzt wird, persönliche Vorteile zu erlangen und die eigene Machtposition zu verbessern.

- Mitarbeiter scheuen die Übernahme von Verantwortung, zeigen wenig Eigeninitiative und erwarten, dass Führungskräfte ihre Arbeitsergebnisse überprüfen. Generell werden rumänische Mitarbeiter als unselbstständig und die Qualität ihrer Arbeit als verbesserungsfähig eingestuft. Die geringe Bereitschaft Verantwortung zu übernehmen ist Ergebnis der unter dem kommunistischem Regime gemachten Erfahrungen. Eigeninitiative war dort nicht gewollt und wurde häufig sogar bestraft. Selbstständiges Denken wurde dadurch verlernt bzw. nie gelernt. Die meisten Rumänen versuchten in der Masse nicht aufzufallen und warteten Entscheidungen von oben ab. Die so entstandene Passivität wirkt sich auch gegenwärtig auf die Leistungsorientierung der rumänischen Mitarbeiter aus.

- Mitarbeiter sind Teamarbeit nicht gewohnt. Auch die interdisziplinäre Zusammenarbeit mit Kollegen aus anderen Abteilungen geschieht selten aus eigenem Antrieb. Obwohl die rumänische Kultur eher kollektivistisch geprägt ist, funktioniert Teamarbeit häufig nicht, da das mit Teamarbeit verbundene Fehlen von Hierarchien keine klare Verantwortungs- und Aufgabendelegation zulässt. Neben dem mit der Passivität verbundenem Mangel an Eigeninitiative führt das Harmoniebedürfnis der Rumänen zusätzlich dazu, dass Konflikte, Meinungsverschiedenheiten und offene Konfrontationen vermieden werden. Somit können sich die Prozesse, die für den Erfolg von Teamarbeit notwendig sind, wie z.B. die konstruktive Diskussion, das Ringen um die beste Vorgehensweise, die Planung und Aufteilung der Arbeitsaufgabe sowie die Kontrolle des Arbeitsfortschritts, nicht entfalten. Die unterentwickelte Streitkultur der Rumänen ist auch ein Sozialisationsergebnis deren totalitären Vergangenheit.

- Mitarbeiter neigen dazu, die ihnen zugewiesene Arbeitsaufgabe anzunehmen, auch wenn sie diese noch nicht durchdrungen haben. Häufig trauen die Mitarbeiter sich nicht nachzufragen, ein Verhalten, das viele Interviewteilnehmer bestätigen und als hoch problematisch einstufen. Verstärkt wird diese Problematik dadurch, dass rumänische Mitarbeiter selten planvoll und strukturiert vorgehen, sondern sich auf ihr Improvisationstalent und ihre Intuition verlassen. Die Notwendigkeit, eine Arbeit oder Aufgabe erst in einer Woche erledigen zu müssen, vermittelt den rumänischen Individuen das Gefühl, noch unendlich viel Zeit zu haben. Dies führt dazu, dass diese Aufgaben vorerst liegen bleiben. Erst in den letzten Tagen wenden sie sich den längerfristig geplanten Tätigkeiten zu. Dadurch geraten sie gegen Ende der vereinbarten Frist zunehmend unter Zeitdruck und können die ihnen übertragenen Aufgaben meist nur zu einem Teil erledigen. Diese Verhaltensweise resultiert aus der starken Gegenwartsorientierung der Rumänen, die sich auf deren Termintreue und Pünktlichkeit auswirkt.

- Informationen über Fehler oder Probleme werden häufig zurückgehalten. Dabei kommt es vor, dass Mitarbeiter informelle Gruppen bilden und sich gegenseitig decken. Die Bedeutung und Entstehung solcher informeller Gruppen ist vor dem Hintergrund der Mangelwirtschaft während des Kommunismus zu sehen, als das Überleben nur durch die gegenseitige Hilfe innerhalb der Familie bzw. innerhalb solcher Gruppen möglich war.

- Mitarbeiter sind sehr gefühlsbetont und harmoniebedürftig. Die Rationalität westlicher Führungskräfte empfinden sie häufig als kaltherzig. Die Entwicklung guter persönlicher Beziehungen zu ihren Vorgesetzten und Kollegen ist für die rumänischen Mitarbeiter sehr wichtig. Überheblichkeit, Besserwissertum sowie Arroganz führen zu starken negativen Reaktionen. Das schon angesprochene hohe Harmoniebedürfnis und die Scheu vor Konflikten sind Ergebnis der eher femininen Prägung der rumänische Kultur.

Ausgehend von den Beobachtungen der Interviewteilnehmer und den Ausführungen zur rumänischen Landeskultur in Kapitel 4.5 ist im Folgenden ein Führungsstil zu identifizieren, der einerseits mit der Landeskultur kompatibel ist und anderseits eine hohe Leistungsorientierung der Mitarbeiter gewährleistet. Die umfangreichste internationale Studie zur Untersuchung der Zusammenhänge zwischen nationaler Kultur und bevorzugten Führungsattributen und -stilen ist das *Global Leadership and Organizational Behavior Effectiveness Research Program (GLOBE-Projekt)*. Bei diesem Projekt wurden über einen standardisierten Fragebogen in 61 Ländern ca. 17.000 Manager der mittleren

Führungsebene befragt. Die ermittelten Ergebnisse bestätigen, dass Führungsideale und -stile nicht universell gleich, sondern kulturspezifisch sind. Da keine rumänischen Manager befragt und die Ergebnisse der einbezogenen osteuropäischen Staaten aufgrund ihres slawischen Hintergrunds nicht unreflektiert auf Rumänien übertragbar sind, kann nur ein wager Ansatzpunkt für einen für Rumänien adäquaten Führungsstil abgeleitet werden.[92] Bezüglich eines adäquaten Führungsstils für die Tschechische Republik, Ungarn, Polen und Russland wird ein autoritärer Führungsstil empfohlen.[93] Eine aktuelle auf Rumänien bezogene empirische Untersuchung zeigt auf, dass der autoritäre Führungsstil zwar in Rumänien am häufigsten eingesetzt wird, geht aber nicht darauf ein, ob dieser auch eine hohe Produktivität der Mitarbeiter gewährleistet.[94] Somit stellt sich die Frage, ob die Anwendung dieses Führungsstils sinnvoll ist, denn nicht nur die Kompatibilität mit der Landeskultur, sondern vor allem die Erzielung einer hohen Produktivität der Mitarbeiter ist entscheidend. Eine unreflektierte Übernahme eines autoritären Führungsstil führt häufig dazu, dass Mitarbeiter die ihnen zugewiesenen Aufgaben ausführen, ohne deren Sinn zu hinterfragen und sich mit dieser, da ihre Meinung nicht gefragt ist, nicht identifizieren. Sie werden davon abgehalten ihre Kreativität und ihr Wissen adäquat einzubringen und dadurch von ihrer Verantwortung befreit. Dies kann nicht im Interesse eines sich im Wettbewerb befindlichem Unternehmen sein. Aus Sicht der Interviewteilnehmer ist folgendes Führungsverhalten erfolgsversprechend:

- Mitarbeiter mit Argumenten von der Richtigkeit von Entscheidungen und Vorgehensweisen zu überzeugen und ihnen dadurch das Gefühl geben in Entscheidungsprozesse einbezogen zu werden. Dies fördert die Akzeptanz von Entscheidungen und reduziert die Unsicherheit der Mitarbeiter.

- Ein häufiges Nachfragen, ob Mitarbeiter Aussagen oder Arbeitsanweisungen verstehen und ob diese einen geeigneten Lösungsweg dafür kennen, hilft Missverständnisse und Verzögerungen zu vermeiden. Sachverhalte sowie das erwartete Arbeitsergebnis besser geduldig wiederholt erklären, anstatt besserwisserisch aufzutreten.

- Anfänglich genaue Arbeitsanweisungen geben und die Aufgabenerledigung konsequent Schritt für Schritt kontrollieren. Dabei beobachten, ob bei den Mitarbeitern ein Lernprozess stattfindet und in Abhängigkeit von diesem den Mitarbeitern mehr Freiräume geben. Feedback-Gespräche führen und gegebenenfalls zusammen

[92]Vgl. [Brodbeck 2000], S. 5ff. und [House 2002], S. 57f.

[93]Vgl. [Blazejewski 2002], S. 235, [Lehtinen 2002], S. 293, [Suutari 1998a], S. 10, [Suutari 1998b], S. 235ff. und [Michailova 1997], S. 15f.

[94]Vgl. [Aioanei 2006], S. 705ff.

mit den Mitarbeitern Verbesserungspotenziale erarbeiten. Anfänglich bezüglich Fehler eine höhere Toleranz aufweisen. Eine schrittweise Kontrolle gewährleistet auch, dass der Arbeitsprozess nicht ins Stocken gerät oder zum Erliegen kommt.

- Vorgesetzte müssen demonstrieren, dass Eigeninitiative erwünscht ist. Zwischen Absichten und deren Umsetzen wird eine hohe Diskrepanz festgestellt. Ein Interviewteilnehmer beschrieb dies sehr plastisch: „Viele Mitarbeiter haben mir auf dem Gang oder in der Kaffeeküche interessante Ideen und Vorschläge mitgeteilt. Auf die Bitte diese weiterzuentwickeln und ein Vorschlag zur Umsetzung dieser zu erarbeiten geschah aber leider nichts.“

- Verantwortung klar und deutlich übertragen. Dabei ist zu beachten, dass mündliche Zusagen oft als unverbindlich, schriftliche als verbindlich angesehen werden.

- Rechtzeitige Eskalation muss den Mitarbeitern beigebracht werden. Oftmals trauen sich die Mitarbeiter nicht, aufgetretene Probleme anzusprechen und hoffen, dass der Sachverhalt einfach nicht mehr angesprochen wird oder dieser sich von selbst erledigt.

- Vertrauen aufbauen durch fachliche Kompetenz und Entwicklung guter persönlicher Beziehungen. Da in der rumänischen Kultur die Person und nicht nur die Sache im Vordergrund steht, ist es für die rumänischen Mitarbeiter wichtig, einen engen persönlichen Kontakt, der auf Vertrauen basiert, mit den Führungskräften und Kollegen aufzubauen.

- Die Arbeit der rumänischen Mitarbeiter öfters verbal anerkennen als es in Deutschland üblich ist. Den Mitarbeitern das Gefühl vermitteln, dass man ihnen vertraut und sie schätzt.

- Freundlichkeit und Humor bewahren, wenn Prozesse nicht wie erwartet verlaufen. Wenn Fehler und Probleme angesprochen werden, ist eine sachorientierte diplomatische Vorgehensweise sinnvoll, auch wenn rumänische Kulturangehörige Konflikte eher emotional austragen und sich bei Kritik häufig persönlich beleidigt fühlen. Wichtig ist, darauf hinzuweisen, dass zwischen Person und Sache getrennt werden muss, und darauf zu achten, dass niemand das Gesicht verliert. Kritik in Anwesenheit Dritter ist zu vermeiden.

- Ein fürsorglicher, respektvoller Umgang mit den Mitarbeitern steigert die Leistungsorientierung und Loyalität der Mitarbeiter.

Diese Erkenntnisse berücksichtigend bietet sich anstatt eines autoritären ein eher patriarchalischer Führungsstil an.[95] Dieser berücksichtigt die kulturinduzierten Bedürfnisse der Mitarbeiter und scheint auch die Leistungsorientierung der Mitarbeiter positiv zu beeinflussen.

Ausgehend von den in diesem Kapitel gezogenen Schlussfolgerungen werden folgende Hypothesen aufgestellt:

H_{HRLV}: Eine leistungsgerechte transparente Vergütung der Humanressourcen führt zu einer hohen Leistungsorientierung der Mitarbeiter.

$H_{HRÜV}$: Eine überdurchschnittliche Vergütung der Humanressourcen führt zu einer hohen Leistungsorientierung der Mitarbeiter.

H_{HROK}: Eine offene Kommunikation führt zu einer hohen Leistungsorientierung der Mitarbeiter.

H_{HRWS}: Die Weiterbildung und Schulung der Humanressourcen erhöht deren Leistungspotenzial.

H_{HRPF}: Ein patriarchalischer Führungsstil führt zu einer hohen Produktivität der Humanressourcen.

Um die Bedeutung dieser Sachverhalte bezüglich der Leistungsorientierung der Humanressourcen in Rumänien zu ermitteln, werden diese wie folgt operationalisiert.[96]

[95] Vgl. Tabelle 6.8.
[96] Vgl. Tabelle 6.9.

Tabelle 6.9: Operationalisierung der potenziellen Erfolgsfaktoren *leistungsgerechtes transparentes Vergütungssystem*, *überdurchschnittliche Vergütung*, *offene Kommunikationskultur*, *Weiterbildung und Schulung* und *patriarchalischer Führungsstil*

Potenzieller Erfolgsfaktor	**Bezeichnung der Indikatoren**	**Mess-modell**
Leistungsgerechtes transparentes Vergütungssystem (HRLV)	Die Vergütung rumänischer Mitarbeiter geschieht leistungsgerecht (eine bessere individuelle Leistung wird höher vergütet). (HRLV1) Das eingesetzte Vergütungssystem ist transparent gestaltet und für die einzelnen Mitarbeiter nachvollziehbar. (HRLV2) Insgesamt kann unser Vergütungssystem als gerecht bezeichnet werden. (HRLV3)	reflektiv
Überdurch-schnittliche Vergütung (HRÜV)	Generell ist das von uns angebotene Entgeld für unsere Branche in Rumänien als überdurchschnittlich zu betrachten. (HRÜV1) Zusätzlich zum Gehalt erhalten die Mitarbeiter auch geldwerte Vorteile (z.B. Essensmarken/ Versicherungen/ Firmenhandy/ Dienstwagen). (HRÜV2)	formativ
Offene Kommunika-tionskultur (HROK)	Mitarbeiter werden rechtzeitig über betriebliche Änderungen und Entscheidungen informiert (in Meetings, über Aushänge...). (HROK1) Generell pflegen wir eine offene Kommunikation mit den rumänischen Mitarbeitern. (HROK1)	reflektiv

Fortsetzung auf der nächsten Seite

Fortsetzung

Potenzieller Erfolgsfaktor	Bezeichnung der Indikatoren	Mess-modell
Weiterbildung und Schulung (HRWS)	Unsere rumänischen Mitarbeiter werden vor Ort (in Rumänien) geschult. (HRWS1) Rumänische Mitarbeiter werden in der Stammorganisation in Deutschland geschult. (HRWS2) Rumänische Mitarbeiter haben in der Stammorganisation (Deutschland) ein Mentor, der ihnen bei Fragen, Problemen zur Seite steht. (HRWS3) Unsere Mitarbeiter werden kontinuierlich durch Projektarbeit und tätigkeitsnahe Trainings weitergebildet. (HRWS4)	formativ
Patriarchalischer Führungsstil (HRPF)	Die Arbeitsaufgaben werden durch genaue Anweisungen und Anordnungen verteilt, da viele Mitarbeiter eine unselbstständige Arbeitsweise aufweisen. (HRPF1) Damit eine Aufgabe auch richtig ausgeführt wird, muss oft nachgefasst und kontrolliert werden. (HRPF2) Gute persönliche Beziehungen zu den rumänischen Mitarbeitern sind wichtig. (HRPF3) Betriebliche Entscheidungen werden allein von der Führung getroffen. (HRPF4) Die Führung ist aber bestrebt, die Untergebenen von deren Entscheidungen zu überzeugen, bevor diese umgesetzt werden. (HRPF5)	formativ

Quelle: eigene Darstellung

Der Beitrag der Humanressourcen zum Erfolg von Direktinvestitionen in Rumänien ergibt sich neben dem Leistungspotenzial und der -orientierung der Mitarbeiter auch aus der Güte der Leitung vor Ort. Nachfolgend wird darauf eingegangen.

6.2.2.3.2 Leitung

6.2.2.3.2.1 Personalbesetzungsstrategie

Bei der Entscheidung, wie die in Rumänien angesiedelte organisatorische Einheit personell geführt werden soll, haben die Unternehmen vier grundlegende Alternativen. Sie können eine ethnozentristische, eine polyzentristische, eine geozentristische oder eine regiozentristische Personalbesetzungsstrategie verfolgen.[97] Bei einer *ethnozentristischen Strategie* steht die Übertragung der eigenen Unternehmensphilosophie und -kultur auf die Organisationseinheit im Ausland und die Etablierung einer homogenen Gesamtkultur im Vordergrund. Um dies zu erreichen, werden Schlüsselpositionen im Ausland durch Mitarbeiter aus der heimischen Stammorganisation besetzt.[98] Weitere Vorteile dieser Strategie sind:[99]

- die Sicherstellung, dass die Führung im Sinne des deutschen Mutterhauses durchgeführt wird,
- eine effizientere Kommunikation bedingt durch die geringe kulturelle Distanz und die persönliche Bekanntschaft zwischen Führungskräften des Stammhauses und der Auslandsorganisation,
- eine effektivere Kontrolle, da die entsendeten Mitarbeiter schon bekannt und verlässlich sind,
- der Transfer von Know-how und die Ausbildung und Entwicklung der einheimischen Mitarbeiter,
- die Möglichkeit, das Fehlen adäquater einheimischer Führungskräfte zu kompensieren und
- die Weiterentwicklung der Managementfähigkeiten der entsandten Führungskräfte.

[97] Vgl. [PERLMUTTER 1969], S. 11ff. sowie für die Erweiterung um die regiozentristische Ausrichtung, [HEENAN 1979], S. 27ff.
[98] Vgl. [PERLMUTTER 1969], S. 12 und [DIELMANN 1993], S. 456.
[99] Vgl. [SCHERM 1999], S. 141 und [BERGEMANN 2004], S. 16.

Trotz dieser Vorteile müssen auch die Nachteile dieser Personalbesetzungsstrategie bedacht werden. Vor allem die mit einer Entsendung verbundenen hohen Kosten und die Gefahr, aufgrund fehlender Kenntnisse der lokalen Sprache und Mentalität, zu scheitern sind nicht vernachlässigbar. Denn auch wenn die Führungskraft in der Stammorganisation erfolgreich war, kann das Fehlen von interkultureller Kompetenz dazu führen, dass lokale Mitarbeiter dessen Verhalten als unsensibel und arrogant wahrnehmen, was zu hohen Widerständen führt und die Führungsaufgabe erschwert. Zusätzlich können die Einkommensunterschiede zwischen den Entsendeten und den lokalen Mitarbeitern sowie die sich aus der Entsendung ergebenden begrenzten Karrierechanchen der lokalen Führungskräfte zu weiteren Spannungen und Akzeptanzproblemen führen.[100] Ist der Entsendete kein Mitarbeiter des Stammhauses, so kommt zu den genannten Nachteilen auch das personelle Risiko mit hinzu.

Eine Möglichkeit, die mit einer Entsendung verbundenen hohen Kosten zu reduzieren, ist die Steuerung der Auslandsorganisation durch einen Mitarbeiter, der organisatorisch im Stammhauses eingebettet ist. Obwohl moderne Kommunikationskanäle wie Netmeeting oder Videokonferenzen sowie regelmäßige Besuche vor Ort dies ermöglichen, ergeben sich aus dieser Konstellation erhebliche Risiken. Vor allem die sporadische Präsenz kann dazu führen, dass die Sicherstellung der Führung und Steuerung im Sinne des deutschen Mutterhauses, eine effektive Kontrolle sowie der Transfer von Know-how nicht mehr gewährleistet sind.

Bei einer *polyzentristischen Strategie* werden lokale Mitarbeiter für die zu besetzenden Führungspositionen rekrutiert. In der Auslandsorganisation entsteht dadurch basierend auf der dortigen Landeskultur eine eigene Organisationskultur.[101] Die gewichtigsten Vorteile dieser Strategie sind der Entfall der Sprachbarriere sowie der kulturellen Distanz zwischen Führungskräften und Mitarbeitern, die bessere Kenntnisse bezüglich des heimischen Marktes, die besseren Kontakte zu staatlichen Stellen sowie der Entfall hoher Entsendungskosten. Des Weiteren kann auf Dauer die Kontinuität des Managements der Auslandsgesellschaft gewährt werden, was bei einer Entsendung aufgrund deren zeitlichen Beschränkung nicht der Fall ist. Zusätzlich können die besseren Aufstiegschancen der lokalen Führungskräfte eine positive Wirkung entfalten.[102] Diesen Vorteilen stehen jedoch folgende gravierende Nachteile gegenüber:[103]

[100] Vgl. [Jahnke 1996], S. 147 und [Scherm 1999], S. 141.
[101] Vgl. [Stahl 1998], S. 16 und [Blom 2004], S. 133.
[102] Vgl. [Jahnke 1996], S. 148 und [Scherm 1999], S. 141.
[103] Vgl. [Bergemann 2004], S. 17, [Jahnke 1996], S. 147 und [Scherm 1999], S. 141.

- geringere, zeitversetzte Kontrollmöglichkeiten und dadurch das Risiko, dass die Führung und Steuerung der Auslandsorganisation nicht im Sinne des deutschen Mutterhauses geschieht,

- hohe Abhängigkeit von der Loyalität der anfänglich dem Stammhaus wenig bekannten lokalen Führungskräfte,

- umständlichere Kommunikation zwischen Stammhaus und Auslandsorganisation und

- geringere Möglichkeiten der Weiterentwicklung der Managementfähigkeiten der lokalen Führungskräfte und der Übertragung von Know-how.

Eine Möglichkeit, wesentliche Vorteile der ethnozentristischen und der polyzentristischen Strategie zusammen zu realisieren, bietet die Berufung zweier Leiter vor Ort. Dem aus dem Stammhaus kommenden Leiter wird ein lokaler Manager zur Seite gestellt. Dieses Tandemkonzept führt dazu, dass sowohl kulturelle Besonderheiten und lokale Gegebenheiten berücksichtigt als auch die Ziele des Stammhauses durchgesetzt werden können. Als besonders nachteilig sind die deutlich höheren Kosten dieser Lösung und das Risiko von Kompetenzstreitigkeiten zwischen den beiden Leitern der Auslandsorganisation.

Eine weitere Option bietet die *geozentristische Strategie.* Wird diese verfolgt, werden Führungspositionen mit den besten Mitarbeitern unabhängig von deren Nationalität oder kulturellen Herkunft besetzt.[104] Somit können auch Drittlandangehörige als Führungskräfte berufen werden. Die Vorteile dieser Strategie sind der unternehmensweite Aufbau einer internationalen Führungsmannschaft, die Förderung einer einheitlichen, internationalen Unternehmenskultur sowie die geringe Gefahr, dass lokale Interessen vor das Interesse des Gesamtunternehmens gesetzt werden. Die Nachteile der Entsendung von Drittlandangehörigen sind die gleichen wie die einer ethnozentristischen Entsendung.[105] Die *regiozentristische Strategie* ist eine Variante der geozentristischen Strategie. Auch hier ist die Entsendung von Drittlandangehörigen vorgesehen, mit dem Unterschied, dass diese aus der gleichen geografischen Region kommen, in der sich auch der Entsendungsort befindet. Dadurch soll eine mögliche kulturelle Affinität und die sich daraus ergebenden Vorteile berücksichtigt werden.[106]

[104] Vgl. [Perlmutter 1969], S. 13.
[105] Vgl. [Jahnke 1996], S. 149 und [Bergemann 2004], S. 17f.
[106] Vgl. [Heenan 1979], S. 17f.

Die geozentristische sowie die regiozentristische Personalbesetzungsstrategie ist vor allem bei großen multinationalen Unternehmen anzutreffen. KMU besetzen die Führungspositionen in deren ausländischen Organisationseinheiten meistens mit Stammhausmitarbeitern oder mit lokalen Führungskräften. Dies bestätigen auch die Aussagen der Interviewpartner. Über 60 Prozent sehen die Präsenz eines Entscheidungsträgers aus dem Stammhaus sowie den damit verbundenen Einsatz geeigneter Kontroll- und Reportingmechanismen als einen zentralen Faktor für den wirtschaftlichen Erfolg von Direktinvestitionen in Rumänien an. Vor allem in diesen Punkten unterscheiden sich die erfolgreichen von den erfolglosen Interviewteilnehmer, die den Misserfolg zum Teil mit dem von rumänischen Mitarbeitern und Geschäftspartnern missbrauchten Vertrauen begründen. Die fehlende Präsenz vor Ort sowie fehlende regelmäßige Kontrollmechanismen waren für den Vertrauensmissbrauch ursächlich. Des Weiteren geben die Interviewpartner an, dass bezüglich der Leitung vor Ort internationale Erfahrung, rumänische Sprachkenntnisse, ein gewisses Maß an Verständnis der rumänischen Kultur und die Denkweise der Mitarbeiter sowie das Vorleben der eigenen Unternehmenskultur erfolgsrelevant sind.[107]

Auf Basis dieser Erkenntnisse werden folgende Hypothesen aufgestellt:

> H_{HREP}: Eine ethnozentristische Personalbesetzungsstrategie bezüglich der Unternehmensleitung und Führung vor Ort führt aufgrund des Know-how-Transfers und der Übertragung der Unternehmenskultur (Werte, Normen, Praktiken) zu einem hohen Leistungspotenzial der Mitarbeiter.

> H_{OREP}: Eine ethnozentristische Personalbesetzungsstrategie bezüglich der Unternehmensleitung vor Ort führt zu einer effektiven Steuerung und Kontrolle der Auslandsorganisation.

Um die Wirkung der ethnozentristischen Personalbesetzungsstrategie auf den Internationalisierungserfolg zu ermitteln, wird das Konstrukt *ethnozentristische Personalbesetzungsstrategie* eingeführt und durch einen Indikator formativ operationalisiert.[108]

[107] Vgl. Abbildung 6.3.
[108] Vgl. Tabelle 6.10.

Potenzieller Erfolgsfaktor	Bezeichnung der Indikatoren	Messmodell
Ethnozentristische Personalbesetzungsstrategie (EP)	Die Unternehmensleitung in Rumänien wurde aus Mitarbeitern der deutschen Stammorganisation rekrutiert. (EP1)	formativ

Tabelle 6.10: Operationalisierung des potenziellen Erfolgsfaktors *ethnozentristische Personalbesetzungsstrategie* (Quelle: eigene Darstellung)

6.2.2.3.2.2 Interkulturelle Kompetenz

Von zentraler Bedeutung für den Erfolg einer Auslandsentsendung wird die interkulturelle Kompetenz des Entsendeten angesehen. Diese kennzeichnet die Fähigkeit eines Individuums, mit Angehörigen einer anderen Kultur effektiv und angemessen zu interagieren und dabei die eigenen Ziele durchzusetzen.[109]

Vorrangig für diese Arbeit ist die Identifikation der Merkmale, welche die interkulturelle Kompetenz eines Individuums ausmachen. In den vergangenen Jahren hat sich die Operationalisierung des Konstrukts interkulturelle Kompetenz anhand der drei Dimensionen Wissen (kognitive Dimension), Fähigkeiten (konative Dimension) und Motivation (affektive Dimension) weitgehend durchgesetzt.[110]

Unter der kognitiven Dimension Wissen werden nachfolgende Merkmale subsumiert:[111]

- Fremdsprachenkenntnisse. Die Beherrschung der Landessprache ermöglicht eine kurze Einarbeitung und minimiert mögliche Verständigungsprobleme. Auch eine Drittsprache wie z.B. Englisch kann eingesetzt werden, erhöht aber die Gefahr von Missverständnissen.

- Landesspezifisches Wissen. Aktuelle Kenntnisse der politischen, sozialen, rechtlichen und wirtschaftlichen Rahmenbedingungen des Gastlandes.

- Kulturelles Bewusstsein (Cultural Awareness). Nur das bewusste Verständnis der eigenen Kultur und die Kenntnis der Unterschiede zur fremden Kultur (z.B. bezüglich Werten, Umgangsregeln, Tabuthemen) kann zu einem interkulturell angemessenem Verhalten führen.

[109]Vgl. [Bergemann 2004], S. 62. Unter Interkulturalität wird die wechselseitige Beziehung zwischen mindestens zwei Kulturen verstanden. Kompetenz kennzeichnet die Einstellungen, Fähigkeiten und das Wissen eines Individuums im Zusammenhang mit einer von diesem zu lösenden Aufgabe.

[110]Vgl. [Gersten 1990], S. 341ff., [Chen 1996], S. 362ff. und [Müller 1999], S. 67.

[111]Vgl. [Aschenbrenner-Wellmann 2003], S. 169ff., [Chen 1996], S. 364ff., [Stüdlein 1997], S. 153ff., [Müller 1999], S. 56 und [Müller 2001], S. 266.

- Kenntnisse der Eigenheiten interkultureller Kommunikation. Ohne dieses Wissen kann einerseits das Verhalten der Interaktionspartner auf verbaler und nonverbaler Ebene nicht richtig interpretiert werden und anderseits keine Abwägung bezüglich einer angemessenen Reaktion erfolgen.

- Selbstbewusstsein (Self Awareness). Selbstbewusstsein impliziert die Auseinandersetzung mit der eigenen Rolle sowie die Fähigkeit der Selbstbeobachtung. Ohne diese Fähigkeit ist das bewusste Steuern und Adaptieren des eigenen Verhaltens nicht möglich.

- Realistische Wissenseinschätzung. Nur die Kenntnis des bereits vorhandenen und des noch fehlenden Wissens kann dazu führen, dass man sich dieses noch aneignet. Alle der kognitiven Dimension zugeordneten Merkmale sind durch lernen erwerbbar.

Die konative, verhaltensbezogene Dimension der interkulturellen Kompetenz basiert auf das Vorhandensein folgender Fähigkeiten:[112]

- Kommunikationsfertigkeit. Während Fremdsprachenkenntnisse die Voraussetzung für eine interkulturelle Kommunikation schaffen, führen erst Eloquenz und eine geschickte Gesprächsführung zu dem gewünschten Kommunikationserfolg.

- Fähigkeit Beziehungen aufzubauen. Die Fähigkeit zur Entwicklung von interpersoneller Beziehungen zu Personen aus dem Gastland ermöglicht eine schnelle Integration, schafft Vertrauen und hilft bei der Bewertung der kulturellen Angemessenheit des eigenen Verhaltens.

- Konfliktlösungs- und Stressmanagementfähigkeiten. Da Entsendete häufiger zwischen verschiedenen Interessen (z.B. zwischen Stammhaus und lokaler Organisationseinheit) vermitteln müssen, ist deren Konfliktlösungsfähigkeit für das Erzielen von tragbaren Kompromissen unerlässlich. Die Fähigkeit adäquat mit Stress umzugehen ist notwendig, da das neue kulturelle Umfeld meistens den Stresspegel zusätzlich erhöht.

- Fähigkeit zum Perspektivwechsel. Die Fähigkeit, die Perspektive des Interaktionspartners einzunehmen, ermöglicht eine valide Verhaltensprognose, aber auch proaktiv auf mögliche Einwände einzugehen.

[112]Vgl. [Aschenbrenner-Wellmann 2003], S. 170, [Chen 1996], S. 367f., [Stüdlein 1997], S. 159ff., [Müller 1999], S. 56, [Mendenhall 1985], S. 39ff. und [Gersten 1990], S. 345.

- Fähigkeit zur Bewältigung von Komplexität. Da die Führungssituation in einem interkulturellen Umfeld durch eine Vielzahl unvorhersehbarer Herausforderungen gekennzeichnet ist, ist die Fähigkeit diese simultan zu bewältigen sehr wichtig. Dadurch kann die Handlungsfähigkeit und der Erfolg gesichert werden.

Diese Fähigkeiten ermöglichen den Führungskräften ihr Wissen erfolgreich in Handlungen umzusetzen. Im Vergleich zum Erwerb von Wissen können die genannten Fähigkeiten, wenn überhaupt, nur langfristig entwickelt werden.

Unter der affektiven, motivationalen Dimension, die die dritte Dimension der interkultureller Kompetenz ausmacht, werden folgende Persönlichkeitseigenschaften und Einstellungen subsumiert:[113]

- Ambiguitätstoleranz. Die Eigenschaft mit schlecht strukturierten, ambivalenten Situationen zurechtzukommen, diese zu bewältigen, ohne durch Frustration oder Resignation handlungsunfähig zu werden, ist für eine erfolgreiche Führungsarbeit in einem fremden Umfeld entscheidend.

- Unvoreingenommenheit. Für eine erfolgreiche Zusammenarbeit mit den lokalen Mitarbeitern ist eine vorurteilsfreie Einstellung der Führungskraft wichtig. Vorhandene Vorurteile und vorgefasste Stereotype verhindern dies.

- Einfühlungsvermögen. Die Eigenschaft, sich in die Gedanken, Gefühle und das Weltbild von anderen hineinzuversetzen, ermöglicht die Verhinderung von Konflikten und steigert insgesamt die Effektivität und Effizienz der Kommunikation.

- Selbstwertgefühl. Ein starkes Selbstvertrauen zeigt sich, wenn vorausschauend eingeschätzt wird, dass die mit der Entsendung verbundenen Aufgaben gut lösbar sind.

- Flexibilität. Flexibilität im Denken und Handeln ist entscheidend für eine schnelle und adäquate Anpassung an die neue Situation und die neue Anforderungen.

- Offenheit und Lernbereitschaft. Die Begeisterung und die Neugier bezüglich der neuen kulturellen Umgebung sowie die Bereitschaft sich neues Wissen anzueignen führt zu einer schnellen Akzeptanz und Integration des Entsendeten.

[113] Vgl. [Aschenbrenner-Wellmann 2003], S. 167, [Chen 1996], S. 362f., [Stüdlein 1997], S. 154f., [Müller 1999], S. 56 und [Müller 2001], S. 266.

Diese Persönlichkeitseigenschaften und Einstellungen sind nicht erlernbar. Lediglich das schon vorhandene Potenzial kann weiterentwickelt werden. Aufgrund dessen wird dieser Dimension ein besonderer Stellenwert zugeordnet. Denn während Wissen erwerbbar ist, Fähigkeiten, wenn auch langfristiger und schwieriger, entwickelt werden können, sind Motivation und Persönlichkeitsmerkmale veränderungsresistent.[114]

Obwohl die interkulturelle Kompetenz des Entsendeten vor allem im Zusammenhang mit einer ethnozentristischen Auslandsentsendung als besonders wichtig angesehen wird, ist festzustellen, dass diese auch bei einer polyzentristisch geprägten Personalbesetzung relevant ist. Während bei einer Entsendung eines Stammhausmitarbeiters dies für eine adäquate Interaktion mit lokalen Mitarbeitern, Kunden, Lieferanten und Behörden wichtig ist, benötigt ein rumänischer Geschäftsführer diese im Bezug auf dessen Interaktion mit dem Stammhaus. Ausgehend von diesem Sachverhalt wird folgende Hypothese aufgestellt:

> H_{HRIK1}: Eine hohe interkulturelle Kompetenz der Führung führt zu einer hohen Leistungsorientierung der Mitarbeiter.

> H_{HRIK2}: Eine hohe interkulturelle Kompetenz der Führung führt aufgrund des besseren Verständnisses der örtlichen Kunden, Lieferanten und Behörden zu besseren Beziehungen mit diesen.

Um die Bedeutung der interkulturellen Kompetenz der Führung zu ermitteln, wird das Konstrukt *interkulturelle Kompetenz* eingeführt und durch die in Tabelle 6.11 aufgeführten Indikatoren formativ operationalisiert. Diese Indikatoren ergeben sich aus den angesprochenen Merkmalen interkultureller Kompetenz. Obwohl diese weder überschneidungsfrei sind noch in der Literatur den drei genannten Dimensionen eindeutig zugeordnet werden, ist es aus Gründen der Operationalisierbarkeit sinnvoll, die vorgestellten Merkmale zu verwenden.

[114] Vgl. [Graf 2003], S. 59.

Potenzieller Erfolgsfaktor	Bezeichnung der Indikatoren	Messmodell
Interkulturelle Kompetenz (HRIK)	Die Unternehmensleitung in Rumänien spricht sehr gut rumänisch. (HRIK1) Die Unternehmensleitung in Rumänien kennt die Unterschiede zwischen der deutschen und der rumänischen Kultur. (HRIK2) Die Unternehmensleitung in Rumänien hat ein fundiertes Wissen über die politischen, rechtlichen und wirtschaftlichen Rahmenbedingungen des Landes. (HRIK3) Die Unternehmensleitung in Rumänien besitzt sehr gute Kommunikationsfähigkeiten. (HRIK4) Die Unternehmensleitung in Rumänien hat sehr gute Konfliktmanagementfähigkeiten. (HRIK5) Die Unternehmensleitung in Rumänien hat die Fähigkeit einen Sachverhalt aus der Sichtweise des Interaktionspartners zu betrachten. (HRIK6) Die Unternehmensleitung in Rumänien kann sehr gut Kontakte/Beziehungen aufbauen und pflegen. (HRIK7) Die Unternehmensleitung in Rumänien kann flexibel auf kulturbedingte Unterschiede (z.B. Handlungs-, Denk- und Verhaltensweisen von Rumänen und Deutschen) reagieren. (HRIK8) Die Unternehmensleitung in Rumänien hat ein sehr hohes Einfühlungsvermögen. (HRIK9) Die Unternehmensleitung in Rumänien hat ein sehr hohes Selbstvertrauen. (HRIK10) Die Unternehmensleitung in Rumänien zeichnet sich durch eine hohe interkulturelle Lernbereitschaft und Unvoreingenommenheit aus. (HRIK11)	formativ

Tabelle 6.11: Operationalisierung des potenziellen Erfolgsfaktors *interkulturelle Kompetenz der Führung* (Quelle: eigene Darstellung)

6.2.2.4 Organisationale Ressourcen

Der Begriff *organisationale Ressourcen* ist in Wissenschaft und Praxis uneinheitlich definiert. Während einige Autoren diese mit Qualitätskontrollsystemen, Cashmanagementsystemen und Finanzmodellen gleichsetzen, verstehen andere darunter die interne Planungs- und Kontrollsysteme, das Wissensmanagement, die Mitarbeiterfähigkeiten sowie deren Führung. Die meisten Autoren betonen, dass die genaue Eingrenzung der organisationalen Ressourcen immer an die Besonderheiten der zu analysierenden Unternehmen anzupassen ist.[115] Da in Kapitel 6.2.2.3 die Rolle der Mitarbeiter sowie deren Führung behandelt wurden, werden in dieser Arbeit unter organisationalen Ressourcen die interne Unternehmensstrukturen in Form der Organisationsstruktur sowie des Koordinations- und Kontrollsystems verstanden. Ihre Bedeutung ergibt sich aus der Tatsache, dass diese erst die Voraussetzung für den optimalen Einsatz der übrigen Unternehmensressourcen schaffen. Gemäß den in Kapitel 6.2.1.1 aufgezeigten Charakteristika sind organisationale Ressourcen dazu geeignet Wettbewerbsvorteile zu erzielen, da diese in ihrer Gesamtheit in einem komplexen Zusammenhang wirken und dadurch schwer nachahmbar oder substituierbar sind.[116] Auch wenn einzelne Aspekte der organisationalen Ressourcen weder knapp noch nicht imitierbar sein müssen, ist davon auszugehen, dass deren effizientes Zusammenspiel sowie deren Verankerung in der Organisation es sind. Nachfolgende Hypothese wird aufgestellt:

> H_{OR}: Organisationale Ressourcen führen zu nachhaltigen Wettbewerbsvorteilen und dadurch zum Erfolg von Direktinvestitionen.

6.2.2.4.1 Organisationsstruktur

Die Organisationsstruktur eines Unternehmens regelt die Verteilung von Aufgaben und koordiniert die Beziehungen sowie die Kompetenzverteilung zwischen den einzelnen Organisationseinheiten. Die Bedeutung einer adäquaten Organisationsstruktur ergibt sich dadurch, dass diese einen Handlungsrahmen vorgibt, der das Verhalten und die Leistung der Organisationsmitglieder steuert.[117]

Ausgehend von den Beobachtungen der Interviewteilnehmer, dass eigenverantwortliches Arbeiten, Teamarbeit, eine selbstständige zielgerichtete Priorisierung selten funktionieren, dass Arbeitsergebnisse überprüft werden müssen und dass Informationen über

[115] Vgl. [Evanschitzky 2003], S. 110f.
[116] Vgl. [Brast 2006], S. 56.
[117] Vgl. [Kieser 2007a], S. 23f. sowie die Ausführungen in Kapitel 2.2.1.2.

Fehler oder Probleme häufig zurückgehalten werden, scheint eine hierarchische Organisationsstruktur, innerhalb derer Verantwortung und Kompetenz auf den verschiedenen Hierarchiestufen transparent und eindeutig geregelt sind, zielführend. Die Interviewteilnehmer empfehlen die Schaffung eindeutiger Strukturen, indem:

- Verantwortung personenorientiert klar und eindeutig übertragen wird,
- organisatorische Kompetenz sowie Arbeitsaufgaben auf allen Hierarchieebenen eindeutig und für alle Organisationsmitglieder sichtbar festgelegt werden,
- klare Unterschriftsregelungen und Standardprozesse definiert werden und
- die Aufgabenerledigung konsequent kontrolliert wird.

Dies steht im Gegensatz zu den meist flachen Organisationsstrukturen, den kurzen und informellen Kommunikationswegen, der Konzentration der Entscheidungskompetenz sowie des geringen Formalisierungsgrads deutscher KMU und den sich daraus ergebenden Vorteilen.[118] Bezüglich der Integration der rumänischen Organisationseinheit ist aber festzustellen, dass sprachliche, interkulturelle und geografische Barrieren diese Situation verändern. Der Koordinations- und Kontrollbedarf nimmt deutlich zu, ein höherer Formalisierungsgrad und die Delegation von Entscheidungskompetenzen wird erforderlich. Betrachtet man die hohe Unsicherheitsvermeidungstendenz der rumänischen Mitarbeiter ist auch davon auszugehen, dass diese eine hierarchische Organisationsstruktur, die Verantwortung und Kompetenz auf den verschiedenen Hierarchiestufen klar und deutlich zuordnet, favorisieren.[119] Nachfolgende Hypothese wird aufgestellt:

> H_{ORHO}: Eine hierarchische Organisationsstruktur führt zu einer hohen Produktivität der Humanressourcen.

Aufbauend auf die vorangegangenen Überlegungen wird das Konstrukt *hierarchische Organisationsstruktur* durch zwei Indikatoren formativ operationalisiert.

[118] Vgl. Kapitel 2.2.1.2.
[119] Vgl. Kapitel 4.5.

Potenzieller Erfolgsfaktor	Bezeichnung der Indikatoren	Messmodell
Hierarchische Organisations-struktur (ORHO)	Die Organisationseinheit in Rumänien hat eine fest definierte hierarchische Organisationsstruktur. (ORHO1) Verantwortung und Kompetenz auf den verschiedenen Hierarchiestufen sind klar und deutlich zugewiesen (z.B. klare Unterschriftsregelungen). (ORHO2)	formativ

Tabelle 6.12: Operationalisierung des potenziellen Erfolgsfaktors *hierarchische Organisationsstruktur* (Quelle: eigene Darstellung)

6.2.2.4.2 Koordinations- und Kontrollsystem (Controlling)

Das Controlling wird in dieser Arbeit als Koordinations- und Kontrollhilfe der Unternehmensführung verstanden.[120] Aufgrund der Ausweitung der Geschäftstätigkeit nach Rumänien erweitern sich auch die Anforderungen an das Controlling. Denn es muss sichergestellt werden, dass das Stammhaus sowie die Leitung vor Ort mit den relevanten Informationen zur Steuerung und Überwachung der rumänischen Organisationseinheit versorgt wird.

Die zusätzlichen Anforderungen können in Anlehnung an die allgemeine Differenzierung von Controllingaufgaben in systembildende sowie systemkoppelnde Aufgaben unterteilt werden. Die systembildende Aufgaben bzw. Gestaltungsaufgaben bestehen aus der Entwicklung und Implementierung eines geeigneten Koordinations- und Kontrollsystems für die rumänische Organisationseinheit sowie die Einbettung dessen in das unternehmensweite Koordinations-, Kontroll- und Informationssystem. Bei den systemkoppelnden Aufgaben bzw. Nutzungsaufgaben steht die Unterstützung der Gesamtunternehmensleitung sowie des Managements vor Ort durch die Koordination der dezentral erstellten Pläne mit dem Gesamtunternehmensplan, die Ermittlung und Analyse von Planabweichungen, die Generierung von Maßnahmen zur Gegensteuerung sowie die Ermittlung und Aufbereitung sonstiger führungsrelevanter Informationen im Mittelpunkt.[121]

[120]Koordination ist das Ausrichten von Einzelaktivitäten in einem arbeitsteiligen System auf ein übergeordnetes Gesamtziel. Vgl. [FRESE 2005], S. 143. Bezüglich der betrieblichen Koordination ist zwischen der Primär- sowie der Sekundärkoordination zu unterscheiden. Als Primärkoordination wird die Abstimmung zwischen den Realgüterfunktionen Beschaffung, Fertigung, Absatz, Logistik und dem Finanzbereich verstanden. Die damit verbundenen Aufgaben sind bei den jeweiligen Funktionsbereichen angesiedelt und als originäre Führungsaufgaben zu verstehen. Vgl. [TROSSMANN 1996], S. 465. Dem Controlling hingegen obliegt die Aufgabe innerhalb des Führungssystems koordinierend tätig zu sein. Die Koordination durch das Controlling bezeichnet HORVATH als Sekundärkoordination. Vgl. [HORVATH 2009], S. 94ff.

[121]Vgl. [STEINLE 1998], S. 141.

Um diese Aufgaben zu erfüllen, müssen vorab folgende Sachverhalte geklärt werden:[122]

- Wie ist das Controlling organisatorisch zu implementieren (strukturelle Ebene);
- wie sind die relevanten Controllingpositionen personell zu besetzen (personelle Ebene);
- welche Instrumente und welche Berichtszyklen sind einzusetzen (technokratische Ebene)?

Dabei sind insbesondere die vor Ort herrschenden Umstände in Form der Landeskultur zu berücksichtigen. Nachfolgende Hypothese wird aufgestellt:

> H_{OREC}: Eine effektive Koordination, Steuerung und Kontrolle (effektives Controlling) führen zum Erfolg der Direktinvestition.

Um den Zusammenhang zwischen einem effektiven Controlling und dem Erfolg von Direktinvestitionen aufzeigen zu können, wird das Konstrukt *effektives Controlling* gebildet und mit drei Indikatoren reflektiv operationalisiert.[123]

Potenzieller Erfolgsfaktor	**Bezeichnung der Indikatoren**	**Messmodell**
Effektives Controlling (OREC)	Die Koordination und Steuerung der rumänischen Organisationseinheit gelingt uns sehr gut. (OREC1) Fehlentwicklungen werden aufgrund einer sehr guten Kontrolle der Organisationseinheit in Rumänien früh erkannt. (OREC2) Die Versorgung mit aktuellen und korrekten Informationen bezüglich der rumänischen Organisationseinheit ist sichergestellt. (OREC3)	reflektiv

Tabelle 6.13: Operationalisierung des potenziellen Erfolgsfaktors *effektives Controlling* (Quelle: in Anlehnung an die Untersuchungsergebnisse von BECKER/BENZ [BECKER 1997], S. 661.)

[122] Bezüglich der Systematisierung der zu klärenden Sachverhalte bietet sich die ursprünglich für die Primärkoordination von Leistungsprozessen benutzte Unterscheidung von strukturellen, personellen und technokratischen Steuerungsinstrumenten an. Vgl. [MACHARZINA 2002a], S. 711.

[123] Vgl. Tabelle 6.13.

6.2.2.4.2.1 Strukturelle Ebene

Bezüglich der organisatorischen Einbindung des Controllings der rumänischen Organisationseinheit gibt es verschiedene Entscheidungsparameter. Im ersten Schritt ist zu entscheiden ob das Controlling dezentral in Rumänien, zentral im Stammhaus oder verteilt auf Stammhaus und in der rumänischen Organisationseinheit angesiedelt wird. Danach sind die Einbindung in die Unternehmenshierarchie sowie die damit verbundenen Kompetenzen und Aufgaben festzulegen.

Die organisatorische Anbindung des Controllings in der Zentrale hat den Vorteil, dass ein einheitliches Planungs- und Berichtswesen leichter zu implementieren und dass die Unabhängigkeit gegenüber der Führung vor Ort gewährleistet ist. Als nachteilig ist die räumliche und kulturelle Distanz zu nennen, die die Kommunikation erschwert und zu Akzeptanz- und Informationsproblemen führen kann. Dadurch ist die zeitnahe korrekte Informationssammlung und Steuerung gefährdet. Bei einer organisatorischen Anbindung an das lokale Management können diese Nachteile eliminiert werden. Die Einheitlichkeit und Unabhängigkeit sind aber gefährdet. Eine mögliche Lösung dieses Problems wäre eine Anweisung der Unternehmensleitung an das Management vor Ort, welche die festgelegte Systematik im Planungs- und Berichtswesen für verbindlich erklärt. Aber auch trotz solcher Maßnahmen bleibt die Unabhängigkeit gefährdet. Eine optimale, wenn auch für KMU wenig praktische Lösung wäre eine fachliche Unterstellung im Stammhaus und eine disziplinarische in der rumänischen Organisationseinheit. Eine solche Doppelunterstellung kombiniert sowohl die Vor- als auch die Nachteile der erstgenannten Lösungen, führt aber zu Kompetenzkonflikten, da der dezentrale Controller im Spannungsfeld der Anweisungen des lokalen Vorgesetzten sowie des Stammhauses wirkt. Daher wirkt sich diese Lösung komplexitätserhöhend aus und ist für KMU kaum praktikabel.[124] Abschließend ist festzustellen, dass eine dezentrale Lösung ein effektives Arbeiten ermöglicht, wenn die Einhaltung der unternehmensweiten Standards gewährleistet wird. Dies könnte durch regelmäßige Besuche von Mitarbeitern der deutschen Stammorganisation oder auf personeller Ebene durch die Entsendung von Mitarbeitern der deutschen Stammorganisation geschehen.

Bezüglich der Einbindung in die rumänische Unternehmenshierarchie ist allgemein eine hohe Eingliederung sinnvoll, da dies eine unabhängige Aufgabenwahrnehmung garantiert. Eine Einordnung auf Geschäftsleitungsebene ist jedoch problematisch, da sowohl Entscheidungen als auch deren Kontrolle in einer Hand liegen. Deswegen ist in der Praxis häufig eine Eingliederung auf der zweiten bzw. dritten Hierarchieebene zu be-

[124]Vgl. [Friedl 2003], S. 105ff. und [Ossadnik 2009], S. 72f.

obachten. Generell ist die Einbindung des Conntollings innerhalb der Hierarchie der rumänischen Organisationseinheit stark von deren Größe abhängig.

Aufgrund der großen Machtdistanz in der rumänischen Landeskultur ist davon auszugehen, dass eine hohe Eingliederung in die Unternehmenshierarchie sowie eine große Kontroll- und Entscheidungsmacht des deutschen Stammhauses akzeptiert werden. Auch die hohe Unsicherheitsvermeidung sowie die eher kollektivistische Ausprägung der rumänischen Landeskultur weisen auf eine Präferenz für zentrale Entscheidungs- und Kontrollstrukturen hin.[125] Nachfolgende Hypothesen werden aufgestellt:

> H_{ORSK1}: Die Einbettung des Controllings in die rumänische Organisation vor Ort führt zu einer effektiven Koordination, Steuerung und Kontrolle der rumänischen Organisationseinheit.

> H_{ORSK2}: Regelmäßige Besuche von Controllern der deutschen Stammorganisation führen zu einer effektiven Koordination, Steuerung und Kontrolle der rumänischen Organisationseinheit.

Um die Bedeutung dieser Sachverhalte bezüglich einer effektiven Koordination, Steuerung und Kontrolle der rumänischen Organisationseinheit zu ermitteln, werden diese wie folgt operationalisiert.[126]

Potenzieller Erfolgsfaktor	**Bezeichnung der Indikatoren**	**Messmodell**
Einbettung des Contollings vor Ort (ORSK1)	Steuerungs- und Kontrollaufgaben werden hauptsächlich von Personen der Organisation vor Ort (Geschäftsführung, Mitarbeiter) übernommen. (ORSK11)	formativ
Regelmäßige Besuche (ORSK2)	Mitarbeiter aus der deutschen Stammorganisation sind regelmäßig in Steuerungs- und Kontrollaufgaben miteingebunden (z.B. durch regelmäßige Besuche). (ORSK21)	formativ

Tabelle 6.14: Operationalisierung der potenziellen Erfolgsfaktoren *Einbettung des Contollings vor Ort* und *regelmäßige Besuche* (Quelle: eigene Darstellung)

[125] Vgl. Kapitel 4.5.

[126] Vgl. Tabelle 6.14.

6.2.2.4.2.2 Personelle Ebene

Während die strukturelle Ebene die organisatorische Einbindung des Controllings in die Unternehmensorganisation umschreibt, geht es bei der personellen Ebene um die personelle Besetzung der relevanten Controllingpositionen. Neben einer Besetzung mit rumänischen Mitarbeitern besteht die Möglichkeit einer Entsendung von Stammhausmitarbeiter. Da die allgemeinen Vor- und Nachteile der diversen Personalbesetzungsstrategien schon in Kapitel 6.2.2.3.2.1 dargelegt wurden, wird an dieser Stelle darauf verzichtet und speziell auf den Einfluss der Kultur auf controllingspezifische Sachverhalte eingegangen. Kulturbedingte Sozialisationsunterschiede der Informationssender und -empfänger können dazu führen, dass übermittelte Informationen einem kulturellen Bias unterliegen. Identische Sachverhalte werden als ungleich und ungleiche Sachverhalte als gleich angesehen. PAUSENBERGER und ROTH ermitteln auf Basis einer empirischen Untersuchung folgende kulturell bedingte Störfaktoren:[127]

- Unterschiedliche Vorstellungen bezüglich realistischer Planvorgaben. Von ausländischen Organisationseinheiten übermittelte Planwerte können in Abhängigkeit der jeweiligen Landeskultur zu optimistisch oder zu pessimistisch sein.
- Unzutreffende Zwischenberichte. Zwischenberichte können mentalitätsbedingt geschönt sein, um z.B. ein Gesichtsverlust zu verhindern. Die Kenntnis kulturell geprägter Besonderheiten hilft empfangene Informationen zu interpretieren.
- Unterschiedliche Berichtsgenauigkeiten. Eine effektive Koordination und Kontrolle erfordert eine hohe Genauigkeit. In vielen Kulturen nimmt aber eher Improvisation und nicht Pünktlichkeit und Genauigkeit einen hohen Stellenwert ein.
- Unterschiedliche Zeithorizonte. Ausländische Mitarbeiter, die kulturbedingt ein gegenwartsorientiertes Zeitverständnis aufweisen, sollten bei der strategischen Planung durch Stammhausmitarbeiter unterstützt werden.

Die vorab geführten Interviews in Rumänien zeigen auf, dass über 60 Prozent der Interviewteilnehmer die Präsenz eines Entscheidungsträgers vor Ort sowie den Einsatz geeigneter Kontroll- und Reportingmechanismen als einen zentralen Erfolgsfaktor ansehen. Vor allem in diesem Punkt unterscheiden sich die erfolgreichen von den erfolglosen Interviewteilnehmer. Die Erfolglosen führten ihr Scheitern zum Teil auf das von rumänischen Mitarbeitern und Geschäftspartnern missbrauchte Vertrauen zurück. Sie gaben

[127] Vgl. [PAUSENBERGER 1997], S. 593f.

auch an, dass die fehlende Präsenz vor Ort sowie fehlende regelmäßige Kontrollmechanismen diesen Vertrauensmissbrauch erst ermöglichten und empfehlen für die Besetzung zentraler Koordinations- und Kontrollpositionen vor Ort die Entsendung deutscher Stammhausmitarbeiter. Vor allem wenn die Geschäftsleitung vor Ort aus rumänischen Mitarbeitern besteht, wird die Besetzung entscheidender Controllingpositionen vor Ort mit deutschen Stammhausmitarbeitern empfohlen.[128]

Die hohe Machtdistanz der rumänischen Landeskultur kann in diesem Zusammenhang positiv wirken, da von einer höheren Akzeptanz der Besetzung von Schlüsselpositionen durch Mitarbeiter des Stammhauses ausgegangen werden kann. Die hohe Unsicherheitsvermeidung sowie die eher kollektivistische Ausprägung der rumänischen Landeskultur hingegen könnten zu Problemen bei der Eingliederung der Entsendeten führen. Einerseits entsteht für die lokalen Mitarbeiter durch den entsendeten Mitarbeiter eine ungewisse Situation hinsichtlich der künftigen Zusammenarbeit und andererseits kann es zu Intergrationsproblemen führen, da kollektivistisch ausgerichtete Kulturen eher undurchlässige Gruppenabgrenzungen aufweisen.[129] Bezüglich der Kompatibilität einer ethnozentristischen Personalbesetzungsstrategie mit der rumänischen Landeskultur ergibt sich ein uneinheitliches Bild. Trotzdem ist die Besetzung entscheidender Controllingpositionen vor Ort mit deutschen Stammhausmitarbeitern aus Sicht des Stammhauses sinnvoll, um eine effektive Koordination und Kontrolle zu gewährleisten. Nachfolgende Hypothese wird aufgestellt:

> H_{ORPK}: Die Besetzung der relevanten Koordinations- und Kontrollpositionen vor Ort durch Stammhausmitarbeiter führt zu einer effektiven Koordination, Steuerung und Kontrolle der rumänischen Organisationseinheit.

Um die Bedeutung der Besetzung relevanter Koordinations- und Kontrollpositionen durch Stammhausmitarbeiter bezüglich einer effektiven Koordination, Steuerung und Kontrolle der rumänischen Organisationseinheit zu ermitteln, wird diese wie folgt operationalisiert.[130]

---

[128]Eine Besetzung mit lokalen Mitarbeitern kann aufgrund der hohen Machtdistanz und der damit verbundenen starken Orientierung an den Vorgesetzten zu Loyalitätskonflikten und dadurch zu einer unzureichenden Wahrung der übertragenen Aufgaben führen.

[129]Vgl. Kapitel 4.5.

[130]Vgl. Tabelle 6.15.

Potenzieller Erfolgsfaktor	Bezeichnung der Indikatoren	Messmodell
Besetzung der relevanten Koordinations- und Kontrollpositionen vor Ort durch Stammhausmitarbeiter (ORPK)	Die wichtigsten Controllingpositionen vor Ort werden durch deutsche Stammhausmitarbeiter besetzt. (ORPK1)	formativ

Tabelle 6.15: Operationalisierung des potenziellen Erfolgsfaktors *Besetzung der relevanten Koordinations- und Kontrollpositionen vor Ort durch Stammhausmitarbeiter* (Quelle: eigene Darstellung)

6.2.2.4.2.3 Technokratische Ebene

Nach der Entscheidung bezüglich der Einbindung des Controllings der rumänischen Organisationseinheit in die Unternehmensstruktur sowie der Besetzung der damit verbundenen Stellen ist auf der technokratischen Ebene festzulegen, welche Instrumente und welche Berichtszyklen für die Erfassung und Bewertung der Performance der rumänischen Organisationseinheit zielführend sind.

Die innerhalb der empirischen Organisationsforschung ermittelten empirischen Befunde geben kein geschlossenes Bild ab.[131] In den 70er Jahren des letzten Jahrhunderts war häufig die Etablierung unternehmensweit einheitlicher, hoch programmierter und hoch formalisierter Steuerungssysteme in Form von komplex gestalteten Budgetierungssystemen mit einem geringen Autonomiegrad der einzelnen Organisationseinheiten zu beobachten. Der wachsende Wettbewerbsdruck in den 80er Jahren führte zu einer Umstellung der budgetorientierten auf eine eher ergebnisorientierte Steuerung, welche den Organisationseinheiten auf operativer Ebene eine höhere Flexibilität ermöglicht. Standardisierte Kennzahlen und Kennzahlensysteme ersetzten die budgetorientierte Steuerung. Eine Anpassung an die kulturellen Besonderheiten vor Ort findet jedoch selten statt.[132]

Empirische Untersuchungen bezüglich den von KMU zur Koordination und Kontrolle von ausländischen Organisationseinheiten eingesetzten technokratischen Instrumenten sowie deren Auswirkung auf die Effektivität des Controllings gibt es nicht. Dies ist nicht verwunderlich, da aufgrund der geringen Unternehmensgröße von KMU und den damit verbundenen Restriktionen häufig nur die strukturelle und personelle Koordination zu beobachten ist. Um einen Überblick über generell vorhandene Instrumente und deren

[131] Vgl. [Mellewigt 2000], S. 616ff.
[132] Vgl. [Littkemann 2001], S. 1284f.

Bilanzielle Ergebnisplanung und -kontrolle	**3,47**
Kalkulatorische Ergebnisplanung und -kontrolle	**3,32**
Verbale Berichte und Einschätzungen	**3,32**
Kennzahlen und Kennzahlensysteme	**3,26**
Investitionsrechenverfahren	**3,21**
Ein- und Auszahlungsplanung und -kontrolle	**3,16**
Konkurrenzanalysen	**2,58**
Umweltanalysen	**2,28**
Ein Wert von 4 stellt eine sehr hohe Bedeutung, ein Wert von 1 eine sehr geringe Bedeutung dar.	

Tabelle 6.16: Controllinginstrumente und deren Bedeutung aus Unternehmenssicht (Quelle: [PAUSENBERGER 1996], S. 187.)

Bedeutung aus Unternehmenssicht zu geben, werden in Tabelle 6.16 die Ergebnisse einer von PAUSENBERGER durchgeführten Befragung deutscher Unternehmen aufgezeigt.

Diese Untersuchungsergebnisse zeigen auf, dass das periodische Contolling ausländischer Organisationseinheiten vorrangig auf Aufarbeitung der Ergebnisse des Rechnungs- und Finanzwesens ergänzt um verbale Einschätzungen, basiert. Investitionsrechnungen sowie Konkurrenz- und Umweltanalysen werden bei entsprechendem Bedarf durchgeführt.[133]

Aufgrund der hohen Machtdistanz in der rumänischen Landeskultur kann davon ausgegangen werden, dass die zur periodischen Koordination und Kontrolle eingesetzten technokratischen Instrumente als ein legitimes Informationsrecht des Stammhauses akzeptiert werden. Die hohe Unsicherheitsvermeidungstendenz führt zusätzlich zu einer höheren Akzeptanz genauer Vorgaben und Kontrollmaßnahmen mit standardisierten Abläufen, da diese Uneindeutigkeit und Unsicherheit reduzieren. Aufgrund der eher kollektivistischen Ausprägung der rumänischen Landeskultur ist auch nicht zu erwarten, dass Mitarbeiter standardisierte externe Vorgaben und Regeln als Beschränkung ihrer Entfaltungsmöglichkeiten ansehen. Die kurzfristige Orientierung der Rumänen deutet auf eine Präferenz kurzfristig geltender Vorgaben und einer geringeren Aufgeschlossenheit für detaillierte langfristige Planungen hin.[134] Nachfolgende Hypothesen werden aufgestellt:

> H_{ORTK1}: Je mehr technokratische Koordinations- und Steuerungsinstrumente eingesetzt werden, desto effektiver ist die Koordination, Steuerung und Kontrolle der rumänischen Organisationseinheit.

[133] Vgl. [PAUSENBERGER 1996], S. 187. Auf eine ausführliche Beschreibung der genannten Instrumente wird verzichtet und auf die entsprechende Literatur verwiesen. Vgl. [BAIER 2008], S. 124ff., [LITTKEMANN 2004], S. 171ff. und [WILDEMANN 2009], S. 289ff. sowie die dort zitierte Literatur.

[134] Vgl. Kapitel 4.5.

H_{ORTK2}: Je geringer die Berichtszyklen der standardisierten Berichte sind, desto effektiver ist die Koordination, Steuerung und Kontrolle der rumänischen Organisationseinheit.

Um die Bedeutung dieser Sachverhalte bezüglich einer effektiven Koordination, Steuerung und Kontrolle der rumänischen Organisationseinheit zu ermitteln, werden diese wie folgt operationalisiert.[135]

Potenzieller Erfolgsfaktor	**Bezeichnung der Indikatoren**	**Messmodell**
Einsatz technokratischer Koordinations- und Steuerungs-instrumente (ORTK1)	Für die Steuerung und Kontrolle der rumänischen Organisationseinheit setzen wir die Instrumente externes Rechnungswesen, Budgetierung, Kennzahlen, Konkurrenz- und Umweltanalysen ein. (ORTK11)	formativ
Regelmäßige Berichterstattung in standardisierter Form (ORTK2)	Der deutschen Stammorganisation wird monatlich/quartalsmäßig/halbjährlich/jährlich in standardisierter Form über die Entwicklung vorgegebener Größen berichtet. (ORTK21)	formativ

Tabelle 6.17: Operationalisierung der potenziellen Erfolgsfaktoren *Einsatz technokratischer Koordinations- und Steuerungsinstrumente* und *regelmäßige Berichterstattung in standardisierter Form* (Quelle: eigene Darstellung)

[135]Vgl. Tabelle 6.17. Der Erfolgsfaktor ORTK1 wird durch die Aufsummierung der im Einsatz befindlichen technokratischen Koordinations- und Steuerungsinstrumente operationalisiert.

6.2.2.5 Intangible Ressourcen

Neben den tangiblen Ressourcen sind vor allem intangible Ressourcen dafür geeignet Wettbewerbsvorteile zu erzielen. Die Tatsache, dass diese für Außenstehende meistens nicht beobachtbar sind, führt dazu, dass diese nur schwer oder gar nicht imitiert werden können. HALL unterscheidet vier Arten intangibler Ressourcen:[136]

- rechtlich gesicherte intangible Ressourcen (Vermögenswerte wie z.B. intellektuelles Eigentum, das durch Patente, Lizenzen geschützt ist),
- rechtlich nicht gesicherte intangible Ressourcen, die aus dem vergangenen Verhalten des Unternehmens und dessen Mitarbeiter resultieren (z.B. Reputation, Beziehungsnetzwerke),
- Fähigkeiten bestimmte Handlungen auszuführen (z.B. in Form von Wissen und Kompetenzen, die durch Mitarbeiter und sonstige Marktpartner zur Verfügung stehen) und
- Werte und Einstellungen im Unternehmen (z.B. Unternehmenskultur).

Diesem umfassenden Verständnis HALLS soll hier nicht gefolgt werden, da ein Teil der darunter subsumierten Ressourcen nicht kulturabhängig sind und den Fähigkeiten und Kompetenzen von Mitarbeitern innerhalb der organisationalen Ressourcen Rechnung getragen wurde. In der vorliegenden Arbeit werden gute Beziehungen zu Marktpartnern (Lieferanten, Abnehmer, andere externe Anspruchsgruppen), also ein gutes Networking als intangible Ressourcen angesehen und untersucht. Die Kulturabhängigkeit dieses Erfolgsfaktors ergibt sich aus der Hypothese H_{HRIK2}, die eine hohe interkulturelle Kompetenz der Führung als ursächlich für sehr gute Beziehungen zu örtlichen Kunden, Lieferanten und Behörden ansieht. Nachfolgende Hypothese wird aufgestellt:

> H_{IRNE}: Intangible Ressourcen in Form von sehr guten Beziehungen zu lokalen Marktpartnern (sehr gutes Networking) führen zu nachhaltigen Wettbewerbsvorteilen und dadurch zum Erfolg der Direktinvestition.

Um den Zusammenhang zwischen einem sehr guten Networking und dem Erfolg von Direktinvestitionen aufzeigen zu können, wird das Konstrukt *sehr gutes Networking* gebildet und mit drei Indikatoren reflektiv operationalisiert.[137]

[136] Vgl. [HALL 1992], S. 136 und [HALL 1993], S. 610.
[137] Vgl. Tabelle 6.18.

Potenzieller Erfolgsfaktor	Bezeichnung der Indikatoren	Messmodell
Sehr gutes Networking (IRNE)	Der Aufbau und die Pflege guter persönlicher Beziehungen zu lokalen Behörden, Verbänden, Kunden und Lieferanten hat eine hohe Priorität. (IRNE1) Die Geschäftsführung vor Ort nimmt regelmäßig an Veranstaltungen von Verbänden (z.B. Außenhandelskammer), Businessclubs oder sonstigen für das Unternehmen wichtigen Interessensgemeinschaften teil. (IRNE2) Unsere vorhandenen Beziehungen zu lokalen Behörden, Verbänden, Kunden und Lieferanten sind ausgezeichnet. (IRNE3)	reflektiv

Tabelle 6.18: Operationalisierung des potenziellen Erfolgsfaktors *sehr gutes Networking* (Quelle: eigene Darstellung)

6.2.3 Gesamtmodell zur Ermittlung der Bedeutung kulturabhängiger Erfolgsfaktoren bezüglich des Erfolgs von Direktinvestitionen in Rumänien

Auf Basis der in Kapitel 6.2.2 abgeleiteten potenziellen Erfolgsfaktoren wird ein Strukturgleichungsmodell (Struktur- und Messmodell) zur Erklärung des Erfolges von Direktinvestitionen in Rumänien spezifiziert.

Dieses aus 15 exogenen und 6 endogenen Variablen bestehende Strukturmodell bildet die Ursache-Wirkungs-Beziehungen der in Kapitel 6.2.2 postulierten Hypothesen ab und ist in Abbildung 6.8 grafisch als Pfaddiagramm dargestellt. Die 21 latenten Variablen werden durch Kreise grafisch dargestellt. Vorhandene Kausalbeziehungen zwischen den Variablen werden durch Pfeile abgebildet. Die Richtung der Kausalbeziehung ist durch die Richtung des Pfeils, welcher zwei Variablen verbindet, gekennzeichnet.

Um eine latente Variable zu operationalisieren, bedarf es eines Messmodels, welches der latenten Variablen, manifeste Variablen in Form von beobachtbaren Indikatoren zuordnet. Die Indikatoren der einzelnen latenten Variablen sind als Rechtecke gekennzeichnet und durch Pfeile mit der latenten Variablen verbunden. Zeigt die Pfeilrichtung auf die latente Variable, handelt es sich um ein formatives Messmodell. Eine entgegengesetzte Richtung bildet ein reflektives Messmodell ab.[138]

[138] Vgl. Abbildung 6.4.

Nachfolgende Abbildung stellt die Ursache-Wirkungs-Beziehungen der latenten Variablen sowie deren Messmodell in grafischer Form dar, die im nachfolgenden Kapitel mit Hilfe des Partial Least Squares-Ansatzes analysiert werden.

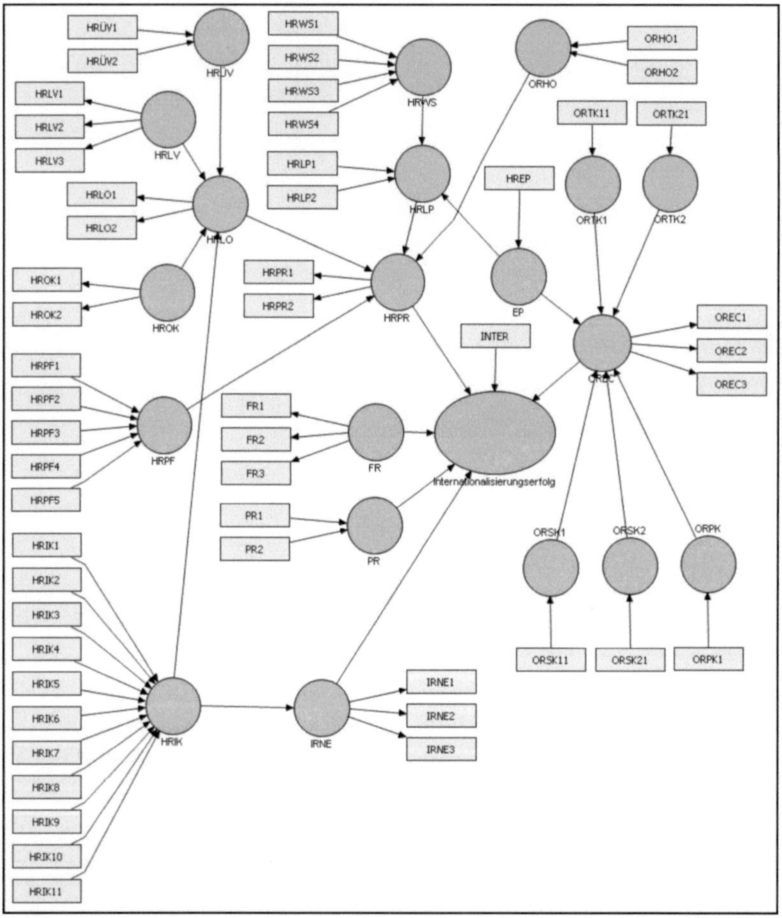

Abbildung 6.8: Gesamtmodell zur Ermittlung der Bedeutung kulturabhängiger Erfolgsfaktoren bezüglich des Erfolgs von Direktinvestitionen in Rumänien (Quelle: eigene Darstellung)

Kapitel 7

Methodische Grundlagen und empirische Ergebnisse

7.1 Datenerhebung

Im Vorfeld der Hauptuntersuchung wurden in Rumänien im Zeitraum März bis Mai 2006 mit 28 Geschäftsführern und Inhabern von deutschen KMU, die in Rumänien Direktinvestitionen getätigt haben, explorative Interviews durchgeführt. Diese Interviews hatten den Zweck eine erste Einschätzung bezüglich den in Rumänien anzutreffenden Rahmenbedingungen sowie bezüglich potenzieller Erfolgsfaktoren von Direktinvestitionen zu ermitteln. Die Befragungsergebnisse hinsichtlich den in Rumänien anzutreffenden Rahmenbedingungen wurden in Kapitel 4.7 eingearbeitet. Die Erkenntnisse über potenzielle Erfolgsfaktoren flossen bei der Generierung von Hypothesen und der Operationalisierung von Erfolgsfaktoren in Kapitel 6.2.2 ein. Diese als Vorbereitung der Hauptuntersuchung durchgeführten Interviews, deren Ergebnisse wie in Kapitel 4.7 und Kapitel 6.2.2 dargelegt eingingen, werden an dieser Stelle nicht weiter thematisiert.[1]

Die Prüfung der in Kapitel 6.2.2 aufgestellten Hypothesen kann nur durch eine adäquate empirische Datengrundlage erfolgen. Aufgrund der hohen Spezifität dieser Untersuchung ist der Rückgriff auf geeignetes sekundärstatistisches Datenmaterial nicht möglich. Valide Daten müssen durch eine Primärerhebung generiert werden. Der Hauptvorteil der Primärforschung ist die problemadäquate Erhebung von Daten, denn das

[1] Für einen ausführlichen Überblick vgl. [AMSCHLINGER 2007], S. 505ff.

Erhebungsinstrument wird speziell für die eigene Fragestellung entwickelt. Im Rahmen der Primärforschung sind nachfolgende vier Methoden zu unterscheiden:[2]

- Befragung (telefonisch, persönlich, schriftlich, computergestützt),
- Beobachtung (Feldbeobachtung, Laborbeobachtung),
- Experiment (Labortest, Storetest, Warentest, Markttest) und
- Panelforschung (Verbraucherpanels, Handelspanels, Spezialpanels).

Für die vorliegende Hauptuntersuchung erweist sich eine *standardisierte schriftliche Befragung*[3] von Mitgliedern der Geschäftsleitung deutscher KMU, die in Rumänien tätig sind, als erfolgsversprechend. Im Vergleich zu telefonischen oder persönlichen Interviews besteht zwar der Nachteil, dass bei Verständnisproblemen nicht nachgefragt werden kann, die Vorteile in Form eines geringen Interviewereinflusses, einer höheren Reichweite und kürzerer Antwortzeiten überwiegen. Auch sind die Befragten nicht an einen bestimmten Termin gebunden und haben die Möglichkeit auch anonym zu antworten, wodurch zusätzlich mit einer höheren Teilnahme zu rechnen ist. Neben den genannten methodischen Vorteilen können standardisierte schriftliche Befragungen kostengünstiger und schneller durchgeführt werden.[4]

Generell birgt eine standardisierte schriftliche Befragung die Gefahr eines *Key Informant Bias*.[5] Darunter werden Verzerrungen, die aufgrund eines nicht vorhandenen oder ungenauen Kenntnisstands der Untersuchungsteilnehmer entstehen, verstanden. Diese dann eigentlich subjektiven Auskünfte werden anschließend als objektive Informationen betrachtet. Als Problematisch wird auch die gleichzeitige Abfrage der abhängigen und unabhängigen Variablen gesehen, denn dadurch können wissentlich oder unwissentlich Verfälschungen von Antworten auftreten.[6] Der Gefahr eines *Key Informant Bias* wird durch die direkte persönliche Adressierung des Fragebogens an die jeweilige Geschäftsleitung der KMU begegnet. Es ist davon auszugehen, dass diese bezüglich des untersuchten Themas die geeignetsten Informationsquellen sind und dass aufgrund der Anonymität der Untersuchung sowohl zu den abhängigen als auch den unabhängigen Variablen valide Angaben gemacht werden.[7]

---

[2] Vgl. [NIESCHLAG 2002], S. 442ff. und [BEREKOVEN 2006], S. 93ff.

[3] Auf Basis der Operationalisierung der Erfolgsfaktoren in Kapitel 6.2.2 bietet sich eine standardisierte Vorgehensweise an.

[4] Vgl. [NIESCHLAG 2002], S. 442ff. und [BEREKOVEN 2006], S. 98ff.

[5] Vgl. Kapitel 5.3.1.4.

[6] Vgl. [AHLERT 2005], S. 363, [NICOLAI 2002], S. 584 und [KUBE 1991], S. 58.

[7] Für die Rücksendung der Fragebögen ist ein Rückkuvert beigelegt, das keine Rückschlüsse auf die Untersuchungsteilnehmer zulässt. Gleichzeitig wird im Anschreiben die dadurch gewährte Anonymität

Als Grundlage der standardisierten schriftlichen Befragung dient ein fünfseitiger *Fragebogen* mit insgesamt sechs Frageblöcken. Der erste Frageblock dient zur Ermittlung der Branchenzugehörigkeit sowie der Feststellung der Mitarbeiterzahl und des Umsatzes der Befragten. Dies soll zusätzlich nur die Teilnahme von KMU an der Untersuchung gewährleisten. In den Frageblöcken zwei bis fünf sind die in Kapitel 6.2.2 zur Operationalisierung der Erfolgsfaktoren festgelegte Indikatoren anhand von Likert-Skalen (mit jeweils fünf Merkmalsausprägungen) zu bewerten.[8] Der sechste Frageblock dient zur Ermittlung des Internationalisierungserfolgs. Dabei sind 14 Ziele auf einer fünfpoligen Likert-Skala bezüglich Zielbedeutung und dem Ausmaß der Zielerreichung zu bewerten.[9] Zusätzlich wird ein Anschreiben, welches die Zielsetzung der Untersuchung erklärt, Hinweise zur Bearbeitung des Fragebogens gibt sowie Anonymität und die vertrauliche Behandlung der Daten zusichert, beigefügt.[10] Nach der Erstellung des Fragebogens wurde dieser im Vorfeld mit Fachkollegen diskutiert und das Layout verbessert. Mit dem neuen Layout wurde ein Pretest mit zehn Teilnehmern durchgeführt.[11] Ziel dieses Pretests war die Überprüfung der Fragebogenstruktur auf Plausibilität und der enthaltenen Formulierungen auf Verständlichkeit.[12] Das durchgehend positive Feedback führte zu wenigen sprachlichen Ergänzungen und Präzisierungen.

Nach der Entscheidung bezüglich des einzusetzenden Erhebungsinstrumentes sind geeignete Untersuchungsteilnehmer zu identifizieren. Die *Grundgesamtheit* für die vorliegende Fragestellung bilden alle deutschen KMU, die in Rumänien Direktinvestitionen getätigt haben. Da eine Befragung der gesamten Grundgesamtheit nicht möglich ist, wird auf eine repräsentative Stichprobe der Grundgesamtheit zurückgegriffen. Für die Ermittlung eine repräsentative Stichprobe muss ein Verzeichnis der Grundgesamtheit vorliegen. Eine amtliche Statistik von deutschen KMU, die Direktinvestitionen in Ru-

---

betont und zugesichert. Das zusätzliche Angebot die Untersuchungsergebnisse zur Verfügung zu stellen dient neben der Motivation zur Teilnahme auch der Motivation einer korrekten Beantwortung der Fragen.

[8] Eine sehr hohe Zustimmung (Bedeutung) mit den Aussagen der Indikatoren wird mit 5, eine geringe Zustimmung (Bedeutung) mit 1 codiert. Die Codierung der einzelnen Indikatoren kann aufgrund der eingesetzten fünfpoligen Likert-Skalen Werte von 1 bis 5 annehmen. Für Ausführungen zur Likert-Skala vgl. [SCHNELL 2008], S. 187ff.

[9] Sowohl die Zielbedeutung als auch die Zielerreichung wird anhand einer Fünferskala erhoben. Eine sehr hohe Zielbedeutung wird mit 5, eine geringe Zielbedeutung mit 1 codiert. Eine volle Erreichung des Ziels wird mit 5, eine Nichterreichung des Ziels mit 1 codiert. Die Codierung der Zielbedeutung sowie der Zielerreichung kann aufgrund der eingesetzten fünfpoligen Likert-Skalen Werte von 1 bis 5 annehmen. Unter Anwendung der in Abbildung 6.1 dargestellten Formel wird aus den ermittelten Daten der Wert des Indikators (INTER) der Variablen Internationalisierungserfolg berechnet. Zusätzlich werden die Teilnehmer dieser Untersuchung zur Überprüfung der Übereinstimmungsvalidität auch direkt anhand einer fünfpoligen Likert-Skala nach dem Erfolg ihres Rumänien-Engagements befragt.

[10] Fragebogen und Anschreiben sind dem Anhang beigefügt.

[11] Dafür konnten zehn Teilnehmer der in 2006 durchgeführten Interviews gewonnen werden.

[12] Vgl. [SCHNELL 2008], S. 348f.

mänien getätigt haben, welche eine Identifikation dieser ermöglicht, gibt es nicht. Das umfangreichste Verzeichnis von Unternehmen, die in Rumänien aktiv sind, ist mit 2.084 freiwilligen Einträgen (Stand April 2008) die Datenbank der Industrie- und Handelskammer (IHK) Pfalz.[13] Diese beinhaltet neben der Anschrift und Kontaktdaten auch Branchenspezifika, Anzahl der Mitarbeiter und Internetadressen der Unternehmen. Auf Basis dieser Informationen wurden Unternehmen, die nicht die KMU-Kriterien erfüllen, aussortiert.[14] Die ermittelten Daten wurden durch die im Mitgliedsverzeichnis der deutschen Außenhandelkammer (AHK) in Bukarest eingetragenen Unternehmen, welche die KMU-Kriterien erfüllen, ergänzt. Es ist davon auszugehen, dass durch dieses Vorgehen eine gute Annäherung an die für diese Untersuchung relevante Grundgesamtheit erzielt wird. Aus den insgesamt 1.513 Unternehmen, welche die KMU-Kriterien erfüllen, wird durch Zufallsauswahl eine *Stichprobe* von 500 gezogen und im Februar 2008 angeschrieben.[15]

Bis April 2008 wurden insgesamt 127 Fragebögen zurückgesendet. Dies entspricht einer Rücklaufquote von 25, 4 Prozent. Von den eingegangenen Fragebögen wurden sieben aufgrund der Nichterfüllung des KMU-Kriteriums und vier aufgrund der nur teilweisen Beantwortung aussortiert und nicht weiter in die Untersuchung einbezogen.[16] Die *bereinigte Rücklaufquote* betrug 23, 2 Prozent.

Tabelle 7.1 gibt Auskunft über die strukturelle Zusammensetzung der Stichprobe sowie über die von den untersuchten Unternehmen gewählten Markteintritts- und Eigentumsformen.

[13]Die IHK Pfalz, welche bundesweit für alle IHK den Länderschwerpunkt Rumänien betreut, konnte als Unterstützer der Befragung gewonnen werden und stellte dafür die genannte Datenbank zur Verfügung.

[14]Vgl. Kapitel 2.1.2.2.

[15]Vgl. [Berekoven 2006], S. 116f.

[16]Fragebögen, die mehr als zehn unbeantwortete Indikatoren aufwiesen, wurden nicht berücksichtigt. Vereinzelt auftretende *Missing Values* wurden durch den Mittelwert der Antworten der restlichen Teilnehmer bezüglich dieser Variablen ersetzt. Vgl. [Decker 1998], S. 395ff.

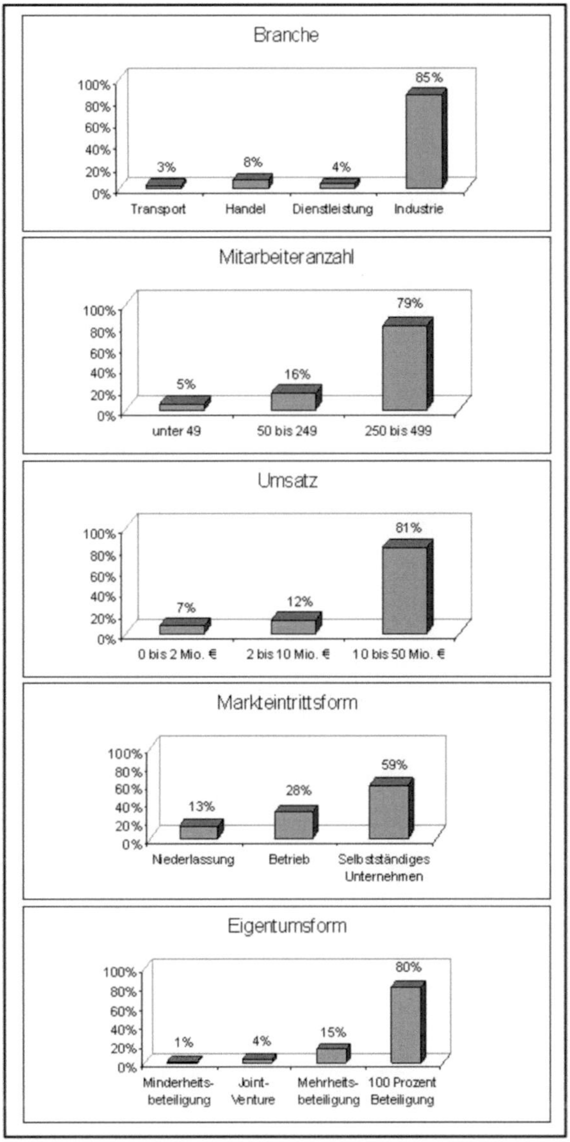

Abbildung 7.1: Strukturelle Zusammensetzung der Stichprobe (Quelle: eigene Darstellung)

7.2 Partial Least Squares-Ansatzes als geeignete Untersuchungsmethode

7.2.1 Strukturgleichungsmodelle

Zur empirischen Überprüfung ist ein Verfahren einzusetzen, welches die Komplexität des aufgestellten Hypothesensystems berücksichtigt. Das zur Erklärung des Internationalisierungserfolges aufgestellte Hypothesensystem mit 15 exogenen und 6 endogenen Variablen ist in seiner Struktur komplex, da nicht nur die Wirkung auf die endogene Variable Internationalisierungserfolg, sondern auch kausale Wirkungsbeziehungen zwischen den anderen Variablen untersucht werden. Um ein solches Beziehungsgeflecht in seiner Gesamtheit zu beurteilen, sind alle Hypothesen simultan zu prüfen. Neben dieser Bedingung muss die einzusetzende Untersuchungsmethode eine Operationalisierung der nicht direkt messbaren Erfolgsfaktoren (latente Variablen) durch manifeste Variablen (beobachtbare Indikatoren) in Form formativer und reflektiver Messmodelle ermöglichen. Der Einsatz von Messmodellen führt zu Messfehler, welche die einzusetzende Methode zusätzlich berücksichtigen muss, um starke Verzerrungen der Ergebnisse zu vermeiden.[17]

Diese Anforderungen können multivariate Analysemethoden der ersten Generation, wie z.B. die multiple Regressionsanalyse, nicht leisten.[18] Für die vorliegende Untersuchung empfiehlt sich deswegen der Einsatz des kausalanalytischen Ansatzes unter Zuhilfenahme von Strukturgleichungsmodellen.[19] Mit Hilfe dieses Ansatzes ist es möglich, die Untersuchung der Abhängigkeitsstrukturen latenter Variablen sowie die Messung komplexer theoretischer Konstrukte simultan durchzuführen und geeignete Messmodelle einzusetzen.

Als Instrument zur Analyse von Strukturgleichungsmodellen hat die Kovarianzstrukturanalyse aufgrund der frühen Verfügbarkeit des von JÖRESKOG und SORBÖM[20] entwickelten Computerprogramms *LISREL (Linear Structural Relations)* seit 1972 eine weite Verbreitung erfahren.[21] Voraussetzung für den Einsatz dieses kovarianzbasierten

[17]Vgl. [JÖRESKOG 1982], S. 404.

[18]Bezüglich der Problematik des Einsatzes ungeeigneter Analyseverfahren vgl. Kapitel 5.3.1.2.

[19]Die Strukturgleichungsmethodik vereint verschiedene multivariate Analysetechniken, deren Kopplung die Analyse von Beziehungsstrukturen zwischen nicht beobachtbaren (latenten) Variablen und beobachtbaren (manifesten) Variablen ermöglicht. Sie wird auch als Kombination von regressions- und faktoranalytischen Methoden aufgefasst. Vgl. [HILDEBRANDT 1999], S. 2. Für einen detaillierteren Überblick vgl. [HILDEBRANDT 1998].

[20]Vgl. [JÖRESKOG 1981].

[21]Vgl. [HOMBURG 1990], S. 181.

Modells ist die Annahme einer multivariaten Normalverteilung der Daten, welche einerseits bei der Arbeit mit realen Daten häufig nicht zutrifft und anderseits eine große Stichprobe (n>200) voraussetzt. Zusätzlich ist die Einbindung formativer Indikatoren nur über Hilfskonstruktionen möglich.[22] Insgesamt ist festzustellen, dass der Einsatz kovarianzbasierter Verfahren aufgrund der benötigten hohen Stichprobe und der umständlichen Einbindung formativer Messmodelle für die vorliegende Untersuchung nicht geeignet ist.

Die mit den genannten Voraussetzungen verbundenen Schwierigkeiten führten dazu, dass parallel zur Kovarianzstrukturanalyse mit der *Varianzstrukturanalyse (Partial Least Squares - PLS)* ein zweiter Ansatz zur Messung kausaler Wirkungsbeziehungen entwickelt wurde.

7.2.2 Partial Least Squares-Methode

Der schwedische Ökonometriker WOLD hat sich in den 50er und 60er Jahren des letzten Jahrhunderts intensiv mit der kausalen Interpretierbarkeit simultaner Gleichungssysteme auseinandergesetzt.[23] Dabei griff er auf das Verfahren der Hauptkomponentenanalyse zurück, da der damals häufig eingesetzte Maximum-Likelihood-Schätzer empfindlich auf Messfehler reagierte. Die auf WOLD zurückgehende PLS-Methode beruht somit auf dem Regressionsprinzip (Kleinste-Quadrat-Schätzung) und kommt ohne die restriktiven Verteilungsannahmen der Kovarianzstrukturanalyse aus. Nur Annahmen bezüglich der linear-bedingten erwarteten Beziehungen zwischen den exogenen und endogenen Variablen sind zu treffen.[24]

Um den PLS-Algorithmus einsetzen zu können, ist zunächst ein PLS-Modell in Form von Strukturgleichungen zu spezifizieren. Das PLS-Modell besteht aus einem Struktur- und mehreren Messmodellen und ist ein in sich geschlossenes System. Das Strukturmodell bildet die durch die Hypothesen postulierten Ursache-Wirkungs-Beziehungen zwischen den hypothetischen Konstrukten in Form latenter exogener und endogener Variablen ab. Messmodelle dienen der Operationalisierung latenter Variablen.[25] Sie spezifizieren die Beziehungen zwischen den latenten Variablen und den diesen zugeordneten manifesten Variablen.[26] Zur Verdeutlichung der genannten Sachverhalte wird in Abbildung 7.2 ein

[22]Vgl. [CHIN 1999], S. 314, [HERRMANN 2006], S. 38ff., [GÖTZ 2004], S. 721 und [BLIEMEL 2005], S. 11.

[23]Vgl. [WOLD 1980], [WOLD 1982] und [WOLD 1985].

[24]Vgl. [WOLD 1985], S. 581.

[25]Vgl. [WOLD 1980], S. 51f., [BAGOZZI 1982], S. 32ff. und [CHIN 1998], S. 314f.

[26]Vgl. Kapitel 6.2.3.

PLS-Modell mit drei Konstrukten ξ_1, η_1, η_2 mit jeweils zwei Indikatoren aufgezeigt. Die hypothetischen Konstrukte werden als Kreise, die Indikatoren als Rechtecke und die Ursache-Wirkungs-Beziehungen durch Pfeile dargestellt.

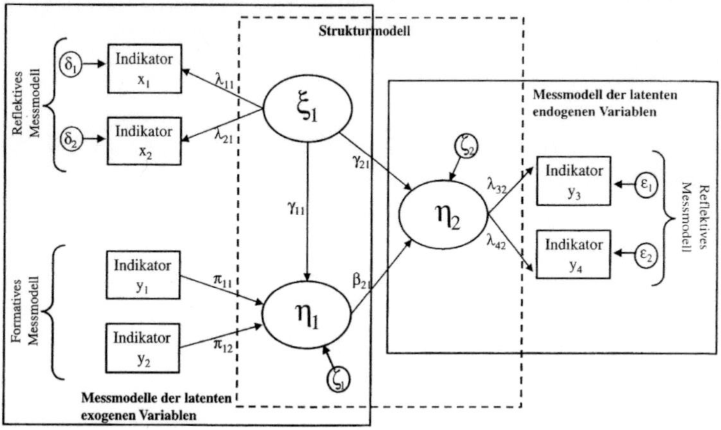

Abbildung 7.2: Beispiel eines PLS-Modells (Quelle: [Götz 2004], S. 716.)

7.2.2.1 Strukturmodell

Die kausalen Beziehungen zwischen den Konstrukten werden durch ein System von linearen Strukturgleichungen abgebildet. Das Strukturmodell wird in der Matrixschreibweise wie folgt formuliert:

$$\eta = B\eta + \Gamma\xi + \zeta \tag{7.1}$$

Dabei beschreibt η den Vektor der Konstruktwerte der latenten endogenen Variablen, ξ den Vektor der Konstruktwerte der latenten exogenen Variablen und ζ den Vektor der Fehlervariablen der nicht beobachtbaren endogenen Variablen. Zwischen den Fehlervariablen und den latenten exogenen Variablen dürfen keine lineare Beziehungen existieren, es gilt $E(\zeta|\xi = 0)$. Die Koeffizientenmatrizen B und Γ bilden die Wirkungsbeziehungen zwischen den Konstrukten ab. Die Elemente von $B(\beta)$ bilden die kausalen Beziehungen zwischen den latenten endogenen Variablen, die von $\Gamma(\gamma)$ die Effekte der latent exogenen auf die latent endogenen Variablen ab.[27]

[27] Vgl. [Chin 1998], S. 312f. und [Fornell 1994], S. 58.

Im Strukturmodell werden nur die Beziehungen zwischen latenten Variablen berücksichtigt. Die Operationalisierung der latenten Variablen durch manifeste Variablen in Form von beobachtbaren Indikatoren führt dazu, dass das Strukturmodell durch Messmodelle ergänzt werden muss.

7.2.2.2 Messmodelle

Hypothetische Konstrukte lassen sich grundsätzlich auf zwei verschiedene Arten operationalisieren: mittels formativer oder reflektiver Messmodelle.[28] Wird die latente Variable als kausal verursachend für die ihr zugeordneten manifesten Variablen angesehen, spricht man von einem *reflektiven Messmodell*, denn das Konstrukt reflektiert auf seine Indikatoren. Die Veränderung des Werts der latenten Variablen führt zu einer Veränderung der Werte aller Indikatoren in die gleiche Richtung. Reflektive Messmodelle können wie folgt beschrieben werden:[29]

$$\text{exogenes reflektives Messmodell:}\quad x = \lambda_x \xi + \delta_x \tag{7.2}$$

$$\text{endogenes reflektives Messmodell:}\quad y = \lambda_y \eta + \varepsilon_y \tag{7.3}$$

Die Vektoren x und y enthalten die gemessenen Indikatoren der latenten exogenen und endogenen Variablen ξ und η. Die Faktorladungsmatrizen λ_x und λ_y beschreiben den Zusammenhang zwischen ξ und x sowie η und y. Da jeder Indikator eine fehlerbehaftete Messung der zugeordneten latenten Variablen ist, beinhalten die Vektoren δ_x und ε_y die Messfehler der Indikatorvariablen x und y. Im Pfaddiagramm wird ein reflektiver Zusammenhang dadurch dargestellt, dass die Pfeilrichtung von der latenten Variablen zu deren Indikatoren zeigt. In dem in Abbildung 7.2 dargestellten Beispiel sind die Konstrukte ξ_1 und η_2 reflektiv operationalisiert.[30]

Im *formativen Messmodell* liegt eine umgekehrte Kausalität vor,[31] das theoretische Konstrukt ergibt sich aus einer Linearkombination seiner Indikatoren sowie eines Fehlerterms:[32]

[28] Zur Vermeidung von Fehlspezifikationen und den damit verbundenen fehlerhaften Modellbeurteilungen sowie falschen Implikationen bietet sich der Einsatz der in Kapitel 6.2.2 dargestellten Entscheidungsregeln an.

[29] Vgl. [Chin 1998], S. 313 und [Fornell 1994], S. 59.

[30] Vgl. [Götz 2004], S. 718.

[31] Vgl. Kapitel 6.2.2.

[32] Vgl. [Chin 1998], S. 314 und [Fornell 1994], S. 60.

$$\text{exogenes formatives Messmodell:} \quad \xi = \pi_\xi x + \delta_\xi \tag{7.4}$$

$$\text{endogenes formatives Messmodell:} \quad \eta = \pi_\eta y + \delta_\eta \tag{7.5}$$

Die Vektoren ξ, η, x und y wurden bereits eingeführt. Die Matrizen π_ξ und π_η beinhalten die multiplen Regressions- bzw. Gewichtungskoeffizienten, die Vektoren δ_ξ und δ_η stellen die Residuen der multiplen Regression dar und bilden dadurch die Fehlervarianz im Messmodell ab. Im Pfaddiagramm wird ein formativer Zusammenhang dadurch dargestellt, dass die Pfeilrichtung von den Indikatoren auf die latente Variable zeigt. In dem in Abbildung 7.2 dargestellten Beispiel ist das Konstrukt η_1 formativ operationalisiert.[33]

In der vorliegenden Arbeit werden sowohl reflektiv als auch formativ spezifizierte Messmodelle eingesetzt.[34] Nach der formalen Beschreibung des Strukturmodells sowie der möglichen Messmodelle wird nachfolgend die Vorgehensweise des Partial Least Squares-Verfahrens zur Ermittlung der Parameter des Struktur- und Messmodells aufgezeigt.

7.2.2.3 Partial Least Squares-Schätzalgorithmus

Die PLS-Methode ist ein iteratives Kleinste-Quadrat-Schätzverfahren. Durch die Anwendung eines kombinierten Ansatzes aus Hauptkomponentenanalyse und kanonischer Schätzung wird die Varianz der Residuen ζ aller endogenen Variablen im Strukturmodell sowie die Varianz der Residuen ε aller reflektiven Zusammenhänge und die Varianz der Residuen δ aller formativen Beziehungen im Messmodell sukzessive minimiert. Ziel dieser Vorgehensweise ist die bestmögliche Annäherung an die empirisch erhobene Datenstruktur.

Zur Bestimmung der Gewichte, Ladungen und Pfade wird folgender mehrstufiger Schätzalgorithmus angewandt:[35]

- Schritt 1: Der Algorithmus startet mit der *äußeren Approximation.* Dabei werden die Gewichte im Messmodell zunächst willkürlich festgelegt und für jede latente

[33] Vgl. [Götz 2004], S. 719.
[34] Vgl. Abbildung 6.8.
[35] Nachfolgend wird die von Götz und Liehr-Gobbers [Götz 2004], S. 722ff. gewählte Formulierung und Strukturierung des Algorithmus dargestellt. Auch wenn andere Autoren zur Darstellung eine andere Stukturierung wählen, ist der Ablauf des Algorithmus identisch. Vgl. auch [Lohmöller 1989], S. 28ff., [Chin 1998], S. 302ff. und [Fornell 1994], S. 62ff. sowie die dort zitierte Literatur.

Variable Konstruktwerte Y_j als Erwartungswerte der Indikatorvariablen ermittelt. Diese Schätzwerte sind nichttriviale Linearkombinationen der jeweiligen Indikatoren der latenten Variablen. Dies wird für alle latenten Variablen ξ_j und η_j wie folgt formuliert:

$$Y_j := \begin{cases} x_{j1} & \text{exogene Konstrukte} \\ y_{j1} & \text{endogene Konstrukte} \end{cases} \tag{7.6}$$

- Schritt 2: Bestimmung der inneren Gewichte e_{ji} der latenten Variablen, die im Pfaddiagramm (durch Pfeile, welche eine kausale Wirkungsbeziehung darstellen) direkt miteinander verbunden sind.

  Für jeden Pfeil im Strukturmodell ist ein Gewicht zu ermitteln. Dazu stehen drei unterschiedliche Schemata zur Verfügung. Das Centroid-, das Faktor- und das Pfadgewichtungsschema. Da nur das Pfadgewichtungsschema die Richtung der Wirkungszusammenhänge berücksichtigt, wird dieses aufgrund dieses Vorteils am häufigsten eingesetzt und soll auch hier Anwendung finden.[36] Die Berücksichtigung der Wirkungsrichtung erfolgt, indem für jede latente Variable bezüglich den restlichen latenten Variablen des Strukturmodells zwischen Vorgänger und Nachfolger unterschieden wird. Für Nachfolger wird die Korrelation zwischen den latenten Variablen zur Ermittlung deren inneren Gewichte eingesetzt. Für Vorgänger stellen die Regressionskoeffizienten b_{ji}, der multiplen Regression mit allen Vorgängern als Regressoren und der betrachteten latenten Variablen (Nachfolger) als Regressand, die inneren Gewichte dar.

$$e_{ji} := \begin{cases} korr(Y_i, Y_j) & \text{Nachfolger} \\ b_{ji} & \text{Vorgänger} \\ 0 & \text{sonst} \end{cases} \tag{7.7}$$

- Schritt 3: Basierend auf den in Schritt 2 ermittelten Beziehungen im Strukturmodell werden im Zuge der *inneren Approximation* die in Schritt 1 generierten Schätzwerte weiter verbessert. Dabei ergibt sich der Schätzwert Z_j. Für latent exogene Variablen ξ_i ist dieser gleich dem Schätzwert Y_j (siehe Schritt 1), für endogene latente Variablen η_j ergibt sich der Schätzwert Z_j als gewichtete Summe der restlichen im Strukturmodell vorhandenen latenten Variablen:

[36] Auf eine Darstellung der verschiedenen Gewichtungsschemata wird verzichtet und auf die einschlägige Literatur verwiesen. Vgl. [LOHMÖLLER 1989], S. 39ff.

$$Z_j := \begin{cases} Y_j & \text{exogene Konstrukte} \\ \varphi_j \times \sum\limits_i e_{ji} Y_i & \text{endogene Konstrukte} \end{cases} \tag{7.8}$$

Die Faktoren φ_j dienen zur Standardisierung des inneren Schätzwertes Z_j.

- Schritt 4: Schätzung der äußeren Gewichte. In Abhängigkeit des gewählten Messmodells werden die Gewichte unterschiedlich bestimmt. Bei reflektiv spezifizierten hypothetischen Konstrukten ergeben sich die Gewichte π_{jh} aus dem Regressionskoeffizienten der einfachen Regression mit der inneren Schätzgröße Z_j als Regressor und dem Indikator x_{jh} (bei exogenen latenten Variablen) bzw. y_{jh} (bei endogenen latenten Variablen) als Regressand. Da Indikatoren (siehe Schritt 5) und Schätzgrößen (siehe Schritt 3) standardisiert sind, entspricht der Regressionskoeffizient deren Kovarianz:

$$\pi_{jh} := \begin{cases} cov(x_{jh}, Z_j) & \text{exogene Konstrukte} \\ cov(y_{jh}, Z_j) & \text{endogene Konstrukte} \end{cases} \tag{7.9}$$

Bei formativ spezifizierten Konstrukten werden die multiplen Regressionskoeffizienten π_{jh} der multiplen Regression mit der inneren Schätzgröße Z_j als Regressand und den zugeordneten Indikatoren als Regressoren als Gewichte interpretiert. Die Aneinandereihung der Vektoren der Indikatoren x_{jh} und y_{jh} zu den Matrizen X_j und Y_j ermöglicht die formale Darstellung des Vektors der Regressionskoeffizienten anhand der Matrixform der multiplen Regression:

$$\pi_j := \begin{cases} (X_j^T, X_j)^{-1} X_j^T Z_j & \text{exogene Konstrukte} \\ (Y_j^T, Y_j)^{-1} Y_j^T Z_j & \text{endogene Konstrukte} \end{cases} \tag{7.10}$$

- Schritt 5: Äußere Schätzung der latenten Variablen. Die Schätzwerte Y_j (siehe Schritt 1) werden nun als Linearkombination der den latenten Variablen zugeordneten Indikatoren ermittelt:

$$Y_j := \begin{cases} f_j \times \sum\limits_h \pi_{jh} x_{jh} & \text{exogene Konstrukte} \\ f_j \times \sum\limits_h \pi_{jh} y_{jh} & \text{endogene Konstrukte} \end{cases} \tag{7.11}$$

Die Faktoren f werden zur Standardisierung des äußeren Schätzwertes Y_j eingesetzt.

Die dargestellten Schritte 2 bis 5 werden so lange wiederholt, bis ein vorgegebenes Konvergenzkriterium erreicht wird. Häufig wird die Iteration abgebrochen, wenn die weitere Veränderung der Gewichte unter dem Betrag von 0,001 bleibt.[37]

Die Schätzung des Strukturmodells erfolgt dann im Anschluss auf Basis multipler Regressionen. Die Pfadkoeffizienten β_{ij} und γ_{ij} der endogenen Konstrukte η_j sind das Ergebnis der Regression mit η_j als Regressand und allen auf η_j wirkende Variablen als Regressoren. Auf Grundlage dieser multiplen Regressionen werden auch die Bestimmtheitsmaße R^2 für die endogenen Konstrukte ermittelt.[38]

Abbildung 7.3 stellt die Ursache-Wirkungs-Beziehungen der latenten Variablen sowie deren Messmodell grafisch dar und gibt Auskunft über die auf Basis der dargestellten Vorgehensweise berechneten Faktorladungen (abzulesen auf den Pfeilen, die von den latenten Variablen in Richtung deren reflektiven Indikatoren zeigen), Gewichte (abzulesen auf den Pfeilen, die von den formativen Indikatoren in Richtung deren latenten Variablen zeigen), Pfadkoeffizienten (abzulesen auf den Pfeilen zwischen den exogenen latenten und endogenen latenten Variablen) und Bestimmtheitsmaße (abzulesen aus den Kreisen, die für die endogenen latenten Variablen stehen).[39] Zur Berechnung dieser Daten sowie der meisten Gütekriterien wird die Software *SmartPLS* in der Version 2.0 (M3) Beta eingesetzt.[40] Zusätzlich wird auf die Software *Win-STAT* zurückgegriffen, da die Berechnung einiger wichtigen Gütekriterien nicht in der Software SmartPLS implementiert ist.[41]

Im nachfolgenden Kapitel werden neben dem Bestimmtheitsmaß R^2 weitere Gütekriterien zur Beurteilung der eingesetzten Messmodelle sowie des formulierten Strukturmodells dargestellt.

---

[37] Vgl. [Chin 1999], S. 320.

[38] Vgl. [Götz 2004], S. 724.

[39] Im Vergleich zu Abbildung 6.8 fehlt der Indikator FR1. Dieser wird eliminiert. Vgl. dazu die Ausführungen in Kapitel 7.2.2.4.1.2.

[40] Vgl. [Ringle 2005].

[41] Vgl. [Fitch 2009].

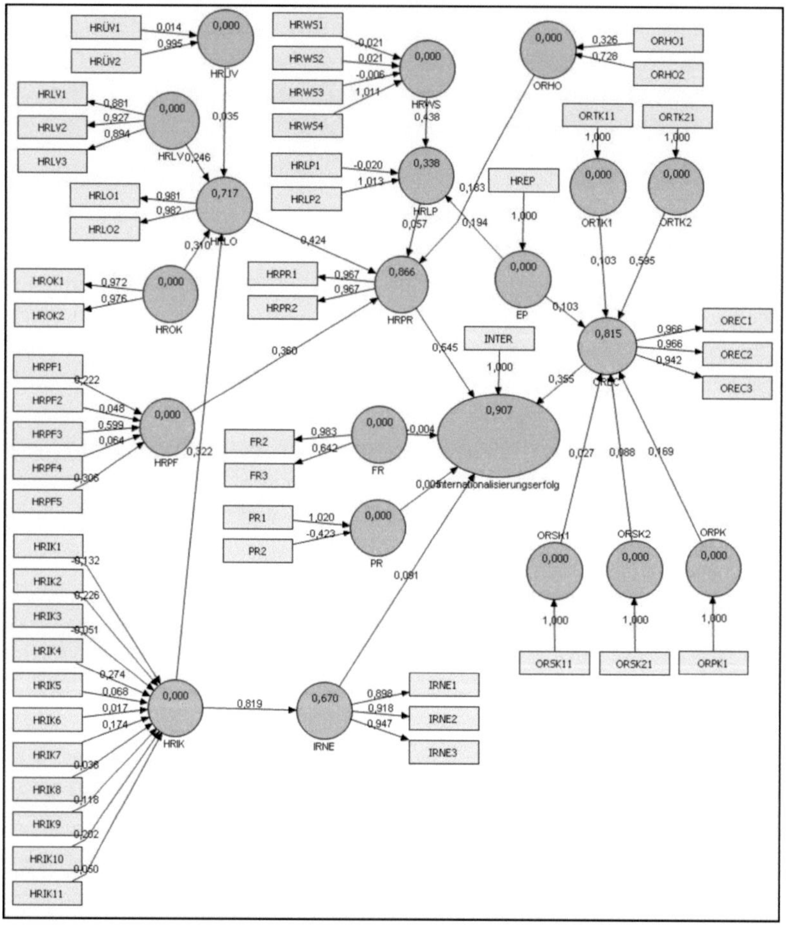

Abbildung 7.3: Berechnetes Gesamtmodell (Quelle: eigene Darstellung)

7.2.2.4 Gütemaße zur Beurteilung der Messmodelle sowie des Strukturgleichungsmodells

Zur Güteprüfung hat sich eine zweistufige Vorgehensweise etabliert. Zuerst wird die Güte der reflektiven und formativen Messmodelle bewertet. Aufgrund der Unterschiedlichkeit dieser Messmodelle müssen unterschiedliche Gütemaße angewandt werden. Während bei reflektiven Messmodellen der Einsatz von Gütekriterien, die die interne Konsistenz der Faktoren (Validität/Gültigkeit und Reliabilität/Zuverlässigkeit) messen, sinnvoll ist, kommt es bei formativen Messmodellen eher darauf an, auftretende Multikollinearität zwischen den Indikatoren einer Variablen zu identifizieren. Nach der Überprüfung der Messmodelle wird im Anschluss beurteilt, wie gut das formulierte Strukturmodell die empirisch ermittelte Datenstruktur reproduziert.[42]

7.2.2.4.1 Beurteilung reflektiver Messmodelle

Wie in Kapitel 7.2.2.2 aufgezeigt ist jeder Indikator eines reflektiven Messmodells eine fehlerbehaftete Messung der zugeordneten latenten Variablen. Der Messfehler kann eine systematische und eine zufällige Komponente beinhalten. Der systematische Anteil des Messfehlers tritt bei jeder Wiederholung der Messung auf, der zufällige Messfehler nicht. Nimmt der zufällige Messfehler den Wert Null an, ist die Messung als vollständig reliabel anzusehen. Ist auch die systematische Messfehlerkomponente Null, ist die Messung vollständig valide.[43] Somit ist die Reliabilität eine notwendige, jedoch keine hinreichende Bedingung für die Validität. In der Literatur wird der Einsatz der nachfolgend beschriebenen Gütekriterien für die Beurteilung reflektiver Messmodelle empfohlen.

7.2.2.4.1.1 Inhaltsvalidität

Die *Inhaltsvalidität* bezeichnet den Grad, zu dem die Indikatoren eines Messmodells dem inhaltlich-semantischen Bereich des zu messenden Konstrukts angehören, also dessen vollständige Facetten abbilden. Die Überprüfung der Inhaltsvalidität erfolgt häufig im Rahmen eines Pretests auf Basis von Expertenbefragungen oder bei schon vorhandenen empirischen Daten durch den Einsatz der explorativen Faktorenanalyse.[44] In

[42] Vgl. [GÖTZ 2004], S. 727.

[43] Vgl. [CHURCHILL 1987], S. 381f.

[44] Vgl. [HOMBURG 1998], S. 117. Durch den Einsatz der explorativen Faktorenanalyse wird überprüft, ob die theoretisch abgeleiteten Annahmen bezüglich der Dimensionalität der Konstrukte zutreffen. Dabei werden die einzelnen Indikatoren eines Konstrukts zu Faktoren verdichtet, welche Dimensionen im sich ergebenden Faktorraum darstellen. Der Eigenwert, also der durch einen Faktor erklärte Anteil an der Gesamtvarianz der auf diesen ladenden Variablen, wird dann herangezogen, um Aussagen über

der vorliegenden Arbeit wurden die Messmodelle ausschließlich auf Basis fundierter Theorien erstellt sowie im Vorfeld mit Fachkollegen validiert. Zusätzlich attestieren die Ergebnisse einer Expertenbefragung in Form eines Pretests mit zehn Teilnehmern den eingesetzten Messmodellen eine hohe Inhaltsvalidität.[45]

7.2.2.4.1.2 Indikatorreliabilität

Die *Indikatorreliabilität* gibt an, welcher Anteil der Varianz eines Indikators durch das zugrunde liegende theoretische Konstrukt erklärt wird. In der Literatur wird gefordert, dass mindestens 50 Prozent der Varianz eines Indikators durch das Konstrukt erklärt wird, so dass die gemeinsame Varianz größer als die Varianz des Messfehlers ist. Bei standardisierten Daten ergibt sich die Reliabilität auf Indikatorebene als Quadrat der jeweiligen Faktorladung. Dies bedeutet, dass die Faktorladung λ einen Wert von mindestens $0,7$ aufweisen muss. In der Literatur wird empfohlen reflektive Indikatoren, deren Ladung im Gesamtmodell geringer als $0,4$ ist, aus dem Messmodell zu eliminieren.[46]

Konstrukt	Indikator 1	Indikator 2	Indikator 3
Starke finanz. Ressourcenausstattung (FR)	0,0904	0,9830	0,6423
Leistungsgerechtes Vergütungssystem (HRLV)	0,8805	0,9267	0,8944
Offene Kommunikationskultur (HROK)	0,9721	0,9758	—
Leistungsorientierung (HRLO)	0,9810	0,9817	—
Mitarbeiterproduktivität (HRPR)	0,9665	0,9673	—
Sehr gutes Networking (IRNE)	0,8979	0,9182	0,9474
Effektives Controlling (OREC)	0,9658	0,9655	0,9424

Tabelle 7.1: Faktorladungen der reflektiven Indikatoren (Quelle: eigene Darstellung)

Die in Tabelle 7.1 dargestellte Auswertung der eingesetzten reflektiven Messmodelle zeigt, dass auf Basis der berechneten Faktorladungen die Indikatorreliabilität gewährleistet ist. Nur der erste Indikator des Konstrukts *starke finanzielle Ressourcenausstattung (FR)* wird eliminiert. Um zusätzlich die Signifikanz der Ladungen zu überprüfen, ist der Einsatz von Resampling-Methoden sinnvoll, da im Gegensatz zu kovarianzbasierten Strukturgleichungsmodellen bei der Varianzstrukturanalyse (PLS) keine Verteilungsannahmen getroffen werden.[47] Im Bezug auf den PLS-Ansatz ist häufig die

die Dimensionalität der Konstrukte abzuleiten. Für eine detailliertere Erklärung der Vorgehensweise der Faktorenanalyse vgl. [HÜTTNER 2002], S. 296ff.

[45]Dafür konnten zehn Teilnehmer der in 2006 durchgeführten Interviews gewonnen werden.

[46]Vgl. [GÖTZ 2004], S. 727 und [HULLAND 1999], S. 198.

[47]Resampling-Methoden sind Hilfsmittel zur Bestimmung der statistischen Eigenschaften von Schätzern und Testgrößen. Grundidee ist die wiederholte Ziehung von Substichproben aus einer Ausgangsstichprobe (Monte-Carlo-Simulation). Man untersucht danach die Verteilung der Schätz- bzw. Testergebnisse auf Basis dieser Wiederholungsstichproben. Vgl. [REIMER 2006], S. 401.

Anwendung der zwei nicht-parametrischen Verfahren Jackknifing und Bootstrapping zu beobachten. Beide Methoden sind dadurch gekennzeichnet, dass eine bestimmte Anzahl an Fällen, typischerweise ein Fall, aus den empirisch erhobenen Daten unterdrückt wird, um anschließend das Modell zu schätzen. So entstehen z.B. aus einem Datensatz mit 100 Fällen bei Unterdrückung zweier Fälle 50 Substichproben mit jeweils 98 Fällen. Über alle so generierten Substichproben lassen sich daraufhin Erwartungswerte und Standardabweichungen der Faktorladungen schätzen und mittels t-Tests die jeweilige Signifikanz der Schätzergebnisse bestimmen. Jackknifing und Bootstrapping unterscheiden sich vor allem in der Generierung der Substichproben. Beim Bootstrapping ergeben sich diese, indem n-mal aus einer gegebenen Stichprobe ein Wert mit Zurücklegen gezogen wird. Beim Jackknifing wird aus allen Fällen der Stichprobe nach einem vorgegebenen Schema eine festgelegte Anzahl von Datensätzen weggelassen und anschließend der Schätzer für den reduzierten Datensatz berechnet. Auf Grund dieser Vorgehensweise benötigt das Jackknifing weniger Zeit zur Berechnung der Ergebnisse, allerdings zulasten der Ergebnisqualität. Beim Bootstrapping ist dies genau umgekehrt.[48]

Die Signifikanz der ermittelten Ladungen wird in dieser Arbeit durch die Anwendung des in der Software SmartPLS Version 2.0 (M3) Beta implementierten Bootstrappingverfahrens überprüft.[49] Dabei werden aus den vorliegenden 116 gültigen Fällen (beantwortete Fragebögen) 1.000 Substichproben mit je 100 Fällen gezogen. Wie in Tabelle 7.2 aufgezeigt erreichen alle Indikatorladungen der reflektiven Konstrukte ein Signifikanzniveau von unter einem Prozent.[50] Somit ist festzustellen, dass die Indikatorladungen neben der geforderten Mindesthöhe auch durch ein hohes Signifikanzniveau gekennzeichnet sind. Es ist von einer hohen Indikatorreliabilität auszugehen.

7.2.2.4.1.3 Konstruktreliabilität

Die *Konstruktreliabilität* gibt an, wie gut ein Konstrukt durch die ihm zugeordneten Indikatoren gemessen wird. Bei reflektiven Messmodellen müssen die Indikatoren eine starke Beziehung untereinander aufweisen. Um dies festzustellen, ist die Untersuchung

---

[48] Vgl. [CHIN 1998], S. 318ff. und [RINGLE 2004], S. 22. Für ausführliche Erläuterungen bezüglich der Verfahren Jackknifing und Bootstrapping vgl. [EFRON 1979], [EFRON 1993] und [TUKEY 1958].

[49] Vgl. [RINGLE 2005].

[50] Die Signifikanzniveaus der Indikatorladungen werden auf Basis der t-Statistik ermittelt. Dabei wird die Indikatorladung durch die ermittelte Standardabweichung dividiert. Da in dieser Arbeit gerichtete Hypothesen überprüft werden, sind zur Bestimmung des Signifikanzniveaus die Werte von einseitigen t-Tests relevant. Bei diesen ist unter Berücksichtigung der 1.000 Ziehungen ab einem t-Test-Wert von $1,283$ von einem Signifikanzniveau von zehn Prozent, ab einem t-Test-Wert von $1,648$ von einem Signifikanzniveau von fünf Prozent und ab einem Wert von $2,334$ von einem Signifikanzniveau von einem Prozent auszugehen. Vgl. [EFRON 1993], S. 153ff.

Kausal-richtung	Faktor-ladung	Mittelwert Faktorladung	Standard-abweichung	t-Test Wert	Signifikanz-niveau
FR2 <- FR	0,9830	0,8975	0,1678	5,85	1-%-Niveau
FR3 <- FR	0,6423	0,6174	0,2590	2,47	1-%-Niveau
HRLV1 <- HRLV	0,8805	0,8760	0,0430	20,45	1-%-Niveau
HRLV2 <- HRLV	0,9267	0,9261	0,0138	66,74	1-%-Niveau
HRLV3 <- HRLV	0,8944	0,8935	0,0231	38,63	1-%-Niveau
HROK1 <- HROK	0,9720	0,9714	0,0070	138,19	1-%-Niveau
HROK2 <- HROK	0,9758	0,9755	0,0054	180,56	1-%-Niveau
HRLO1 <- HRLO	0,9810	0,9807	0,0040	239,49	1-%-Niveau
HRLO2 <- HRLO	0,9817	0,9814	0,0038	256,11	1-%-Niveau
HRPR1 <- HRPR	0,9665	0,9661	0,0067	142,47	1-%-Niveau
HRPR2 <- HRPR	0,9673	0,9668	0,0064	150,54	1-%-Niveau
IRNE1 <- IRNE	0,8979	0,8964	0,0228	39,27	1-%-Niveau
IRNE2 <- IRNE	0,9182	0,9171	0,0197	46,47	1-%-Niveau
IRNE3 <- IRNE	0,9474	0,9468	0,0105	89,84	1-%-Niveau
OREC1 <- OREC	0,9657	0,9650	0,0083	115,44	1-%-Niveau
OREC2 <- OREC	0,9655	0,9649	0,0105	91,27	1-%-Niveau
OREC3 <- OREC	0,9424	0,9406	0,0182	51,53	1-%-Niveau

Tabelle 7.2: Ergebnisse Bootstrapping: Faktorladungen, Mittelwert der Faktorladungen über alle Substichproben, Standardabweichung, t-Test-Wert, Signifikanzniveau (Quelle: eigene Darstellung)

der internen Konsistenz der Indikatoren von Bedeutung. [51] Im Zusammenhang mit PLS wird in der Literatur der Einsatz nachfolgender auf FORNELL und LACKER zurückgehende Formel zur Ermittlung der internen Konsistenz empfohlen:[52]

$$\text{Interne Konsistenz} = \frac{(\sum_i \lambda_{ij})^2}{(\sum_i \lambda_{ij})^2 + \sum_i \text{var}(\varepsilon_{ij})} \tag{7.12}$$

Dabei stellt λ_i die Faktorladung, $var(\varepsilon_i)$ die Varianz des Messfehlers der Indikatorvariablen i und j den Laufindex über alle reflektiven Messmodelle dar.[53] Die interne Konsistenz kann einen Wert zwischen 0 und 1 annehmen, wobei ein Wert von mindes-

[51] Eine hohe interne Konsistenz bedeutet, dass die verschiedenen Indikatoren im Wesentlichen das Gleiche messen. Die interne Konsistenz ist eine Möglichkeit, die Messgenauigkeit eines Instruments zu ermitteln, wenn kein Retest oder Paralleltest zur Reliabilitätsbestimmung zur Verfügung steht. Die Reliabilitätsmessung findet intern statt, wobei jeder Indikator eines theoretischen Konstrukts als Paralleltest behandelt wird.

[52] Vgl. [FORNELL 1981], S. 45. Die Konstruktreliabilität kann auch auf Basis des *Cronbachschen Alphas* beurteilt werden. Ein Nachteil dieses Beurteilungskriteriums ist die Gleichgewichtung der Faktorladungen und dass die Anzahl der Indikatoren das Ergebnis beeinflusst. Somit ist die interne Konsistenz das bessere Gütemaß. Vgl. [BAGOZZI 1988], S. 82 und [CHIN 1998], S. 320.

[53] Vgl. [GÖTZ 2004], S. 728.

tens 0,6 für dieses Beurteilungskriterium als akzeptabel gilt. Indikatoren, die nur eine geringe Korrelation mit den übrigen Indikatoren desselben Messmodells aufweisen, sind aus dem Messmodell zu eliminieren.[54] Die in Tabelle 7.3 dargestellten Werte zeigen auf, dass für alle reflektiv operationalisierten latenten Variablen ein Wert von über $0,8$ erreicht wird. Da bis auf ein Messmodell Werte von über $0,9$ erzielt werden, ist von einer hohen Konstruktreliabilität auszugehen.

Konstrukt	Interne Konsistenz
Starke finanz. Ressourcenausstattung (FR)	0,8096
Leistungsgerechtes Vergütungssystem (HRLV)	0,9280
Offene Kommunikationskultur (HROK)	0,9736
Leistungsorientierung (HRLO)	0,9811
Mitarbeiterproduktivität (HRPR)	0,9664
Sehr gutes Networking (IRNE)	0,9440
Effektives Controlling (OREC)	0,9709

Tabelle 7.3: Interne Konsistenz (Quelle: eigene Darstellung)

7.2.2.4.1.4 Diskriminanzvalidität

Die *Diskriminanzvalidität* beschreibt das Ausmaß, mit dem die jeweils reflektiv operationalisierten latenten Variablen tatsächlich eigenständige Konstrukte darstellen. Diskriminanzvalidität liegt also vor, wenn die gemeinsame Varianz zwischen den Konstrukten und ihren Indikatoren größer als die gemeinsame Varianz dieser Indikatoren mit anderen Konstrukten ist.[55] Ein geeignetes Maß zur Beurteilung, ob Diskriminanzvalidität vorliegt, ist die von FORNELL und LACKER formulierte durchschnittlich erfasste Varianz (DEV):[56]

$$\mathrm{DEV} = \frac{\sum\limits_i \lambda_i^2}{\sum\limits_i \lambda_i^2 + \sum\limits_i \mathrm{var}(\varepsilon_i)} \tag{7.13}$$

Nach FORNELL und LACKER sollte die DEV einer latenten Variablen stets größer sein als jede quadrierte Korrelation dieser latenten Variablen mit einem anderen, reflektiv gemessenen latenten Konstrukt im Modell. Um im Mittel mindestens die Hälfte der Varianz der Indikatoren durch die zugrunde liegende latente Variable zu erklären, gilt der Grenzwert von DEV$> 0,5$.[57] Wie in Tabelle 7.4 aufgezeigt wird der Wert von $0,5$

[54] Vgl. [BAGOZZI 1988], S. 82.

[55] Vgl. [GÖTZ 2004], S. 728.

[56] Vgl. [FORNELL 1981], S. 45f.

[57] Vgl. [FORNELL 1981], S. 46. Ein ergänzendes Verfahren zur Beurteilung der Diskriminanzvalidität ist die Berechnung der Korrelationen zwischen manifesten Variablen und den Faktorwerten anderer

deutlich überschritten, somit kann eine hohe Diskriminanzvalidität attestiert werden. Mit der Überprüfung der Diskriminanzvalidität wird die Gütebeurteilung der reflektiven Messmodelle abgeschlossen.

Konstrukt	DEV
Starke finanz. Ressourcenausstattung (FR)	0,6894
Leistungsgerechtes Vergütungssystem (HRLV)	0,8114
Offene Kommunikationskultur (HROK)	0,9485
Leistungsorientierung (HRLO)	0,9630
Mitarbeiterproduktivität (HRPR)	0,9350
Sehr gutes Networking (IRNE)	0,8489
Effektives Controlling (OREC)	0,9177

Tabelle 7.4: Durchschnittlich erfasste Varianz (Quelle: eigene Darstellung)

7.2.2.4.2 Beurteilung formativer Messmodelle

Formative Messmodelle zeichnen sich im Vergleich zu den reflektiven durch umgekehrte Kausalrichtung aus. Somit kann die für reflektive Messmodelle aufgezeigte Vorgehensweise zur Gütebeurteilung nur bedingt angewandt werden. Weitere Kriterien sind einzuführen.

7.2.2.4.2.1 Epertenvalidität

Die Inhaltsvalidität muss bereits vor der Datenerhebung gewährleistet sein, da jeder formative Indikator zur vollständigen Erfassung des zu messenden Konstrukts beiträgt. Somit ist der Einsatz einer nach der Erhebung durchgeführten explorativen Faktorenanalyse zur Beurteilung der Qualität der formativen Messmodelle nicht sinnvoll. Die Überprüfung erfolgt deswegen im Rahmen eines Pretests auf Basis von Expertenbefragungen.[58] Da in der vorliegenden Arbeit Messmodelle ausschließlich auf Basis fundierter Theorien erstellt sowie zusätzlich eine Expertenbefragung in Form eines Pretests durchgeführt wurde, kann bei den eingesetzten Messmodellen zumindest von einer hohen *Epertenvalidität* ausgegangen werden.[59]

im Modell enthaltener latenter Variablen. Werden dabei stärkere Beziehungen festgestellt als zwischen einer Indikatorvariablen und der ihr zugeordneten latenten Variablen, ist möglicherweise eine Modifizierung des Modells erforderlich, da nicht eindeutig feststellbar ist, was das entsprechende Konstrukt tatsächlich reflektiert. Jede manifeste Variable soll die höchste Ladung bzw. Korrelation mit dem ihr zugeordnetem Konstrukt aufweisen. [RINGLE 2007], S. 213. Da sämtliche reflektiven Messmodelle eine deutlich DEV von über 0,5 aufweisen, wird auf den Einsatz dieser ergänzenden Vorgehensweise verzichtet.

[58] Vgl. [GÖTZ 2004], S. 728.

[59] Dafür konnten zehn Teilnehmer der in 2006 durchgeführten Interviews gewonnen werden.

Die Validität des Messmodells der zu erklärenden Variablen *Internationalisierungserfolg* kann, da die Befragten auch direkt nach dem Internationalisierungserfolg gefragt wurden, genauer überprüft werden. Sowohl die Abfrage der Ziele und der Zielerreichung, die über einen Index[60] zum Indikator *INTER* verdichtet werden, als auch die direkte Frage nach dem Erfolg werden auf einer Likert-Skala mit jeweils fünf Merkmalsausprägungen abgefragt.[61] Um den Zusammenhang zwischen dem Indikator *INTER* und den Ergebnissen der direkten Abfrage festzustellen, bietet sich die Berechnung des Rangkorrelationskoeffizienten nach SPEARMAN an. Dieses parameterfreie Maß für Korrelationen misst, wie gut eine beliebige monotone Funktion den Zusammenhang zwischen den zwei vorliegenden Datensätzen beschreibt. Der Rangkorrelationskoeffizient nach SPEARMAN kann Werte zwischen -1 und $+1$ annehmen, wobei ein Wert von $+1$ für einen vollständig positiven und ein Wert von -1 für einen vollständig negativen Zusammenhang steht. Ein Wert von 0 bedeutet, dass kein Zusammenhang zwischen den Datensätzen existiert.[62] Durch den Einsatz der Software WinSTAT[63] wird ein Rangkorrelationskoeffizient nach SPEARMAN von $0,85$ ermittelt. Diese hohe positive Korrelation zwischen den Werten des Indikators *INTER* und den Ergebnissen der direkten Abfrage weist zusätzlich auf eine hohe Validität des Messmodells der zu erklärenden Variablen *Internationalisierungserfolg* hin.

7.2.2.4.2.2 Indikatorrelevanz

Da die Indikatoren formativer Konstrukte untereinander sowohl positiv, negativ als auch nicht korrelieren können, ist die Überprüfung der *Indikatorreliabilität* bei formativen Messmodellen wenig sinnvoll. Alternativ kann der Vergleich der Gewichte der Indikatoren eines Messmodells sinnvoll sein (*Indikatorrelevanz*). Dadurch können die Indikatoren identifiziert werden, die das Konstrukt am stärksten determinieren.[64]

Im Vergleich zu den Ladungen reflektiver Indikatoren fallen die Gewichte formativer Indikatoren generell wertmäßig geringer aus. Geringe Absolutwerte der Gewichte sind aber kein Indiz für ein ungenaues Messmodell, da Faktorladungen und Gewichte nicht vergleichbare Größen darstellen. Während es bei reflektiven Messmodellen empfehlenswert ist, Indikatoren mit sehr geringen Ladungen zu eliminieren, gilt dies nicht für formative Messmodelle. Grund dafür ist, dass alle Indikatoren zusammen die latente Variable definieren. Wird ein Indikator eliminiert, verändert sich der Inhalt des theore-

[60] Vgl. Abbildung 6.1.
[61] Für Ausführungen zur Likert-Skala vgl. [SCHNELL 2008], S. 187ff.
[62] Vgl. [LITZ 2003], S. 153ff.
[63] [FITCH 2009].
[64] Vgl. [GÖTZ 2004], S. 728.

tischen Konstrukts.[65] Sinnvoll ist die Eliminierung formativer Indikatoren, wenn hohe Multikollinearität vorliegt. Darunter wird die wechselseitige lineare Abhängigkeit von Indikatoren verstanden. Während bei reflektiven Messmodellen eine hohe Korrelation der Indikatoren notwendig ist, führt eine hohe Korrelation der Indikatoren in formativen Messmodellen zu starken Verzerrungen der Ergebnisse.[66]

Das Vorliegen von Multikollinearität lässt sich über den Varianzinflationsfaktor (VIF) feststellen, welcher als Kehrwert der Toleranz berechnet wird. Zur Berechnung der Toleranz wird für jeden einzelnen Indikator eines formativen Messmodells das Bestimmtheitsmaß R_j^2 ermittelt. Dieser ergibt sich bei der Durchführung einer multiplen Regression mit den empirisch ermittelten Werten des betrachteten Indikators als Regressand und den empirisch ermittelten Werten aller übrigen formativen Indikatoren des gesamten Modells als Regressoren.[67] Der Varianzinflationsfaktor als Kehrwert der Toleranz zeigt auf, um welchen Faktor die Varianz eines Parameterschätzers aufgrund von Multikollinearität aufgebläht ist:

$$\text{VIF} = \frac{1}{1 - R_j^2} \tag{7.14}$$

Besteht ein starker Zusammenhang zwischen den Indikatorvariablen, bewegt sich der Varianzinflationsfaktor gegen unendlich, besteht kein Zusammenhang, tendiert der Varianzinflationsfaktor gegen 1. DIAMANTOPOULOS und WINKLHOFER gehen ab einem Wert von 10 von hoher Multikollinearität aus.[68] Dieser Wert wird dann überschritten, wenn die gemeinsame Varianz eines Indikators mit den anderen Indikatoren im Messmodell über 90 Prozent liegt. Bei kleineren Stichproben wird empfohlen, diese kritische Grenze konservativer auszulegen. In der vorliegenden Arbeit gilt, in Anlehnung an RINGLE und SPREEN, ein Varianzinflationsfaktor von über 4 als Grenze für die Eliminierung formativer Indikatoren.[69] Tabelle 7.5 beinhaltet das Bestimmtheitsmaß sowie den Varianzinflationsfaktor aller formativer Indikatoren. Es zeigt sich, dass keine Indikatoren aufgrund zu hoher Multikollinearität entfernt werden müssen.

---

[65] Vgl. [JARVIS 2003], S. 202.

[66] Da formative Messmodelle auf multiplen Regressionen basieren, werden die Standardfehler der Beta-Koeffizienten mit zunehmender Multikollinearität größer und als Folge dessen die Güte der Schätzung geringer. Vgl. [DIAMANTOPOULOS 2001], S. 272 und [RINGLE 2007], S. 214.

[67] Das Bestimmtheitsmaß gibt den erklärten Anteil der Varianz einer abhängigen Variablen durch ein statistisches Modell wieder. Indirekt wird damit auch der Zusammenhang zwischen der abhängigen und der bzw. den unabhängigen Variablen gemessen. Vgl. [BACKHAUS 2008], S. 91f.

[68] Vgl. [DIAMANTOPOULOS 2001], S. 272.

[69] Vgl. [RINGLE 2007], S. 214.

Indikator	PR1	PR2	HRLP1	HRLP2	HRÜV1	HRÜV2
R^2	0,3853	0,5702	0,6985	0,7773	0,4347	0,6824
VIF	1,1744	1,4818	1,9527	2,5263	1,2330	1,8716
Indikator	HRWS1	HRWS2	HRWS3	HRWS4	HREP	HRIK1
R^2	0,6890	0,5832	0,6972	0,8114	0,7618	0,7728
VIF	1,9036	1,5153	1,9460	2,9266	2,3832	2,4830
Indikator	HRIK2	HRIK3	HRIK4	HRIK5	HRIK6	HRIK7
R^2	0,8196	0,7097	0,8586	0,8521	0,7171	0,7936
VIF	3,0470	2,0146	3,8060	3,6499	2,0585	2,7017
Indikator	HRIK8	HRIK9	HRIK10	HRIK11	HRPF1	HRPF2
R^2	0,8151	0,7158	0,7369	0,8271	0,7719	0,6908
VIF	2,9803	2,0507	2,1883	3,1656	2,4745	1,9128
Indikator	HRPF3	HRPF4	HRPF5	ORHO1	ORHO2	ORSK11
R^2	0,8526	0,5314	0,7829	0,8045	0,8611	0,2975
VIF	3,6618	1,3934	2,5839	2,8344	3,8671	1,0971
Indikator	ORPK1	ORSK21	ORTK11	ORTK21		
R^2	0,5710	0,4902	0,6631	0,7154		
VIF	1,4838	1,3162	1,7847	2,0485		

Tabelle 7.5: Varianzinflationsfaktor der formativen Konstrukte (Quelle: eigene Darstellung)

Neben der Überprüfung auf Multikollinearität ist für die spätere Interpretation der Ergebnisse auch die Signifikanz der ermittelten Gewichte von großer Bedeutung.[70] Diese wird durch die Anwendung des in der Software SmartPLS Version 2.0 (M3) Beta implementierten Bootstrappingverfahrens ermittelt.[71] Tabelle 7.6 beinhaltet die berechneten Ergebnisse und gibt Aufschluss über die Signifikanzniveaus der Gewichte der formativen Indikatoren.[72]

Zu beachten ist, dass die latenten Variablen, die nur mit einem Indikator operationalisiert wurden, methodenbedingt sowohl in der ursprünglichen Stichprobe als auch

[70]Neben der Höhe der Gewichte der formativen Indikatoren ist für die Ableitung von Empfehlungen auch zu berücksichtigen, ob diese signifikant sind.

[71]Vgl. [RINGLE 2005]. Dabei werden aus den vorliegenden 116 gültigen Fällen (beantwortete Fragebögen) 1.000 Substichproben mit je 100 Fällen gezogen.

[72]Die Signifikanzniveaus der Indikatorladungen werden auf Basis der t-Statistik ermittelt. Dabei wird die Indikatorladung durch die ermittelte Standardabweichung dividiert. Da in dieser Arbeit gerichtete Hypothesen überprüft werden, sind zur Bestimmung des Signifikanzniveaus die Werte von einseitigen t-Tests relevant. Bei diesen ist unter Berücksichtigung der 1.000 Ziehungen ab einem t-Test-Wert von 1,283 von einem Signifikanzniveau von zehn Prozent, ab einem t-Test-Wert von 1,648 von einem Signifikanzniveau von fünf Prozent und ab einem Wert von 2,334 von einem Signifikanzniveau von einem Prozent auszugehen. Vgl. [EFRON 1993], S. 153ff.

Kausal-richtung	Gewichte	Mittelwert Gewichte	Standard-abweichung	t-Test Wert	Signifikanz-niveau
PR1 -> PR	1,0198	0,7992	0,2706	3,7681	1-%-Niveau
PR2 -> PR	−0,4233	−0,5721	0,3129	1,3527	10-%-Niveau
HREP -> EP	1,0000	1,0000	0,0000	-	-
HRIK1 -> HRIK	−0,1324	−0,1325	0,0799	1,6568	5-%-Niveau
HRIK2 -> HRIK	0,2258	0,2210	0,0986	2,2895	1-%-Niveau
HRIK3 -> HRIK	−0,0509	−0,0716	0,0532	0,9576	nicht signifikant
HRIK4 -> HRIK	0,2743	0,2676	0,0979	2,7998	1-%-Niveau
HRIK5 -> HRIK	0,0683	0,1100	0,0799	0,8548	nicht signifikant
HRIK6 -> HRIK	0,0165	0,0992	0,0750	0,2202	nicht signifikant
HRIK7 -> HRIK	0,1738	0,1722	0,0668	2,6020	1-%-Niveau
HRIK8 -> HRIK	0,0376	0,0985	0,0767	0,4902	nicht signifikant
HRIK9 -> HRIK	0,1179	0,1343	0,0927	1,2810	10-%-Niveau
HRIK10 -> HRIK	0,2018	0,1943	0,0701	2,8781	1-%-Niveau
HRIK11 -> HRIK	0,0504	0,0838	0,0629	0,8008	nicht signifikant
HRLP1 -> HRLP	−0,0199	−0,1774	0,1350	0,1275	nicht signifikant
HRLP2 -> HRLP	1,0127	0,9971	0,1511	6,6948	1-%-Niveau
HRPF1 -> HRPF	0,2216	0,2245	0,0975	2,2725	1-%-Niveau
HRPF2 -> HRPF	0,0480	0,0790	0,0594	0,8082	nicht signifikant
HRPF3 -> HRPF	0,5990	0,5970	0,1017	5,8860	1-%-Niveau
HRPF4 -> HRPF	0,0642	0,0754	0,0519	1,2360	10-%-Niveau
HRPF5 -> HRPF	0,3055	0,3042	0,0891	3,4283	1-%-Niveau
HRWS1 -> HRWS	−0,0205	−0,1844	0,1437	0,1394	nicht signifikant
HRWS2 -> HRWS	0,0206	0,1651	0,1195	0,1725	nicht signifikant
HRWS3 -> HRWS	−0,0059	−0,2093	0,1545	0,0383	nicht signifikant
HRWS4 -> HRWS	1,0107	0,9685	0,2503	4,0366	1-%-Niveau
HRÜV1 -> HRÜV	0,0140	0,1109	0,0880	0,1594	nicht signifikant
HRÜV2 -> HRÜV	0,9952	0,9918	0,0520	19,1108	1-%-Niveau
INTER -> Int.erfolg	1,0000	1,0000	0,0000	-	-
ORHO1 -> ORHO	0,3255	0,3219	0,1139	2,8570	1-%-Niveau
ORHO2 -> ORHO	0,7278	0,7309	0,1036	7,0254	1-%-Niveau
ORPK1 -> ORPK	1,0000	1,0000	0,0000	-	-
ORSK11 -> ORSK1	1,0000	1,0000	0,0000	-	-
ORSK21 -> ORSK2	1,0000	1,0000	0,0000	-	-
ORTK11 -> ORTK1	1,0000	1,0000	0,0000	-	-
ORTK21 -> ORTK2	1,0000	1,0000	0,0000	-	-

Tabelle 7.6: Ergebnisse Bootstrapping: Gewichte, Mittelwert der Gewichte über alle Substichproben, Standardabweichung, t-Test-Wert, Signifikanzniveau (Quelle: eigene Darstellung)

im Mittelwert über alle Stichproben jeweils ein Gewicht von 1 und somit eine Standardabweichung von 0 aufweisen. Die Überprüfung der Signifikanz ist somit für diese Indikatoren nicht sinnvoll.

7.2.2.4.2.3 Nomologische Validität

Da die Indikatoren formativer Konstrukte untereinander nicht korrelieren müssen, ist die Überprüfung sowohl der *Konstruktreliabilität* als auch der *Diskriminanzvalidität* bei formativen Messmodellen wenig sinnvoll.[73] Alternativ ist eine Bewertung anhand der *nomologischen Validität* denkbar.[74] Dazu müsste jedes formative Messmodell zusätzlich auch reflektiv operationalisiert werden und der Zusammenhang zwischen den dann zwei Konstrukten, die das Gleiche unterschiedlich messen, signifikant sein.[75] Dies ist aus forschungsökonomischen Gesichtspunkten nicht möglich, da der Umfang des Fragebogens sich stark erhöhen und dies zu einer wesentlich geringeren Rücklaufquote führen würde.

Die durchgeführte Gütebeurteilung der reflektiven und formativen Messmodelle zeigt auf, dass die latenten Variablen zuverlässig geschätzt wurden. Nachfolgend wird die Güte des postulierten Strukturgleichungsmodell überprüft.

7.2.2.4.3 Beurteilung des Strukturgleichungsmodells

7.2.2.4.3.1 Bestimmtheitsmaß

Ausgangspunkt der Beurteilung des Strukturmodells bildet das vom statistischen Verfahren der Regressionsanalyse bekannte Bestimmtheitsmaß R^2.[76] Dieses gibt die Höhe der erklärten Varianz eines endogenen Konstrukts an und ist somit ein Maßstab für die Güte der Anpassung einer Regressionsfunktion an die empirisch gewonnenen Daten. Das Bestimmtheitsmaß ist normiert und kann Werte zwischen 0 und 1 annehmen.[77] Ein Wert von 1 bedeutet, dass die gesamte Varianz eines endogenen Konstrukts durch das Modell erklärt wird. CHIN bezeichnet Bestimmtheitsmaßwerte von über 0,67 als substanziell,

[73] Vgl. [FORNELL 1981], S. 46.

[74] Nomologische Validität liegt vor, wenn die in der Theorie unterstellten Kausalbeziehungen auch tatsächlich vorhanden sind.

[75] Vgl. [DIAMANTOPOULOS 2001], S. 269ff.

[76] Da varianzbasierte Strukturgleichungsmodelle weniger strikte Verteilungsannahmen aufweisen, können keine inferenzstatistischen Tests durchgeführt werden. Die Bedeutung des Bestimmtheitsmaßes R^2 ergibt sich daraus, dass die latent endogenen Variablen sowie die latent exogenen Variablen eines varianzbasierten Strukturgleichungsmodells durch eine lineare Regressionsgleichung im Zusammenhang stehen.

[77] Vgl. [GÖTZ 2004], S. 730 und [BACKHAUS 2008], S. 91f.

Werte von über 0,33 als durchschnittlich und Werte von über 0,19 als schwach.[78] Diese Richtwerte sind auch zur Beurteilung der Güte des vorliegenden Strukturmodells einzusetzen. Nachfolgende Tabelle beinhaltet das Bestimmtheitsmaß R^2 der sechs endogenen Variablen des zu untersuchenden Strukturmodells.

Konstrukt	Bestimmtheitsmaß R^2
Leistungsorientierung (HRLO)	0,7168
Leistungspotenzial (HRLP)	0,3378
Mitarbeiterproduktivität (HRPR)	0,8661
Sehr gutes Networking (IRNE)	0,6704
Internationalisierungserfolg	0,9073
Effektives Controlling (OREC)	0,8149

Tabelle 7.7: Bestimmtheitsmaß der sechs endogenen Variablen des Strukturmodells (Quelle: eigene Darstellung)

Es zeigt sich, dass bis auf die Variable *Leistungspotenzial (HRLP)* alle weiteren fünf endogenen Variablen den Wert von 0,67 deutlich erreichen. Bezüglich des geringeren Wertes der Variable *Leistungspotenzial (HRLP)* ist zu vermuten, dass es neben der exogenen Variablen *Weiterbildung und Schulung (HRWS)* weitere von den Unternehmen nicht beeinflussbare Einflussfaktoren gibt (z.B. Qualität der Schul- und Berufsbildung, Qualität der universitären Bildung), die nicht Bestandteil dieses Modells sind. Die substanziell hohen Bestimmtheitsmaßwerte der weiteren fünf endogenen Variablen belegen eine sehr gute Anpassung des Strukturgleichungsmodells an die empirisch ermittelten Daten. Vor allem das Bestimmtheitsmaß von 0,9073 der eigentlich durch das Strukturmodell zu erklärenden Variablen *Internationalisierungserfolg* ist als sehr gut zu beurteilen.[79]

7.2.2.4.3.2 Reliabilität der Pfadkoeffizienten

Die Güte eines Strukturmodells kann auch anhand der Stärke der zwischen den Konstrukten vorhandenen Wirkungsbeziehungen sowie der Signifikanzniveaus dieser Beziehungen beurteilt werden.[80]

Die Richtungen und Stärken der Wirkungsbeziehungen werden durch die standardisierten Pfadkoeffizienten β_{ij} und γ_{ij} ausgedrückt. Nehmen diese einen Werte nahe 0 an, ist

[78] Vgl. [Chin 1998], S. 323.

[79] Bei der Interpretation dieser Werte ist zu berücksichtigen, dass mit steigender Anzahl der Variablen im Modell auch das jeweilige Bestimmtheitsmaß R^2 zunimmt.

[80] Vgl. [Chin 1998], S. 316.

von einem schwachen, bei Werten nahe 1 oder -1 von einem sehr hohen Erklärungsbeitrag der exogenen Variablen auszugehen.[81]

Während die Stärke und Richtung der Wirkungsbeziehungen vor allem für die Überprüfung der aufgestellten Hypothesen von großer Bedeutung ist, muss nachfolgend, im Zuge der Gütebeurteilung des Strukturmodells, die Reliabilität der Pfadkoeffizienten untersucht werden. Die Reliabilität der Pfadkoeffizienten im Strukturmodell lässt sich, wie bei der Beurteilung der reflektiven Messmodelle in Kapitel 7.2.2.4.1.2, durch den Einsatz der Resampling-Methode Bootstrapping überprüfen.[82] Dabei werden aus den vorliegenden 116 gültigen Fällen (beantwortete Fragebögen) 1.000 Substichproben mit je 100 Fällen gezogen. Die Signifikanzniveaus der Pfadkoeffizienten werden auf Basis der t-Statistik ermittelt. Dabei wird der Pfadkoeffizient durch die ermittelte Standardabweichung dividiert. Da in dieser Arbeit gerichtete Hypothesen überprüft werden, sind zur Bestimmung des Signifikanzniveaus die Werte von einseitigen t-Tests relevant. Bei diesen ist unter Berücksichtigung der 1.000 Ziehungen ab einem t-Test-Wert von $1,283$ von einem Signifikanzniveau von zehn Prozent, ab einem t-Test-Wert von $1,648$ von einem Signifikanzniveau von fünf Prozent und ab einem Wert von $2,334$ von einem Signifikanzniveau von einem Prozent auszugehen. Tabelle 7.8 beinhaltet die Pfadkoeffizienten (Originalberechnung), den Mittelwert der Pfadkoeffizienten über alle Subsamples (nach Bootstrapping), die sich daraus ergebende Standardabweichung, die t-Test-Werte sowie die erreichten Signifikanzniveaus.

Bei intensiv erforschten Themengebieten ist das Erreichen eines fünfprozentigen Signifikanzniveaus, bei weniger erforschten Themengebieten ein zehnprozentiges Signifikanzniveau als akzeptabel anzusehen.[83] Für die vorliegende Arbeit gilt ein Pfadkoeffizient als

[81]Vgl. [RINGLE 2007], S. 214. Zur Methodik der Berechnung der Pfadkoeffizienten siehe Kapitel 7.2.2.3.

[82]Resampling-Methoden sind Hilfsmittel zur Bestimmung der statistischen Eigenschaften von Schätzern und Testgrößen. Grundidee ist die wiederholte Ziehung von Substichproben aus einer Ausgangsstichprobe (Monte-Carlo-Simulation). Man untersucht danach die Verteilung der Schätz- bzw. Testergebnisse auf Basis dieser Wiederholungsstichproben. Vgl. [REIMER 2006], S. 401. Im Bezug auf den PLS-Ansatz ist häufig die Anwendung der zwei nicht-parametrischen Verfahren Jackknifing und Bootstrapping zu beobachten. Beide Methoden sind dadurch gekennzeichnet, dass eine bestimmte Anzahl an Fällen, typischerweise ein Fall, aus den empirisch erhobenen Daten unterdrückt wird, um anschließend das Modell zu schätzen. Jackknifing und Bootstrapping unterscheiden sich vor allem in der Generierung der Substichproben. Beim Bootstrapping ergeben sich diese, indem n-mal aus einer gegebenen Stichprobe ein Wert mit Zurücklegen gezogen wird. Beim Jackknifing wird aus allen Fällen der Stichprobe nach einem vorgegebenen Schema eine festgelegte Anzahl von Datensätzen weggelassen und anschließend der Schätzer für den reduzierten Datensatz berechnet. Auf Grund dieser Vorgehensweise benötigt das Jackknifing weniger Zeit zur Berechnung der Ergebnisse, allerdings zulasten der Ergebnisqualität. Beim Bootstrapping ist dies genau umgekehrt. Vgl. [CHIN 1998], S. 318ff. und [RINGLE 2004], S. 22. Für ausführliche Erläuterungen bezüglich der Verfahren Jackknifing und Bootstrapping vgl. [EFRON 1979], [EFRON 1993] und [TUKEY 1958].

[83]Vgl. [BORTZ 2005], S. 114 und S. 123.

Wirkungs-richtung	Pfad-koeffizient	Mittelwert Pfadkoeffizient	Standard-abweichung	t-Test Wert	Signifikanz-niveau
EP -> HRLP	0,19403	0,18643	0,09477	2,04734	5-%-Niveau
EP -> OREC	0,10264	0,10772	0,05299	1,93698	5-%-Niveau
FR -> Int.erfolg	−0,00370	−0,04241	0,03351	0,11040	nicht signifikant
HRIK -> HRLO	0,32199	0,36077	0,11316	2,84535	1-%-Niveau
HRIK -> IRNE	0,81882	0,82598	0,03454	23,70598	1-%-Niveau
HRLO -> HRPR	0,42354	0,41596	0,10450	4,05201	1-%-Niveau
HRLP -> HRPR	0,05679	0,06521	0,04192	1,35474	10-%-Niveau
HRLV -> HRLO	0,24607	0,24010	0,10448	2,35523	1-%-Niveau
HROK -> HRLO	0,30975	0,28616	0,15847	1,95463	5-%-Niveau
HRPF -> HRPR	0,35999	0,36762	0,11607	3,10153	1-%-Niveau
HRPR -> Int.erfolg	0,54465	0,53729	0,08339	6,53067	1-%-Niveau
HRWS -> HRLP	0,43797	0,47209	0,09455	4,63201	1-%-Niveau
HRÜV -> HRLO	0,03459	0,08861	0,06402	0,54030	nicht signifikant
IRNE -> Int.erfolg	0,09092	0,09383	0,04957	1,83422	5-%-Niveau
OREC -> Int.erfolg	0,35524	0,35912	0,07405	4,79698	1-%-Niveau
ORHO -> HRPR	0,18294	0,18755	0,09393	1,94765	5-%-Niveau
ORPK -> OREC	0,16945	0,17048	0,04691	3,61181	1-%-Niveau
ORSK1 -> OREC	0,02723	0,06210	0,04915	0,55408	nicht signifikant
ORSK2 -> OREC	0,08800	0,08918	0,04575	1,92358	5-%-Niveau
ORTK1 -> OREC	0,10263	0,10265	0,05000	2,05263	5-%-Niveau
ORTK2 -> OREC	0,59499	0,59305	0,06372	9,33666	1-%-Niveau
PR -> Int.erfolg	0,00505	0,02716	0,02133	0,23685	nicht signifikant

Tabelle 7.8: Ergebnisse Bootstrapping: Pfadkoeffizienten, Mittelwert der Pfadkoeffizienten über alle Subsamples, Standardabweichung, t-Test-Wert, Signifikanzniveau (Quelle: eigene Darstellung)

signifikant, wenn ein fünfprozentiges Signifikanzniveau erreicht wird. Von 21 erreichen nur fünf Pfadkoeffizienten dieses Kriterium nicht. Dies ist nicht kritisch, da diese fünf Pfadkoeffizienten Werte von −0,00370 bis 0,05679 aufweisen und dadurch von einem sehr geringen Erklärungsbeitrag der exogenen Variablen dieser Wirkungsbeziehungen auszugehen ist.

Von den restlichen 16 Pfadkoeffizienten weisen sechs ein fünfprozentiges und elf ein einprozentiges Skalenniveau auf. Da alle Pfadkoeffizienten mit einem Wert von über 0,1 mindestens ein Signifikanzniveau von fünf Prozent erreichen, ist von einer hohen Reliabilität der Pfadkoeffizienten dieses Strukturgleichungsmodells auszugehen.

7.2.2.4.3.3 Effektstärke

Die Effektstärke ist ein weiteres Gütemaße, das auf den prognoseorientierten Charakter des Strukturgleichungsmodells abzielt. Damit lässt sich feststellen, ob eine exogene latente Variable einen substanziellen Einfluss auf eine endogene latente Variablen ausübt. Dies wird über die Effektstärke f^2 ermittelt:[84]

$$f^2 = \frac{R^2_{\text{eingeschlossen}} - R^2_{\text{ausgeschlossen}}}{1 - R^2_{\text{eingeschlossen}}} \tag{7.15}$$

Dabei stellen $R^2_{\text{eingeschlossen}}$ das Bestimmtheitsmaß einer endogenen (abhängigen) Variablen unter Einbeziehung und $R^2_{\text{ausgeschlossen}}$ unter Ausschluss einer mit dieser in Beziehung stehenden exogenen (unabhängigen) Variablen dar. Werte der Effektstärke von über $0,02$ stehen für einen geringen, Werte von über $0,15$ für einen mittleren und Werte von über $0,35$ für einen großen Einfluss der exogenen latenten Variable auf die endogene Variable.[85] In dem vorliegenden Strukturgleichungsmodell ist die Effektstärke der einzelnen exogenen Variablen bezüglich aller sechs endogenen Variablen zu untersuchen.

Tabelle 7.9 gibt für jede der sechs endogenen Variablen das Bestimmtheitsmaß inklusive und exklusive jeder einzelnen auf diese wirkenden exogenen Variablen wieder. Zusätzlich wird auf Basis dieser Daten die Effektstärke der exogenen Variablen berechnet und dadurch deren Einfluss auf die endogenen Variablen abgeleitet.

Die berechneten Ergebnisse bestätigen die Richtigkeit der ermittelten Pfadkoeffizienten. Wirkungsbeziehungen zwischen zwei Variablen mit einem hohen Wert des Pfadkoeffizienten weisen in Tabelle 7.9 für die exogene Variable dieser Kausalbeziehungen einen hohen Einfluss auf. Wirkungsbeziehungen mit einem geringen Wert des Pfadkoeffizienten weisen dagegen in Tabelle 7.9 für die exogene Variable dieser Kausalbeziehungen keinen oder nur einen geringen Einfluss auf. Die Höhe des Pfadkoeffizienten sowie die ermittelte Effektstärke sind vor allem für die nachfolgende Prüfung der aufgestellten Hypothesen von zentraler Bedeutung.

[84] Vgl. [Chin 1998], S. 316f.
[85] Vgl. [Cohen 1988], S. 410ff.

Endogene Variable	Exogene Variable	$R^2_{\text{eingeschlossen}}$	$R^2_{\text{ausgeschlossen}}$	f^2	Einfluss
HRLO	HRÜV	0,7168	0,7161	0,0023	kein
	HRLV	0,7168	0,6977	0,0676	gering-mittel
	HROK	0,7168	0,7008	0,0566	gering-mittel
	HRIK	0,7168	0,6923	0,0868	gering-mittel
HRLP	HRWS	0,3384	0,2221	0,1752	mittel
	EP	0,3384	0,3164	0,0332	gering
HRPR	HRLP	0,8661	0,8645	0,0122	kein-gering
	HRLO	0,8661	0,8168	0,3684	groß
	HRPF	0,8661	0,8349	0,2338	mittel-groß
	HRHO	0,8661	0,8573	0,0663	gering-mittel
IRNE	HRIK	0,6704	0,0000	2,0347	groß
OREC	EP	0,8149	0,8098	0,0275	gering
	ORTK1	0,8149	0,8091	0,0316	gering
	ORTK2	0,8149	0,6929	0,6593	groß
	ORPK	0,8149	0,7972	0,0959	gering-mittel
	ORSK1	0,8149	0,8143	0,0034	kein
	ORSK2	0,8149	0,8094	0,0296	gering
Inter-natio-nalisie-rungs-erfolg	PR	0,9073	0,9073	0,0003	kein
	FR	0,9073	0,9073	0,0001	kein
	HRPR	0,9073	0,8567	0,5462	groß
	OREC	0,9073	0,8859	0,2303	mittel-groß
	IRNE	0,9073	0,9043	0,0317	gering

Tabelle 7.9: Ermittelte Daten zur Effektstärke (Quelle: eigene Darstellung)

7.2.2.4.3.4 Schätzrelevanz

Eine weitere Größe, die zur Beurteilung der Prognosegüte des Strukturgleichungsmodells herangezogen werden kann, ist die Schätzrelevanz.[86] Da der Einsatz der Schätzrelevanz nur bei ausschließlicher Verwendung reflektiver Indikatoren sinnvoll ist und die zu erklärende Variable *Internationalisierungserfolg* formativ operationalisiert wurde, kann dieses Gütekriterium hier nicht angewandt werden.[87]

Abschließend ist festzustellen, dass die eingesetzten Gütekriterien auf eine hohe Güte und Prognoserelevanz des postulierten Strukturgleichungsmodells hinweisen.

[86] Vgl. [Götz 2004], S. 731 und [Ringle 2004], S. 20f. sowie die dort zitierte Literatur.
[87] Vgl. [Panten 2007], S. 322 und [Ringle 2007], S. 215.

7.3 Verifizierung der Hypothesen des Strukturgleichungsmodells

Auf Basis der dargestellten Ergebnisse findet nachfolgend die Verifizierung der in Kapitel 6.2.2 aufgestellten Hypothesen statt. Dabei wird die in Kapitel 6.2.2 gewählte Reihenfolge beibehalten.

7.3.1 Erfolgswirkung der finanziellen Ressourcenausstattung

Hypothese H_{FR} beinhaltet die Vermutung, dass eine starke Ausstattung der KMU mit finanziellen Ressourcen ein Wettbewerbsvorteil gegenüber Unternehmen darstellen, die über geringere finanzielle Ressourcen verfügen.

> H_{FR}: Eine starke finanzielle Ressourcenausstattung führt zu nachhaltigen Wettbewerbsvorteilen und dadurch zum Erfolg von Direktinvestitionen.

Die ermittelten Ergebnisse belegen, dass diese Hypothese abzulehnen ist:

- So ist der im PLS-Modell ermittelte Wert des Pfadkoeffizienten, der den Zusammenhang der exogenen Variablen *finanzielle Ressourcenausstattung (FR)* mit der endogenen Variablen *Internationalisierungserfolg* darstellt, mit $-0,004$ sehr gering.[88] Das durchgeführte Bootstrapping belegt zusätzlich, dass dieser Wert nicht signifikant ist.[89] Somit ist der Erklärungsbeitrag der Variablen *finanzielle Ressourcenausstattung (FR)* vernachlässigbar.

- Auch ein Effektstärkewert von $0,0001$ belegt diesen Befund, denn erst ab einem Wert von $0,02$ wird von einem zumindest geringen Einfluss ausgegangen.[90]

Auf den ersten Blick scheint dieser Befund überraschend. Zu vermuten ist, dass die Unternehmen, die Direktinvestitionen in Rumänien tätigen, dafür die nötige finanzielle Ressourcenausstattung besitzen. Dies belegt auch der Vergleich des Mittelwerts der Indikatoren FR2 und FR3 der 20 erfolgreichsten und 20 am wenigsten erfolgreichsten

[88] Vgl. Abbildung 7.3.
[89] Vgl. Tabelle 7.8.
[90] Vgl. Tabelle 7.9.

Untersuchungsteilnehmer.[91] Bezüglich der Indikatoren FR2 und FR3 erreichen die 20 erfolgreichsten Untersuchungsteilnehmer Werte von 4,1 und 3,7, die 20 am wenigsten erfolgreichsten Untersuchungsteilnehmer Werte von 3,7 und 3,7.[92] Somit ist dies kein bedeutendes Unterscheidungsmerkmal zwischen den erfolgreichen und nicht erfolgreichen deutschen KMU, die in Rumänien Direktinvestitionen getätigt haben. Trotzdem ist die Rolle der *finanziellen Ressourcenausstattung (FR)* nicht zu unterschätzen, da diese einerseits die Grundvoraussetzung für Auslandsinvestitionen ist und anderseits gegenüber lokalen Konkurrenten sehr wohl ein Wettbewerbsvorteil sein kann.[93]

7.3.2 Erfolgswirkung der physischen und technologische Ressourcen

Hypothese H_{PR} beinhaltet die Vermutung, dass eine überlegene Ausstattung der KMU mit physischen und technologischen Ressourcen ein Wettbewerbsvorteil gegenüber Unternehmen darstellen, die bezüglich diesen Größen schwächer ausgestattet sind.

> H_{PR}: Eine überlegene physische Ressourcenausstattung führt zu nachhaltigen Wettbewerbsvorteilen und dadurch zum Erfolg von Direktinvestitionen.

Die Ergebnisse des berechneten PLS-Modells belegen, dass auch diese Hypothese abzulehnen ist:

- So ist der im PLS-Modell ermittelte Wert des Pfadkoeffizienten, der den Zusammenhang der exogenen Variablen *physische Ressourcenausstattung (PR)* mit der endogenen Variablen *Internationalisierungserfolg* darstellt, mit 0,005 sehr gering.[94] Das durchgeführte Bootstrapping belegt zusätzlich, dass dieser Wert nicht

[91] Auf Basis des ermittelten Erfolgsindex werden die 20 Unternehmen mit den geringsten und die mit den höchsten Indexwerten ermittelt und miteinander verglichen. Dadurch wird gewährleistet, dass erfolglose mit erfolgreichen Unternehmen verglichen werden.

[92] Die Indikatoren werden auf einer Likert-Skala mit jeweils fünf Merkmalsausprägungen abgefragt. Eine sehr hohe Zustimmung (Bedeutung) mit den Aussagen der Indikatoren wird mit 5, eine geringe Zustimmung (Bedeutung) mit 1 codiert. Die Codierung der einzelnen Indikatoren führt somit zu Werten von 1 bis 5. Für Ausführungen zur Likert-Skala vgl. [SCHNELL 2008], S. 187ff.

[93] In der Erhebung wurden nur deutsche KMU befragt. Es ist zu vermuten, dass bei einer isolierten Untersuchung der Rolle der *finanziellen Ressourcenausstattung (FR)*, welche auch lokale Konkurrenten einbezieht, diesem Erfolgsfaktor eine deutlich höhere Bedeutung zukommen würde.

[94] Vgl. Abbildung 7.3.

signifikant ist.[95] Somit ist der Erklärungsbeitrag der Variablen *physische Ressourcenausstattung (PR)* vernachlässigbar.

- Auch ein Effektstärkewert von 0, 0003 belegt diesen Befund, denn erst ab einem Wert von 0, 02 wird von einem zumindest geringen Einfluss ausgegangen.[96]

Zu vermuten ist, dass alle Unternehmen, die Direktinvestitionen in Rumänien tätigen, sorgfältig einen geeigneten Standort wählen (Indikator PR1) und dass deswegen der gewählte Standort kein Unterscheidungsmerkmal zwischen den erfolgreichen und nicht erfolgreichen deutschen KMU in Rumänien ist. Der Vergleich des Mittelwerts des Indikators PR1 der 20 erfolgreichsten (3, 4) mit dem Mittelwert der 20 am wenigsten erfolgreichsten Untersuchungsteilnehmer (3, 1) untermauert dies.[97] Bezüglich des Indikators PR2, der auf eine überlegene Ausstattung an technischen Anlagen abzielt, ergibt sich ein ähnliches Bild. Der Mittelwert des Indikators PR2 der 20 erfolgreichsten Untersuchungsteilnehmer beträgt 3, 4, der Mittelwert der 20 am wenigsten erfolgreichsten 3, 3. Trotzdem ist die Rolle der *physischen Ressourcenausstattung (FR)* nicht zu unterschätzen, da diese gegenüber lokalen Unternehmen sehr wohl ein Wettbewerbsvorteil oder -nachteil sein kann.[98]

7.3.3 Erfolgswirkung der Humanressourcen

Hypothese H_{HR} beinhaltet die Vermutung, dass überlegene Humanressourcen vor Ort ein Wettbewerbsvorteil darstellen und positiv auf den Internationalisierungserfolg wirken.

> H_{HR}: Überlegene Humanressourcen führen zu nachhaltigen Wettbewerbsvorteilen und dadurch zum Erfolg von Direktinvestitionen.

Diese allgemeine Hypothese wird durch weitere Hypothesen präzisiert, da sich der Erfolgsbeitrag der Humanressourcen durch die Produktivität der Mitarbeiter sowie durch die Güte des Managements vor Ort ergibt. Erst die Überprüfung dieser Hypothesen

[95] Vgl. Tabelle 7.8.

[96] Vgl. Tabelle 7.9.

[97] Die absolute Höhe der Mittelwerte zeigt auch die Schwierigkeit auf, in Rumänien geeignete Standorte zu finden, die im Vergleich zu den Wettbewerbern besser dazu geeignet sind, Wettbewerbsvorteile zu erzielen.

[98] In der Erhebung wurden nur deutsche KMU befragt. Es ist nicht unwahrscheinlich, dass eine isolierte Untersuchung der Rolle der *physische Ressourcenausstattung (FR)*, welche auch lokale Konkurrenten einbezieht, zu einem anderen Ergebnis kommen würde.

ermöglicht eine Bewertung der Hypothese H_{HR}. Um den Zusammenhang zwischen der Leistung bzw. Produktivität der rumänischen Mitarbeiter und dem Erfolg von Direktinvestitionen aufzuzeigen, wurde Hypothese H_{HRPR} formuliert.

> H_{HRPR}: Eine hohe Leistung bzw. Produktivität der Humanressourcen in Rumänien führt zum Erfolg von Direktinvestitionen.

Der in dieser Hypothese postulierte Sachverhalt wird durch die berechneten Ergebnisse bestätigt:

- Der Pfadkoeffizient von 0,545, deutet auf einen sehr starken Einfluss der Variablen *Mitarbeiterproduktivität (HRPR)* auf die endogene Variable *Internationalisierungserfolg* hin.[99] Das durchgeführte Bootstrapping attestiert diesem Wert zusätzlich ein einprozentiges Signifikanzniveau.[100] Somit ist der Erklärungsbeitrag der Variablen *Mitarbeiterproduktivität (HRPR)* als sehr hoch anzusehen.

- Auch ein Effektstärkewert von 0,5462 belegt diesen Befund, denn ab einem Wert von 0,35 wird von einem großen Einfluss ausgegangen.[101]

Nachfolgend wird auf die Variablen eingegangen, welche die Variable *Mitarbeiterproduktivität (HRPR)* maßgeblich bestimmen.

7.3.3.1 Leistungsorientierung (HRLO)

Die Leistungsorientierung der Mitarbeiter wird neben deren Kenntnis der zu verfolgenden Ziele sowie der Möglichkeiten diese zu erreichen vor allem von deren Motivation bzw. Leistungsbereitschaft bestimmt. Folgende Hypothese wurde aufgestellt:

> H_{HRLO}: Eine hohe Leistungsorientierung bzw. Motivation der Humanressourcen in Rumänien führt zu einer hohen Produktivität der Mitarbeiter.

Die empirischen Ergebnisse belegen die Richtigkeit dieser Hypothese:

[99] Vgl. Abbildung 7.3.
[100] Vgl. Tabelle 7.8.
[101] Vgl. Tabelle 7.9.

- Der Pfadkoeffizient, der die Wirkung der Variablen *Leistungsorientierung (HRLO)* auf die Variable *Mitarbeiterproduktivität (HRPR)* darstellt, ist mit 0,423 sehr hoch[102] und signifikant auf einem 1-%-Niveau.[103]

- Ein Effektstärkewert von 0,3684 belegt zusätzlich den großen Einfluss der Variablen *Leistungsorientierung (HRLO)* auf die Variable *Mitarbeiterproduktivität (HRPR)*.[104]

Für Unternehmen, die in Rumänien aktiv sind, ist besonders die Frage relevant, wie eine hohe *Leistungsorientierung (HRLO)* der Mitarbeiter vor Ort erzielt werden kann. Auf Basis ausgewählter Motivations- und Führungstheorien sowie der im Vorfeld der Hauptuntersuchung durchgeführten Interviews und unter Berücksichtigung der spezifischen kulturellen Besonderheiten in Rumänien wurden diesbezüglich nachfolgende vier Hypothesen aufgestellt.

> H_{HRLV}: Eine leistungsgerechte transparente Vergütung der Humanressourcen führt zu einer hohen Leistungsorientierung der Mitarbeiter.

> $H_{HRÜV}$: Eine überdurchschnittliche Vergütung der Humanressourcen führt zu einer hohen Leistungsorientierung der Mitarbeiter.

> H_{HROK}: Eine offene Kommunikation führt zu einer hohen Leistungsorientierung der Mitarbeiter.

> H_{HRIK1}: Eine hohe interkulturelle Kompetenz der Führung führt zu einer hohen Leistungsorientierung der Mitarbeiter.

7.3.3.1.1 Leistungsgerechtes transparentes Vergütungssystem (HRLV)

Hypothese H_{HRLV} adressiert die in Rumänien weit verbreitete Praxis der subjektiven und nicht transparenten Leistungsmessung und -honorierung. Es wird häufig beklagt, dass Vergütungssysteme eher auf vorhandene Beziehungen als auf die individuell erbrachte Leistung basieren. Es ist somit zu vermuten, dass die Berücksichtigung dieses Sachverhalts in Form einer leistungsgerechten transparenten Vergütung der Humanressourcen die Leistungsorientierung der Mitarbeiter erhöht. Die Ergebnisse der Prüfung

[102] Vgl. Abbildung 7.3.
[103] Vgl. Tabelle 7.8.
[104] Vgl. Tabelle 7.9.

des Strukturgleichungsmodells bestätigen den in Hypothese H_{HRLV} vermuteten Wirkungszusammenhang:

- Ein Pfadkoeffizient von 0,246 deutet auf einen geringen bis mittleren Einfluss der Variablen *leistungsgerechtes transparentes Vergütungssystem (HRLV)* auf die Variable *Leistungsorientierung (HRLO)* hin.[105] Das durchgeführte Bootstrapping zeigt ein einprozentiges Signifikanzniveau auf.[106] Somit ist der Erklärungsbeitrag der Variablen *leistungsgerechtes transparentes Vergütungssystem (HRLV)* als signifikant anzusehen.

- Auch der berechnete Effektstärkewert von 0,0676 bestätigt diesen Befund, denn Werte zwischen 0,02 und 0,15 stehen für einen geringen bis mittleren Einfluss.[107]

7.3.3.1.2 Überdurchschnittliche Vergütung (HRÜV)

Die im Vorfeld der Hauptuntersuchung interviewten Geschäftsführer und Inhaber von deutschen KMU, die in Rumänien Direktinvestitionen getätigt haben, wiesen darauf hin, dass rumänische Mitarbeiter vorrangig über materielle Anreize zu motivieren sind. Neben einem über dem Branchendurchschnitt liegenden Gehalt empfehlen diese vor allem den Einsatz indirekter finanzieller Anreize in Form von Firmenlaptops und Firmentelefone, da Status und Statussymbole für Rumänen von großer Bedeutung sind. Hypothese H_{HRV} beinhaltet die Vermutung, dass eine *überdurchschnittliche Vergütung (HRÜV)* sich positiv auf die *Leistungsorientierung (HRLO)* der Mitarbeiter vor Ort auswirkt. Die ermittelten Ergebnisse bestätigen diese Vermutung nicht:

- So ist der Wert des Pfadkoeffizienten, der den Zusammenhang der Variablen *überdurchschnittliche Vergütung (HRÜV)* mit der Variablen *Leistungsorientierung (HRLO)* darstellt, mit 0,035 sehr gering[108] und das durchgeführte Bootstrapping zeigt auf, dass dieser Wert nicht signifikant ist.[109]

- Auch ein Effektstärkewert von 0,0023 belegt diesen Befund, denn erst ab einem Wert von 0,02 wird von einem zumindest geringen Einfluss ausgegangen.[110]

[105] Vgl. Abbildung 7.3.
[106] Vgl. Tabelle 7.8.
[107] Vgl. Tabelle 7.9.
[108] Vgl. Abbildung 7.3.
[109] Vgl. Tabelle 7.8.
[110] Vgl. Tabelle 7.9.

Auf den ersten Blick scheint dieser Befund überraschend. Eine mögliche Erklärung ist, dass Unternehmen, die Direktinvestitionen in Rumänien tätigen, um Lohnkostenvorteile zu realisieren, bestrebt sind, die Lohnkosten so gering wie möglich zu halten. Somit wird dieses Motivationsinstrument von Unternehmen, die kostengünstig einfach qualifizierte Arbeitskräfte beschäftigen, eher selten eingesetzt und ist kein Unterscheidungskriterium zwischen erfolgreichen und erfolglosen Unternehmen, die diese Strategie verfolgen. Eine weitere Erklärung ist, dass Unternehmen, die hoch qualifizierte Mitarbeiter und erfahrene Führungskräfte benötigen, in Rumänien einen starken Wettbewerb um diese Ressourcen vorfinden. Die Vergütung dieser Ressourcen hat aus diesem Grund zum Teil schon ein westliches Lohnniveau erreicht. Somit ist eine überdurchschnittliche Vergütung für die meisten Unternehmen, die diese Ressourcen benötigen, kein Alleinstellungsmerkmal mehr. Dies belegt auch der geringe Wert $(0,014)$ des Gewichts des Indikators *HRÜV1*, der für ein überdurchschnittliches Entgeld steht, und der hohe Wert $(0,995)$ des Gewichts des Indikators *HRÜV2*, welcher für indirekte finanzielle Anreize steht.[111]

7.3.3.1.3 Offene Kommunikationskultur (HROK)

Hypothese H_{HROK} beinhaltet die Vermutung, dass eine offene Kommunikation zu einer hohen Leistungsorientierung der Mitarbeiter führt. Fast alle im Vorfeld der Hauptuntersuchung interviewten Geschäftsführer und Inhaber gaben an, dass es essenziell ist, indirekte, umständliche Kommunikationswege und die Möglichkeit der Zurückhaltung von Informationen zu unterbinden und dass feste Informationskanäle in Form regelmäßiger Informationsrunden sowie die Information durch Aushänge und Intranet zu einer hohen Leistungsorientierung der Mitarbeiter führen. Dieser Sachverhalt wird durch die berechneten Ergebnisse bestätigt:

- Der Pfadkoeffizient von $0,310$ belegt einen geringen bis mittleren Einfluss der Variablen *offene Kommunikationskultur (HROK)* auf die Variable *Leistungsorientierung (HRLO)*.[112] Das durchgeführte Bootstrapping attestiert diesem Wert zusätzlich ein fünfprozentiges Signifikanzniveau.[113] Somit ist der Erklärungsbeitrag der Variablen *offene Kommunikationskultur (HROK)* als signifikant anzusehen.

[111] Bezüglich des semantischen Inhalts der Indikatoren vgl. Tabelle 6.9, für die Werte der Gewichte vgl. Tabelle 7.6. Der hohe Wert des Indikators *HRÜV2* ist auch ein Beleg dafür, dass sich erfolgreiche von erfolglosen Unternehmen vor allem in diesem Punkt stark voneinander unterscheiden.

[112] Vgl. Abbildung 7.3.

[113] Vgl. Tabelle 7.8.

- Auch ein Effektstärkewert von $0,0566$ untermauert diesen Befund, denn Werte zwischen $0,02$ und $0,15$ stehen für einen geringen bis mittleren Einfluss der exogenen Variablen.[114]

7.3.3.1.4 Interkulturelle Kompetenz (HRIK)

Die interkulturelle Kompetenz der Unternehmensleitung vor Ort ist im Zusammenhang mit einer ethnozentrischen Auslandsentsendung besonders wichtig, denn ohne die Fähigkeit mit Mitarbeitern einer anderen Kultur effektiv und angemessen zu interagieren, ist eine Beeinflussung ihrer Motivation durch die Führungskraft nur bedingt möglich. Aber auch eine lokal besetzte Unternehmensleitung muss über interkulturelle Kompetenz verfügen, damit eine effektive und angemessene Interaktion mit dem Stammhaus stattfinden kann. Die positive Wirkung einer hohen interkulturellen Kompetenz der Führung auf die Leistungsorientierung der Mitarbeiter ist in Hypothese H_{HRIK1} postuliert.[115] Die ermittelten Ergebnisse bestätigen den in Hypothese H_{HRIK1} vermuteten Wirkungszusammenhang:

- Ein Pfadkoeffizient von $0,322$ deutet bei einem Signifikanzniveu von einem Prozent auf einen geringen bis mittleren positiven Einfluss der Variablen *interkulturelle Kompetenz (HRIK)* auf die Variable *Leistungsorientierung (HRLO)* hin.[116]
- Zusätzlich bestätigt der berechnete Effektstärkewert von $0,0868$ dies, denn Werte zwischen $0,02$ und $0,15$ stehen für einen geringen bis mittleren Einfluss der exogenen Variablen.[117]

Ausgehend von diesem Befund stellt sich die Frage, welche Eigenschaften der Führung vor Ort die interkulturelle Kompetenz dieser bedingen. Dazu kann der Vergleich der Gewichte der formativen Indikatoren der latenten Variable *interkulturelle Kompetenz (HRIK)* verwendet werden.[118] Diese Gewichte stellen die Wirkungsbeziehungen zwischen den manifesten Variablen (Indikatoren) und der latenten Variablen dar und geben Aufschluss darüber, wie wichtig die Indikatoren für die Bestimmung des theoretischen Konstrukts sind.

[114] Vgl. Tabelle 7.9.

[115] Die mögliche Wirkung einer hohen interkulturellen Kompetenz der Unternehmensleitung vor Ort auf Kunden, Lieferanten und Behörden (Hypothese H_{HRIK2}) wird im Zusammenhang mit der Variablen *sehr gutes Networking (IRNE)* in Kapitel 7.3.5 untersucht.

[116] Vgl. Abbildung 7.3 und Tabelle 7.8.

[117] Vgl. Tabelle 7.9.

[118] Um eine latente Variable zu operationalisieren, bedarf es eines Messmodells, welches der latenten Variablen manifeste Variablen in Form von beobachtbaren Indikatoren zuordnet. Vgl. [Eberl 2006], S. 651 sowie die dort zitierte Literatur.

Indikator	Gewicht	Signifikanz-niveau
Rumänische Sprachkenntnisse (HRIK1)	$-0,1324$	5-%-Niveau
Kenntnisse der Unterschiede zwischen der deutschen und der rumänischen Kultur (HRIK2)	$0,2258$	1-%-Niveau
Fundiertes Wissen über die politischen, rechtlichen und wirtschaftlichen Rahmenbedingungen in Rumänien (HRIK3)	$-0,0509$	nicht signifikant
Sehr gute Kommunikationsfähigkeiten (HRIK4)	$0,2743$	1-%-Niveau
Sehr gute Konfliktmanagementfähigkeiten (HRIK5)	$0,0683$	nicht signifikant
Fähigkeit einen Sachverhalt aus der Sichtweise des Interaktionspartners zu betrachten (HRIK6)	$0,0165$	nicht signifikant
Fähigkeit sehr gute Kontakte/Beziehungen aufbauen und pflegen zu können (HRIK7)	$0,1738$	1-%-Niveau
Fähigkeit flexibel auf kulturbedingte Unterschiede zu reagieren (HRIK8)	$0,0376$	nicht signifikant
Sehr hohes Einfühlungsvermögen (HRIK9)	$0,1179$	10-%-Niveau
Sehr hohes Selbstvertrauen (HRIK10)	$0,2018$	1-%-Niveau
Hohe interkulturelle Lernbereitschaft und Unvoreingenommenheit (HRIK11)	$0,0504$	nicht signifikant

Tabelle 7.10: Gewichte und Signifikanzniveaus der Indikatoren der Variablen *interkulturelle Kompetenz (HRIK)* (Quelle: eigene Darstellung)

Tabelle 7.10 beinhaltet die Gewichte der Indikatoren der Variablen *interkulturelle Kompetenz (HRIK)* sowie deren Signifikanzniveaus. Von besonders großer Bedeutung sind die Kenntnisse bzw. Fähigkeiten: sehr gute Kommunikationsfähigkeiten, Wissen um die Unterschiede zwischen der deutschen und der rumänischen Landeskultur, sehr hohes Selbstvertrauen und Fähigkeit Kontakte/Beziehungen aufbauen und pflegen zu können.[119] Eine Besetzung der Führung vor Ort mit Kandidaten, die diese Eigenschaften und Fähigkeiten vorweisen, ist zu empfehlen.

Das negative Gewicht des Indikators rumänische Sprachkenntnisse führt zu der Vermutung, dass lokale rumänische Manager im Vergleich zu aus Deutschland entsandten Führungskräften über eine geringere interkulturelle Kompetenz verfügen. Ein Indiz dafür liefert die Veränderung des vorliegenden Strukturgleichungsmodell dahingegen, dass auch die Wirkung der Variablen *ethnozentristische Personalbesetzungsstrategie (EP)* auf die Variable *interkulturelle Kompetenz (HRIK)* untersucht wird. Der ermittelte Pfadkoeffizient von $0,730$ belegt diesen Zusammenhang.

[119] Als Mindesthöhe der Gewichte, die zu berücksichtigen sind, empfiehlt CHIN Werte ab 0, 2. Zusätzlich sollten diese Gewichte eine hohe Signifikanz aufweisen. Vgl. [CHIN 1998], S. 324f. und [RINGLE 2004], S. 22.

Abschließend ist festzustellen, dass keine der vier exogenen Variablen *leistungsgerechtes transparentes Vergütungssystem (HRLV)*, *überdurchschnittliche Vergütung (HRÜV)*, *offene Kommunikationskultur (HROK)* und *interkulturelle Kompetenz (HRIK)* eine dominierende Wirkung auf die Variable *Leistungsorientierung (HRLO)* entfaltet. Vielmehr ist das gemeinsame Wirken der drei Variablen *leistungsgerechtes transparentes Vergütungssystem (HRLV)*, *offene Kommunikationskultur (HROK)* und *interkulturelle Kompetenz (HRIK)* ausschlaggebend für eine hohe Leistungsorientierung der Mitarbeiter vor Ort. Bis auf Hypothese H_{HRV} konnten alle anderen die Variable *Leistungsorientierung (HRLO)* betreffenden Hypothesen bestätigt werden.

7.3.3.2 Leistungspotenzial (HRLP)

Neben der *Leistungsorientierung (HRLO)* ist das *Leistungspozential (HRLP)* der Mitarbeiter, welches als Summe deren Fähigkeiten, Fachkenntnis und Erfahrung verstanden wird, eine weitere mögliche Einflussgröße bezüglich der Variablen *Mitarbeiterproduktivität (HRPR)*. Folgende Hypothese wurde aufgestellt:

> H_{HRLP}: Ein hohes Leistungspotenzial der Humanressourcen in Rumänien führt zu einer hohen Produktivität der Mitarbeiter.

Die empirischen Ergebnisse belegen nur einen sehr geringen positiven Zusammenhang:

- So ist der im PLS-Modell ermittelte Wert des Pfadkoeffizienten, der die Wirkung der exogenen Variablen *Leistungspotenzial (HRLP)* auf die endogene Variable *Mitarbeiterproduktivität (HRPR)* darstellt, mit 0,057 sehr gering.[120] Das durchgeführte Bootstrapping attestiert diesem Wert ein zehnprozentiges Signifikanzniveau.[121]
- Ein Effektstärkewert von 0,0122 untermauert diesen Befund, denn erst ab einem Wert von 0,02 wird von einem zumindest geringen Einfluss ausgegangen.[122]

Ausgehend von diesem Ergebnis stellt sich die Frage, welche Gründe dafür verantwortlich sind. Dazu kann die Analyse der Gewichte der formativen Indikatoren technische Kenntnisse der rumänischen Mitarbeiter (HRLP1) und betriebswirtschaftliche Kenntnisse der rumänischen Mitarbeiter (HRLP2) der latenten Variable *Leistungspotenzial*

[120] Vgl. Abbildung 7.3.
[121] Vgl. Tabelle 7.8.
[122] Vgl. Tabelle 7.9.

(HRLP) verwendet werden.[123] Diese Gewichte stellen die Wirkungsbeziehungen zwischen den manifesten Variablen (Indikatoren) und der latenten Variablen dar und geben Aufschluss darüber, wie wichtig die Indikatoren für die Bestimmung des theoretischen Konstrukts sind. Der Indikator HRLP1 weist ein Gewicht von $-0,019$, der Indikator HRLP2 ein Gewicht von $1,013$ auf. Somit ist davon auszugehen, dass vor allem die Verbesserung der betriebswirtschaftlichen Kenntnisse der rumänischen Mitarbeiter das Leistungspotenzial dieser verbessern würde.[124] Diese Feststellung untermauert die Untersuchung der Mittelwerte der beiden Indikatoren. Während der Indikator HRLP1 ein Wert von $3,603$ aufweist, ist der Mittelwert des Indikators HRLP2 mit $2,767$ deutlich geringer.

Neben der Wirkung der Variablen *Leistungspotenzial (HRLP)* auf die endogene Variable *Mitarbeiterproduktivität (HRPR)* ist für Unternehmen besonders die Frage relevant, wie das Leistungspotenzial der Mitarbeiter vor Ort erhöht werden kann. Auf Basis der im Vorfeld der Hauptuntersuchung durchgeführten Interviews wurden nachfolgende zwei Hypothesen aufgestellt:

> H_{HRWS}: Die Weiterbildung und Schulung der Humanressourcen erhöht deren Leistungspotenzial.

> H_{HREP}: Eine ethnozentristische Personalbesetzungsstrategie bezüglich der Unternehmensleitung und Führung vor Ort führt aufgrund des Know-how-Transfers und der Übertragung der Unternehmenskultur (Werte, Normen, Praktiken) zu einem hohen Leistungspotenzial der Mitarbeiter.

7.3.3.2.1 Weiterbildung und Schulung (HRWS)

Unter der Berücksichtigung der Tatsachen, dass in Rumänien kein duales Ausbildungssystem existiert, dass die Qualität der universitären Ausbildung nur bei wenigen technischen Studiengängen ein internationales Niveau erreicht, dass Wissen über Projekt- und Zeitmanagement selten vorhanden ist und dass Soft Skills wie Konflikthandhabungs-

[123] Um eine latente Variable zu operationalisieren, bedarf es eines Messmodells, welches der latenten Variablen manifeste Variablen in Form von beobachtbaren Indikatoren zuordnet. Vgl. [Eberl 2006], S. 651 sowie die dort zitierte Literatur.

[124] Dies zeigt auch eine Simulation, bei der die Indikatorwerte von HRLP2 um einen Wert von 1 erhöht wurden. Der Pfadkoeffizient, der die Wirkung der exogenen Variablen *Leistungspotenzial (HRLP)* auf die endogene Variable *Mitarbeiterproduktivität (HRPR)* darstellt, erhöht sich dann von $0,056$ auf $0,250$ und belegt somit die Bedeutung der Variablen *Leistungspotenzial (HRLP)*.

Kommunikations- und Führungsfähigkeit eher rudimentär ausgeprägt sind, ist die Schulung und Weiterbildung der rumänischen Mitarbeiter auch aus Investorensicht notwendig, um deren Leistungspotenzial zu steigern. Der in der Hypothese H_{HRWS} postulierte positive Wirkungszusammenhang wird durch die berechneten Ergebnisse bestätigt:

- Der Pfadkoeffizient von 0,438 belegt einen deutlichen Einfluss der Variablen *Weiterbildung und Schulung (HRWS)* auf die endogene Variable *Leistungspotenzial (HRLP).*[125] Das durchgeführte Bootstrapping attestiert diesem Wert zusätzlich ein einprozentiges Signifikanzniveau.[126]
- Auch ein Effektstärkewert von 0,1752 belegt dies, denn ab einem Wert von 0,15 wird von einem mittleren Einfluss ausgegangen.[127]

Ausgehend von diesem Befund stellt sich die Frage, welche Weiterbildung- und Schulungsmaßnahmen erfolgsversprechend sind. Dazu kann der Vergleich der Gewichte der formativen Indikatoren der latenten Variablen *Weiterbildung und Schulung (HRWS)* verwendet werden.[128]

Indikator	Gewicht	Signifikanzniveau
Schulung vor Ort in Rumänien (HRWS1)	−0,0205	nicht signifikant
Schulung rumänischer Mitarbeiter in der Stammorganisation in Deutschland (HRWS2)	0,0206	nicht signifikant
Rumänische Mitarbeiter haben in der Stammorganisation ein Mentor, der ihnen bei Fragen zur Seite steht (HRWS3)	−0,0059	nicht signifikant
Kontinuierliche Weiterbildung durch Projektarbeit und tätigkeitsnahe Trainings (HRWS4)	1,0107	1-%-Niveau

Tabelle 7.11: Gewichte und Signifikanzniveaus der Indikatoren der Variablen *Weiterbildung und Schulung (HRWS)* (Quelle: eigene Darstellung)

Tabelle 7.11 beinhaltet die Gewichte der Indikatoren der Variablen *Weiterbildung und Schulung (HRWS)* sowie deren Signifikanzniveaus. Von besonders großer Bedeutung erweist sich die kontinuierliche Weiterbildung durch Projektarbeit und tätigkeitsnahe

[125] Vgl. Abbildung 7.3.
[126] Vgl. Tabelle 7.8.
[127] Vgl. Tabelle 7.9.
[128] Um eine latente Variable zu operationalisieren, bedarf es eines Messmodells, welches der latenten Variablen, manifeste Variablen in Form von beobachtbaren Indikatoren zuordnet. Vgl. [EBERL 2006], S. 651. sowie die dort zitierte Literatur. In einem formativen Messmodell stellen die Gewichte die Wirkungsbeziehungen zwischen den manifesten Variablen (Indikatoren) und den latenten Variablen dar und geben Aufschluss darüber, wie wichtig die Indikatoren für die Bestimmung des theoretischen Konstrukts sind.

Trainings (HRWS4).[129] Als wenig erfolgsversprechend scheinen Ansätze, bei denen die reine Wissensvermittlung im Vordergrund steht, wobei eine mögliche Wirkung nicht eindeutig negiert werden kann, da die ermittelten Gewichte nicht signifikant sind.

7.3.3.2.2 Ethnozentristische Personalbesetzungsstrategie (EP)

Eine weitere nicht zu unterschätzende Möglichkeit, das Leistungspotenzial der rumänischen Mitarbeiter zu steigern, bietet die Entsendung ausländischer Führungskräfte. Die im Vorfeld der Hauptuntersuchung interviewten Geschäftsführer und Inhaber gaben an, dass die rumänischen Mitarbeiter nicht nur von deren fachlicher Erfahrung, sondern insbesondere von deren Sozial- und Führungskompetenzen profitierten. Hypothese H_{HREP} beinhaltet die Vermutung, dass eine ethnozentristische Personalbesetzungsstrategie aufgrund des damit möglichen Know-how-Transfers und der Übertragung der Werte, Normen, Praktiken der Stammorganisation zu einem hohen Leistungspotenzial der Mitarbeiter führt. Dieser Sachverhalt wird durch die berechneten Ergebnisse bestätigt:

- Der Pfadkoeffizient von $0,194$ belegt einen geringen positiven Einfluss der Variablen *ethnozentristische Personalbesetzungsstrategie (EP)* auf die Variable *Leistungspotenzial (HRLP)*.[130] Das Signifikanzniveau dieses Wertes liegt bei fünf Prozent.[131] Somit ist der Erklärungsbeitrag der Variablen *ethnozentristische Personalbesetzungsstrategie (EP)* als signifikant anzusehen.
- Der ermittelte Effektstärkewert von $0,0332$ untermauert diesen Befund, denn Werte ab $0,02$ weisen auf einen geringen Einfluss der exogenen Variablen hin.[132]

Abschließend ist festzustellen, dass beide exogenen Variablen *Weiterbildung und Schulung (HRWS)* und *ethnozentristische Personalbesetzungsstrategie (EP)* positiv auf die Variable *Leistungspotenzial (HRLP)* wirken. Es wurde aufgezeigt, dass vor allem die Verbesserung der betriebswirtschaftlichen Kenntnisse der rumänischen Mitarbeiter im Vordergrund stehen sollte. Wirkungsvolle Wege dies zu erreichen sind die kontinuierliche Weiterbildung durch die Mitarbeit in Projekten, die Durchführung von praktischen, tätigkeitsnahe Trainingsmaßnahmen sowie die Entsendung von Stammhausmitarbeitern um einen Know-how-Transfer (Werte, Normen, Praktiken) zu ermöglichen.

[129] Als Mindesthöhe der Gewichte, die zu berücksichtigen sind, empfiehlt CHIN Werte ab $0,2$. Zusätzlich sollten diese Gewichte eine hohe Signifikanz aufweisen. Vgl. [CHIN 1998], S. 324f. und [RINGLE 2004], S. 22.

[130] Vgl. Abbildung 7.3.

[131] Vgl. Tabelle 7.8.

[132] Vgl. Tabelle 7.9.

7.3.3.3 Patriarchalischer Führungsstil (HRPF)

Neben den Variablen *Leistungsorientierung (HRLO)* und *Leistungspotenzial (HRLP)* hat auch der eingesetzte Führungsstil einen unmittelbaren Einfluss die Produktivität der Mitarbeiter. Bei dem bewussten Einsatz eines Führungsstils sind die vorherrschende Situation sowie die Bedürfnisse der Mitarbeiter zu berücksichtigen.[133] Da diese Aspekte zum Großteil durch die rumänische Landeskultur geprägt sind, sollte der gewählte Führungsstil mit dieser kompatibel sein, denn die rumänische Landeskultur beeinflusst die Erwartungen der Geführten bezüglich der Eigenschaften und Verhaltensweisen der Führungskräfte. Somit wird eine Führungskraft nur akzeptiert und kann nur dann effizient arbeiten, wenn diese die rumänienspezifischen kulturellen Besonderheiten berücksichtigt. Hypothese H_{HRPF} postuliert diesen Sachverhalt:

> H_{HRPF}: Ein patriarchalischer Führungsstil führt zu einer hohen Produktivität der Humanressourcen.

Die empirischen Ergebnisse belegen die Richtigkeit dieser Hypothese:

- Der Pfadkoeffizient, der die Wirkung der Variablen *patriarchalischer Führungsstil (HRPF)* auf die Variable *Mitarbeiterproduktivität (HRPR)* darstellt, ist mit 0, 360 hoch[134] und auf einem 1-%-Niveau signifikant.[135]
- Ein Effektstärkewert von 0, 2338 belegt zusätzlich den mittleren bis hohen Einfluss der Variablen *patriarchalischer Führungsstil (HRPF)* auf die Variable *Mitarbeiterproduktivität (HRPR)*.[136]

Ausgehend von diesem Ergebnis stellt sich die Frage, welches Führungsverhalten besonders erfolgsversprechend ist. Dazu sind die Gewichte der formativen Indikatoren der latenten Variablen *patriarchalischer Führungsstil (HRPF)* zu untersuchen.[137] Denn diese Gewichte stellen die Wirkungsbeziehungen zwischen den manifesten Variablen (In-

[133] In dieser Arbeit wird davon ausgegangen, dass der Führungsstil von den Führungskräften gezielt eingesetzt wird.

[134] Vgl. Abbildung 7.3.

[135] Vgl. Tabelle 7.8.

[136] Vgl. Tabelle 7.9. Werte der Effektstärke von über 0, 02 stehen für einen geringen, Werte von über 0, 15 für einen mittleren und Werte von über 0, 35 für einen großen Einfluss der exogenen latenten Variablen auf die endogene Variable. Vgl. [Cohen 1988], S. 410ff.

[137] Um eine latente Variable zu operationalisieren, bedarf es eines Messmodells, welches der latenten Variablen manifeste Variablen in Form von beobachtbaren Indikatoren zuordnet. Vgl. [Eberl 2006], S. 651 sowie die dort zitierte Literatur.

Indikator	Gewicht	Signifikanz-niveau
Die Arbeitsaufgaben werden durch genaue Anweisungen und Anordnungen verteilt (HRPF1)	0, 2216	1-%-Niveau
Nachfassen und regelmäßige Kontrolle der Erledigung von Arbeitsaufgaben (HRPF2)	0, 0480	nicht signifikant
Bewusste Pflege guter persönlicher Beziehungen zu rumänischen Mitarbeitern (HRPF3)	0, 5990	1-%-Niveau
Betriebliche Entscheidungen werden allein von der Führung getroffen (HRPF4)	0, 0642	10-%-Niveau
Bestrebung, die Untergebenen von getroffenen Entscheidungen zu überzeugen, bevor diese umgesetzt werden (HRPF5)	0, 3055	1-%-Niveau

Tabelle 7.12: Gewichte und Signifikanzniveaus der Indikatoren der Variablen *patriarchalischer Führungsstil (HRPF)* (Quelle: eigene Darstellung)

dikatoren) und der latenten Variablen dar und geben Aufschluss darüber, wie wichtig die Indikatoren für die Bestimmung des theoretischen Konstrukts sind.

Tabelle 7.12 beinhaltet die Gewichte der Indikatoren der Variablen *patriarchalischer Führungsstil (HRPF)* sowie deren Signifikanzniveaus. Von besonders großer Bedeutung sind die Indikatoren gute persönliche Beziehungen zu rumänischen Mitarbeitern (HRPF3), Überzeugung der Untergebenen von getroffenen Entscheidungen bevor, diese umgesetzt werden (HRPF5) und Erteilung genauer Anweisungen, wie Arbeitsaufgaben zu erledigen sind (HRPF1).[138] Eine Berücksichtigung dieser Sachverhalte bei der Führung der rumänischen Mitarbeiter beeinflusst deren Produktivität positiv.

7.3.3.4 Hierarchische Organisationsstruktur (ORHO)

Als letzte exogenen Variable, die auf die Produktivität der Mitarbeiter *(HRPR)* wirkt, wird die Variable *hierarchische Organisationsstruktur (ORHO)* untersucht.[139] Ausgehend von den Beobachtungen der Teilnehmer der vorab geführten Interviews, dass eigenverantwortliches Arbeiten, Teamarbeit, eine selbstständige zielgerichtete Priorisierung selten funktionieren, scheint eine hierarchische Organisationsstruktur, innerhalb derer

[138]Als Mindesthöhe der Gewichte, die zu berücksichtigen sind, empfiehlt CHIN Werte ab 0, 2. Zusätzlich sollten diese Gewichte eine hohe Signifikanz aufweisen. Vgl. [CHIN 1998], S. 324f. und [RINGLE 2004], S. 22.

[139]Die Organisationsstruktur eines Unternehmens regelt die Verteilung von Aufgaben und koordiniert die Beziehungen sowie die Kompetenzverteilung zwischen den einzelnen Organisationseinheiten. Die Bedeutung einer adäquaten Organisationsstruktur ergibt sich dadurch, dass diese einen Handlungsrahmen vorgibt, der das Verhalten und die Leistung von Organisationsmitgliedern steuert. Vgl. [KIESER 2007a], S. 23f. sowie die Ausführungen in Kapitel 2.2.1.2.

Verantwortung und Kompetenz auf den verschiedenen Hierarchiestufen transparent und eindeutig geregelt sind, zielführend. Auf Basis dessen wurde folgende Hypothese aufgestellt:

> H_{ORHO}: Eine hierarchische Organisationsstruktur führt zu einer hohen Produktivität der Humanressourcen.

Der durch Hypothese H_{ORHO} adressierte Sachverhalt wird durch die berechneten Ergebnisse bestätigt:

- Der berechnete Pfadkoeffizient von 0,183 weist auf eine positive Wirkung der Variablen *hierarchische Organisationsstruktur (ORHO)* auf die Variable *Mitarbeiterproduktivität (HRPR)* hin.[140] Das Signifikanzniveau dieses Wertes liegt bei fünf Prozent.[141]
- Ein Effektstärkewert von 0,0663 untermauert dies, denn Werte zwischen 0,02 und 0,15 stehen für einen geringen bis mittleren Einfluss der exogenen Variablen.[142]

Aufbauend auf diesen Befund sind die Aspekte, die besonders erfolgsversprechend sind, zu identifizieren. Dazu sind die Gewichte der formativen Indikatoren, welche die Wirkungsbeziehungen zwischen den manifesten Variablen (Indikatoren) und der latenten Variablen *hierarchische Organisationsstruktur (ORHO)* darstellen, zu analysieren.[143]

Indikator	Gewicht	Signifikanzniveau
Fest definierte hierarchische Organisationsstruktur (ORHO1)	0,3255	1-%-Niveau
Verantwortung und Kompetenz sind auf verschiedenen Hierarchiestufen klar und deutlich zugewiesen (z.B. klare Unterschriftsregelungen) (ORHO2)	0,7278	1-%-Niveau

Tabelle 7.13: Gewichte und Signifikanzniveaus der Indikatoren der Variablen *hierarchische Organisationsstruktur (ORHO)* (Quelle: eigene Darstellung)

Tabelle 7.13 beinhaltet die Gewichte der Indikatoren der Variablen *hierarchische Organisationsstruktur (ORHO)* sowie deren Signifikanzniveaus. Es zeigt sich, dass beide Indikatoren von Bedeutung sind, wobei Indikator ORHO2 mit einem Gewicht von

[140] Vgl. Abbildung 7.3.
[141] Vgl. Tabelle 7.8.
[142] Vgl. Tabelle 7.9.
[143] Um eine latente Variable zu operationalisieren, bedarf es eines Messmodells, welches der latenten Variablen manifeste Variablen in Form von beobachtbaren Indikatoren zuordnet. Vgl. [EBERL 2006], S. 651 sowie die dort zitierte Literatur.

$0,7278$ eine stärkere Wirkung entfaltet als Indikator ORHO1 mit einem Gewicht von $0,3255$.[144] Die ermittelten Ergebnisse empfehlen die Schaffung eindeutiger Organisationsstrukturen, in denen Verantwortung personenorientiert klar und eindeutig übertragen und organisatorische Kompetenz auf allen Hierarchieebenen eindeutig und für alle Organisationsmitglieder sichtbar festgelegt wird.

Abschließend ist festzustellen, dass von den vier untersuchten Variablen, die auf die Variable *Mitarbeiterproduktivität (HRPR)* wirken, die Variable *Leistungsorientierung (HRLO)* einen großen, die Variable *patriarchalischer Führungsstil (HRPF)* einen mittleren bis großen, die Variable *hierarchische Organisationsstruktur (ORHO)* einen geringen bis mittleren und die Variable *Leistungspotenzial (HRLP)* keinen signifikanten Einfluss ausüben. Bis auf Hypothese H_{HRLP} konnten alle die Variable *Mitarbeiterproduktivität (HRPR)* betreffende Hypothesen H_{HRLO}, H_{HRPF} und H_{ORHO} bestätigt werden. In Summe ist somit auch die Hypothese H_{HR} zu bestätigen.

7.3.4 Erfolgswirkung eines effektiven Koordinations- und Kontrollsystems

Die Ausweitung der Geschäftstätigkeit nach Rumänien erweitert auch die Anforderung an das Koordinations- und Kontrollsystem der KMU. Um erfolgreich zu sein, muss sichergestellt werden, dass das Stammhaus sowie die Leitung vor Ort mit den relevanten Informationen zur Steuerung und Überwachung der rumänischen Organisationseinheit versorgt wird. Hypothese H_{OREC} wurde aufgestellt:

> H_{OREC}: Eine effektive Koordination, Steuerung und Kontrolle (effektives Controlling) führt zum Erfolg der Direktinvestition.

Der in dieser Hypothese formulierte Sachverhalt wird durch die ermittelten Ergebnisse bestätigt:

- Der Pfadkoeffizient von $0,355$ deutet auf einen starken Einfluss der Variablen *effektives Controlling (OREC)* auf die endogene Variable *Internationalisierungserfolg* hin.[145] Das durchgeführte Bootstrapping attestiert diesem Wert zusätzlich

[144] Als Mindesthöhe der Gewichte, die zu berücksichtigen sind, empfiehlt CHIN Werte ab $0,2$. Zusätzlich sollten diese Gewichte eine hohe Signifikanz aufweisen. Vgl. [CHIN 1998], S. 324f. und [RINGLE 2004], S. 22.

[145] Vgl. Abbildung 7.3.

ein einprozentiges Signifikanzniveau.[146] Somit ist der Erklärungsbeitrag der Variablen *effektives Controlling (OREC)* als hoch anzusehen.

- Auch ein Effektstärkewert von 0, 2303 belegt diesen Befund, denn Werte zwischen 0, 15 und 0, 35 stehen für einen mittleren bis großen Einfluss der exogenen Variablen.[147]

Nachfolgend wird auf die Variablen eingegangen, welche die Variable *effektives Controlling (OREC)* maßgeblich bestimmen. Dadurch ist es möglich, Empfehlungen zur Gestaltung eines effektiven Koordinations- und Kontrollsystems abzuleiten.

7.3.4.1 Einbettung des Contollings vor Ort (ORSK1)

Bezüglich der organisatorischen Einbindung des Controllings der rumänischen Organisationseinheit ist zu entscheiden, ob das Controlling dezentral in Rumänien, zentral im Stammhaus oder verteilt auf Stammhaus und in der rumänischen Organisationseinheit angesiedelt wird. Auf Basis der in Kapitel 6.2.2.4.2.1 aufgeführten Erwägung scheint eine organisatorische Anbindung an die lokale Organisation vorteilhaft. Nachfolgende Hypothese wurde aufgestellt:

> H_{ORSK1}: Die Einbettung des Controllings in die rumänische Organisation vor Ort führt zu einer effektiven Koordination, Steuerung und Kontrolle der rumänischen Organisationseinheit.

Die empirischen Ergebnisse belegen diesen Zusammenhang nicht:

- So ist der im PLS-Modell ermittelte Wert des Pfadkoeffizienten, der die Wirkung der exogenen Variablen *Einbettung des Contollings vor Ort (ORSK1)* auf die endogene Variable *effektives Controlling (OREC)* darstellt, mit 0, 027 sehr gering.[148] Das durchgeführte Bootstrapping weist diesen Wert als nicht signifikant aus.[149]
- Ein Effektstärkewert von 0, 0034 untermauert diesen Befund, denn erst ab einem Wert von 0, 02 wird von einem zumindest geringen Einfluss ausgegangen.[150]

[146] Vgl. Tabelle 7.8.
[147] Vgl. Tabelle 7.9.
[148] Vgl. Abbildung 7.3.
[149] Vgl. Tabelle 7.8.
[150] Vgl. Tabelle 7.9.

7.3.4.2 Besetzung der Controllingpositionen vor Ort durch Stammhausmitarbeiter (ORPK)

Während durch Hypothese H_{ORSK1} die organisatorische Einbindung des Controllings in die Unternehmensorganisation untersucht wurde, geht es bei Hypothese H_{ORPK} um die personelle Besetzung der relevanten Controllingpositionen. Neben einer Besetzung mit rumänischen Mitarbeitern besteht die Möglichkeit einer Entsendung von Stammhausmitarbeitern. Die vorab geführten Interviews in Rumänien zeigten auf, dass eine Mehrzahl der Interviewteilnehmer die Präsenz eines Entscheidungsträgers vor Ort sowie den Einsatz geeigneter Kontroll- und Reportingmechanismen als einen zentralen Erfolgsfaktor ansahen. Vor allem in diesem Punkt unterscheiden sich die erfolgreichen von den erfolglosen Interviewteilnehmer. Die Erfolglosen führten ihr Scheitern zum Teil auf das von rumänischen Mitarbeitern missbrauchte Vertrauen zurück. Nachfolgende Hypothese wurde auf Basis dieser Erkenntnisse aufgestellt:

> H_{ORPK}: Die Besetzung der relevanten Koordinations- und Kontrollpositionen vor Ort durch Stammhausmitarbeiter führt zu einer effektiven Koordination, Steuerung und Kontrolle der rumänischen Organisationseinheit.

Der durch Hypothese H_{ORPK} adressierte Sachverhalt wird durch die berechneten Ergebnisse bestätigt:

- Der berechnete Pfadkoeffizient von $0,169$ belegt die positive Wirkung der Variablen *Besetzung der relevanten Koordinations- und Kontrollpositionen vor Ort durch Stammhausmitarbeiter (ORPK)* auf die Variable *effektives Controlling*. Das durchgeführte Bootstrapping zeigt ein einprozentiges Signifikanzniveau auf.[151]
- Der Effektstärkewert von $0,0959$ bestätigt dies, denn Werte zwischen $0,02$ und $0,15$ stehen für einen geringen bis mittleren Einfluss der exogenen Variablen.[152]

Fasst man die aus der Überprüfung der Hypothesen H_{ORSK1} und H_{ORPK} hervorgegangenen Erkenntnisse zusammen, ist eine Einbettung des Controllings in die rumänische Organisation dann erfolgsversprechend, wenn die Besetzung der relevanten Koordinations- und Kontrollpositionen vor Ort durch Stammhausmitarbeiter erfolgt.

[151] Vgl. Abbildung 7.3. und Tabelle 7.8.
[152] Vgl. Tabelle 7.9.

7.3.4.3 Regelmäßige Besuche (ORSK2)

Eine organisatorische Anbindung in die rumänische Organisationseinheit und somit auch an das lokale Management kann aber dazu führen, dass die Unabhängigkeit der Controllinginstanz, aufgrund der Nähe zur Führung vor Ort, nicht mehr gewährleistet ist. Um diese Problematik zu unterbinden und um zusätzlich die Einhaltung von unternehmensweiten Standards zu gewährleisten sind regelmäßige Besuche von Stammhauscontroller vor Ort sinnvoll. Nachfolgende Hypothese wurde aufgestellt:

> H_{ORSK2}: Regelmäßige Besuche von Controllern der deutschen Stammorganisation führen zu einer effektiven Koordination, Steuerung und Kontrolle der rumänischen Organisationseinheit.

Die empirischen Ergebnisse belegen einen geringen positiven Zusammenhang:

- So ist der im PLS-Modell ermittelte Wert des Pfadkoeffizienten, der die Wirkung der exogenen Variablen *regelmäßige Besuche (ORSK2)* auf die endogene Variable *effektives Controlling (OREC)* darstellt, bei einem fünfprozentigen Signifikanzniveau mit 0,088 gering.[153]
- Ein Effektstärkewert von 0,0296 belegt dies, denn ab einem Wert von 0,02 wird von einem geringen Einfluss ausgegangen.[154]

Es zeigt sich, dass neben der personellen Besetzung der relevanten Koordinations- und Kontrollpositionen vor Ort durch Stammhausmitarbeiter auch regelmäßige Besuche von Controllern der deutschen Stammorganisation dazu beitragen können, die rumänische Organisationseinheit effektiv zu steuern und zu überwachen.

7.3.4.4 Einsatz technokratischer Koordinations- und Steuerungsinstrumente (ORTK1)

Nach der Entscheidung bezüglich der Einbindung des Controllings der rumänischen Organisationseinheit in die Unternehmensstruktur sowie der Besetzung der damit verbundenen Stellen ist auf der technokratischen Ebene festzustellen, ob der verstärkte Einsatz von Koordinations- und Steuerungsinstrumenten sowie geringe Berichtszyklen die Effektivität der Steuerung und Kontrolle der rumänischen Organisationseinheit erhöhen.

[153] Vgl. Abbildung 7.3 und Tabelle 7.8.
[154] Vgl. Tabelle 7.9.

Nachfolgende Hypothese wurde auf Basis der Erkenntnisse aus Kapitel 6.2.2.4.2.3 aufgestellt:

> H_{ORTK1}: Je mehr technokratische Koordinations- und Steuerungsinstrumente eingesetzt werden, desto effektiver ist die Koordination, Steuerung und Kontrolle der rumänischen Organisationseinheit.

Die ermittelten Ergebnisse belegen einen geringen positiven Zusammenhang:

- Der Pfadkoeffizient von 0,103 deutet, bei einem Signifikanzniveu von fünf Prozent, auf einen gering positiven Einfluss der exogenen Variablen *Einsatz technokratischer Koordinations- und Steuerungsinstrumente (ORTK1)* auf die endogene Variable *effektives Controlling (OREC)* hin.[155]
- Der Effektstärkewert von 0,0316 belegt dies, denn ab einem Wert von 0,02 wird von einem geringen Einfluss ausgegangen.[156]

Zu vermuten ist, dass die Wirkung deswegen gering ist, weil die untersuchten Unternehmen generell eine Vielzahl technokratischer Koordinations- und Steuerungsinstrumente einsetzten. Dies belegt der Vergleich des Mittelwerts des Indikators ORTK11 der 20 erfolgreichsten (4,3) mit dem Mittelwert der 20 am wenigsten erfolgreichsten Untersuchungsteilnehmer (3,2).[157] Somit ist eher festzustellen, dass dieses Kriterium kein großes Unterscheidungsmerkmal zwischen erfolgreichen und nicht erfolgreichen Unternehmen ist, aber der Einsatz solcher Instrumente die Basis einer erfolgreichen Koordination und Steuerung der Unternehmen bildet.

7.3.4.5 Regelmäßige Berichterstattung in standardisierter Form (ORTK2)

Hypothese H_{ORTK2} beinhaltet die Vermutung, dass geringere Berichtszyklen die Effektivität des Controllings steigern.

> H_{ORTK2}: Je geringer die Berichtszyklen der standardisierten Berichte sind, desto effektiver ist die Koordination, Steuerung und Kontrolle der rumänischen Organisationseinheit.

[155] Vgl. Abbildung 7.3 und Tabelle 7.8.

[156] Vgl. Tabelle 7.9 auf Seite 262.

[157] Die Untersuchung, welches technokratische Koordinations- und Steuerungsinstrument am wirkungsvollsten ist, ist nicht zielführend. Denn je nach Branche, Größe und Situation, in dem sich die einzelnen KMU befinden, kann dies sehr unterschiedlich sein.

Der in dieser Hypothese postulierte Sachverhalt wird durch die vorliegenden Ergebnisse voll bestätigt:

- Der Pfadkoeffizient von 0,595 weist auf einen sehr starken Einfluss der Variablen *regelmäßige Berichterstattung in standardisierter Form (ORTK2)* auf die endogene Variable *effektives Controlling (OREC)* hin.[158] Das durchgeführte Bootstrapping attestiert diesem Wert zusätzlich ein einprozentiges Signifikanzniveau.[159] Somit ist der Erklärungsbeitrag der Variablen *regelmäßige Berichterstattung in standardisierter Form (ORTK2)* als sehr hoch anzusehen.
- Auch der Effektstärkewert von 0,6593 belegt diesen Befund, denn ab einem Wert von 0,35 wird von einem großen Einfluss ausgegangen.[160]

Es zeigt sich, dass eine regelmäßige Berichterstattung in standardisierter Form, im Vergleich zu den anderen untersuchten Gestaltungsparametern, die Effektivität des Controllings am stärksten beeinflusst. Somit ist nicht die Anzahl oder die Art der eingesetzten technokratischer Koordinations- und Steuerungsinstrumente von entscheidender Bedeutung, sondern der konsequente Einsatz dieser Instrumente in einem zeitnahen standardisierten Berichtsprozess.

7.3.4.6 Ethnozentristische Personalbesetzungsstrategie (EP)

Neben den untersuchten Gestaltungsmöglichkeiten wird vermutet, dass sich auch eine ethnozentristische Personalbesetzungsstrategie positiv auf die Effektivität der Koordination und Steuerung der rumänischen Organisationseinheit auswirkt. Denn eine ethnozentristische Personalbesetzungsstrategie ermöglicht einerseits bedingt durch die geringe kulturelle Distanz und die persönliche Bekanntschaft zwischen Führungskräften des Stammhauses und der Auslandsorganisation eine effizientere Kommunikation und anderseits eine effektivere Kontrolle, da die entsendeten Mitarbeiter schon bekannt und verlässlich sind. Auf Basis dieser Erkenntnisse wurde folgende Hypothese aufgestellt:

> H_{OREP}: Eine ethnozentristische Personalbesetzungsstrategie bezüglich der Unternehmensleitung vor Ort führt zu einer effektiven Steuerung und Kontrolle der Auslandsorganisation.

[158] Vgl. Abbildung 7.3.
[159] Vgl. Tabelle 7.8.
[160] Vgl. Tabelle 7.9.

Dieser Sachverhalt wird durch die berechneten Ergebnisse bestätigt:

- Der Pfadkoeffizient von 0, 103 belegt bei einem Signifikanzniveau von fünf Prozent einen geringen positiven Einfluss der Variablen *ethnozentristische Personalbesetzungsstrategie (EP)* auf die Variable *effektives Controlling (OREC)*.[161]
- Der ermittelte Effektstärkewert von 0, 0275 untermauert diesen Befund, denn Werte ab 0, 02 weisen auf einen geringen Einfluss der exogenen Variablen hin.[162]

Abschließend ist festzustellen, dass von den sechs untersuchten Variablen, die auf die Variable *effektives Controlling (OREC)* wirken, die Variable *regelmäßige Berichterstattung in standardisierter Form (ORTK2)* einen großen, die Variable *Besetzung der relevanten Koordinations- und Kontrollpositionen vor Ort durch Stammhausmitarbeiter (ORPK)* einen mittleren, die Variablen *Einsatz technokratischer Koordinations- und Steuerungsinstrumente (ORTK1)*, *regelmäßige Besuche (ORSK2)*, *ethnozentristische Personalbesetzungsstrategie (EP)* einen geringen und die Variable *Einbettung des Contollings vor Ort (ORSK1)* keinen signifikanten Einfluss ausüben. Unter Berücksichtigung dieser Befunde sind eine zeitlich eng getaktete Berichterstattung in standardisierter Form sowie die Besetzung der relevanten Koordinations- und Kontrollpositionen vor Ort durch Stammhausmitarbeiter die wichtigsten gestalterischen Faktoren, um eine effektive Steuerung und Kontrolle der rumänischen Organisationseinheit zu gewährleisten.

7.3.5 Erfolgswirkung von sehr guten Beziehungen zu lokalen Marktpartnern

Als Letztes ist der Einfluss der Beziehungen zu Marktpartnern vor Ort (Lieferanten, Abnehmer, andere externe Anspruchsgruppen) auf den Direktinvestitionserfolg zu untersuchen. Dazu wurde Hypothese H_{IRNE} aufgestellt:

> H_{IRNE}: Intangible Ressourcen in Form von sehr guten Beziehungen zu lokalen Marktpartnern (sehr gutes Networking) führen zu nachhaltigen Wettbewerbsvorteilen und dadurch zum Erfolg der Direktinvestition.

Die ermittelten Ergebnisse belegen einen geringen positiven Zusammenhang:

[161] Vgl. Abbildung 7.3 und Tabelle 7.8.
[162] Vgl. Tabelle 7.9.

- Der Pfadkoeffizient von $0,091$ deutet auf einen schwachen positiven Einfluss der Variablen *sehr gutes Networking (IRNE)* auf die endogene Variable *Internationalisierungserfolg* hin.[163] Das durchgeführte Bootstrapping weist für diesen Wert ein fünfprozentiges Signifikanzniveau aus.[164] Somit ist der Erklärungsbeitrag der Variablen *sehr gutes Networking (IRNE)* als gering anzusehen.

- Der berechnete Effektstärkewert von $0,0317$ belegt diesen Befund, denn Werte ab $0,02$ weisen auf einen geringen Einfluss der exogenen Variablen hin.[165]

Nachfolgend wird die in Hypothese H_{HRIK2} postulierte Wirkung der Variablen *interkulturelle Kompetenz (HRIK)* auf die Variable *sehr gutes Networking (IRNE)* untersucht.

> H_{HRIK2}: Eine hohe interkulturelle Kompetenz der Führung führt aufgrund des besseren Verständnisses der örtlichen Kunden, Lieferanten und Behörden zu besseren Beziehungen mit diesen.

Die empirische Ergebnisse belegen, dass eine hohe interkulturelle Kompetenz der Führung für den Aufbau guter Beziehungen zu örtlichen Kunden, Lieferanten und Behörden ursächlich ist:

- Denn ein Pfadkoeffizient von $0,819$ steht für einen sehr großen Einfluss der Variablen *interkulturelle Kompetenz (HRIK)* auf die Variable *sehr gutes Networking (IRNE)*.[166] Das durchgeführte Bootstrapping attestiert diesem Wert zusätzlich ein einprozentiges Signifikanzniveau.[167]

- Auch der Effektstärkewert von $2,0347$ belegt dieses Ergebnis, denn ab einem Wert von $0,35$ wird von einem großen Einfluss ausgegangen.[168]

Abschließend ist festzustellen, dass von den fünf untersuchten Variablen, die auf die Variable *Internationalisierungserfolg* wirken, die Variable *Mitarbeiterproduktivität (HR-PR)* einen großen, die Variable *effektives Controlling (OREC)* einen mittleren bis großen, die Variable *sehr gutes Networking (IRNE)* einen geringen und die Variablen *finanzielle Ressourcenausstattung (FR)* und *physische Ressourcenausstattung (PR)* keinen signifikanten Einfluss ausüben.

[163] Vgl. Abbildung 7.3.
[164] Vgl. Tabelle 7.8.
[165] Vgl. Tabelle 7.9.
[166] Vgl. Abbildung 7.3.
[167] Vgl. Tabelle 7.8.
[168] Vgl. Tabelle 7.9.

7.4 Einschränkungen des Modells

7.4.1 Inhaltliche Einschränkungen

Das vorliegende Modell sowie die abgeleiteten Erkenntnisse sind kein Patentrezept für den Erfolg von Direktinvestitionen in Rumänien. Ein solches kann es auch nicht geben, da jede Direktinvestition einzigartig ist. Was das Modell aber bietet, ist ein Rahmenmodell, das den Erfolg von Direktinvestitionen deutscher KMU in Rumänien unter Berücksichtigung kulturabhängiger Erfolgsfaktoren möglichst umfassend zu erklären versucht. Es ist nicht auszuschließen, dass Details einzelner Aspekte trotz der starken Fokussierung auf deutsche KMU und auf kulturabhängige Faktoren im Investitionsland Rumänien unberücksichtigt bleiben. Branchen- und Größenunterschiede der KMU werden im Rahmen dieser Arbeit nicht berücksichtigt. Eine Unterteilung der 116 in die Untersuchung einbezogenen Unternehmen in mehrere Cluster hätte den Einsatz des kausalanalytischen Ansatzes PLS aufgrund von zu kleinen Samples unterbunden.

7.4.2 Methodische Einschränkungen

Die in Kapitel 5.3.1 diskutierten methodischen Kritikpunkte an Erfolgsfaktorenstudien wurden soweit möglich berücksichtigt:

- Dem Kritikpunkt einer mangelnden Theorieleitung von Erfolgsfaktorenstudien wurde dadurch begegnet, dass alle aufgestellten Hypothesen durch ein Theoriefundament untermauert sind.
- Die Operationalisierung des Unternehmenserfolgs erweist sich ebenfalls als kritischer Punkt in der Erfolgsfaktorenforschung. Festzustellen ist, dass Erfolgsindikatoren wie beispielsweise Umsatz, Gewinn oder Return on Investment problematisch sind, da diese sich von Unternehmen zu Unternehmen aufgrund von verschiedenen Kostenrechnungssystemen, Bilanzierungspraktiken und Bewertungswahlrechten unterscheiden. Dies kann sich besonders stark auswirken, wenn Unternehmen aus verschiedenen Ländern oder Branchen untersucht werden. Zum anderen wird kritisiert, dass einige Erfolgsindikatoren lediglich für den kurzfristigen Unternehmenserfolg stehen. Konzentriert sich ein Unternehmen allein auf die Erhöhung des kurzfristigen Unternehmenserfolgs, kann das zu negativen Auswirkungen auf den langfristigen Unternehmenserfolg führen. Um diese Kritikpunkte zu berücksichtigen, wird häufig der Zielansatz zur Erfolgsbestimmung angewandt.

Auch er ist nicht frei von Kritik. Diese konzentriert sich im Wesentlichen auf die Beobachtung, dass sich nicht alle Unternehmen konsequent an den eigenen Zielen orientieren, und auf die Feststellung, dass Unternehmen unterschiedliche Ziele verfolgen, was eine zielbasierte Erfolgsmessung erschwert.[169] Für die vorliegende Untersuchung können diese Kritikpunkte entkräftet werden, indem einerseits die Zielsetzungen der Unternehmen bei ihrem Engagement in Rumänien auf Basis von Literaturanalysen und Experteninterviews zu einem homogenen Konsens verdichtet werden und andererseits durch die Experteninterviews auch die Annahme gestützt wird, dass Unternehmen bei Direktinvestitionen in Rumänien zielorientiert vorgehen. Die in dieser Arbeit vorgenommene Erfolgsmessung durch eine integrierte Betrachtung mehrerer Variablen anhand eines Index wird zusätzlich durch eine direkte Abfrage nach dem Direktinvestitionserfolg validiert.

- Ein weiterer Kritikpunkt ist die mangelnde Trennung zwischen theoretischer und Beobachtungssprache. Die theoretische Sprache verwendet zur Darstellung von Erfolgsfaktoren, die nicht direkt mess- oder beobachtbar sind (z.B. interkulturelle Kompetenz), komplexe theoretische Konstrukte. Sind diese Konstrukte ungeeignet operationalisiert, können inhaltlich falsche Schlüsse gezogen werden. Dieser Kritik wird dadurch begegnet, dass die für die zu messenden Variablen gewählten Indikatoren nicht willkürlich, sondern auf Basis allgemein akzeptierter Theorien und soweit möglich in Anlehnung an schon getesteten Operationalisierungsansätzen gewählt wurden.[170]

- Die mit der Verwendung von sekundärstatistischem Datenmaterial einhergehenden Probleme wurden durch die Durchführung einer Primärerhebung umgangen.

- Eine standardisierte schriftliche Befragung birgt die Gefahr eines *Key Informant Bias* sowie eines *Survival Bias*.[171] Als problematisch wird auch die gleichzeitige Abfrage der abhängigen und unabhängigen Variablen gesehen, denn dadurch können wissentlich oder unwissentlich Verfälschungen von Antworten auftreten.[172] Der Gefahr eines *Key Informant Bias* wird durch die direkte persönliche Adressierung des Fragebogens an die jeweilige Geschäftsleitung der KMU begegnet. Es ist davon auszugehen, dass ausschließlich diese bezüglich des untersuchten Themas die geeignetsten Informationsquellen sind und dass aufgrund der Anonymität der Untersuchung sowohl zu den abhängigen als auch unabhängigen Variablen valide

[169] Vgl. [Böing 2001], S. 41 und [Murphy 1996], S. 16.
[170] Vgl. [Ahlert 2005], S. 363 und [Kube 1991], S. 56f.
[171] Vgl. Kapitel 5.3.1.4.
[172] Vgl. [Ahlert 2005], S. 363, [Nicolai 2002], S. 584 und [Kube 1991], S. 58.

Angaben gemacht werden.[173] Trotz dieser Vorgehensweise können Verzerrungen bei der Datenerhebung nicht ausgeschlossen werden. Die Wahrscheinlichkeit eines *Survival Bias* wird als gering angesehen, da auch Unternehmen mit einem sehr geringen Wert des Indikators *INTER* an der Untersuchung teilnahmen.

- Der Kritik der Verwendung ungeeigneter Analyseverfahren wurde durch die Anwendung der Strukturgleichungsmethodik begegnet.

- Als Limitation des Modells und der ermittelten Ergebnisse ist die nicht erfolgte Überprüfung der zeitlichen Stabilität der ermittelten Erfolgsfaktoren zu nennen. Im Zeitverlauf können andere bzw. weitere Faktoren erfolgsrelevant werden und bekannte Erfolgsfaktoren ihre Wirkung verlieren. Aus diesem Grund wird die Überprüfung der zeitlichen Stabilität von ermittelten Erfolgsfaktoren gefordert. Allerdings ist im Hinblick auf diese Forderung zu berücksichtigen, dass der vorliegenden Erfolgsfaktorenstudie eine zeitliche Beschränkung vorliegt, da es sich um eine Dissertation handelt. Aufgrund dieser zeitlichen Beschränkung ist es nicht möglich, die von Kritikern geforderte spätere Überprüfung der Erfolgsfaktoren auf ihre Gültigkeit zu verwirklichen.[174] Da aber bei kulturellen Faktoren von einer langfristigen Stabilität auszugehen ist, sollte die nicht mögliche Überprüfung der zeitlichen Stabilität der Ergebnisse als wenig problematisch eingestuft werden.

[173]Für die Rücksendung der Fragebögen ist ein Rückkuvert beigelegt, dass keine Rückschlüsse auf die Untersuchungsteilnehmer zulässt. Gleichzeitig wird im Anschreiben die dadurch gewährte Anonymität betont und zugesichert. Das zusätzliche Angebot, die Untersuchungsergebnisse zur Verfügung zu stellen, dient neben der Motivation zur Teilnahme auch der Motivation einer korrekten Beantwortung der Fragen.

[174]Vgl. [SCHRÖDER 1994], S. 96.

Kapitel 8

Schlussbetrachtung

Gegenstand der vorliegenden Arbeit ist die empirische Analyse kulturabhängiger Erfolgsfaktoren von Direktinvestitionen deutscher kleiner und mittelständischer Unternehmen in Rumänien. Dabei waren insbesondere kulturinduzierte Einflussgrößen zu identifizieren, die in der operativen Phase von Direktinvestitionen erfolgsrelevant sind. Die Bewältigung der dabei auftretenden Aufgaben und Fragestellungen lässt sich wie folgt zusammenfassen.

Kapitel eins führt in die Problemstellung ein und stellt die Motivation der Untersuchung dar. Dabei werden die zu bearbeitenden zentralen Forschungsfragen und Aufgabenstellungen formuliert sowie der inhaltliche Aufbau der Arbeit dargestellt.

Das zweite Kapitel beginnt mit einer terminologisch präzisen Abgrenzung des Untersuchungsgegenstands. Dies ist bei dem Untersuchungsobjekt dieser Arbeit besonders wichtig, da in Theorie und Praxis eine Vielzahl von zum Teil synonym verwendeter Begriffe wie kleine und mittlere Unternehmen (KMU), Mittelstand, mittelständische Betriebe/Unternehmen oder Mittelbetriebe/-unternehmen existieren. Im Anschluss daran werden die spezifischen Eigenschaften und Potenziale dieser Unternehmen analysiert. Die Kenntnis dieser Eigenschaften ist wesentlich für die Identifikation potenzieller Erfolgsfaktoren.

Im Mittelpunkt des dritten Kapitels steht die Identifikation der Motive und Ziele von Unternehmen, die diese dazu veranlassen Direktinvestitionen zu tätigen. Dazu wird eine Auswahl von Theorien, die einen Beitrag zur Erklärung der Entstehung von Direktinvestitionen liefern, dargestellt. Auf Basis dieser Erklärungsansätze werden fünf Hauptmotive abgeleitet, die Unternehmen zu einer Internationalisierung ihrer Geschäftstätigkeit bewegen. Darüber hinaus wird aufgezeigt, wie sich Direktinvestitionen aus den Strategien der Unternehmen ableiten und dass Direktinvestitionen als eine Gestaltungsoption von Internationalisierungsstrategien interpretiert werden können.

Das nachfolgende Kapitel vier geht auf die für Direktinvestitionen in Rumänien relevanten landesspezifischen Faktoren ein. Dabei werden die wichtigsten, aktuell in Rumänien anzutreffenden politischen, ökonomischen, rechtlichen und sozio-kulturellen Rahmenbedingungen aufgezeigt, da deren Kenntnis für den wirtschaftlichen Erfolg oder Misserfolg von Direktinvestitionen in Rumänien entscheidend ist. Der Schwerpunkt bildet die Darstellung der für die Arbeitswelt relevanten kulturellen Prägung der rumänischen Bevölkerung anhand HOFSTEDEs fünf Kulturdimensionen. Die Kenntnis der kulturellen Besonderheiten lokaler Mitarbeiter und Führungskräften ist besonders wichtig, um diese adäquat führen und motivieren zu können.

In Kapitel fünf wird nach einer kurzen definitorischen Einordnung der Begriffe Erfolg und Erfogsfaktor ein Überblick über die methodischen Ansätze zur Identifikation von Erfolgsfaktoren gegeben. Aufbauend darauf werden die methodischen und inhaltlichen Hauptkritikpunkte an der Erfolgsfaktorenforschung strukturiert erörtert. Die Kenntnis und Berücksichtigung dieser ist für die Konzipierung und Durchführung der empirischen Untersuchung in den nachfolgenden zwei Kapiteln relevant.

Aufbauend auf Kapitel zwei bis fünf wird in Kapitel sechs ein theoretisch fundierter Bezugsrahmen zur Identifikation der kulturabhängigen Erfolgsfaktoren von Direktinvestitionen kleiner und mittlerer Unternehmen in Rumänien abgesteckt und durch die Ergebnisse einer im Vorfeld der Hauptuntersuchung durchgeführten Befragung von Geschäftsführern und Inhabern von deutschen KMU, die in Rumänien Direktinvestitionen getätigt haben, validiert. Im Anschluss daran wird die Variable Internationalisierungserfolg auf Basis der Erkenntnisse aus Kapitel drei operationalisiert sowie mittels verschiedener Theorieansätze die Suchfelder potenzieller Erfolgsfaktoren systematisiert und konkretisiert. Darauf aufbauend werden Hypothesen abgeleitet, die im Rahmen der durchzuführenden Primärerhebung zu überprüfen sind. Als Ergebnis dieses Kapitels wird ein Strukturgleichungsmodell zur Erklärung des Erfolges von Direktinvestitionen in Rumänien spezifiziert.

Kapitel sieben beginnt mit der Vorstellung der durchgeführten Datenerhebung und des dafür entwickelten Erhebungsinstruments sowie der Darstellung des Partial Least Squares-Ansatz (PLS) als geeignete Methode zur Datenanalyse. Danach werden Gütekriterien zur Beurteilung der eingesetzten reflektiven und formativen Messmodelle sowie des formulierten Strukturmodells vorgestellt. Die darauf basierende durchgeführte Gütebeurteilung zeigt einerseits auf, dass die latenten Variablen zuverlässig geschätzt wurden, und anderseits, dass eine sehr gute Anpassung des Strukturgleichungsmodells an die empirisch ermittelten Daten erzielt wurde. Darauf folgt der Schwerpunkt dieses Kapitels mit der Verifizierung der Hypothesen des Strukturgleichungsmodells. Dabei werden die einzelnen Hypothesen auf Basis des empirischen Datenmaterials überprüft und Entscheidungs- und Gestaltungshilfen für KMU abgeleitet. Die Ergebnisse verdeutlichen, dass eine hohe *Mitarbeiterproduktivität*, ein *effektives Controlling* und ein *sehr gutes Networking* für den Erfolg von Direktinvestitionen in Rumänien entscheidend sind. Abschließend werden die inhaltlichen und methodischen Einschränkungen der ermittelten Ergebnissen diskutiert.

Anhang A

Anschreiben und Fragebogen der empirischen Untersuchungen

IHK Pfalz
Kompetenzzentrum
Rumänien

UNIVERSITÄT HOHENHEIM
Institut für Betriebswirtschaftslehre
Lehrstuhl für Industriebetriebslehre -510 A-
Prof. Dr. W. Habenicht

FORSCHUNGSPROJEKT:

UNTERSUCHUNG DER ERFOLGSFAKTOREN DEUTSCHER KLEINER UND MITTLERER UNTERNEHMEN (KMU) IN RUMÄNIEN.

Sehr geehrte Damen und Herren,

dieses Projekt wurde vom Lehrstuhl für Industriebetriebslehre der Universität Hohenheim mit der Unterstützung der IHK Pfalz initiert.

Das Ziel dieses Forschungsprojektes ist es, die Erfolgsfaktoren zu identifizieren, die für eine erfolgreiche Internationalisierung, nach Rumänien, verantwortlich sind um dadurch kleinen und mittleren Unternehmen eine praktische Hilfestellung hinsichtlich der Markt- und Standorterschließung zu liefern.

Im Zeitraum Februar bis Mai 2006 wurden in Rumänien branchenübergreifend 28 Interviews mit Verantwortlichen verschiedener deutscher MU geführt. Die Auswertung dieser Interviews führte zu einem Pool an potentiellen Faktoren, die für den Erfolg in Rumänien bedeutend sein können. In einer breit angelegten schriftlichen Befragung wird nun die tatsächliche Bedeutung der verschiedenen Erfolgsfaktoren für den Internationalisierungserfolg statistisch ermittelt. Die ermittelten Erkenntnisse erhalten dadurch eine hohe praktische Relevanz.

Um Ihre Zeit nicht länger als unbedingt nötig in Anspruch zu nehmen, haben wir den Fragebogen so gestaltet, dass für dessen Beantwortung etwa 20 Minuten benötigt werden. Wir wären Ihnen dankbar, wenn Sie uns diesen bis zum:

15. Februar 2008

zurücksenden. Ein frankiertes und adressiertes Antwortkuvert liegt bei.

Selbstverständlich erfolgt die Auswertung anonym und alle von Ihnen gemachten Angaben werden streng vertraulich behandelt. Ihre Angaben erlauben nur eine Klassifikation und das beigelegte Antwortkuvert ermöglicht kein Rückschluss auf Ihr Unternehmen. Auch werden die Fragebögen nach der Datenaufnahme sowie sämtliche gespeicherte Daten nach dem Abschluss der Untersuchung vernichtet.

Für Ihre Zeit und Bemühung bedanken wir uns schon im Voraus. Als Dank stellen wir Ihnen gerne die durch die Befragung gewonnenen Erkenntnisse zur Verfügung. Legen Sie dafür dem Antwortschreiben eine Visitenkarte lose bei oder senden Sie eine kurze Mitteilung an die folgende Email-Adresse: amschlin@uni-hohenheim.de, unter der Sie uns auch bei auftretenden Fragen jederzeit erreichen können.

Mit freundlichen Grüßen

Prof. Dr. W. Habenicht Dipl. oec. M. Amschlinger

Schloß-Osthof-Nord
D-70599 Stuttgart
Telefon: (0711) 459-22523
Telefax: (0711) 459-23232
e-mail: amschlin@uni-hohenheim.de

Fragenkomplex 1: Allgemeine Fragen Zunächst benötigen wir von Ihnen allgemeine Informationen, um die teilnehmende Unternehmen klassifizieren zu können.

In welcher Branche ist ihr Unternehmen tätig? Industrie ☐ Handel ☐ Transport ☐ Dienstleistung ☐

Wie hoch ist die Zahl der Mitarbeiter des Gesamtunternehmens?

☐ 10 – 49 ☐ 50 – 249 ☐ 250 – 500 ☐ >500

Wie hoch ist der jährliche Umsatz des Gesamtunternehmens?

☐ 0– 2 Mio. ☐ 2-10 Mio. ☐ 10 – 50 Mio. ☐ > 50 Mio.

Welche Erschließungsform trifft für Ihre Auslandspräsenz in Rumänien zu?

☐ Export ☐ Lizenz ☐ Kooperation ☐ Niederlassung ☐ Betrieb

☐ Selbstständiges Unternehmen ☐ ______________________

Welche Eigentumsform haben Sie für das Rumänienengagement gewählt?

☐ Minderheitsbeteiligung ☐ Joint Venture ☐ Mehrheitsbeteiligung

☐ 100-%-Beteiligung ☐ ______________________

Fragenkomplex 2: Als nächstes möchten wir Sie bitten folgende Fragen zu Ihrem Engagement in Rumänien zu beantworten. Falls einige Fragen nicht auf Sie zutreffen, überspringen Sie diese.

Bitte beurteilen Sie nachfolgende Aussagen:

Ressourcenausstattung	trifft nicht zu		⟺		trifft voll zu
Unsere finanziellen Ressourcen sind im Vergleich zu unseren Wettbewerbern in Rumänien besser.	☐	☐	☐	☐	☐
Die finanzielle Ressourcenausstattung unseres Unternehmens ist sehr gut.	☐	☐	☐	☐	☐
Wir haben Zugang zu ausreichenden finanziellen Mitteln (z.B. für Investitionen).	☐	☐	☐	☐	☐
Unser Standort in Rumänien ist im Vergleich zu unseren Wettbewerbern besser dazu geeignet, Wettbewerbsvorteile zu erzielen.	☐	☐	☐	☐	☐
Unsere Ausstattung an technischen Anlagen in Rumänien ist im Vergleich zu unseren Wettbewerbern besser dazu geeignet, Wettbewerbsvorteile zu erzielen.	☐	☐	☐	☐	☐

Mitarbeiter & Führung	trifft nicht zu		⟺		trifft voll zu
Die Belegschaft in Rumänien ist sehr produktiv.	☐	☐	☐	☐	☐
Unsere Mitarbeiter sind maßgeblich für unseren Erfolg in Rumänien verantwortlich.	☐	☐	☐	☐	☐
Unsere Belegschaft in Rumänien zeichnet sich durch eine hohe Einsatzbereitschaft aus.	☐	☐	☐	☐	☐

Unsere Belegschaft in Rumänien ist sehr motiviert, die vorgegebenen Ziele zu erreichen.	☐	☐	☐	☐	☐
Die technischen Kenntnisse unserer rumänischen Mitarbeiter sind sehr gut.	☐	☐	☐	☐	☐
Die betriebswirtschaftlichen Kenntnisse unserer rumänischen Mitarbeiter sind sehr gut.	☐	☐	☐	☐	☐
Die Vergütung unserer Mitarbeiter in Rumänien geschieht leistungsgerecht (bessere individuelle Leistung wird höher vergütet).	☐	☐	☐	☐	☐
Das eingesetzte Vergütungssystem ist transparent gestaltet und für die einzelnen Mitarbeiter nachvollziehbar.	☐	☐	☐	☐	☐
Insgesamt kann unser Vergütungssystem als gerecht bezeichnet werden.	☐	☐	☐	☐	☐
Generell ist das von uns angebotene Entgeld für unsere Branche in Rumänien als überdurchschnittlich zu betrachten.	☐	☐	☐	☐	☐
Zusätzlich zum Gehalt erhalten die Mitarbeiter auch geldwerte Vorteile (z.B. Essensmarken/Versicherungen/Firmenhandy/Dienstwagen...).	☐	☐	☐	☐	☐
Mitarbeiter werden rechtzeitig über betriebliche Änderungen und Entscheidungen informiert (in Meetings, über Aushänge...).	☐	☐	☐	☐	☐
Generell pflegen wir eine offene Kommunikation mit den rumänischen Mitarbeitern.	☐	☐	☐	☐	☐
Unsere rumänischen Mitarbeiter werden vor Ort (in Rumänien) geschult.	☐	☐	☐	☐	☐
Rumänische Mitarbeiter werden in der Stammorganisation in Deutschland geschult.	☐	☐	☐	☐	☐
Rumänische Mitarbeiter haben in der Stammorganisation (Deutschland) einen Mentor, der Ihnen bei Fragen/Problemen zur Seite steht.	☐	☐	☐	☐	☐
Unsere Mitarbeiter werden kontinuierlich durch Projektarbeit und tätigkeitsnahe Trainings weitergebildet.	☐	☐	☐	☐	☐
Bewerten Sie nachfolgende Aussagen. Die Unternehmensleitung in Rumänien:	trifft nicht zu	⇔			trifft voll zu
Spricht sehr gut rumänisch.	☐	☐	☐	☐	☐
Kennt die Unterschiede zwischen der deutschen und der rumänischen Kultur.	☐	☐	☐	☐	☐
Hat ein fundiertes Wissen über die politischen, rechtlichen und wirtschaftlichen Rahmenbedingungen des Landes.	☐	☐	☐	☐	☐
Besitzt sehr gute Kommunikationsfähigkeiten.	☐	☐	☐	☐	☐
Hat sehr gute Konfliktmanagementfähigkeiten.	☐	☐	☐	☐	☐
Hat die Fähigkeit einen Sachverhalt aus der Sichtweise des Interaktionspartners zu betrachten.	☐	☐	☐	☐	☐
Kann sehr gut Kontakte/Beziehungen aufbauen und pflegen.	☐	☐	☐	☐	☐
Kann flexibel auf kulturbedingte Unterschiede (z.B. Handlungs-, Denk- und Verhaltensweisen von Rumänen und Deutschen) reagieren.	☐	☐	☐	☐	☐
Hat ein sehr hohes Einfühlungsvermögen.	☐	☐	☐	☐	☐
Hat ein sehr hohes Selbstvertrauen.	☐	☐	☐	☐	☐
Zeichnet sich durch eine hohe interkulturelle Lernbereitschaft und Unvoreingenommenheit aus.	☐	☐	☐	☐	☐

Bitte beurteilen Sie folgende Aussagen:	trifft nicht zu ⟺ trifft voll zu
Die Arbeitsaufgaben werden durch genaue Anweisungen, Aufgaben und Anordnungen verteilt, da viele Mitarbeiter eine unselbstständige Arbeitsweise aufweisen.	☐ ☐ ☐ ☐ ☐
Damit eine Aufgabe auch richtig ausgeführt wird, muss oft nachgefasst und kontrolliert werden.	☐ ☐ ☐ ☐ ☐
Gute persönliche Beziehungen zu den rumänischen Mitarbeitern sind wichtig.	☐ ☐ ☐ ☐ ☐
Betriebliche Entscheidungen werden allein von der Führung getroffen.	☐ ☐ ☐ ☐ ☐
Die Führung ist aber bestrebt, die Untergebenen von deren Entscheidungen zu überzeugen, bevor diese umgesetzt werden.	☐ ☐ ☐ ☐ ☐

Organisation & Kontrolle

Die Organisationseinheit in Rumänien hat eine fest definierte hierarchische Organisationsstruktur.	☐ ☐ ☐ ☐ ☐
Verantwortung und Kompetenz auf den verschiedenen Hierarchiestufen sind klar und deutlich zugewiesen (z.B. klare Unterschriftsregelungen).	☐ ☐ ☐ ☐ ☐
Die Koordination und Steuerung der rumänischen Organisationseinheit bezüglich der Erreichung der vorgegebenen Ziele gelingt uns sehr gut.	☐ ☐ ☐ ☐ ☐
Fehlentwicklungen werden aufgrund einer sehr guten Kontrolle der Organisationseinheit in Rumänien früh erkannt.	☐ ☐ ☐ ☐ ☐
Die Versorgung des Stammhauses mit aktuellen und korrekten Informationen bezüglich der rumänischen Organisationseinheit ist sichergestellt.	☐ ☐ ☐ ☐ ☐
Steuerungs- und Kontrollaufgaben werden hauptsächlich von Personen der Organisation vor Ort (Geschäftsführung, Mitarbeiter) übernommen.	☐ ☐ ☐ ☐ ☐
Die wichtigsten Controllingpositionen vor Ort werden durch deutsche Stammhausmitarbeiter besetzt.	☐ ☐ ☐ ☐ ☐
Mitarbeiter aus der deutschen Stammorganisation sind regelmäßig in Steuerungs- und Kontrollaufgaben miteingebunden (z.B. durch regelmäßige Besuche).	☐ ☐ ☐ ☐ ☐
Welche der nachfolgenden Instrumente setzen Sie für die Steuerung und Kontrolle der rumänischen Organisationseinheit ein?	
Bilanz, Gewinn- und Verlustrechnung (externes Rechnungswesen)	☐
Budgetierung (Vergabe von Budgets und Kontrolle deren Einhaltung)	☐
Erfolgskennzahlen (z.B. Betriebsrentabilität, Umsatzrentabilität, Return on Investment ROI, Return on Equity ROE)	☐
Cash Flow Kennzahlen (z.B. Operating Cash Flow, Discounted Cash Flow, Economic Value Added)	☐
Finanzkennzahlen (z.B. Eigenkapitalquote, Grad der Verschuldung)	☐
Zielvorgaben (Vorgabe von Zielen und Kontrolle deren Einhaltung)	☐
Verbale Berichte/Einschätzungen der Geschäftsleitung/Mitarbeiter vor Ort	☐
Konkurrenz- und Umweltanalysen	☐

Der deutschen Stammorganisation wird in standardisierter Form ☐ monatlich ☐ quartalsmäßig ☐ halbjährlich ☐ jährlich über die Entwicklung vorgegebener Größen der rumänischen Organisationseinheit berichtet.

Networking	trifft nicht zu		⟺		trifft voll zu
Aufbau und Pflege guter persönlicher Beziehungen zu Behörden, Verbänden, Kunden und Lieferanten hat eine hohe Priorität.	☐	☐	☐	☐	☐
Die Geschäftsführung vor Ort nimmt regelmäßig an Veranstaltungen von Verbänden (z.B. Außenhandelskammer), Businessclubs oder sonstigen für das Unternehmen wichtigen Interessensgemeinschaften teil.	☐	☐	☐	☐	☐
Unsere vorhandenen Beziehungen zu lokalen Behörden, Verbänden, Kunden und Lieferanten sind ausgezeichnet.	☐	☐	☐	☐	☐
Leitung vor Ort			trifft zu		
Die Unternehmensleitung in Rumänien wurde aus Mitarbeitern der deutschen Stammorganisation rekrutiert.			☐		

Fragenkomplex 3: Ziele der Internationalisierung Als letztes möchten wir von Ihnen erfahren, welche Ziele Sie mit Ihrem Engagement in Rumänien verfolgen.

Welche Bedeutung haben folgende Ziele für Ihr Rumänien-Engagement?	geringe Bedeutung ⟺				sehr sehr hohe Bedeutung	In welchem Ausmaß wurde diese Ziele bisher erreicht? gar nicht ⟺				voll
Ausnutzung von Billiglöhnen	☐	☐	☐	☐	☐	☐	☐	☐	☐	☐
Kostengünstige Beschaffung	☐	☐	☐	☐	☐	☐	☐	☐	☐	☐
Bekanntheitsgrad erhöhen	☐	☐	☐	☐	☐	☐	☐	☐	☐	☐
Umsatzwachstum/Markterschließung	☐	☐	☐	☐	☐	☐	☐	☐	☐	☐
Wettbewerbsvorteile erlangen	☐	☐	☐	☐	☐	☐	☐	☐	☐	☐
Steigerung der Absatzmenge	☐	☐	☐	☐	☐	☐	☐	☐	☐	☐
Rekrutierung von hochqualifiziertem Personal (z.B. Ingenieure)	☐	☐	☐	☐	☐	☐	☐	☐	☐	☐
Imageaufbau und –pflege	☐	☐	☐	☐	☐	☐	☐	☐	☐	☐
Verbesserung Service/Aftersale	☐	☐	☐	☐	☐	☐	☐	☐	☐	☐
Rumänien-Know-how erwerben	☐	☐	☐	☐	☐	☐	☐	☐	☐	☐
Langfristige Gewinnerzielung	☐	☐	☐	☐	☐	☐	☐	☐	☐	☐
Nähe zu großen Kunden	☐	☐	☐	☐	☐	☐	☐	☐	☐	☐
Kapazitätsauslastung in BRD	☐	☐	☐	☐	☐	☐	☐	☐	☐	☐
Rumänien ist Basis für weitere Internationalisierung	☐	☐	☐	☐	☐	☐	☐	☐	☐	☐
______________	☐	☐	☐	☐	☐	☐	☐	☐	☐	☐

Wie bewerten Sie generell den Erfolg Ihres Rumänienengagements?

sehr erfolgreich	erfolgreich	neutral	weniger erfolgreich	nicht erfolgreich
☐	☐	☐	☐	☐

Vielen Dank für Ihre Mitarbeit!

Wir sichern Ihnen absolute Anonymität zu! Senden Sie uns den Fragebogen mit dem vorgesehenen Rückkuvert postalisch (Frankierung ist nicht notwendig) oder per FAX an: 071145923232 zu. Ein Rückschluss auf Ihr Unternehmen ist somit nicht möglich. Falls Sie Interesse an den Ergebnissen haben, senden Sie uns eine E-Mail an amschlin@uni-hohenheim.de (Sie können gerne auch eine Visitenkarte dem Rückkuvert beilegen, diese wird sofort nach dem Öffnen von dem Fragebogen getrennt).

Literaturverzeichnis

[AHARONI 1966] AHARONI, Y. (1966). *The Foreign Investment Decision Process.* Graduate School of Business Administration, Harvard University, Boston.

[AHLERT 2005] AHLERT, D., EVANSCHITZKY H.-HESSE J. (2005). *Zwischen Relevance und Rigor: Der erfolgreiche Einsatz der Erfolgsforschung in Wissenschaft und Praxis.* Wirtschaftswissenschaftliches Studium, 34(7):362–367.

[AIOANEI 2006] AIOANEI, I. (2006). *Leadership in Romania.* Journal of Organizational Change Management, 19(6):705–712.

[ALBACH 1989] ALBACH, H., FREUND W. (1989). *Generationswechsel und Unternehmenskontinuität - Chancen, Risiken, Maßnahmen : eine empirische Untersuchung bei Mittel- und Großunternehmen gefördert von der Bertelsmann Stiftung.* Bertelsmann-Stiftung, Gütersloh.

[ALBERS 2006] ALBERS, S., HILDEBRANDT L. (2006). *Methodische Probleme bei der Erfolgsfaktorenforschung-Messfehler, formative versus reflektive Indikatoren und die Wahl des Strukturgleichungs-Modells.* Schmalenbachs Zeitschrift für betriebswirtschaftliche Forschung, 58(2):2–33.

[ALIBER 1970] ALIBER, R.Z. (1970). *A Theory of Direct Foreign Investment.* In: [KINDLEBERGER 1970], S. 17–34.

[AMSCHLINGER 2007] AMSCHLINGER, M.C. (2007). *Erfolgsfaktoren deutscher kleiner und mittlerer Unternehmen in Rumänien - eine empirische Analyse.* In: LETMATHE, P., EIGLER J.-WELTER F.-KATHAN K. HEUPEL T., Hrsg.: *Management kleiner und mittlerer Unternehmen: Stand und Perspektiven der KMU-Forschung*, S. 505–522. DUV, Wiesbaden, 1 Aufl.

[ANDREWS 1971] ANDREWS, K.R. (1971). *The concept of corporate strategy.* Dow Jones-Irwin, Homewood.

[ANSOFF 1991] ANSOFF, H. (1991). *Critique of Henry Mintzberg's "The Design School: Reconsidering the Basic Premises of Strategic Management"*. Strategic Management Journal, 12(6):449–461.

[ANSOFF 1965] ANSOFF, H.I. (1965). *Corporate strategy: an analytic approach to business policy for growth and expansion*. MacGraw-Hill, New York.

[ARMSTRONG 1977] ARMSTRONG, J.S., OVERTON T.S. (1977). *Estimating Nonresponse Bias in Mail Surveys*. Journal of Marketing Research, 14:396–402.

[ASCHAUER 1970] ASCHAUER, E. (1970). *Führung: eine soziologische Analyse anhand kleiner Gruppen*. Enke, Stuttgart, 1 Aufl.

[ASCHENBRENNER-WELLMANN 2003] ASCHENBRENNER-WELLMANN, B. (2003). *Interkulturelle Kompetenz in Verwaltung und Wirtschaft: Theorie und Praxis eines Change-Prozesses von der Monokulturellen zur Globalen Kompetenz*. Logos, Berlin.

[AUBIN 1971] AUBIN, H., ZORN W.-ABEL W.-BOSL K., Hrsg. (1971). *Handbuch der deutschen Wirtschafts- und Sozialgeschichte, Band 1, Von der Frühzeit bis zum Ende des 18. Jahrhunderts*. Klett-Cotta, Stuttgart.

[AUDRETSCH 1997] AUDRETSCH, D.B., ELSTON J.A. (1997). *Financing the German Mittelstand*. Small Business Economics, 9(2):97—-110.

[BACKHAUS 2008] BACKHAUS, K., ERICHSON B.-PLINKE W.-WEIBER R. (2008). *Multivariate Analysemethoden. Eine anwendungsorientierte Einführung*. Springer, Berlin, 12 Aufl.

[BAGOZZI 1982] BAGOZZI, R.P., FORNELL C. (1982). *Theoretical Concepts, Measurements, and Meaning*. Fornell, C., A Second Generation of Multi-variate Analysis. Bd. 2, S. 24–38.

[BAGOZZI 1980] BAGOZZI, R.P. (1980). *Causal Models in Marketing*. Wiley & Sons, New York.

[BAGOZZI 1988] BAGOZZI, R.P., YI Y. (1988). *On the Evaluation of Structural Equation Models*. Journal of the Academy of Marketing Science, 16(1):74–94.

[BAIER 2008] BAIER, P. (2008). *Praxishandbuch Controlling: Controllinginstrumente, Unternehmensplanung und Reporting*. Moderne Industrie, München, 2 Aufl.

[BAIN 1959] BAIN, J.S. (1959). *Industrial organization*. Wiley, New York.

[BARNARD 1938] BARNARD, C.I. (1938). *The Functions of the Executive.* Harvard University Press, Cambridge.

[BARNEY 2001] BARNEY, J.B., ARIKAN A.M. (2001). *The Resource-based View: Origins and Implications.* in Hitt, M.A., Freeman, R.E., Harrison, J.S., The Blackwell Handbook of Strategic Management, S. 124–188.

[BARNEY 1991] BARNEY, J. (1991). *Firm Resources and Sustained Competitive Advantage.* Journal of Management, 17(1):99–120.

[BASSEN 2001] BASSEN, A., BEHNAM M.-GILBERT U.D. (2001). *Internationalisierung des Mittelstands. Ergebnisse einer empirischen Studie zum Internationalisierungsverhalten deutscher mittelständischer Unternehmen.* Zeitschrift für Betriebswirtschaft, 71(4):413–432.

[BAYARD 1997] BAYARD, N. (1997). *Unternehmens- und personalpolitische Relevanz der Arbeitszufriedenheit.* Berner betriebswirtschaftliche Schriften. Bd. 17, Bern.

[BEA 2001] BEA, F.X., HAAS J. (2001). *Strategisches Management.* Lucius u. Lucius, Stuttgart, 3 Aufl.

[BECK 2007] BECK, U. (2007). *Was ist Globalisierung? Irrtümer des Globalismus - Antworten auf Globalisierung.* Suhrkamp, Frankfurt a. M.

[BECKER 1997] BECKER, W., BENZ K. (1997). *Effizienz-Verständnis und Effizienz-Instrumente des Controlling: Ergebnisse einer empirischen Untersuchung in deutschen Unternehmen.* Die Betriebswirtschaft, 57(5):655–671.

[BECKER 1962] BECKER, G.S. (1962). *Investment in Human Capital: A Theoretical Analysis.* The Journal of Political Economy, 70(5):9–49.

[BEHRENS 1961] BEHRENS, K.C. (1961). *Allgemeine Standortbestimmungslehre.* Westdeutscher, Köln.

[BEREKOVEN 2006] BEREKOVEN, L., ECKERT WERNER.-ELLENRIEDER P. (2006). *Marktforschung: Methodische Grundlagen und praktische Anwendung.* Gabler, Wiesbaden, 11 Aufl.

[BERGEMANN 2004] BERGEMANN, B., BERGEMANN N. (2004). *Interkulturelle Managementkompetenz: Anforderungen und Ausbildung.* Physica, Heidelberg.

[BERINDEI 2006] BERINDEI, D. (2006). *Die Bildung des rumänischen Nationalstaates (1866-1920).* In: [KAHL 2006], S. 251–264.

[BFAI 2007] BFAI (2007). *Rekord-Verkäufe auf dem rumänischen Immobilienmarkt.*

[BFAI 2008a] BFAI (2008a). *Wirtschaftsdaten kompakt. Rumänien.*

[BFAI 2008b] BFAI (2008b). *Wirtschaftstrends kompakt. Rumänien Jahresmitte 2008.*

[BIBU 2008] BIBU, N., BRANCU L. (2008). *Convergences of the Romanian societal culture with European culture clusters in the process of European integration. The role of intercultural teams management in increasing European cohesion.* Munich Personal RePEc Archive, S. 1–14.

[BIENERT 1996] BIENERT, M.L. (1996). *Standortmanagement: Methoden und Konzepte für Handels- und Dienstleistungsunternehmen.* Gabler, Wiesbaden.

[BLAZEJEWSKI 2002] BLAZEJEWSKI, S., DOROW W. (2002). *Human Resource Management for Radical and Revolutionary Change - An Organisational Politics Perspective.* in Liuhto, K. (Hrsg.), Business in Poland - Experiences of Finnish Companies in Doing Business in the Largest Eastern EU Candidate Country, S. 211–243.

[BLIEMEL 2005] BLIEMEL, F., EGGERT A.-FASSOTT G.-HENSELER J. (2005). *Die PLS-Pfadmodellierung. Mehr als eine Alternative zur Kovarianzstrukturanalyse.* Bliemel, F., Eggert, A., Fassott, G., Henseler, J. (Hrsg.), Handbuch PLS-Pfadmodellierung, Schäffer-Poeschel, Stuttgart, S. 9–16.

[BLOM 2004] BLOM, H., MEIER H. (2004). *Interkulturelles Management: Interkulturelle Kommunikation. Internationales Personalmanagement. Diversity-Ansätze im Unternehmen.* Neue Wirtschaftsbriefe, Herne, 2 Aufl.

[BMWI 2007] BMWI, Hrsg. (2007). *Der Mittelstand in der Bundesrepublik Deutschland: Eine volkswirtschaftliche Bestandsaufnahme.* Bundesministerium für Wirtschaft und Technologie, Berlin.

[BNRO 2008a] BNRO (2008a). *Investitiile straine directe in romania.*

[BNRO 2008b] BNRO (2008b). *Raport asupra stabilitatii financiare.*

[BOIA 2006] BOIA, L. (2006). *Istorie si mit in constiinta romaneasca.* Humanitas, Bukarest.

[BORTZ 2005] BORTZ, J. (2005). *Statistik für Human- und Sozialwissenschaftler.* Springer, Berlin, 6 Aufl.

[Bosch 1996] Bosch, B. (1996). *Interkulturelles Management: Eine kultursoziologische Fallstudie über die Führung deutscher Niederlassungen in Malta*. dissertations druck darmstadt, Darmstadt.

[Boynton 1984] Boynton, A.C., Zumd R.W. (1984). *An Assessment of Critical Success Factors*. Sloan Management Review, 25(4):17–27.

[Brast 2006] Brast, C. (2006). *Post-Merger-Integration betrieblicher Forschung und Entwicklung*. DUV, Wiesbaden.

[Brenscheidt 2008] Brenscheidt, M. (2008). *Rumänien Leitfaden für ausländische Investitionen in Rumänien*. Schindhelm Brenscheidt, Bucharest.

[Brodbeck 2000] Brodbeck, F.C. et. al. (2000). *Cultural variation of leadership prototypes across 22 European countries*. Journal of Occupational and Organizational Psychology, 73:1–29.

[Buckley 1976] Buckley, P.J., Casson M. (1976). *The Future of the Multinational Enterprise*. Palgrave Macmillan, London.

[Bullinger 2003] Bullinger, H.-J., Warnecke-H.J. Westkämper-E. (2003). *Neue Organisationsformen im Unternehmen. Ein Handbuch für das moderne Management*. Springer, Berlin, 2 Aufl.

[Bundesbank 2008] Bundesbank, Deutsche, Hrsg. (2008). *www.bundesbank.de, zugegriffen am 22. Mai 2008*.

[Bussiek 1996] Bussiek, J. (1996). *Anwendungsorientierte Betriebswirtschaftslehre für Klein- und Mittelunternehmen*. Oldenbourg, München, 2 Aufl.

[Buzzell 1989] Buzzell, R.D., Gale B.T., Hrsg. (1989). *Das PIMS - Programm, Strategien und Unternehmenserfolg*. Gabler, Wiesbaden.

[Böing 2001] Böing, C. (2001). *Erfolgsfaktoren im Business-to-Consumer-E-Commerce*. Gabler, Wiesbaden.

[Börner 2006] Börner, C.J. (2006). *Finanzierung*. In: [Pfohl 2006b], S. 297–330.

[Bühner 2004] Bühner, R. (2004). *Betriebswirtschaftliche Organisationslehre*. Oldenbourg, München.

[Bühner 2005] Bühner, R. (2005). *Personalmanagement*. Oldenbourg, München.

[CATANA 1999] CATANA, A., CATANA D.-FINLAY J.L. (1999). *Managerial Resistance to Change: Romania´s Quest for a Market Economy.* Journal of East European Management Studies, 4(2):149–165.

[CHANDLER 1962] CHANDLER, A.D (1962). *Strategy and Structure: Chapters in the History of the American Industrial Enterprise.* M.I.T. Press, Cambridge.

[CHEN 1996] CHEN, G.M., STAROSTA W.J. (1996). *in Burleson, B.R., Kunkel, A.W. (Hrsg.), Intercultural comunication competence: A synthesis.* Communication Yearbook, Sage Publications, 19:353–383.

[CHIN 1999] CHIN, W., NEWSTED P. (1999). *Structural Equation Modeling. Analysis with small samples. Using partial least squares.* Hoyle, R.H. (Hrsg.), Statistical Strategies for Small Sample Research, Sage Publications, Thousand Oaks, S. 307–341.

[CHIN 1998] CHIN, W.W. (1998). *The partial least squares approach for structural equation modeling.* Marcoulides, G.A., (Hrsg.), Modern methods for business research, Lawrence Erlbaum, New York, S. 295–336.

[CHURCHILL 1987] CHURCHILL, G.A. (1987). *Marketing Research.* Dryden Press, Chicago, 4 Aufl.

[CLAUSEWITZ 1980] CLAUSEWITZ, C. VON (1980). *Vom Kriege: vollständige Ausgabe im Urtext.* Ferdinand Dümmler, 1980, 19 Aufl.

[COASE 1937] COASE, R.H. (1937). *The Nature of the Firm.* Economica, 4(16):386–405.

[COHEN 1988] COHEN, J. (1988). *Statistical Power Analysis for the Behavioral Sciences.* Lawrence Erlbaum, Hillsdale, 2 Aufl.

[CONSTANTINIU 2002] CONSTANTINIU, F. (2002). *O istorie sincera a poporului roman.* Univers Enciclopedic, Bukarest, 3 Aufl.

[CYERT 1963] CYERT, R.M.; MARCH, J.G. (1963). *A behavioral Theory of the Firm.* Prentice Hall, Englewood Cliffs.

[DANIEL 1961] DANIEL, R.D. (1961). *Management Information Crisis.* Harvard Business Review, 39(5):110–121.

[DECKER 1998] DECKER, R., TEMME T.-WAGNER R. (1998). *Die Behandlung fehlender Werte in der angewandten Marktforschung.* GfK-Nürnberg, Gesellschaft für Konsum-, Markt- und Absatzforschung e. V. (Hrsg.), Jahrbuch der Absatz- und Verbrauchsforschung, 44(4):395–417.

[DESTATIS 2007] DESTATIS (2007). *Jahresschätzung Arbeitskosten.*

[DESTATIS 2008] DESTATIS (2008). *Außenhandel. Rangfolge der Handelspartner im Außenhandel der Bundesrepublik Deutschland.*

[DIAMANTOPOULOS 2001] DIAMANTOPOULOS, A., WINKLHOFER H. (2001). *Index Construction with Formative Indicators: An Alternative to Scale Development.* Journal of Marketing Research, 38(2):269–277.

[DIECKHEUER 2001] DIECKHEUER, G. (2001). *Internationale Wirtschaftsbeziehungen.* Oldenbourg, München, 5 Aufl.

[DIELMANN 1993] DIELMANN, K. (1993). *Personalwirtschaftliche Strategien internationaler Unternehmenstätigkeit.* Personal, 45(10):455–459.

[DIHK 2005] DIHK, Hrsg. (2005). *Going international. Erfolgsfaktoren im Auslandsgeschäft. Erfahrungen, Lösungen und Perspektiven.* Deutscher Industrie- und Handelskammertag, Steinbeis-Hochschule Berlin, Berlin.

[DILLER 2004] DILLER, H. (2004). *Editorial: Das süße Gift der Kausalanalyse.* Marketing - Zeitschrift für Forschung und Praxis, 26(3):177.

[DISSELKAMP 2005] DISSELKAMP, M. (2005). *Innovationsmanagement: Instrumente und Methoden zur Umsetzung im Unternehmen.* Gabler, Wiesbaden.

[DÖRNBERG 1982] DÖRNBERG, E.-A. V. (1982). *Die Internationalisierung der mittelständischen Industrieunternehmungen. Auswirkungen auf Organisationsstruktur und Führungsstil.* Vandenhoeck & Ruprecht, Göttingen.

[DÜLFER 1987] DÜLFER, E. (1987). *Chancen und Risiken der Internationalisierung für mittelständische Unternehmen.* In: KÖNIG, W., PETERS J.-ULLRICH W., Hrsg.: *Betriebliche Kooperation mit den Entwicklungsländer. Möglichkeiten und Grenzen des Mittelstandes*, S. 47–61. Mohr Siebeck, Tübingen.

[DUNNING 1977] DUNNING, J.H. (1977). *Trade, Location of Economic Activity and the Multinational Enterprise: A Search for an Eclectic Approach.* In: OHLIN, B.G., HESSELBORN P.O.-WIJKMAN P.A., Hrsg.: *The International Allocation of Economic Activity*, S. 395–418. Macmillan, London.

[DUNNING 1979] DUNNING, J.H. (1979). *Explaining Changing Patterns of International Production: In Defense of the Eclectic Theory.* Oxford Bulletin of Economics and Statistics, 41(4):269–295.

[Dunning 1981] Dunning, J.H. (1981). *International Production an the Multinational Enterprise*. Allen Unwin, London.

[Dunning 1988] Dunning, J.H. (1988). *The Eclectic Paradigm of International Production: A Restatement and Some Possible Extensions*. Journal of International Business Studies, 19(1):1–31.

[Dunning 1995] Dunning, J.H. (1995). *Reappraising the Eclectic Paradigm in an Age of Alliance Capitalism*. Journal of International Business Studies, 26(3):461–491.

[Dunning 2000] Dunning, J.H. (2000). *The Eclectic Paradigm as an Envelope for Economic and Business Theories of Multinational Enterprise Activity*. International Business Review, 9(2):163–190.

[Dunning 2001] Dunning, J.H. (2001). *The Eclectic (OLI) Paradigm of International Production: Past, Present and Future*. International Journal of the Economics of Business, 8(2):173–190.

[Dülfer 2006] Dülfer, E. (2006). *Strategic management: an integrative perspective*. Oldenbourg, München, 7 Aufl.

[Eberl 2006] Eberl, M. (2006). *Formative und reflektive Konstrukte und die Wahl des Strukturgleichungsverfahrens: Eine statistische Entscheidungshilfe*. DIE BETRIEBSWIRTSCHAFT, 66(6):651–668.

[Edwards 2000] Edwards, J.R., Bagozzi R.P. (2000). *On the Nature and Direction of Relationships Between Constructs and Measures*. Psychological Methods, 5(2):155–174.

[Efron 1979] Efron, B. (1979). *Bootstrap Methods: Another Look at the Jackknife*. The Annals of Statistics, 7(1):1–26.

[Efron 1993] Efron, B., Tibshirani R.J. (1993). *An introduction to the bootstrap*. Chapman & Hall, New York.

[Eggert 2002] Eggert, R., Bös D.-Pfaffenholz G.-Kolbeck C.D. (2002). *Zeitgespräch: Finanzierungsprobleme des Mittelstands durch Basel II ?*. Wirtschaftsdienst, 82(7):383ff.

[Eisele 1995] Eisele, J. (1995). *Erfolgsfaktoren des Joint-Venture-Management: Grundlagen und Ergebnisse einer empirischen Untersuchung*. Gabler, Wiesbaden.

[EISELE 2002] EISELE, W. (2002). *Technik des betrieblichen Rechnungswesens*. Vahlen, München, 7 Aufl.

[ETZIONI 1964] ETZIONI, A. (1964). *Modern Organizations*. Prentice Hall, Englewood Cliffs.

[EU 2006] EU, Hrsg. (2006). *Die neue KMU-Definition. Benutzerhandbuch und Mustererklärung*. Europäische Gemeinschaft, Berlin.

[EVANSCHITZKY 2003] EVANSCHITZKY, H. (2003). *Erfolg von Dienstleistungsnetzwerken: Ein Netzwerkmarketingansatz*. DUV, Wiesbaden.

[FARMER 2006] FARMER, K., VLK T. (2006). *Internationale Ökonomik. Eine Einführung in die Theorie und Empirie der Weltwirtschaft*. Lit, Wien, 2 Aufl.

[FARMER 1999] FARMER, K., WENDNER R. (1999). *Wachstum und Außenhandel. Eine Einführung in die Gleichgewichtstheorie der Wachstums- und Außenhandelsdynamik*. Physica, Heidelberg, 2 Aufl.

[FASSOTT 2006] FASSOTT, G. (2006). *Zum Einfluss der Gestaltung von Planungsprozessen auf den Erfolg strategischer Geschäftsfelder*. Schmalenbachs Zeitschrift für betriebswirtschaftliche Forschung, 58(2):67–88.

[FAYERWEATHER 1978] FAYERWEATHER, J. (1978). *International Business Strategy and Administration*. Ballinger, Cambridge.

[FEICHTINGER 1998] FEICHTINGER, C., FINK G. (1998). *Interkulturelle Probleme im Ost-West-Management: Die Theorie des kollektiven Kulturschocks*. Osteuropa-Wirtschaft, 43(3):227–241.

[FEILAND 1986] FEILAND, F.-M. (1986). *Strategien erfolgreicher mittelständischer Unternehmen*. Institut für Mittelstandsforschung, Bonn.

[FEYERABEND 1965] FEYERABEND, P.K. (1965). *Problems of Empiricism, Part 1*. in R.G. Colodny, Beyond the Edge of Certainty, S. 146–260.

[FITCH 2009] FITCH, R.K. (2009). *WinSTAT*. http://www.winstat.de.

[FORNELL 1994] FORNELL, C., CHA J. (1994). *Partial Least Squares*. Bagozzi, R.P., (Hrsg.), Advanced Methods of Marketing Research, Blackwell, Cambridge, S. 52–78.

[FORNELL 1981] FORNELL, C, LARCKER D.F. (1981). *Evaluating Structural Equation Models with Unobservable Variables and Measurement Error*. Journal of Marketing Research, 18(1):39–50.

[FREILING 2007] FREILING, J., RECKENFELDERBÄUMER M. (2007). *Markt und Unternehmung: eine marktorientierte Einführung in die Betriebswirtschaftslehre*. Gabler, Wiesbaden, 2 Aufl.

[FRESE 2005] FRESE, E. (2005). *Grundlagen der Organisation: entscheidungsorientiertes Konzept der Organisationsgestaltung*. Gabler, Wiesbaden, 9 Aufl.

[FRIEDL 2003] FRIEDL, B. (2003). *Controlling*. Lucius u. Lucius, Stuttgart.

[FRITZ 1990] FRITZ, W. (1990). *Marketing - ein Schlüsselfaktor des Unternehmenserfolges? Eine kritische Analyse vor dem Hintergrund der empirischen Erfolgsfaktorenforschung*. Marketing - Zeitschrift für Forschung und Praxis, 12(2):91–110.

[FRITZ 1992] FRITZ, W. (1992). *Marktorientierte Unternehmensführung und Unternehmenserfolg: Grundlagen und Ergebnisse einer empirischen Untersuchung*. Schäffer-Poeschel, Stuttgart.

[FRITZ 2004] FRITZ, W. (2004). *Über Tautologien, gesicherte Erkenntnisse und ein problematisches Wissenschaftsverständnis*. Wissenschaftliches Arbeitspapier der Technischen Universität Braunschweig, (04/06):1–38.

[FRITZ 1988] FRITZ, W. ET AL. (1988). *Unternehmensziele und strategische Unternehmensführung*. Die Betriebswirtschaft, 48(5):567–586.

[FRITZ 1995] FRITZ, WOLFGANG (1995). *Marketing-Management und Unternehmenserfolg: Grundlagen und Ergebnisse einer empirischen Untersuchung*. Schäffer-Poeschel, Stuttgart, 2 Aufl.

[GANTZEL 1962] GANTZEL, K.-J. (1962). *Wesen und Begriff der mittelständischen Unternehmung*. Westdeutscher Verlag, Köln, Dissertation Aufl.

[GAULHOFER 1988] GAULHOFER, M. (1988). *Controlling im Mittelbetrieb: Gedanken zur Abstimmung von Verfahren und Instrumenten des Controlling auf die Situation von Führung und Organisation im Mittelbetrieb*. Peter Lang, Frankfurt am Main.

[GERSTEN 1990] GERSTEN, M.C. (1990). *Intercultural competence and expatriates*. The International Journal of Human Resource Management, 1(3):341–362.

[GIDDENS 1996] GIDDENS, A. (1996). *Konsequenzen der Moderne*. Suhrkamp, Frankfurt a. M.

[GLAUM 1996] GLAUM, M. (1996). *Internationalisierung und Unternehmenserfolg*. Gabler, Wiesbaden.

[GRAF 2003] GRAF, A. (2003). *Interkulturelle Kompetenz als Herausforderung*. Personal, 55(6):26–29.

[GRANT 1991] GRANT, R.M. (1991). *The Resource-Based Theory of Competitive Advantage: Implications for Strategy Formulation*. California Management Review, 33(3):114–135.

[GRIMM 1983] GRIMM, U. (1983). *Analyse strategischer Faktoren: ein Beitrag zur Theorie der strategischen Unternehmensplanung*. Gabler, Wiesbaden.

[GROSS 1967] GROSS, A. (1967). *Meeting the Competition of Giants*. Harvard business review, 45(MAY-JUNE):172–184.

[GRUBER 2000] GRUBER, M. (2000). *Der Wandel von Erfolgsfaktoren mittelständischer Unternehmen*. DUV, Wiesbaden, Dissertation Aufl.

[GRUNERT 1992] GRUNERT, K.G., ELLEGAARD C. (1992). *The Concept of Key Success Factors: Theory and Method*. MAPP Working Papers, University of Aarhus, (4):1–30.

[GRÜNIG 1996] GRÜNIG, R., HECKNER F.-ZEUS A. (1996). *Methoden zur Identifikation strategischer Erfolgsfaktoren*. Die Unternehmung, (1):3–12.

[GÄLWEILER 1974] GÄLWEILER, A. (1974). *Unternehmensplanung. Grundlagen und Praxis*. Herder, Frankfurt a. M.

[GÄLWEILER 1980] GÄLWEILER, A. (1980). *Zum Stand der Unternehmungsplanung heute*. Rationalisierung, 31(2):31–36.

[GÄLWEILER 2005] GÄLWEILER, A., SCHWANINGER. M (2005). *Strategische Unternehmensführung*. Campus, Frankfurt a. M., 3 Aufl.

[GÖTZ 2004] GÖTZ, O., LIEHR-GOBBERS-K. (2004). *Analyse von Strukturgleichungsmodellen mit Hilfe der Partial-Least-Squares(PLS)-Methode*. Die Betriebswirtschaft, 64(6):714–738.

[GÜNZEL 1975] GÜNZEL, D. (1975). *Das betriebswirtschaftliche Größenproblem kleinerer und mittlerer industrieller Unternehmen*. Otto Schwartz, Göttingen, Dissertation Aufl.

[HAAKE 1987] HAAKE, K. (1987). *Strategisches Verhalten in europäischen Klein- und Mittelunternehmen*. Duncker & Humblot, Berlin.

[HAENECKE 2002] HAENECKE, H. (2002). *Methodenorientierte Systematisierung der Kritik an der Erfolgsfaktorenforschung*. ZfB – Zeitschrift für Betriebswirtschaft, 72(2):165–185.

[HAGEMANN 2000] HAGEMANN, H. (2000). *Die Diagnose und Handhabung interkultureller Konfliktpotentiale und Konflikte in deutschen Tochtergesellschaften und Joint-Ventures in Rumänien*. Dissertation, Bamberg.

[HALL 1992] HALL, R. (1992). *The Strategic Analysis of Intangible Resources*. Strategic Management Journal, 13(2):135–144.

[HALL 1993] HALL, R. (1993). *A Framework Linking Intangible Resources and Capabiliites to Sustainable Competitive Advantage*. Strategic Management Journal, 14(8):607–618.

[HAMER 2006] HAMER, E. (2006). *Volkswirtschaftliche Bedeutung von Klein- und Mittelbetrieben*. In: [PFOHL 2006b], S. 25–50.

[HARTMANN 1981] HARTMANN, K. (1981). *Staatliche Investitionshilfen an die gewerbliche Wirtschaft und deren Einfluß auf die Investitionstätigkeit mittelständischer Unternehmen*. Erich Schmidt, Würzburg, Dissertation Aufl.

[HAX 1984] HAX, A.C., MAJLUF-N.S. (1984). *Strategic management: an integrative perspective*. Prentice Hall, Englewood Cliffs.

[HAX 1996] HAX, A.C., MAJLUF-N.S. (1996). *The strategy concept and process: a pragmatic approach*. Prentice Hall, London, 2 Aufl.

[HECKSCHER 1919] HECKSCHER, E.F. (1919). *The Effects of Foreign Trade on the Distribution of Income*. Ekonomisk Tidskrift, 21:497–512.

[HEDINGER 1978] HEDINGER, P. (1978). *Die Nutzung kooperativer Werbung zur Steigerung der Leistungsfähigkeit mittelständischer Betriebe, Schriften zur Mittelstandsforschung, Nr. 77*. Otto Schwartz, Göttingen.

[HEENAN 1979] HEENAN, D.A., PERLMUTTER-H.V. (1979). *Multinational Organization Development: A Social Architectural Perspective*. Addison-Wesley, Reading, Mass.

[HEIDHUES 1969] HEIDHUES, F. (1969). *Zur Theorie der internationalen Kapitalbewegungen. Eine kritische Untersuchung unter besonderer Berücksichtigung der Direktinvestitionen*. Mohr, Tübingen.

[HEINEN 1976] HEINEN, E. (1976). *Grundlagen betriebswirtschaftlicher Entscheidungen: Das Zielsystem der Unternehmung*. Gabler, Wiesbaden, 3 Aufl.

[HEINEN 1984] HEINEN, E. (1984). *Betriebswirtschaftliche Führungslehre: Grundlagen, Strategien, Modelle*. Gabler, Wiesbaden, 2 Aufl.

[HENDERSON 1974] HENDERSON, B.D. (1974). *Die Erfahrungskurve in der Unternehmensstrategie*. Herder u. Herder, Frankfurt a.M.

[HERRMANN 2006] HERRMANN, A., HUBER-H.-KRESSMANN F. (2006). *Varianz- und kovarianzbasierte Strukturgleichungsmodelle – Ein Leitfaden zu deren Spezifikation, Schätzung und Beurteilung*. Schmalenbachs Zeitschrift für betriebswirtschaftliche Forschung, 58(2):34–66.

[HERZBERG 1968] HERZBERG, F. (1968). *One more time: How do you motivate employees*. Psychological Review, 46(1):53–62.

[HERZBERG 1959] HERZBERG, F., MAUSNER-B.-SNYDERMAN B. (1959). *The Motivation to Work*. Wiley & Sons, New York.

[HILDEBRANDT 1996] HILDEBRANDT, L., ANNACKER-D. (1996). *Panelanalysen zur Kontrolle unbeobachtbarer Einflußgrößen in der Erfolgsfaktorenforschung*. Zeitschrift für Betriebswirtschaft, 66(11):1409–1425.

[HILDEBRANDT 1999] HILDEBRANDT, L., GÖRZ-N. (1999). *Zum Stand der Kausalanalyse mit Strukturgleichungsmodellen – Methodische Trends und Software-Entwicklungen*. Discussion Paper Humboldt-Universität zu Berlin, (46):1–24.

[HILDEBRANDT 1998] HILDEBRANDT, L., HOMBURG-C. (1998). *Die Kausalanalyse: Instrument der empirischen betriebswirtschaftlichen Forschung*. Schäffer-Poeschel, Stuttgart.

[HILDEBRANDT 1986] HILDEBRANDT, L. (1986). *Erfolgsfaktorenforschung im Handel*. In: TROMMSDORF, V., Hrsg.: *Handelsforschung*, S. 37–52. Physica, Heidelberg.

[HILDEBRANDT 1988] HILDEBRANDT, L. (1988). *Store Image and the Prediction of Performance in Retailing*. Journal of Business Research, 17(1):91–100.

[HILDEBRANDT 2003] HILDEBRANDT, L. (2003). *Die Erfolgsfaktorenforschung - Entwicklungslinien aus Sicht des Marketing*. In: RESE, M., SÖLNER-A.-UTZIG B.P., Hrsg.: *Relationship-Marketing: Standortbestimmung und Perspektiven*, S. 201–224. Springer, Berlin.

[HILGER 2001] HILGER, A. (2001). *Erfolgsfaktoren für Internationalisierungsstrategien. Dargestellt am Beispiel des Engagements deutscher Unternehmen in der VR China*. Peter Lang, Frankfurt a. M.

[HIRST 1996] HIRST, P.Q. ; THOMPSON, G. (1996). *Globalization in Question: The International Economy and the Possibilities of Governance*. Cambridge Univ. Press, Cambridge.

[HOFER 1987] HOFER, C.W., SCHENDEL D. (1987). *Strategy Formulation: Analytical Concepts*. West Publishing, St. Paul, 12 Aufl.

[HOFFMANN 1986] HOFFMANN, F. (1986). *Kritische Erfolgsfaktoren - Erfahrungen in großen und mittelständischen Unternehmungen*. Schmalenbachs Zeitschrift für betriebswirtschaftliche Forschung, 38(10):831–843.

[HOFSTEDE 1980] HOFSTEDE, G. (1980). *Culture's Consequences: International Differences in Work-Related Values*, Bd. 5 d. Reihe *Cross-Cultural Research and Methodology Series*. Sage Publications, London.

[HOFSTEDE 2006] HOFSTEDE, G. (2006). *Lokales Denken, globales Handeln: Interkulturelle Zusammenarbeit und globales Management*. DTV-Beck, München, 3 Aufl.

[HOLLER 2006] HOLLER, M.J., ILLING G. (2006). *Einführung in die Spieltheorie*. Springer, Berlin, 5 Aufl.

[HOLTBRÜGGE 2007] HOLTBRÜGGE, D. (2007). *Personalmanagement*. Springer, Berlin, 3 Aufl.

[HOMBURG 2002] HOMBURG, C., FASSNACHT M. GÜNTHER C. (2002). *Erfolgreiche Umsetzung dienstleistungsorientierter Strategien von Industriegüterunternehmen*. Schmalenbachs Zeitschrift für betriebswirtschaftliche Forschung, 54(9):487–508.

[HOMBURG 1996] HOMBURG, C., GIERING A. (1996). *Konzeptualisierung und Operationalisierung komplexer Konstrukte: Ein Leitfaden für die Marketingforschung*. Marketing - Zeitschrift für Forschung und Praxis, 18(1):5–24.

[HOMBURG 1998] HOMBURG, C., GIERING A. (1998). *Konzeptualisierung und Operationalisierung komplexer Konstrukte: Ein Leitfaden für die Marketingforschung*. in Hildebrandt, L., Homburg, C. (Hrsg.), Die Kausalanalyse: Instrument der empirischen betriebswirtschaftlichen Forschung, S. 111–148.

[HOMBURG 2004] HOMBURG, CH., KROHMER H. (2004). *Die Fliegenpatsche als Instrument des wissenschaftlichen Dialogs*. Wissenschaftliches Arbeitspapier des Instituts für Marktorientierte Unternehmensführung der Universität Mannheim, (W74):1–30.

[HOMBURG 1990] HOMBURG, C., SÜTTERLIN S. (1990). *Kausalmodelle in der Marketingforschung*. Marketing - Zeitschrift für Forschung und Praxis, 12(3):181–192.

[HOOD 1987] HOOD, N., YOUNG S. (1987). *The economics of multinational enterprise*. Longman, London, 7 Aufl.

[HORVATH 2009] HORVATH, P. (2009). *Controlling*. Vahlen, München, 11 Aufl.

[HOSKISSON 1999] HOSKISSON, R., HITT M. WAN W.-YIU D. (1999). *Theory and Research in Strategic Management: Swings of a Pendulum*. Journal of Management, 25(3):417–456.

[HOUSE 2002] HOUSE, R. (2002). *Global Leadership and Organizational Behavior Effectiveness Research Program - Results with special respect zo Eastern Europe*. in Lang, R. (Hrsg.), Personalmanagement im Transformationsprozess, S. 43–61.

[HUFBAUER 1970] HUFBAUER, G.C. (1970). *The Impact of National Characteristics and Technology on the Commodity Composition of Trade in Manufactured Goods*. In: VERNON, R., Hrsg.: *The Technology Factor in International Trade*, Bd. 22 d. Reihe *Universities - National Bureau conference series*, S. 143–232. Columbia Univ. Press, New York.

[HULLAND 1999] HULLAND, J. (1999). *Use of Partial Least Squares (PLS) in Strategic Management Research: A Review of Four Recent Studies*. Strategic Management Journal, 20(2):195–204.

[HUPE 1984] HUPE, R. (1984). *Die Muntermacher vom Mittelstand*. Manager Magazin, 12(MAY-JUNE):176–183.

[HYMER 1976] HYMER, S.H. (1976). *The International Operations of National Firms: A Study of Direct Foreign Investment*. The MIT Press, Cambridge.

[HÄMISEGGER 1986] HÄMISEGGER, K. (1986). *Neue Formen des Auslandengagements. Erhöhte Interdependenz in einer fragmentierten Weltwirtschaft*. Peter Lang, Frankfurt a. M.

[HÜTTNER 2002] HÜTTNER, M., SCHWARTING U. (2002). *Grundzüge der Marktforschung*. Oldenbourg, München, 7 Aufl.

[IFM-BONN 2008] IFM-BONN, Hrsg. (2008). *http://www.ifm-bonn.de/index.php?id=89, zugegriffen am 02. Mai 2008.*

[IHK-PFALZ 2008] IHK-PFALZ (2008). *Rumänien-Informationen zu Investition, Kooperation und Handel.*

[INSSE 2008a] INSSE (2008a). *Castigul salarial mediu in luna mai 2008.*

[INSSE 2008b] INSSE (2008b). *Piata fortei de munca.*

[JAHNKE 1996] JAHNKE, R. (1996). *Wirtschaftlichkeitsaspekte interkultureller Kommunikation: Interkulturelle Kommunikation in international tätigen Unternehmen unter besonderer Berücksichtigung von Führungskräften.* Wissenschaft & Praxis, Sternenfels.

[JAHRMANN 2007] JAHRMANN, F.-U. (2007). *Außenhandel.* Kiehl, Ludwigshafen, 7 Aufl.

[JAKOPIN 2006] JAKOPIN, N.M. (2006). *Einflussfaktoren des Internationalisierungserfolgs von Mobilfunknetzbetreibern.* Gabler Edition Wissenschaft. DUV, Wiesbaden.

[JARVIS 2003] JARVIS, C.B., MACKENZIE S.B. PODSAKOFF P.M. (2003). *A Critical Review of Construct Indicators and Measurement Model Misspecification in Marketing and Consumer Research.* Journal of Consumer Research, 30:199–218.

[JENNER 2001] JENNER, T. (2001). *Zum Einfluss der Gestaltung von Planungsprozessen auf den Erfolg strategischer Geschäftsfelder.* Schmalenbachs Zeitschrift für betriebswirtschaftliche Forschung, 53(3):107–125.

[JORDAN 2006] JORDAN, P., KAHL T. (2006). *Ethnische Struktur.* In: [KAHL 2006], S. 63–88.

[JUNG 2006] JUNG, H. (2006). *Allgemeine Betriebswirtschaftslehre.* Oldenbourg, München.

[JUNG 2008] JUNG, H. (2008). *Personalwirtschaft.* Oldenbourg, München.

[JÖRESKOG 1981] JÖRESKOG, K.G., SÖRBOM D. (1981). *LISREL V. Analysis of Linear Structural Relationships by the Method of Maximum Likelihood.* Chicago.

[JÖRESKOG 1982] JÖRESKOG, K.G., SÖRBOM D. (1982). *Recent Developments in Structural Equation Modeling.* Journal of Marketing Research, 19(4):404–416.

[Kahl 2006] Kahl, T., Metzeltin M. Ungureanu M.-R., Hrsg. (2006). *Rumänien: Raum und Bevölkerung, Geschichte und Geschichtsbilder, Kultur, Gesellschaft und Politik heute, Wirtschaft, Recht und Verfassung, historische Regionen.* Lit, Wien, 2 Aufl.

[Kapoun 1984] Kapoun, J. (1984). *Logistik-Beratung in Klein- und Mittelbetrieben: Spezielle Probleme und Anforderungen.* Die Unternehmung, 38(1):49–59.

[Kaufer 1980] Kaufer, E. (1980). *Industrieökonomik: eine Einführung in die Wettbewerbstheorie.* Vahlen, München.

[Keesing 1968] Keesing, D.B. (1968). *Population and Industrial Development: Some Evidence from Trade Patterns.* The American Economic Review, 58(3):448–455.

[Keller 1982] Keller, E.v. (1982). *Management in fremden Kulturen. Ziele, Ergebnisse und methodische Probleme der kulturvergleichenden Managementforschung.* Haupt, Bern.

[Kenen 1970] Kenen, P.B. (1970). *Skills, Human Capital and Comparative Advantage.* In: Hansen, W.L., Hrsg.: *Education, income, and human capital*, Bd. 35 d. Reihe *National Bureau of Economic Research, Studies in income and wealth*, S. 195–280. Columbia Univ. Press, New York.

[Kieser 2007a] Kieser, A., Kubicek H. (2007a). *Organisation.* Schäffer-Poeschel, Stuttgart, 5 Aufl.

[Kieser 2007b] Kieser, A., Walgenbach P. (2007b). *Organisation.* Schäffer-Poeschel, Stuttgart, 7 Aufl.

[Kindleberger 1970] Kindleberger, C.P., Hrsg. (1970). *The International Corporation*, Bd. 22. MIT Press, Cambridge.

[Kinkel 2004] Kinkel, S., Lay G. (2004). *Motive, strategische Passfähigkeit und Produktivitätseffekte des Aufbaus ausländischer Produktionsstandorte.* Zeitschrift für Betriebswirtschaft, 74(5):415–440.

[Kinkel 2003] Kinkel, S. (2003). *Dynamische Standortbewertung und strategisches Standortcontrolling: Erfolgsmuster, kritische Faktoren, Instrumente.* Peter Lang, Frankfurt a. Main.

[Klepper 2003] Klepper, N. (2003). *Romania: An Illustrated History.* Hippocrene Books, New-York.

[KNAPP 2003] KNAPP, M., BRAND A. KRELL G. (2003). *Einführung in die internationale Politik*. Oldenbourg, München.

[KNICKERBOCKER 1973] KNICKERBOCKER, F.T. (1973). *Oligopolistic Reaction and Multinational Enterprise*. Harvard Univ. Press, Cambridge.

[KORTMANN 1998] KORTMANN, W. (1998). *Reale Außenwirtschaftslehre. Fakten - Erklärungen - Maßnahmen*. Kohlhammer, Stuttgart.

[KRÄMER 2003] KRÄMER, W. (2003). *Mittelstandsökonomik*. Vahlen, München, 1 Aufl.

[KRATKE 1995] KRATKE, S. (1995). *Globalisierung und Regionalisierung*. Geographische Zeitschrift, 83(3/4):207–221.

[KRAVIS 1956] KRAVIS, I. (1956). *Availability and Other Influences on the Commodity Composition of Trade*. The Journal of Political Economy, 64:143–155.

[KREIKEBAUM 1983] KREIKEBAUM, H., GRIMM U. (1983). *Die Analyse strategischer Faktoren und ihre Bedeutung für die strategische Planung*. Wirtschaftswissenschaftliches Studium, 12(1):6–12.

[KREIKEBAUM 1993] KREIKEBAUM, H. (1993). *Strategische Unternehmensplanung*. Kohlhammer, Stuttgart, 5 Aufl.

[KRETSCHMANN 1990] KRETSCHMANN, J. (1990). *Die Diffusion des kritischen Rationalismus in der Betriebswirtschaftslehre*. Poeschel, Stuttgart, 4 Aufl.

[KROEBER 1952] KROEBER, A.L., KLUCKHOHN C. (1952). *Culture: A critical Review of Concepts and Definitions*. Papers of the Peabody Museum of American Archaeology and Ethnology. Harvard University, Cambridge.

[KROPFBERGER 1984] KROPFBERGER, D. (1984). *Strategisches Management in Mittelbetrieben. Anforderungen - Einsatzbedingungen - Entwicklungsmöglichkeiten*. Linz.

[KUBE 1991] KUBE, C. (1991). *Erfolgsfaktoren in Filialsystemen: Diagnose und Umsetzung im strategischen Controlling*. Gabler, Wiesbaden.

[KUHN 1962] KUHN, T.S. (1962). *The Structure of Scientific Revolutions*. Univ. of Chicago Press, Chicago.

[KUMAR 1992] KUMAR, B.N., HAUSSMANN H., Hrsg. (1992). *Handbuch der internationalen Unternehmenstätigkeit. Erfolgs- und Risikofaktoren, Märkte, Export-, Kooperations- und Niederlassungs-Management*. C.H. Beck, München.

[KUTSCHKER 1992] KUTSCHKER, M. (1992). *Die Wahl der Eigentumstrategie der Auslandsniederlassung in kleinen und mittleren Unternehmen.* In: [KUMAR 1992], S. 497–530.

[KUTSCHKER 2006] KUTSCHKER, M., SCHMID S. (2006). *Internationales Management.* Oldenbourg, München, 5 Aufl.

[LANZ 1989] LANZ, R. (1989). *Controlling in kleinen und mittleren Unternehmen.* Haupt, Bern, Dissertation Aufl.

[LEHTINEN 2002] LEHTINEN, K. (2002). *Review of Poland as Market for Finnish Business.* in Liuhto, K. (Hrsg.), Business in Poland - Experiences of Finnish Companies in Doing Business in the Largest Eastern EU Candidate Country, S. 286–309.

[LEIDECKER 1984] LEIDECKER, J.K., BRUNO A.V. (1984). *Identifying and Using Critical Success Factors.* Long Range Planning, 17(1):23–32.

[LEISSE 2004] LEISSE, O., LEISSE U.-K. RICHTER-A. (2004). *Beitrittsbarometer Rumänien: Grundprobleme des Landes und Einstellungen rumänischer Jugendlicher auf dem Weg in die Europäische Union.* DUV, Wiesbaden.

[LEONTIEF 1953] LEONTIEF, W. (1953). *Domestic Production and Foreign Trade: The American Capital Position Reexamined.* Proceedings of the American Philosophical Society, 97:68–99.

[LEONTIEF 1956] LEONTIEF, W. (1956). *Factor Proportions and the Structure of American Trade - Further Theoretical and Empirical Analysis.* Review of Economic and Statistics, 38:386–407.

[LIEBMANN 1971] LIEBMANN, H.-P. (1971). *Die Standortwahl als Entscheidungsproblem: ein Beitrag zur Standortbestimmung von Produktions- und Handelsbetrieben.* Physica, Würzburg.

[LINDER 1961] LINDER, S.B. (1961). *An Essay on Trade and Transformation.* Almqvist u. Wiksell, Stockholm.

[LINK 1975] LINK, J. (1975). *Moderne Planungsmethoden im Mittelstand. Praktische Beispiele und konzeptionelle Überlegungen.* Physica-Verlag, Heidelberg.

[OF LISBON 1997] LISBON, GROUP OF (1997). *Grenzen des Wettbewerbs: Die Globalisierung der Wirtschaft und die Zukunft der Menschheit.* Luchterhand, München.

[LITTKEMANN 2001] LITTKEMANN, J. (2001). *Beteiligungscontrolling: Organisation und Effizienz*. Zeitschrift für Betriebswirtschaft, 71(11):1283–1304.

[LITTKEMANN 2004] LITTKEMANN, J. (2004). *Operatives Beteiligungscontrolling in der Unternehmenspraxis*. in Littkemann, J. (Hrsg.), Beteiligungscontrolling. Ein Handbuch für die Unternehmens- und Beratungspraxis, S. 170–209.

[LITZ 2003] LITZ, H.P. (2003). *Statistische Methoden in den Wirtschafts- und Sozialwissenschaften*. Oldenbourg, München, 3 Aufl.

[LOERKE 1987] LOERKE, S. (1987). *Möglichkeiten der Auslandsbetätigung kleiner und mittlerer Unternehmen*. Schweizerisches Institut für Gewerbliche Wirtschaft, St. Gallen.

[LOHMÖLLER 1989] LOHMÖLLER, J.-B. (1989). *Latent Variable Path Modeling with Partial Least Squares*. Physica, Heidelberg.

[MACHARZINA 2002a] MACHARZINA, K., ÖSTERLE M.-J. (2002a). *Bestimmungsgrößen und Mechanismen der Koordination von Auslandsgesellschaften*. In: [MACHARZINA 2002b], S. 705–736.

[MACHARZINA 2002b] MACHARZINA, K., ÖSTERLE M.-J., Hrsg. (2002b). *Handbuch Internationales Management: Grundlagen, Instrumente, Perspektiven*. Gabler, Wiesbaden, 2 Aufl.

[MACHARZINA 2005] MACHARZINA, K., WOLF J. (2005). *Unternehmensführung*. Gabler, Wiesbaden, 5 Aufl.

[MACHARZINA 2008] MACHARZINA, K., WOLF J. (2008). *Unternehmensführung*. Gabler, Wiesbaden, 6 Aufl.

[MAIER 1992] MAIER, W., FRÖHLICH W. (1992). *Personalmanagement für Klein- und Mittelbetriebe: Praxiswissen in Schaubildern und Checklisten*. Sauer, Heidelberg.

[MARCH 1997] MARCH, J.G., SUTTON R.I. (1997). *Organizational Performance as a Dependent Variable*. Organization Science, 8(6):698–706.

[MARKOWITZ 1952] MARKOWITZ, H. (1952). *Portfolio Selection*. The Journal of Finance, 7(1):77–91.

[MARX 2002] MARX, F.J. (2002). *Steuerrechtliche Determinanten der Internationalisierung*. In: [MACHARZINA 2002b], S. 191–217.

[MASLOW 1943] MASLOW, A.H. (1943). *A Theory of Human Motivation.* Psychological Review, 50:370–396.

[MASON 1959] MASON, E.S. (1959). *Economic Concentration and the Monopoly Problem.* Harvard Univ. Press, Cambridge.

[MAYO 1933] MAYO, E. (1933). *The Social Problems of an Industrial Civilisation.* Routledge, London.

[MCCLELLAND 1961] MCCLELLAND, D. (1961). *The achieving society.* Van Nostrand, Princeton.

[MCCLELLAND 1987] MCCLELLAND, D. (1987). *Human Motivation.* Cambridge University Press, Cambridge.

[MELLEWIGT 2000] MELLEWIGT, T., MATIASKE W. (2000). *Strategische Konzernführung: Stand der empirischen betriebswirtschaftlichen Forschung.* Zeitschrift für Betriebswirtschaft, 70(5):611–631.

[MENDENHALL 1985] MENDENHALL, M., ODDOU G. (1985). *The Dimension of Expatriate Acculturation: A Review.* Academy of Management Review, 10(1):39–45.

[MICHAILOVA 1997] MICHAILOVA, S. (1997). *Interface between Western and Russian Management Attitudes: Implications for Organizational Change.* Copenhagen Business School, Center for East European Studies (CEES), Working Paper Nr.8, S. 1–38.

[MINTZBERG 1978] MINTZBERG, H. (1978). *Patterns is strategy formation.* Management science, 24(9):934–948.

[MINTZBERG 1990] MINTZBERG, H (1990). *The Design School: Reconsidering the Basic Premises of Strategic Management.* Strategic Management Journal, 11:171–195.

[MINTZBERG 1994a] MINTZBERG, H (1994a). *Rethinking Strategic Planning. Part I: Pitfalls and Fallacies.* Long Rang Planning, 27(3):12–21.

[MINTZBERG 1994b] MINTZBERG, H (1994b). *Rethinking Strategic Planning. Part II: New Roles for Planners.* Long Rang Planning, 27(3):22–30.

[MORAW 1990] MORAW, D.-J. (1990). *Wettbewerbsfaktoren mittelständischer Unternehmen in Europa.* Springer, Frankfurt am Main u.a., Dissertation Aufl.

[MUGLER 1998] MUGLER, J. (1998). *Betriebswirtschaftslehre der Klein- und Mittelbetriebe, Band 1.* Springer, Wien, 3 Aufl.

[MUNGIU 1995] MUNGIU, A. (1995). *Romanii dupa '89: Istoria unei neintelegeri*. Humanitas, Bukarest.

[MURPHY 1996] MURPHY, G.B., TRAILER J.W.-HILL R.C. (1996). *Measuring Performance in Entrepreneurship Research*. Journal of Business Research, 36(1):15–23.

[MÜLLER 1999] MÜLLER, S., GELBRICH K. (1999). *Interkulturelle Kompetenz und Erfolg im Auslandsgeschäft: Status quo der Forschung*. Arbeitspapier der Wirtschaftswissenschaftlichen Fakultät, TU Dresden, Dresdner Beiträge zur Betriebswirtschaftslehre Nr. 21/99, S. 1–83.

[MÜLLER 2001] MÜLLER, S., GELBRICH K. (2001). *Interkulturelle Kompetenz als neuartige Anforderung an Entsandte: Status quo und Perspektiven der Forschung*. Zeitschrift für betriebswirtschaftliche Forschung, 57(5):246–272.

[NAUJOKS 1975] NAUJOKS, W. (1975). *Unternehmensgrössenbezogene Strukturpolitik und gewerblicher. Zur Lage und Entwicklung mittelständischer Unternehmen in der Bundesrepublik Deutschland, Schriften zur Mittelstandsforschung, Nr. 68*. Otto Schwartz, Göttingen.

[NEUBERGER 1974] NEUBERGER, O. (1974). *Theorien der Arbeitszufriedenheit*. Kohlhammer, Stuttgart.

[NEUMANN 1944] NEUMANN, J. VON, MORGENSTERN-O. (1944). *Theory of games and economic behavior*. Wiley, New York.

[NEUMANN 1973] NEUMANN, J. VON, MORGENSTERN-O. (1973). *Spieltheorie und wirtschaftliches Verhalten*. Physica, Würzburg.

[NICOLAI 2002] NICOLAI, A., KIESER A. (2002). *Trotz eklatanter Erfolglosigkeit. Die Erfolgsfaktorenforschung weiter auf Erfolgskurs*. Die Betriebswirtschaft, 62(6):579–596.

[NIESCHLAG 2002] NIESCHLAG, R., DICHTL E.-HÖRSCHGEN H. (2002). *Marketing*. Duncker & Humblot, Berlin, 19 Aufl.

[OECD 1982] OECD, Hrsg. (1982). *Innovation in Small and Medium Firms: Background Reports*. OECD-Organisation for Economic Co-Operation and Development, Paris.

[OECHSLER 2006] OECHSLER, W.A. (2006). *Personal und Arbeit: Grundlagen des Human Resource Management und der Arbeitgeber-Arbeitnehmer-Beziehungen*. Oldenbourg, München.

[OHLIN 1931] OHLIN, B.G. (1931). *Die Beziehung zwischen internationalem Handel und internationalen Bewegungen von Kapital und Arbeit.* Zeitschrift für Nationalökonomie, 2:161–199.

[OHLIN 1933] OHLIN, B.G. (1933). *Interregional and International Trade.* Harvard Economic Studies. Harvard Press, Cambridge.

[OSCHLIES 1998] OSCHLIES, W. (1998). *Ceausescus Schatten schwindet: politische Geschichte Rumäniens 1988 - 1998.* Böhlau, Köln.

[OSGOOD 1951] OSGOOD, C. (1951). *Culture: Its Empirical and Non-Empirical Character.* Southwestern Journal of Anthropology, 7(2):202–214.

[OSSADNIK 2009] OSSADNIK, W. (2009). *Controlling.* Oldenbourg, München, 4 Aufl.

[O.V. 2004] O.V. (2004). *Investitionsführer Rumänien.* FAZ Institut für Management-, Markt-, und Medieninformationen GmbH, Frankfurt a.M.

[O.V. 2005] O.V. (2005). *Die bedeutendsten Management-Vordenker*, Bd. 3 d. Reihe *Handelsblatt Management Bibliothek.* Campus, Frankfurt a.M.

[O.V. 2006] O.V. (2006). *Zwei Millionen Rumänen arbeiten im Ausland.* Allgemeine Deutsche Zeitung für Rumänien.

[O.V. 2007a] O.V. (2007a). *Duden Herkunftswörterbuch: Etymologie der deutschen Sprache*, Bd. 7. Dudenverlag, Mannheim, 4 Aufl.

[O.V. 2007b] O.V. (2007b). *Guide to doing business and investing in Romania.* PriceWaterhouseCoopers, Bucharest.

[O.V. 2008a] O.V. (2008a). *Arbeitskosten pro Stunde.*

[O.V. 2008b] O.V. (2008b). *http://www.auswaertiges-amt.de/diplo/de/Laenderinformationen/Rumaenien/Wirtschaft.html, zugegriffen am 10. August 2008.*

[O.V. 2008c] O.V. (2008c). *http://www.insse.ro/cms/files/pdf/ro/cap1.pdf zugegriffen am 24.05.2008.*

[O.V. 2008d] O.V. (2008d). *The Romanian Tax Pocket Book.* PriceWaterhouseCoopers, Bucharest.

[PANTEN 2007] PANTEN, G., BOSSOW-THIES-S. (2007). *Bootstrapping oder andere Resampling Methoden.* Sönke, A., et al. (Hrsg.), Methodik der empirischen Forschung, 2. Auflage, DUV, Wiesbaden, S. 311–327.

[PANTEN 2005] PANTEN, G. (2005). *Internet-Geschäftsmodell Virtuelle Community: Analyse zentraler Erfolgsfaktoren unter Verwendung des Partial-Least-Squares (PLS)-Ansatzes*. DUV, Wiesbaden.

[PATAPIEVICI 2006] PATAPIEVICI, H.R. (2006). *Politice*. Humanitas, Bukarest.

[PATT 1988] PATT, P.-J. (1988). *Strategische Erfolgsfaktoren im Einzelhandel: eine empirische Analyse am Beispiel des Bekleidungsfachhandels*. Lang, Frankfurt a. M.

[PAUSENBERGER 1994] PAUSENBERGER, E. (1994). *Alternative Internationalisierungsstrategien*. In: PAUSENBERGER, E., Hrsg.: *Internationalisierung von Unternehmungen. Strategien und Probleme ihrer Umsetzung*, S. 1–30. Schaeffer-Poeschel, Stuttgart.

[PAUSENBERGER 1996] PAUSENBERGER, E. (1996). *Controlling internationaler Unternehmen*. in Engelhard J. (Hrsg.), Strategische Führung internationaler Unternehmen: Paradoxien, Strategien und Erfahrungen, S. 179–198.

[PAUSENBERGER 1997] PAUSENBERGER, E., ROTH-A. (1997). *Störfaktoren im internationalen Controlling*. Schmalenbachs Zeitschrift für betriebswirtschaftliche Forschung, 49(6):580–596.

[PENROSE 1959] PENROSE, E.T. (1959). *The Theory of the Growth of the Firm*. Blackwell, Oxford.

[PERLITZ 2002] PERLITZ, M. (2002). *Spektrum kooperativer Internationalisierungsformen*. In: [MACHARZINA 2002b], S. 533–551.

[PERLITZ 2004] PERLITZ, M. (2004). *Internationales Management*. Lucius u. Lucius, Stuttgart, 5 Aufl.

[PERLMUTTER 1969] PERLMUTTER, H.V. (1969). *The Tortuous Evolution of Multinational Enterprises*. Columbia Journal of World Business, 4(1):9–18.

[PETERS 1982] PETERS, T.J., WATERMAN-R.H. (1982). *In Search of Excellence: Lessons from Americas Best Run Companies*. Harper & Row, New York.

[PFOHL 2006a] PFOHL, H.-C (2006a). *Abgrenzung der Klein- und Mittelbetriebe von Großbetrieben*. In: [PFOHL 2006b], S. 1–24.

[PFOHL 2006b] PFOHL, H.-C., Hrsg. (2006b). *Betriebswirtschaftslehre der Mittel- und Kleinbetriebe - Größenspezifische Probleme und Möglichkeiten zu ihrer Lösung*. Erich Schmidt, Berlin, 4 Aufl.

[PLASCHKA 1986] PLASCHKA, G. (1986). *Unternehmenserfolg: Eine vergleichende empirische Untersuchung von erfolgreichen und nicht erfolgreichen Unternehmensgründungen.* Schriftenreihe der Abteilung Gewerbe Klein- und Mittelbetriebe an der Wirtschaftsuniversität Wien, Band 7:27–42.

[POPPER 2005] POPPER, K.R. (2005). *Logik der Forschung.* Mohr, Tübingen.

[PORTER 1979] PORTER, M.E. (1979). *The Structure within Industries and Companies' Performance.* The Review of Economics and Statistics, 61(2):214–227.

[PORTER 1980] PORTER, M.E. (1980). *Competitive Strategy. Techniques for Analyzing Industries and Competitors.* Free Press, New York.

[POSNER 1961] POSNER, M (1961). *International Trade and Technical Change.* Oxford Economic Papers, 13(3):323–341.

[PRODAN 2004] PRODAN, A., GASPAR-M. (2004). *An exploration in Romanian Human Resource Management.* in Zschiedrich, H., Schmeisser, W., Hummel, T.R., Internationales Management in den Märkten Mittel- und Osteuropas, S. 333–338.

[PROFF 2004] PROFF, H. (2004). *Internationales Management: in Ostasien, Lateinamerika und Schwarzafrika.* Oldenbourg, München.

[PUES 1994] PUES, C. (1994). *Markterschließungsstrategien bundesdeutscher Unternehmen in osteuropäischen Märkten.* Ueberreuter, Wien.

[QUINN 1980] QUINN, J.B. (1980). *Strategies for Change: Logical Incrementalism.* Irwin, Homewood.

[RADULESCU-MOTRU 1990] RADULESCU-MOTRU, C. (1990). *Sufletul neamului nostru. Calitati bune si defecte.* Anima, Bukarest, Nachdruck des Originals aus dem Jahr 1910 Aufl.

[RAFFÉE 1990] RAFFÉE, H., FRITZ-W (1990). *Unternehmensführung und Unternehmenserfolg: Grundlagen und Ergebnisse einer empirischen Untersuchung.* Institut für Marketing der Universität Mannheim, Arbeitspapier Nr. 85.

[RAICH 2005] RAICH, M. (2005). *Führungsprozesse: eine ganzheitliche Sicht von Führung.* DUV, Wiesbaden, 1 Aufl.

[REIMER 2005] REIMER, A. (2005). *Die Bedeutung der Kulturtheorie von Geert Hofstede für das internationale Management.* Wismarer Diskussionspapiere, (20):1–97.

[REIMER 2006] REIMER, K. (2006). *Bootstrapping oder andere Resampling Methoden.* Sönke, A., et al. (Hrsg.), Methodik der empirischen Forschung, DUV, Wiesbaden, S. 401–418.

[RESKE 1978] RESKE, W., MORTSIEFER-H.-J. (1978). *Mittelstandsförderung in der Bundesrepublik Deutschland. Anregungen zur Neugestaltung der Grössenklassengrenzen bei der Vergabe staatlicher Förderungsmittel, Beiträge zur Mittelstandsforschung Heft 47.* Otto Schwartz, Göttingen.

[RICARDO 1815] RICARDO, D. (1815). *An Essay on the Influence of a low Price of Corn on the Profits of Stock.* Murray, London.

[RICARDO 1817] RICARDO, D. (1817). *On the Principles of Political Economy and Taxation.* Murray, London.

[RICARDO 1959] RICARDO, D. (1959). *Über die Grundsätze der politischen Ökonomie und der Besteuerung.* Akademie, Berlin.

[RIECK 2007] RIECK, C. (2007). *Spieltheorie.* Rieck, Eschborn, 7 Aufl.

[RINGLE 2004] RINGLE, C.M. (2004). *Gütemaße für den PLS-Ansatz zur Bestimmung von Kausalmodellen.* Arbeitspapier der Universität Hamburg, Institut für Industriebetriebslehre und Organisation, (16):1–36.

[RINGLE 2007] RINGLE, C.M., SPREEN-F. (2007). *Beurteilung der Ergebnisse von PLS-Pfadanalysen.* Das Wirtschaftsstudium, 36(2):211–216.

[RINGLE 2005] RINGLE, C.M., WENDE-S.-WILL S. (2005). *SmartPLS 2.0 (M3) Beta.* http://www.smartpls.de.

[ROBOCK 1983] ROBOCK, S.H., SIMMONDS-K. (1983). *International Business and Multinational Enterprises.* Irwin, Homewood.

[ROCKART 1979] ROCKART, J.F. (1979). *Chief Executives Define Their Own Data Needs.* Harvard Business Review, 57(2):81–93.

[ROTHER 1991] ROTHER, K. (1991). *Das internationale Geschäft: Ziele, Marktforschung, Strategien, Marketing.* Hanser, München.

[RUMER 1998] RUMER, K. (1998). *Erfolgsstrategien für mittelständische Unternehmen im internationalen Wettbewerb.* Expert, Renningen-Malmsheim.

[SCHAMP 1995] SCHAMP, E. (1995). *Globalisierung von Produktionsnetzen und Standortsystemen.* Geographische Zeitschrift, 84(3/4):205–219.

[SCHAPER 2001] SCHAPER, N., LIEBEREI-W. (2001). *Führungsstile und -verhalten messen und analysieren.* Personalführung, 34(11):22–29.

[SCHASER 2006] SCHASER, P. UND VOLKMER, G. (2006). *Rumänien unter kommunistischer Herrschaft.* In: [KAHL 2006], S. 297–312.

[SCHERM 1999] SCHERM, E. (1999). *Internationales Personalmanagement.* Oldenbourg, München, 2 Aufl.

[SCHMALENBACH 1983] SCHMALENBACH, E. (1983). *Die Führungskrise im Generationenrythmus.* In: KAPPLER, E., SEIBEL J.J. STERNER S., Hrsg.: *Entscheidungen für die Zukunft: Instrumente und Methoden der Unternehmensplanung*, S. 177–183. Frankfurter Allgemeine Zeitung, Frankfurt am Main.

[SCHMALENSEE 1988] SCHMALENSEE, R. (1988). *Industrial Economics: An Overview.* The Economic Journal, 98(September):643–681.

[SCHMIDT 1996] SCHMIDT, A. G. (1996). *Der überproportionale Beitrag kleiner und mittlerer Unternehmen zur Beschäftigungsdynamik: Realität oder Fehlinterpretation von Statistiken?.* ZfB – Zeitschrift für Betriebswirtschaft, 66(5):537–557.

[SCHNECK 2006] SCHNECK, O. (2006). *Handbuch Alternative Finanzierungsformen.* Wiley-VCH, Weinheim.

[SCHNELL 2008] SCHNELL, R., HILL P.B. ESSER E. (2008). *Methoden der empirischen Sozialforschung.* Oldenbourg, München, 8 Aufl.

[SCHOLZ 2000] SCHOLZ, C. (2000). *Personalmanagement: informationsorientierte und verhaltenstheoretische Grundlagen.* Vahlen, München, 5 Aufl.

[SCHRÖDER 1994] SCHRÖDER, H. (1994). *Erfolgsfaktorenforschung im Handel: Stand der Forschung und kritische Würdigung der Ergebnisse.* Marketing - Zeitschrift für Forschung und Praxis, 16(2):89–105.

[SCHULTZ-WILD 1997] SCHULTZ-WILD, R. (1997). *Herausforderung Internationalisierung der Produktion: Chancen für die mittelständische Industrie.* Projektträgerschaft Fertigungstechnik und Qualitätssicherung, Forschungszentrum Karlsruhe, Karlsruhe.

[SCHULTZENDORFF 1984] SCHULTZENDORFF, D. V. (1984). *Fremdmanager in Familienunternehmen: eine empirische Analyse.* Maus, Konstanz, Dissertation Aufl.

[SCHUMPETER 1912] SCHUMPETER, J. (1912). *Theorie der wirtschaftlichen Entwicklung.* Duncker u. Humblot, Leipzig.

[Schumpeter 1997] Schumpeter, J. (1997). *Theorie der wirtschaftlichen Entwicklung: eine Untersuchung über Unternehmergewinn, Kapital, Kredit, Zins und den Konjunkturzyklus*. Duncker u. Humblot, Berlin, 9 Aufl.

[Seibert 1987] Seibert, S. (1987). *Strategische Erfolgsfaktoren in mittleren Unternehmen - untersucht am Beispiel der Fördertechnikindustrie*. Peter Lang, Frankfurt am Main.

[Seidel 1977] Seidel, H. (1977). *Erschliessung von Auslandsmärkten. Auswahlkriterien, Handlungsalternativen, Entscheidungshilfen*. Schmidt, Berlin.

[Seidel 1997] Seidel, M.B. (1997). *Erfolgsfaktoren von Franchise-Nehmern unter besonderer Berücksichtigung der Kundenzufriedenheit: Eine empirische Analyse am Beispiel eines Franchise-Systems*. Peter Lang, Frankfurt a. M.

[Sell 2003] Sell, A. (2003). *Einführung in die internationalen Wirtschaftsbeziehungen*. Oldenbourg, München, 2 Aufl.

[Selznick 1957] Selznick, P. (1957). *Leadership in Administration: A Sociological Interpretation*. Harper & Row, New York.

[Senger von 2003a] Senger von, H. (2003a). *Strategeme 1. Strategeme 1 - 18*. Scherz, München.

[Senger von 2003b] Senger von, H. (2003b). *Strategeme 2. Strategeme 19 - 36*. Scherz, München.

[Setzer 2001] Setzer, M. (2001). *Instizutionelle Marktanpassung deutscher KMU an veränderte Rahmenbedingungen in der EU: eine empirische Analyse*. Dr. Kovac, Hamburg, Dissertation Aufl.

[Shapiro 1989] Shapiro, C. (1989). *The Theory of Business Strategy*. The RAND Journal of Economics, 20(1):125–137.

[Sieker 1983] Sieker, G. (1983). *Probleme des internationalen Marketing mittelständischer Unternehmen*. ZfB – Zeitschrift für Betriebswirtschaft, 53(6):215–219.

[Smith 1776] Smith, A. (1776). *An Inquiry into the Nature and Causes of the Wealth of Nations*. Watson, London.

[Staehle 1999] Staehle, W.H. (1999). *Management: eine verhaltenswissenschaftliche Perspektive*. Vahlen, München, 8 Aufl.

[STAHL 1998] STAHL, G. (1998). *Internationaler Einsatz von Führungskräften*. Oldenbourg, München.

[STAPEL 2001] STAPEL, S. (2001). *Das BIP der Kandidatenländer. Jährliches BIP, Wachstumsraten und Hauptaggregate*.

[STEINER 1969] STEINER, G.A. (1969). *Strategic Factors in Business Success*. Financial Executives Research Foundation, New York.

[STEINER 1978] STEINER, J., RESKE W. (1978). *Aufgaben und Bedeutung von Führungspersonen in mittelständischen Betrieben. Ergebnisse einer empirischen Analyse. Beiträge zur Mittelstandsforschung, Heft 36.*. Otto Schwartz, Göttingen.

[STEINLE 1998] STEINLE, C., THIEM H. DUNSE A. (1998). *Beteiligungs-Controlling: Grundlagen, Realtypen und Gestaltungsempfehlungen*. Controlling, 10(3):140–149.

[STEINMANN 1977] STEINMANN, H., KUMAR B.N. WASNER A. (1977). *Internationalisierung von Mittelbetrieben: eine empirische Untersuchung in Mittelfranken*. Gabler, Wiesbaden.

[STEINMANN 2005] STEINMANN, H., SCHREYÖGG G. (2005). *Management: Grundlagen der Unternehmensführung; Konzepte, Funktionen, Fallstudien*. Gabler, Wiesbaden, 6 Aufl.

[STERBLING 2007] STERBLING, A. (2007). *Wertewandel und Werteorientierungen in Rumänien im europäischen Kontext*. S. 43–50.

[STRIETZEL 2005] STRIETZEL, M. (2005). *Unternehmenswachstum durch Internationalisierung in Emerging Markets: eine neo-kontingenztheoretische Analyse*. Gabler Edition Wissenschaft: Schriften zum europäischen Management. DUV, Wiesbaden.

[STRÖBELE 2000] STRÖBELE, W., WACKER H. (2000). *Außenwirtschaft. Einführung in Theorie und Politik*. Oldenbourg, München, 2 Aufl.

[STÜDLEIN 1997] STÜDLEIN, Y. (1997). *Management von Kulturunterschieden: Phasenkonzept für internationale strategische Allianzen*. Gabler, Wiesbaden.

[SUUTARI 1998a] SUUTARI, V., RIUSALA K. (1998a). *Managing Business Operations in Central and Eastern Europe: Difficulties faced by Western Expatriate Managers*. Conference Proceedings of the 6th conference of International Human Resource Management, S. 1–23.

[SUUTARI 1998b] SUUTARI, V. (1998b). *Leadership Behaviour in Eastern Europe: Finnish Expatriates' Experiences in Russia and Estonia.* International Journal of Human Resource Management, 9(2):235–258.

[TANNENBAUM 1958] TANNENBAUM, R., SCHMIDT W.H. (1958). *How to choose a leadership pattern.* Harvard Business Review, 36(2):95–102.

[TEECE 1981] TEECE, D.J. (1981). *The Multinational Enterprise: Market Failure and Market Power Considerations.* Sloan Management Review, 3(22):3–17.

[TEECE 1986] TEECE, D.J. (1986). *Transaction Cost Economics and the Multinational Enterprise: An Assessment.* Journal of Economic Behavior and Organization, 1(7):21–45.

[TESCH 1980] TESCH, P. (1980). *Die Bestimmungsgruende des internationalen Handels und der Direktinvestition: eine kritische Untersuchung der außenwirtschaftlichen Theorien und Ansatzpunkte einer standorttheoretischen Erklärung der leistungswirtschaftlichen Auslandsbeziehungen der Unternehmen.* Duncker u. Humblot, Berlin.

[THÜNEN 1826] THÜNEN, J.H. V. (1826). *Der isolirte Staat in Beziehung auf Landwirthschaft und Nationalökonomie, oder Untersuchungen über den Einfluß, den die Getreidepreise, der Reichthum des Bodens und die Abgaben auf den Ackerbau ausüben.* Perthes, Hamburg.

[TOBIN 1958] TOBIN, J. (1958). *Liquidity Preference as Behavior Towards Risk.* The Review of Economic Studies, 25(2):65–86.

[TROSSMANN 1996] TROSSMANN, E. (1996). *Koordinationsprinzipien im internationalen Controlling.* in Seicht, G. (Hrsg.), Jahrbuch für Controlling und Rechnungswesen 1996, S. 453–494.

[TSU 2001] TSU, SUN (2001). *Die Kunst des Krieges.* Droemer Knaur, München.

[TUKEY 1958] TUKEY, J.W. (1958). *Bias and confidence in not quite large samples.* Annals of Mathematical Statistics, 29:614.

[VERNON 1966] VERNON, R. (1966). *International Investment and International Trade in the Product Cycle.* The Quarterly Journal of Economics, 80(2):190–207.

[VERNON 1971] VERNON, R. (1971). *Sovereignty at Bay: The Multinational Spread of U.S. Enterprises.* Basic Books, New York.

[VERNON 1979] VERNON, R. (1979). *The Product Cycle Hypothesis in a New International Environment*. Oxford Bulletin of Economics and Statistics, 41(4):255–267.

[VOSS 1983] VOSS, R. (1983). *Grundwissen Betriebswirtschaftslehre: Entscheidungsfindung, Planung, Kontrolle, Organisation, Finanzierung, Produktion, Beschaffung, Marketing*. Heyne, München, 4 Aufl.

[VROOM 1964] VROOM, V.H. (1964). *Work and Motivation*. Wiley & Sons, New York.

[WAHLE 1991] WAHLE, P. (1991). *Erfolgsdeterminanten im Einzelhandel: eine theoriegestützte, empirische Analyse strategischer Erfolgsdeterminanten, unter besonderer Berücksichtigung des Radio- und Fernsehfacheinzelhandels*. Peter Lang, Frankfurt a. M.

[WALLDORF 1990] WALLDORF, E.G. (1990). *Auslandsmarketing: Theorie und Praxis des Auslandsgeschäfts*. Die Wirtschaft, Berlin.

[WALLDORF 1992] WALLDORF, E.G. (1992). *Die Wahl zwischen unterschiedlichen Formen der internationalen Unternehmer-Aktivität*. In: [KUMAR 1992], S. 448–470.

[WALTER 2007] WALTER, S. (2007). *Die Rolle der Werbeagentur im Markenführungsprozess*. Wiesbaden, Wiesbaden.

[WASNER 1984] WASNER, A. (1984). *Internationalisierung von Mittelbetrieben: Eine unternehmenspolitische Untersuchung von Direktinvestitionen in Brasilien*. Vandenhoeck u. Ruprecht, Göttingen.

[WEATHERLY 2003] WEATHERLY, L.A. (2003). *Human Capital: The Elusive Asset*. Society for Human Resource Management Research - Quarterly, (1):1–8.

[WEBER 1909] WEBER, A. (1909). *Reine Theorie des Standorts*. Mohr, Tübingen.

[WEBER 1934] WEBER, M. (1934). *Die protestantische Ethik und der Geist des Kapitalismus*. Mohr, Tübingen.

[WEBER 1981] WEBER, W. (1981). *Strategien zur Verbesserung des Managements in kleinen und mittleren Unternehmen*. Minerva-Publikation Saur, München, Dissertation Aufl.

[WELGE 1992] WELGE, M.K., AL-LAHAM A. (1992). *Planung. Prozesse - Strategien - Massnahmen*. Gabler, Wiesbaden.

[WELGE 2006] WELGE, M.K., HOLTBRÜGGE-D. (2006). *Internationales Management: Theorien, Funktionen, Fallstudien*. Schäffer-Poeschel, Stuttgart.

[WIESELHUBER 1988] WIESELHUBER, N., SPANNAGL-J. (1988). *Situation und Zukunftsperspektiven von Inhaber-Unternehmen in der Bundesrepublik Deutschland: Unersuchungsbericht über die schriftliche Befragung von Unternehmens-Inhabern in der Bundesrepublik Deutschland und West-Berlin.* München.

[WILDEMANN 2009] WILDEMANN, H. (2009). *Controlling: Leitfaden für das Controlling von Unternehmensstrukturen, Geschäftsprozessen und als Frühwarnsystem.* TCW, München, 16 Aufl.

[WILLIAMSON 1975] WILLIAMSON, O.E. (1975). *Markets and Hierarchies: Analysis and Antitrust Implications.* Free Press, New York.

[WILLIAMSON 1985] WILLIAMSON, O.E. (1985). *The Economic Institutions of Capitalism: Firms, Markets, Relational Contracting.* Free Press, New York.

[WKO 2008] WKO (2008). *Wirtschaftswachstum weltweit.*

[WOLD 1980] WOLD, H. (1980). *Model Construction and Evaluation When Theoretical Knowledge Is Scarce: Theory and Application of Partial Least Squares.* Kmenta, J., Ramsey, J.B., (Hrsg.), Evaluation of Econometric Models, Academic Press, New York, S. 47–74.

[WOLD 1982] WOLD, H. (1982). *Soft Modelling: The Basic Design and some Extensions.* Jöreskog, K.G., Wold, H., (Hrsg.), Systems Under Indirect Observation, Part II., North Holland Press, Amsterdam, S. 325–347.

[WOLD 1985] WOLD, H. (1985). *Partial Least Squares.* Kotz, S., Johnson, N.L., (Hrsg.), Encyclopedia of Statistical Sciences (Vol. 6), Wiley, New York, S. 581–591.

[WOLF 2000] WOLF, R.C. (2000). *Effective International Joint Venture Management: Practical Legal Insights for Successful Organization and Implementation.* Sharpe, Armonk.

[WOSSIDLO 1993] WOSSIDLO, P.R. (1993). *Mittelständische Unternehmungen.* In: WITTMANN, W., KERN-W. KÖHLER R.-KÜPPER H.-U. VON WYSOCKI K., Hrsg.: *Handwörterbuch der Betriebswirtschaft*, S. 2888–2898. Schäffer-Poeschel, Stuttgart, 5 Aufl.

[WOYWODE 2004] WOYWODE, M. (2004). *Wege aus der Erfolglosigkeit der Erfolgsfaktorenforschung.* In: BANKENGRUPPE, KFW, Hrsg.: *Was erfolgreiche Unternehmen ausmacht: Erkenntnisse aus Wissenschaft und Praxis*, S. 15–48. Physica, Heidelberg.

[WRIGHT 1936] WRIGHT, T.P (1936). *Factors Affecting the Cost of Airplanes*. Journal of the Aeronautical Science, 3(4):122–128.

[ZAHN 1979] ZAHN, E. (1979). *Strategische Planung zur Steuerung der langfristigen Unternehmensentwicklung. Grundlagen zu einer Theorie der Unternehmensplanung*. Duncker & Humblot, Berlin.

[ZWEIFEL 1997] ZWEIFEL, P., HELLER-H.R. (1997). *Internationaler Handel. Theorie und Empirie*. Physica, Heidelberg, 3 Aufl.

KLEINE UND MITTLERE UNTERNEHMEN

Herausgegeben von Prof. Dr. Jörn-Axel Meyer, Berlin

Band 16
Jörn-Axel Meyer und Alexander Tirpitz
Service-orientierte Architekturen (SOA) im Mittelstand – Zwischen technisch Machbarem und kaufmännisch Sinnvollem
Lohmar – Köln 2009 • 72 S. • € 37,- (D) • ISBN 978-3-89936-765-2

Band 17
Jörn-Axel Meyer
Management-Fortbildung bei Ärzten – Meinungen, Nutzung und Pläne
Lohmar – Köln 2009 • 76 S. • € 37,- (D) • ISBN 978-3-89936-767-6

Band 18
Frank A. Halter
Familienunternehmen im Nachfolgeprozess – Die Emotionen des Unternehmers
Lohmar – Köln 2009 • 328 S. • € 62,- (D) • ISBN 978-3-89936-806-2

Band 19
Jörn-Axel Meyer
Mitarbeiterbeteiligung in KMU – State of the Art, Meinungen und Bewertung
Lohmar – Köln 2009 • 124 S. • € 42,- (D) • ISBN 978-3-89936-815-4

Band 20
Jörn-Axel Meyer, Alexander Tirpitz und Christian Koepe
IT-Verhalten und -Defizite in KMU – Eine Analyse von Typen der IT-Nutzung und -Bedarfe in der Verlagsbranche
Lohmar – Köln 2010 • 152 S. • € 43,- (D) • ISBN 978-3-89936-897-0

Band 21
Mario Caius Amschlinger
Internationalisierung im Mittelstand – Eine empirische Analyse kulturabhängiger Erfolgsfaktoren von Direktinvestitionen deutscher kleiner und mittlerer Unternehmen in Rumänien
Lohmar – Köln 2011 • 356 S. • € 64,- (D) • ISBN 978-3-8441-0056-3

JOSEF EUL VERLAG